计算机网络技术系列教材

多媒体技术与应用

毛一心　苍志智　等 编著

人民邮电出版社

北京

图书在版编目（CIP）数据

多媒体技术与应用 / 毛一心，苍志智等编著．—北京：人民邮电出版社，2007.10（2014.1 重印）
（计算机网络技术系列教材）
ISBN 978-7-115-16480-3

Ⅰ．多… Ⅱ．①毛…②苍… Ⅲ．多媒体技术—教材 Ⅳ．TP37

中国版本图书馆 CIP 数据核字（2007）第 122536 号

内 容 简 介

本书主要介绍多媒体技术的相关概念及实用技术等内容。全书共分 7 章，第 1 章介绍多媒体技术概念、多媒体课件的制作环境和常用的多媒体浏览、播放工具；第 2 章以 Sound Forge 和 Cool Edit 为制作工具讲解声音的处理和编辑；第 3 章以 Photoshop CS 8.02 为制作工具讲解图形图像素材的加工与制作；第 4 章以 Premiere 6.5 为制作工具讲解视频素材的剪辑与制作；第 5 章以 Flash MX 2004 为制作工具讲解动画素材的编辑与制作；第 6 章以 Authorware 7.02 为制作工具讲解多媒体程序的设计与制作；第 7 章为图像、视频、动画、多媒体课件制作技巧的综合实训。

本书内容用案例带动知识点，深入浅出、循序渐进，具有很强的实用性。不仅适合作为高职高专院校计算机相关专业开设的“多媒体技术与应用”课程的教材，也可以作为计算机爱好者自学多媒体技术及应用的参考用书。

计算机网络技术系列教材

多媒体技术与应用

♦ 编　　著　毛一心　苍志智　等
　责任编辑　潘春燕

♦ 人民邮电出版社出版发行　　北京市丰台区成寿寺路 11 号
　邮编　100164　　电子邮件　315@ptpress.com.cn
　网址　http://www.ptpress.com.cn
　三河市海波印务有限公司印刷

♦ 开本：787×1092　1/16
　印张：22　　2007 年 10 月第 1 版
　字数：529 千字　　2014 年 1 月河北第 10 次印刷

ISBN 978-7-115-16480-3/TP

定价：36.00 元（附光盘）

读者服务热线：(010)81055256　印装质量热线：(010)81055316
反盗版热线：(010)81055315

编者的话

网络时代的到来，带给人们的不仅仅是快捷和方便，它还带来了划时代的进步。而多媒体技术的应用是计算机技术的又一次革命，从根本上改变了人们的学习、工作和生活方式。

本书的内容共分 7 章，主要介绍多媒体技术相关概念和各种数字媒体的原理、多媒体环境的建立、图像处理、视频剪辑、音频处理、动画制作、多媒体创作及实训等内容。

本书主要以任务驱动为主线，案例带动知识点为教学方法，讲述相关知识点和软件使用技巧。各部分在内容上相互关联，在结构上相互独立，便于读者选择学习。

本书作者长期从事教学和科研工作，积累了丰富的计算机应用经验，在编写本书的过程中注重理论联系实际，力求使本书内容实用。本书的最大特点是以应用为中心，以初学者为对象，以提高设计能力为宗旨。为广大读者提供一条学习的捷径，帮助读者解决实际应用中碰到的问题。

本书第 3 章由北京科技大学研究生苍志智编写，其余 6 章由北京科技大学毛一心老师编写。各章习题由北京联合大学沈洪和王宇编写，河北工业大学毛一之老师对全书进行了审阅。

在本书的编写过程中，刘丹为本书制作了部分插图，北京联合大学的王子新、李培同学参与了部分多媒体课件的制作，在此一并表示感谢！

编　者

2007 年 6 月

目　录

第1章　多媒体技术概述

内容提要：

多媒体技术的定义、多媒体技术的特点和多媒体计算机的发展趋势；

多媒体的关键技术、多媒体数据压缩编码的国际标准；

流媒体技术、虚拟现实技术、多媒体应用系统的开发过程；

常用的多媒体浏览、播放、格式转换软件，利用扫描仪获取图像和文字的方法。

1.1　多媒体技术的定义和关键技术

多媒体技术是指计算机综合处理文本、图形、图像、音频、动画和视频等多种媒体数据，使它们建立一种逻辑连接，并集成为一个具有交互性系统的技术。

1.1.1　多媒体技术

多媒体译自英文的 Multimedia 一词。媒体在计算机领域中有两个含义，一个是指用来存储信息的实体，如软盘、硬盘、光盘等；另一个是指信息的载体，如文本、图形、图像、动画、音频、视频等媒体信息。根据国际电信联盟标准化部门（ITU-T）的建议，可将媒体分为感觉媒体、表示媒体、表现媒体、存储媒体和传输媒体5大类。在5大类媒体中，表示媒体是核心，计算机通过表现媒体的输入设备将感觉媒体感知的信息转换为表示媒体信息，并存放在存储媒体中；计算机从存储媒体中取出表示媒体信息，再进行加工处理，然后利用表现媒体的输出设备将表示媒体信息还原成感觉媒体信息，展现给人们。

目前可以把多媒体看成是先进的计算机技术与音频、视频、通信等技术融为一体而形成的一种新技术。

多媒体技术就是将文本、图形、图像、动画、音频、视频等多种媒体信息通过计算机进行数字化采集、获取、压缩或解压缩、编辑、存储等加工处理，使多种媒体信息建立逻辑连接，集成为一个系统并具有交互性。

从研究和发展的角度来看，多媒体技术具有以下特点。

（1）多样性。多样性是指综合处理多种媒体信息，包括文本、图形、图像、动画、音频、视频等。

（2）集成性。集成性是指将不同的媒体信息有机地组合在一起，形成一个整体以及与这些媒体相关的设备集成。

（3）交互性。交互性是指用户可以介入到各种媒体加工、处理的过程中，从而使用户更有效地控制和应用各种媒体信息。

（4）实时性。实时性是指当多种媒体集成时，需要考虑时间特性、存取数据的速度、解压缩的速度以及最后播放速度的实时处理。

1.1.2 多媒体的关键技术

1. 数据压缩与编码技术

一幅352×240像素（pixel）的近似真彩色图像（15bit/pixel）在数字化后的数据量为352×240 pixel×15 bit/pixel=1267200bit。在动态视频中，采用NTSC制式的帧率为30帧/秒，那么要求视频信息的传输率为1267200bit×30/s=（3.8016E+07）bit/s。因此，在一张容量为700MB的光盘上全部存放视频信息，最多所存储的动态视频数字信号所能播放的时间最大也只有193.077s，即3.218分钟。由此可知，不采用压缩技术，一张700MB的光盘存放的动态视频数字信号只能播放3.218分钟。

以计算机的150kbit/s传输率，在没压缩的前提下，是无法处理3.8016E+07bit/s的大数据量的，因此必须采用数据压缩与编码技术。

如果采用MPEG-1标准的压缩比50:1，则700MB的VCD光盘，在同时存放视频和音频信号的情况下，其最大可播放时间能达到96分钟。

2. 数字图像技术

在图像、文字和声音这3种形式的媒体中，图像所包含的信息量是最大的。人们的知识绝大部分是通过视觉获得的。图像的特点是只能通过人的视觉感受，并且非常依赖于人的视觉器官。数字图像技术就是对图像进行计算机处理，使其更适合人眼或仪器的分辨，并拾取其中的信息。

数字图像处理的过程包括输入、处理和输出。输入即图像采集和数字化，就是对模拟图像信号进行抽样、量化处理后得到数字图像信号，并将其存储到计算机中以待进一步处理。处理是按一定的要求对数字图像进行诸如滤波、锐化、复原、重现、矫正等一系列处理，以提取图像中的主要信息。输出则是将处理后的数字图像通过显示、打印等方式表现出来。

3. 数字音频技术

多媒体技术中的数字音频技术包括声音采集及回放技术、声音识别技术和声音合成技术，这3个方面的技术在计算机的硬件上都是通过“声卡”实现的。声卡具有将模拟的声音信号数字化的功能。而数字声音处理、声音识别和声音合成则是通过计算机软件来实现的。

4. 数字视频技术

数字视频技术与数字声频技术相似，只是视频的带宽为6MHz，大于声频带宽的20kHz。数字视频技术一般应包括视频采集及回放、视频编辑和三维动画视频制作。视频采集及回放与音频采集及回放类似，需要有图像采集卡和相应软件的支持。

5. 多媒体通信技术

多媒体通信是多媒体技术和通信技术结合的产物，它突破了计算机、通信、广播和出版的界限，使计算机的交互性、通信的分布性和广播电视的真实性融为一体，向人类提供了诸如多媒体电子邮件、视频会议等全新的信息服务。

（1）多媒体同步技术

在 MPEG-1 标准中，包含了 MPEG 视频、MPEG 音频和 MPEG 系统 3 个部分。在音频视频回放时，必须实现同步输出。多媒体信息同步有分层同步、时间轴同步和参考点同步 3 种方法。

（2）多媒体传输技术

多媒体信息的传输以图像的传输为核心。多媒体信息传输技术主要包括静态图像传输、动态视频图像传输、图像信息的模拟信号 A/D 和数字信号 D/A 转换、模拟视频信号和数字视频信号的传输、图像信号的压缩编码及解码、调制/解调等多方面的技术。

多媒体系统要通过通信网络传送文本、图形、图像、动画、音频、视频等不同媒体，这些媒体对通信网各有不同的要求。文本和图片要求的平均速率较低，音频信号的传输速率要求也不太高，但要求实时性，视频则需要极高的传输速率。

6. 多媒体数据库技术

多媒体数据库是一种包括文本、图形、图像、动画、声音、视频图像等多种媒体信息的数据库。由于一般的数据库管理系统处理的是字符、数值等结构化的信息，无法处理图形、图像、声音等大量非结构化的多媒体信息，因而这就需要一种新的数据库管理系统对多媒体数据进行管理。这种多媒体数据库管理系统（MDBMS）能对多媒体数据进行有效地组织、管理和存取。

多媒体数据具有复合性、分散性、时实性等特点。复合性指媒体数据的形式多种多样，既可以是文本、图形、图像、声音、视频图像等结构或非结构的数据对象，也可以是通过各种数据集成而得到复合数据的对象。分散性指关联的数据可以分散地存储在不同的机器上。实时性则是指编组时要求保证数据对象之间时间上的同步和空间上的衔接。

近年来，大容量光盘、高速 CPU、高速 DSP 以及宽带网络等硬件技术的发展，为多媒体数据库从研究到应用的发展提供了良好的物理基础，多媒体数据库广泛用于办公信息系统、商业行销系统、地址信息系统、计算机辅助设计和计算机辅助制造系统、期刊出版系统、医疗信息系统以及军事应用系统中。

7. 超文本和超媒体

多媒体系统中的媒体种类繁多且数据量巨大，各种媒体之间既有差别又有信息上的关联。处理大量多媒体信息主要有两种途径：一是利用上述所讲的多媒体数据库系统，来存储和检索特定的多媒体信息；二是使用超文本和超媒体，它一般采用面向对象的信息组织和管理形式，是管理多媒体信息的一种有效方法。

超文本和超媒体允许以事物的自然联系组织信息，实现多媒体信息之间的连接，从而构造出能真正表达客观世界的多媒体应用系统。超文本和超媒体由节点、链、网络 3 要素组成，节点是表达信息的单位，链将节点连接起来，网络是由节点和链构成的有向图。

1.1.3　多媒体数据压缩编码的国际标准

国际标准化协会（ISO）、国际电子学委员会（IEC）、国际电信协会（ITU）、前国际电报电话咨询委员会（CCITT）等国际组织于 20 世纪 90 年代领导制定了多个重要的多媒体国际标准。

1. JPEG 标准

联合图像专家小组（Joint Photographic Experts Group，JPEG）是由前国际电报电话咨询委员会（CCITT）和国际标准化协会（ISO）联合组成的一个图像专家小组。他们开发研制出连续色调、多级灰度、静止图像的数字图像压缩编码方法 JPEG 算法，被确定为 JPEG 国际标准，它是国际上彩色、灰度、静止图像的第一个国际标准。JPEG 标准是一个适用范围广泛的通用标准。它不仅适于静图像的压缩，也适于电视图像序列的帧内图像的压缩。

JPEG 压缩标准适用于连续色调图像的压缩方法，满足以下要求。

（1）达到或接近当前压缩结果与原始图像相比，人的视觉难以区分。

（2）能适用于任何种类的连续色调的图像，不受长宽比限制，不受限于景物内容、图像的复杂程度和统计特性等。

（3）计算的复杂性是可控制的，其软件可在各种 CPU 上完成，算法还可用硬件实现。

2. MPEG 标准

运动图像专家组（Moving Picture Expert Group，MPEG）的主要任务是制定各种动态图像及其伴音信号的数字压缩编码国际标准。

MPEG 动态图像压缩的标准算法主要由以下 3 部分组成。

（1）MPEG 影视图像，它是关于影视图像数据的压缩编码技术。

（2）MPEG 声音，它是关于声音数据的压缩编码技术。

（3）MPEG 系统，它是关于图像和声音同步播放以及多路复合的技术。

MPEG 从 1988 年成立至今已颁布了 4 个国际标准，即 MPEG-1、MPEG-2、MPEG-4 和 MPEG-7。每个标准都有其特定的应用背景，如 MPEG-1 用于多媒体存储和 VHS 质量的广播电视，使得 VCD 取代了传统的录像带，MPEG-1 标准的压缩比规定为 50:1；MPEG-2 用于常规数字电视和高清晰度电视，使人们逐渐迈进数字或高清晰度电视时代，同时高品质的 DVD 也已取代原有的 VCD；MPEG-4 用于无线窄带多媒体通信和可视电话，并将基于内容的检索与编码结合起来考虑；而 MPEG-7 用于建立多媒体数据库和相应的搜索引擎之间的接口。

1.1.4 流媒体技术

1. 什么是流媒体

流媒体就是数字音频、数字视频在网络上传输的方式，目前主要有下载和流式传输两种方式。在下载方式中，用户必须等待媒体文件从 Internet 上下载完成后，才能通过播放器欣赏节目；在流式传输方式中，在播放前并不下载整个文件，而是先在客户端的计算机上创造一个缓冲区，在播放媒体之前预先下载一段资料作为缓冲，当网络实际连线速度小于播放所耗用资料的速度时，播放程序就会取用这一小段缓冲区内的资料、同时再去下载一段新的资料到缓冲区中，避免播放的中断。这样流式媒体的数据流随时传送随时播放，只是在开始时有一些延迟。流媒体运用可变带宽技术，使人们在从 28kbit/s 到 1 200kbit/s 的带宽环境下都可以在线欣赏到连续不断的高品质的音频、视频节目。

实现流媒体的关键技术就是流式传输技术，它融合了网络的传输条件、媒体文件的传输控制、媒体文件的编码压缩效率及客户端的解码等多种技术。流媒体技术涉及流媒体数据的采集、压缩、存储以及网络通信等多项技术。

2. 实时流式传输和顺序流式传输

实现流式传输有两种基本方法——顺序流式传输和实时流式传输。

（1）顺序流式传输

顺序流式传输是顺序下载，在下载文件的同时用户可观看在线媒体。用户只能观看已下载的那部分，而不能跳到还未下载的部分。顺序流式传输不像实时流式传输在传输期间可以根据用户连接的速度做调整。由于标准的 HTTP 服务器可发送这种形式的文件，也不需要其他特殊协议，所以它经常被称作 HTTP 流式传输。

顺序流式传输比较适合高质量的短片段，不适合于较长的整个影音节目的传输，也不支持随机访问和现场直播。顺序流式文件放在标准 HTTP 或 FTP 服务器上，易于管理，基本上与防火墙无关。

（2）实时流式传输

实时流式传输与顺序流式传输不同，实时流式传输需要专用流媒体服务器。如 QuickTime Streaming Server、Windows Media Server 与 RealServer。需要特殊的网络协议，如实时传输协议（Real-time Transport Protocol，RTP）、实时流协议（Realtime Streaming Protocol，RTSP）或微软媒体服务（Microsoft Media Server，MMS）等。

实时流式传输总是实时传送，特别适合现场直播等影音节目，也支持随机访问，用户可快进或后退以观看前面或后面的内容。理论上，实时流式传输一经播放就不可停止，但实际上，可能发生周期性暂停。

实时流式传输的带宽必须匹配，也就是说发送和接收都支持同一带宽。这意味着在以低速连接网络时，由于带宽不同，速率不同，图像质量会较差。而且网络拥挤，或出现问题时，视频质量会更差。

3. 流媒体传输形式

流媒体有点播和广播两种基本传输形式。

点播是指客户端与服务器主动连接。在点播传输方式中，用户通过选择播放内容来初始化客户端连接。用户可以进行开始、停止、后退、快进或暂停等操作。由于每个客户端各自连接服务器，采用这种方式会占用大量的网络带宽。

广播指的是用户被动接收数据流。在广播过程中，客户端只接收数据流，但不能控制数据流。例如，用户不能暂停、快进或后退该流。

4. 三大主流流媒体播放平台

到目前为止，Internet 上使用较多的流媒体格式，主要有 RealNetworks 公司的 RealMedia、Microsoft 公司的 WindowsMedia 以及 Apple 公司的 QuickTime。此外，还有如 Geo 公司采用大量 Java 技术开发的 Emblaze 知名的流媒体解决方案等。

（1）RealMedia

RealMedia 提供从制作端、服务器端到客户端的所有产品。它提供了世界上领先的网上流式视音频解决方案，具有开放的、标准的、跨平台的架构。

RealProducer 是流式视音频生成工具；RealServer 是流媒体服务器软件；RealPlayer 是网络多媒体播放工具。

（2）WindowsMedia

WindowsMedia 是在 Microsoft 公司的 NetShow 上发展起来的，主要由 Windows Media

Services 组件、Windows Media Encoder 工具和 Windows Media Player 等模块构成，并与 Windows NT/2000/XP 集成在一起。

（3）QuickTime

QuickTime 是 Apple 公司开发的最早的视频工业标准，其格式为 MOV。QuickTime 5.0 由媒体播放器 Quick Time Player、编辑版本 Quick Time Pro、流服务器 Quick Time Streaming、虚拟现实 Quick Time VR 等几部分组成。

1.1.5 虚拟现实技术

虚拟现实（Virtual Reality，VR）又称人工现实或灵境技术，它是在许多相关技术（如仿真技术、计算机图形学、多媒体技术等）的基础上发展起来的一门综合技术，是多媒体技术发展的更高境界。虚拟现实技术提供了一种完全沉浸式的人机交互界面，用户处在计算机产生的虚拟世界中，无论看到的、听到的，还是感觉到的，都像在真实的世界里一样，通过输入和输出设备还可以同虚拟现实环境进行交互。

虚拟现实具有如下特征。

（1）多感知性。所谓多感知是指除了一般多媒体计算机具有的视觉感知和听觉感知外，还有触觉感知、力觉感知、运动感知，甚至包括嗅觉感知和味觉感知等。理想的虚拟现实技术应有一切人所具有的感知功能，目前由于传感器技术的限制尚不能提供嗅觉感知和味觉感知。

（2）临场感。临场感又称存在感，它是指用户作为主角存在于模拟环境中感觉到的真实程度。理想的模拟环境应该达到使用户难以分辨真假，如实现和现实一样逼真的照明和音响效果：如天文学专业的学生可以在虚拟星系中遨游，英语专业的学生可以在虚拟剧院观看莎士比亚戏剧。

（3）交互性。交互性是指用户对模拟环境内物体的可操作程度和从环境得到反馈的自然程度。如用户可以用手去直接抓取模拟环境中的物体，这时手有握着东西的感觉，并可以感觉物体的重量，视场中被抓的物体也会随着手的移动而移动。

（4）自主性。自主性是指虚拟环境中物体依据物理定律动作的程度，如当物体受到力的推动时会向力的方向移动或翻倒。

虚拟现实技术推动了通用计算机中多媒体设备的发展，在输入输出方面也由普通的键盘和二维鼠标器发展为三维球、三维鼠标器、数据手套、数据衣服、头盔显示器等。

总而言之，多媒体技术是一种基于计算机技术的综合技术，它包括信号处理技术、音频和视频技术、计算机硬件和软件技术、通信技术、图像压缩技术、人工智能和模式识别技术等，是处于发展过程中的一门跨学科的综合性高新技术。

1.2 多媒体应用系统的构成

多媒体系统是一种复杂的硬件和软件有机结合的综合系统。它把音频、视频等媒体与计算机系统融合起来，并由计算机系统对各种媒体进行数字化处理。多媒体系统按其物理结构可分为多媒体硬件和多媒体软件两大部分，其组成结构如图 1.1 所示。

- 多媒体系统
  - 多媒体硬件
    - 计算机
      - 中央处理器
      - 内存储器、外存储器
      - 输入输出接口
    - 多媒体板卡
      - 显示卡　（接显示器）
      - 音频卡　（接麦克风、扬声器、收录机）
      - 视频卡　（接摄像机、录相机、影碟机）
    - 多媒体设备（扫描仪、数字相机、触摸屏、大屏幕、打印机）
  - 多媒体软件
    - 多媒体系统软件
      - 多媒体驱动软件
      - 多媒体操作系统
      - 多媒体开发工具
    - 多媒体应用软件

图 1.1

1.2.1　多媒体系统的硬件

1. 多媒体计算机

在多媒体系统中计算机是基础性部件。如果没有计算机，多媒体就无法实现。

多媒体计算机（MPC）的基本部件由中央处理器（CPU）、内部存储器（ROM 和 RAM）和外部存储器（软盘、硬盘、闪盘、光盘），输入/输出接口三部分组成。中央处理器是关键，例如 Pentium-586/2.4GHz 的中央处理器就足以使专业级水平的各种媒体制作与播放不成问题。内部存储器的 RAM 是存放计算机运行时的大量程序和数据信息代码的地方，推荐使用 512MB 以上的内存和 80GB 以上的硬盘。其次用于多媒体计算机的第二关键部件是扩展总线，它提供了若干个扩展槽，使多媒体硬件接口板与计算机连成一体。

输入/输出接口是将计算机与外部设备进行连接。并行接口用于连接打印机，显示接口用于连接显示器，显示接口是用带 15 针插头的电缆把显示器与主机连接上。磁盘驱动器接口用于连接硬盘、软盘驱动器，串行接口可连接带有串口的外设，也可用于与其他系统通信。这些接口板通常称为适配器。

多媒体工作站采用已形成的工业标准 POSIX 和 XPG3，其特点是：整体运算速度高，存储容量大，具有较强的图形处理能力，支持 TCP/IP 网络传输协议以及拥有大量科学计算或工程设计软件包等。如美国 SGI 公司研制的 SGI Indigo 多媒体工作站，它能够同步进行三维图形、静止图像、动画、视频和音频等多媒体操作和应用。它优于 MPC 之处是从总体设计上采用先进的均衡体系结构，使系统的硬件和软件相互协调工作，满足较高层次的多媒体应用要求。

2. 多媒体板卡

多媒体计算机特征部件是多媒体板卡，多媒体板卡根据多媒体系统获取或处理各种媒体信息的需要插接在计算机上，以解决输入和输出问题。多媒体板卡是建立多媒体应用程序工作环境必不可少的硬件设备。常用的多媒体板卡有显示卡、声卡和视频卡等。

显示卡又称显示适配器，它是计算机主机与显示器之间的接口，用于将主机中的数字信号转换成图像信号并在显示器上显示出来，它决定屏幕的分辨率和可以显示的颜色。

音频卡又称为声卡，是计算机处理声音信息的专用功能卡。声卡上都预留了话筒、激光唱机、MIDI 接口等外界设备的插孔，可以用来录制、编辑和回放数字音频文件，控制各声源的音量并加以混合，在记录和回放数字音频文件时进行压缩和解压缩，具有初步的语音识别功能。

视频卡是一种基于 PC 的多媒体视频信号处理平台，它可以汇集视频源和音频源的信号，经过捕获、压缩、存储、编辑和特技制作等处理，产生非常亮丽的视频图像画面。

网卡又称网络接口适配器（NIC），是计算机与传输介质的接口。每一台服务器和网络工作站都至少配有一块网卡，把网线连到网卡的端口上，这样计算机和网络就有了实际的物理连接。

拨号上网的用户则不需要网卡，而是通过调制解调器（Modem）先连到 ISP 的服务器上，然后再连接 Internet。调制解调器是利用调制解调技术来实现数据信号与模拟信号相互转换。

3. 多媒体设备

多媒体设备多种多样，工作方式一般为输入或输出。常用的多媒体设备有显示器、打印机、光盘存储器、音箱、摄像机、扫描仪、数码相机、触摸屏、投影机等。

（1）显示器是一种计算机输出显示设备，它由显示器件、扫描电路、视放电路和接口转换电路组成，为了能清晰地显示出文字和图形，其分辨率和视放带宽比电视机要高出许多。目前市场上的显示器主要有阴极射线管（Cathode Tube Display，CRT）显示器和液晶（Liquid Crystal Display，LCD）显示器两种类型。

（2）光存储系统是由光盘驱动器和光盘片组成的。驱动器是用于读/写信息的设备，而光盘片是用于存储信息的介质。

（3）音箱是一个能将模拟脉冲信号转换为机械性的振动，并通过空气的振动再形成人耳可以听到的声音的输出设备。

（4）扫描仪是一种静态图像采集设备。它内部有一套光电转换系统，可以把各种图片信息转换成数字图像数据并传送给计算机，然后借助于计算机对图像进行加工处理。如果再配上文字识别 OCR 软件，扫描仪就可以快速地把各种文稿录入到计算机中。

（5）数码相机（Digital Camera）是一种能够进行拍摄，并把拍摄到的景物转换成以数字格式存放的图像的照相机。数码相机一般是利用电荷耦合器件（Charge Coupled Device，CCD）进行图像传感，将光信号转变为电信号记录在存储器或存储卡上，数码相机可以直接连接到计算机、电视机或打印机上，对图像进行加工处理、浏览和打印。

（6）触摸屏是一种定位设备。当用户用手指或者相关设备触摸安装在计算机显示器前面的触摸屏时，所摸到的位置（以坐标形式）被触摸屏控制器检测到，并通过接口送到 CPU，从而确定用户所输入的信息。

1.2.2 多媒体系统的软件

构建一个多媒体系统，硬件是基础，软件是灵魂。多媒体软件的主要任务是将硬件有机地组织在一起，使用户能够方便地使用多媒体信息。多媒体软件按功能可分为多媒体系统软件和多媒体应用软件。

1. 多媒体系统软件

多媒体系统软件主要包括多媒体操作系统、各种相应的多媒体驱动程序和多媒体开发工具等三种。

多媒体开发工具是多媒体开发人员用于获取、编辑和处理多媒体信息，编制多媒体应用程序的一系列工具软件的统称。它可以对文本、图形、图像、动画、音频、视频等多媒体信息进行控制和管理，并把它们按要求连接成完整的多媒体应用软件。多媒体开发工具一般可分为多媒体素材制作工具、多媒体著作工具和多媒体编程语言等三类。

多媒体素材制作工具是为多媒体应用软件进行数据准备的软件，其中包括文字特效制作软件 Word（艺术字）、COOL 3D；图形图像处理与制作软件 CorelDRAW、Photoshop、FreeHand；音频编辑与制作软件 Wave Studio、Cakewalk、Sound Forge；二维和三维动画制作软件 Animator Studio、3D Studio MAX 等；视频和图像采集编辑软件 ArcSoft 公司的 ShowBiz、Ulead 公司的 VideoStudio、Adobe 公司的 Premiere 等；制作地图软件 MapInfo Professional。

多媒体制作工具又称多媒体创作工具，它是利用编程语言调用多媒体硬件开发工具或函数库来实现的，并能使用户方便地编制程序，组合各种媒体，最终生成多媒体应用程序的工具软件。常用的多媒体创作工具有：PowerPoint、Authorware、ToolBook 等。

多媒体编程语言可用来直接开发多媒体应用软件，不过对开发人员的编程能力要求较高。但它有较大的灵活性，适合于开发各种类型的多媒体应用软件。常用的多媒体编程语言有 Visual BASIC、Visual C++、Delphi 等。

2. 多媒体应用软件

多媒体应用软件又称多媒体应用系统或多媒体产品，它是由各种应用领域的专家或开发人员利用多媒体编程语言或多媒体创作工具编制的最终多媒体产品，是直接面向用户的。如，各种多媒体教学软件、培训软件、声像俱全的电子图书等，多以光盘的形式面世。

1.2.3 多媒体应用系统的特点

多媒体应用系统与一般的应用系统相比较，有一些独特之处，主要特点如下。

（1）多媒体应用系统的开发环境复杂。多媒体开发环境是一个复杂的硬件设备和软件环境的集成。它需要具有声卡、视频卡、网卡、扫描仪、数字化仪等一系列硬件设备，还需要有多媒体开发工具，由于多媒体数据量较大，各种媒体的处理方式又不尽相同，所以往往需要搭建一个网络环境，使各种媒体的加工处理分布在不同的终端上。

（2）多媒体应用系统的数据类型繁多。它包括：文本、图形、图像、声音、视频和动画等，数据之间有可能存在着一定的关联。

（3）多媒体应用系统要求具有良好地交互性。

（4）多媒体应用系统的开发过程需要各种技术人才。一般的应用系统只需要应用方和计算机开发人员就可以完成开发任务，而多媒体应用系统涉及各种媒体的创作人员，比如，动画制作专家、视频剪辑专家、作曲家、录音师、美工人员等。

1.2.4 多媒体应用系统的开发过程

多媒体应用系统的开发过程大致可以分为 6 个阶段，如图 1.2 所示。

（1）概念阶段：主要任务是明确将要开发的系统是干什么的？确定主题、对象。确定要制作何种类型的影片以及适合哪个群体的人观看。

（2）设计阶段：主要任务是确定将要开发的系统如何做？详细确定所包含的内容和表现手法。包括编写剧本、确定角色和布景等。

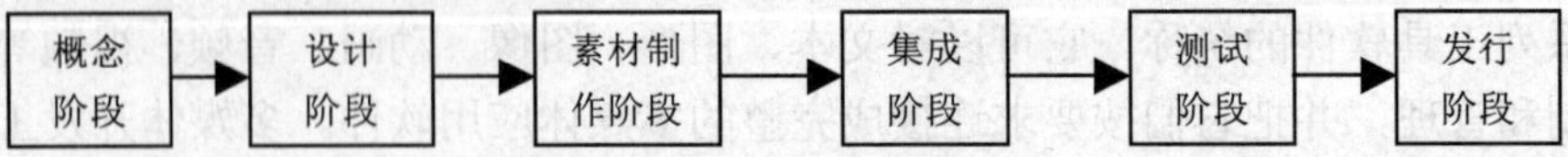

图 1.2

（3）素材制作阶段：主要任务是采集、编辑项目中所需要的全部数据，包括图形、图像、音频、视频素材。

（4）集成阶段：主要任务是构建项目的整体框架，把各种表现形式集成起来并加入一些交互特征。

（5）测试阶段：主要任务是检测应用系统，以确信它能够按照作者的意图来运行。

（6）发行阶段：主要任务是制作发行版本，编写用户使用手册，最终发行到用户手中。

1.3 多媒体技术的应用

近年来多媒体技术的发展，大容量光盘、高速 CPU、高速 DSP 以及宽带网络等硬件技术的发展，促使 MPC 进入家庭，改变了传统家电的格局。在 MPC 中可以播放 CD、VCD、DVD 等光碟，组成家庭影院。MPC 以其逼真的音响效果、良好的图形界面和优质的动画效果，使计算机游戏变得更加生动有趣。

多媒体技术在 Internet 上的应用最多，除传统的 E-mail、FTP、Telnet、WWW、Gopher、Talk 等应用外，还包括电子商务、广域电子生产管理系统、视频会议、远程诊断、远程教育和远程合作研究。

1.3.1 多媒体教学的实现

多媒体技术最有前途的应用之一是教育领域。

多媒体教学就是利用多媒体计算机综合处理和控制文字、符号、图形、动画、音频、视频等多媒体信息，把多媒体信息按照教学要求进行有机地组合，形成合理的教学结构并呈现在屏幕上，然后完成一系列人机交互操作，使学生在最佳的环境中学习。

利用多媒体技术不仅能模拟物理和化学实验，而且也能制作出天文或自然现象等真实场景，还能十分逼真地模拟社会环境以及生物繁殖和进化等。多媒体、虚拟现实和网络技术的发展已经将教学模拟推向一个新的阶段，各种形式的虚拟课堂、虚拟实验室、虚拟图书馆等与学校教育密切相关的新生事物不断涌现，这些新技术将会为教育工作者提供前所未有的强大工具和教学手段。

（1）多媒体演播教学环境

多媒体演播教学环境适应于以教师为中心的课堂教学模式。这种教学环境的实现依赖于多媒体电脑教室的建设，它的主要设备有：多媒体计算机、视频演示仪、投影机、电动屏幕、白板、音响设备和话筒等。多媒体演播教学信息量大，相当于板书授课的 2 倍多，能收到事半功倍的教学效果。

（2）多媒体网络教学环境

多媒体网络教学是计算机网络和多媒体技术相结合的产物，它所依赖的教学环境是要建立多媒体网络教室，它主要包括硬件和软件两部分，硬件设备有多媒体教师机、多媒体学生机、控制机、集线器、网络服务器、播放设备（如收录机、VCD、DVD、LD 等）和传输控制线等。软件除具有控制信息的传递、设置各种系统参数的作用外，还要提供一个直观明了的控制界面，教师以此方便地控制网络运行和组织教学。具体实施过程如下。

① 在网络教室里把 22 台机器，用 1 个集线器（24 端口 Hub），与 1 台服务器相连，搭建一个局域网。给各台机器安装上网卡、驱动程序，并且调试确认安装成功。

② 实地测量，截取网线，加上网头，制作出导通的网线。然后将各台机器一头接在机器后面的网卡上，一头接在交换机上。

③ 给服务器安装 Windows 2000 Server 版的操作系统，安装两块网卡。

④ 在终端机上，安装 Windows 2000 Professional 或 Windows 98 操作系统。安装好 1 块网卡并与集线器端口连接。

这样对局域网内部机器来说，服务器的 IP 地址是：192.168.0.1，对外部网来说，服务器的 IP 地址是：202.204.58.44。而且第一块网卡所设的 IP 地址应为第二块网卡的网关。

至此，多媒体网络教学环境就已经完全设置好了。在服务器的网络邻居中就可以看见网络内部的所有机器。并且所有机器可以通过服务器与 Internet 建立连接，这种教学环境适合交互式课堂多媒体教学、计算机培训、计算机考试、多媒体课件交流及演示等。

1.3.2　多媒体远程教学的实现

远程教育网络教学环境支持两种教学模式：一种是非实时交互式远程教学模式，它是指学生利用多媒体网络随时调用存放在服务器上的文字、图像和语音等多媒体课件进行学习，适合有自主学习能力的学生使用，它属于以学生为中心的教学模式。

另一种是实时交互式远程教学模式，它在较高的网络传输率下，添置摄像头、视频卡、话筒等，即可实现远程音视频信息的实时交流。这种教学模式将双向交流扩展到任何有网络的地方，使音视频实时交互，教学过程高质高效，自主选择学习内容等远程教育的优势真正得以体现，从而有条件达到“双主”教学模式。目前，由于我国网络的带宽暂时还不能满足实时传送视频图像传输率的要求，因此该教学模式在局域网上运行的效果比较理想。已经实现的实例有：

（1）基于视频会议系统的实时远程教育控制系统；

（2）基于网页构建的教学网站；

（3）基于 ATM 宽带网的实时远程教育控制系统。

1.3.3　多媒体通信

多媒体技术应用到通信上把电话、电视、传真、音响、卡拉 OK 机以及摄像机等电子产品与计算机融为一体，由计算机完成音频和视频信号采集、压缩和解压缩、多媒体信息的网络传输、音频播放和视频显示，形成新一代的家电类消费产品。

随着多媒体网络技术的发展，视频会议、可视电话、家庭间的网上聚会交谈等日渐普及。多媒体通信和分布式系统相结合而出现了分布式多媒体系统，使远程多媒体信息的编辑、获取、同步传输成为可能。如远程医疗会诊就是以多媒体为主体的综合医疗信息系统，可使医生远在千里之外就可以为患者看病开处方。对于疑难病例，各路专家还可以联合会诊，这样不仅为危重病人赢得了宝贵的时间，同时也为专家们节约了大量的时间。

1.3.4 多媒体课件

多媒体课件就是利用超文本和超媒体手段，按照人的联想思维方式，使用了多媒体技术的课件，又称多媒体产品，它是由各种应用领域的专家或开发人员利用多媒体编程语言或多媒体创作工具编制的最终多媒体产品，是直接面向用户的。如各种多媒体教学课件、培训课件、声像俱全的电子图书等。

利用多媒体技术编制的教学课件，能创造出图文并茂、绘声绘色、生动逼真的教学环境和交互操作方式，从而可以大大激发学生学习的积极性和主动性，改善学习环境，提高学习质量。

1.3.5 多媒体制作工具

多媒体制作工具是一种高级的多媒体应用开发平台。它能够统一地编辑、管理多媒体数据，一般不需要高级语言编程就可以把这些数据连接成为完整的多媒体应用程序。

多媒体制作工具作为一类特定用途的程序，尚无具体的标准。因此，目前可以见到的千百种制作工具的制作方式多种多样，但归纳起来可分为下列三类：基于流程图、基于卡片、基于语言。

基于流程图的制作工具功能强大，例如，Authorware 和 IconAuthor。这些软件将程序的基本结构和多媒体信息的处理封装成一个个图符，用户将这些图符拖动到工作区建立流程图，经过编译后就形成了应用程序。由于使用这类工具的过程就是设计程序流程图的过程，因而要求用户有相当的程序设计经验。

基于卡片的制作工具是按照超级链接的结构设计的，超级链接的节点由具有一定时空关系的多媒体数据构成，通常被看作卡片、页或场景。例如 Action、PowerPoint，其界面就是卡片编辑器，系统提供给用户添加多媒体数据的工具箱和编辑多媒体数据间时序关系的时间轴，让用户直观地编辑卡片内的多媒体内容，操作直观而简便。

基于语言的制作工具为多媒体对象的操作设计了面向对象的操作语言。例如制作工具 ToolBook 中的 OpenScript 语言，其语法容易理解，用户不必操心程序的细节。但要掌握这类语言，需要较长时间的学习和培训。

1.3.6 多媒体电子出版物

电子出版物是指以数字编码方式将图、文、声、像等信息存储在磁、光、电介质上，它包括：电子图书、电子期刊、电子新闻报纸、电子手册与说明书、电子公文或文献、电子画报、广告、电子声像制品等。而多媒体电子出版物是指以图、文、声、像等多种形式表现并由计算机及其网络对这些信息进行统一地存储、传送、处理和再利用的电子出版物。

根据发行方式，电子出版物可以分为：电子网络出版和单行电子书刊。电子网络出版以数据库和通信网络为基础，以计算机的硬盘或光盘为存储介质，提供联机数据库检索、传真出版、电子报纸、电子邮件、电子杂志等；而单行电子书刊则以磁盘、集成电路卡和光盘等为载体发行。

根据出版物的形式，电子出版物可以分为：联机数据库、电子报刊和电子图书三种形式。联机数据库是发展最成熟的电子出版物之一，它主要通过主机和联机网络及检索终端来提供信息；电子报刊是网络出版的一种重要形式；电子图书是电子出版物的主要类型。

随着多媒体技术和光盘技术的迅速发展，出版业已经进入多媒体光盘出版时代。电子图书、电子报纸、电子杂志等电子出版物的大量涌现对传统的新闻出版业形成了强大的冲击，电子出版物具有容量大、体积小、成本低、检索快、易于保存和复制、能存储图文声像信息等特点。如用一张光盘就可以装下一套百科全书的全部内容。

正是多媒体技术在出版方面的逐渐普及，给图书馆带来了巨大的变化。首先，出现了大量多媒体存储信息，各类电子出版物越来越多；其次，在信息检索中，以非线性的结构组织信息，为用户提供了友好的使用界面；再次，用户使用 Internet 便可以遨游世界各国数字图书馆，查找所用的信息。

1.4 常用的多媒体浏览、播放、格式转换软件

常用的图像工具有图像浏览和编辑工具、视频播放和管理工具，它为图像处理，作品演示提供了方便；它是相片欣赏、电影播放的最好图像工具。

1.4.1 ACDSee

ACDSee 是目前很流行的数字图像处理软件，广泛应用于图像的获取、管理和浏览。

1. 浏览图像

ACDSee 是一款老牌的看图软件，支持 50 多种常用的多媒体格式，它能快速、高质量地显示所需图片，在 ACDSee 8.0 主界面，左侧文件夹窗口中显示树形目录结构的文件夹列表。在其中选择要浏览的图像所在的文件夹，窗口右边显示当前目录的图像缩略图。选中其中的一幅图像，在左侧窗口下面放大显示该图片，如图 1.3 所示。

图 1.3

双击任何一个图像，ACDsee 会弹出一个编辑新窗口来显示这个图像，如图 1.4 所示。单击按钮，查看前一张图像，单击按钮查看后一张图像，单击自动播放按钮，按照幻灯片的形式来查看图像。

当图片过大超出窗口范围时，用鼠标单击手型工具，按下鼠标左键不放开移动鼠标，

即可以拖动图片，以显示无法看到的区域。用鼠标单击缩放工具，可以调整图像的大小。当再次双击图片或按【Enter】键后，窗口重新转换为浏览方式。

图 1.4

单击【浏览器】按钮或者单击窗口右上角的按钮关闭这个窗口，回到图 1.3 所示的浏览多个图像的窗口。在窗口右边上方单击【查看模式】按钮旁向下箭头，弹出图像的显示方式菜单，选择常用的缩略图。

2. 编辑图像

支持批量地将各种图像文件转换为 10 余种最常用的图像格式；显示图像文件时同时显示文件的注释信息；批量编辑图像的解析度、色彩等；提供增强去除红眼、剪切图像、锐化、浮雕特效、曝光调整、旋转、镜像等特效；提供更好的 USB 设备支持，从数码相机和扫描仪中获取图片。快速地将多个图像文件作为邮件附件发送，还能进行批量处理。

（1）旋转/翻转图像

① 选中一个或者几个图像。

② 选择【工具】→【旋转/翻转图像】菜单命令，弹出相应的旋转图像对话框，选择旋转的箭头即可将相片做相应的旋转，如图 1.5 所示。

图 1.5

（2）设置图片尺寸

① 选中一幅图像。

② 选择【工具】→【调整图像大小】菜单命令，弹出相应的重设图像大小对话框，调整“宽度”和“高度”上下箭头即可设置图片尺寸。

（3）更改图像格式

① 选中一幅图像。

② 选择【工具】→【转换文件格式】菜单命令，弹出相应的转换文件格式对话框，如图 1.6 所示，在【格式】列表框中选择要转化的图像格式。单击【下一步】按钮。

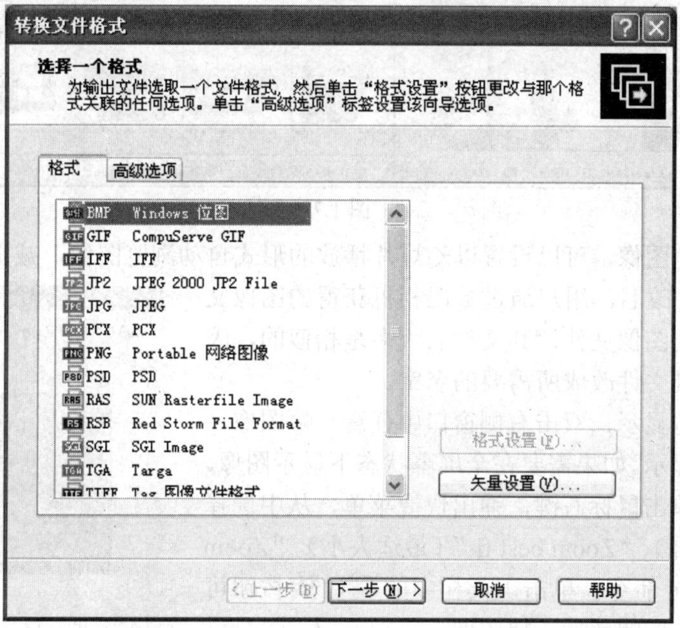

图 1.6

ACDSee 8.0 还有如下常用的功能。

① 调整图像：加自动曝光、亮度、对比度、曲线等。

② 修饰图像：如去除红眼、裁剪图像、翻转图像、相片修理、曝光调整等。

ACDSee 8.0 版本新增了 Media Window 播放器，可以直接播放目前在 Windows 平台上通用的音频和视频文件以及 Flash 动画。支持的抓图模式包括全屏、窗口、区域、菜单，还可以在视频文件的播放过程中直接截取电影画面；抓图时可以设置所抓的图像中是否包含鼠标指针，并且为不同的抓图模式设置快捷键。

3. ACDSee 32

为了更方便快捷地浏览图片，建议使用 ACDSee 32 软件，它不会因要显示有图像、音频和视频文件夹的内容而让用户长时间的等待，并且文件非常小，非常实用。

（1）单击桌面 ACDSee 32 Browser 图标，弹出编辑窗口如图 1.7 所示。

（2）选中左侧窗口中呈树形目录结构的文件夹列表。在右侧窗口中显示所在文件夹中的所有图像。

（3）选中要旋转的图像，选择菜单栏【Tools】→【JPEG Rotate】命令，弹击旋转图像对话框，如图 1.8 所示，选择旋转的箭头即可将图像左旋 90°、右旋 90°和 180°的旋转。

图 1.7

（4）自动浏览图像，可以设置以幻灯片播放的形式自动浏览图像，减少操作。

（5）批量文件改名，用户通过数码相机获得的图像文件，或在光盘上的图像文件，其文件名大多是相似的，因此经常需要将一批文件改成所需要的名字。

（6）图像浏览显示，双击右侧窗口中任意一幅图像，将把图像最大化显示。如果需要在全屏幕状态下显示图像，可在显示窗口中单击鼠标右键，弹出快捷菜单，从中选择“Fullscreen”（满屏）、“Zoom best fit”（最适大小）、“Zoom lock”（锁定缩放）命令。单击工具栏中的、按钮可显示当前文件的前一幅或后一幅图像。

（7）缩放图像显示，单击工具栏中的按钮，则放大整个图片；单击工具栏中的按钮，则缩小整个图片；单击工具栏中的按钮，则将图像恢复成实际大小，使用键盘上的【-】、【+】键可进行显示缩放。

图 1.8

1.4.2 Ulead Photo Explorer

Ulead Photo Explorer 也是优秀的图形处理和出色的图片浏览软件。支持多达几十种图片格式，可以把同类型的图片合成一个图片集，加上背景音乐做成屏幕保护或壁纸等。比 ACDSee 4.0 以上版本显示有图像、音频、视频文件夹的内容速度快得多，而且图像、音频、视频文件图标漂亮。

1. 浏览和编辑图像

（1）单击 Ulead Photo Explorer 7.0 Pro 图标，弹出编辑窗口，如图 1.9 所示。

（2）从编辑窗口的工具栏中可以看到它具有从数码相机和扫描仪高效获取图片，快速地将多个图像文件作为邮件附件发送，左右翻页，左右旋转，幻灯演示，自动重命名，图像格式转换等功能。

（3）选中左侧窗口中呈树形目录结构的文件夹列表，在右侧窗口中显示所在文件夹中的所有图像。

（4）双击右侧窗口中任意一个图像，将把图像最大化显示。

2. 旋转图像

（1）选中一个或者几个要旋转的图像。

（2）单击工具栏中的旋转箭头按钮或单击菜单栏【相片】下拉菜单的相应命令即可将相片做相应的旋转，如图 1.10 所示。

图 1.9

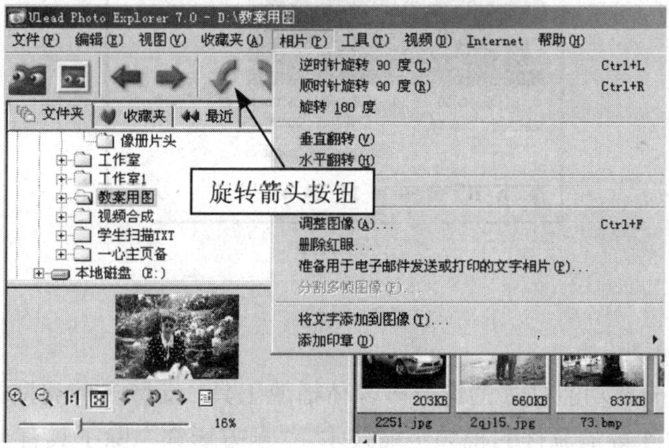

图 1.10

除了图片旋转外，还可以进行的处理有删除红眼，调整/旋转、修剪、调整亮度/对比度、调整色彩平衡、调整色调/饱和度、调整焦距等，如图 1.11 所示。

3. 修改视频文件

（1）选中一个视频文件。

（2）选择【视频】→【修改视频文件】命令，弹出相应的对话框，如图 1.12 所示。

（3）在对话框中，单击“设置开始”标记按钮和“设置结束”标记按钮，重新定义视频文件的起点和终点。

（4）选择【另存为】按钮，重新渲染生成一个新的视频文件。

图 1.11

图 1.12

1.4.3 东方影都

“东方影都”是一款功能强大的影音多媒体播放工具，支持多种类型的多媒体文件，其中包括 Real 和 MPEG-4 等最流行的视频压缩技术。“东方影都”除了具有一般播放软件具有的功能外，还采用一套专用读光驱技术，即仿 Intel CPU 的二级缓冲处理技术，读取光盘时，使光驱的激光头始终处于稳定移动状态中，来保证读盘时的稳定性。还具有智能去除画面毛刺、画面自由缩放、色彩均衡调节等多项画面增强功能；可以在线收听收看网络音乐、电影、广播等。“东方影都”支持绝大多数的主流影音文件格式，如：DVD、VCD、CD、MP3、RA、RAM、RM、AVI、WAV、MID、DAT、VOB、S3D、MPEG、MPG 和 MIDI 等。

“东方影都”具有任意设置界面的功能，其中之一界面如图 1.13 所示。

（1）单击东方影都界面中的（打开）按钮，从弹出的对话框中选择要播放的视频文件。

（2）单击（播放）按钮，即可播放视频，效果如图 1.14 所示。

图 1.13

图 1.14

1.4.4　超级解霸 9

超级解霸 9 是视频、音频解压的多媒体播放和制作软件，它不仅继承了以前版本的众多功能，如自动检测光盘类型，自动播放 VCD 影碟、MP3 光盘以及超强纠错等，同时又新增了图像浏览器、界面编辑器和网上浏览等新功能。

超级解霸 9 主要由豪杰超级解霸、豪杰音频解霸、界面编辑器、实用工具集和图像浏览器等组成。经过 MMX 技术优化，囊括了 VCD、CVD、SVCD、DVCD、CD 及 MP3 的播放与制作技术，支持 RM、MPEG、AVI、ASF、WMV、CD、WAV、MP3、WMP、MIDI 等几乎所有格式的视频、音频文件；提供媒体转换功能，包括视频转换工具（实现 VCD 转 MPEG-4，VCD 转 AVI 等）和音频编辑工具（编辑 MP3、WAV 文件，并可将 CD 音乐转换成 MP3，实现 MP3 和 WAV 的任意批量转换），是普通转换程序的 2.5～3.0 倍；还可以把 MPG 文件合并。支持最新的 AMD 系列 CPU 的 3DNow 技术，具有第三代运动图像压缩技术，解决了在极低带宽下的连续视频的压缩传输的问题，为网络视频应用开创了一个新的时代。

1. 播放 VCD/ DVD 及各种视频文件

单击豪杰超级解霸 9 图标，弹出豪杰超级解霸 9 界面，如图 1.15 所示。单击【影视】按钮，弹出影视控制窗口，如图 1.16 所示。

图 1.15

2. 截取图像

在豪杰超级解霸中打开要采集图像的文件，拖动进度滑块同时观察影音文件播放窗口，选定要截取的图像，选择控制窗口中的【控制】→【抓图】→【单图】命令，在弹出的“保存”对话框中选定保存位置，输入文件名后，单击【保存】按钮即将当前影音文件窗口存储下来。

图 1.16

3. 连续摄像

连续摄像是将选定区域内的各帧图像连续地采集下来，保存到磁盘上。选定了起始点后单击控制窗口中的按钮，在弹出的“保存”对话框中选定保存位置，输入文件名后，单击【保存】按钮即可开始连续采集。

4. 音频播放器

豪杰超级音频解霸还支持VCD光盘伴音、MP3音乐光盘和CD音乐光盘等。增加了几种音频格式，如MIDI、WAV、VOB、AC3等。

5. 波形压缩录音

① 在音频控制窗口中，打开要录音的文件，再单击【暂停】按钮。

② 单击【控制】→【播放并录音】命令，在弹出的对话框中选好保存位置，输入文件名称，单击【保存】按钮，音乐自动开始播放，播放完成时，录音同时完成。

1.4.5 QuickTime

由于QuickTime格式的视频文件的画面质量高，大多数电影预告片都采用这种格式。所以如果想在线观看电影的宣传片段，就要安装QuickTime软件。

不过QuickTime文件并不是真正的流式媒体，它需要等待文件全部下载完成后才能开始播放。

QuickTime 5实际上也支持流式媒体，但是图像质量要低于Windows Media视频格式。QuickTime具有广泛的格式兼容性，而且它允许用户调节亮度、低音、高音和扬声器平衡。QuickTime合理地使用了多用途的Internet邮件扩充协议（MIME）。

其实QuickTime不仅可以用来播放不同的影音文件，它还可以播放交互式的影片，与浏览器交互，与服务器交互或者与其他的电影进行交互。这样，QuickTime电影还可以作为网上控制器、导航器、游戏、交互式的教学软件等。

Quick Time支持的格式也很多，如PICT、AIFF、AVI、BMP、MOV等；还支持JPEG图像和GIF动画等。它的工作界面如图1.17所示。

图1.17

习　题

一、选择题

1．多媒体技术的主要特性有（　　）。

① 多样性　② 集成性　③ 交互性　④ 可扩充性

（A）①　（B）①、②　（C）①、②、③　（D）全部

2．把一台普通的计算机变成多媒体计算机，需要解决的关键技术是（　　）。

① 视频音频信息的获取技术　② 多媒体数据压缩编码和解码技术

③ 视频音频数据的实时处理　　④ 视频音频数据的输出技术

（A）①　（B）①、②　（C）①、②、③　（D）全部

3．多媒体计算机中的媒体信息是指（　　）。

① 数字、文字　② 声音、图形　③ 动画、视频　④ 图像

（A）①　（B）②　（C）③　（D）全部

4．多媒体计算机的发展趋势是（　　）。

（A）进一步完善计算机支持的协同工作环境

（B）智能多媒体技术

（C）把多媒体信息实时处理和压缩编码算法做到 CPU 芯片中

（D）以上信息全对

5．多媒体信息的实时处理、压缩编码算法及通信，大量运行的是 8 位和 16 位定点矩阵运算；把这些功能和算法集成到 CPU 芯片中，要遵循的几条原则是（　　）。

（A）压缩的算法采用国际标准的设计原则

（B）多媒体功能的单独解决变成集中解决

（C）体系结构设计和算法相结合

（D）以上信息全对

6．根据多媒体特性判断以下哪些属于多媒体范畴（　　）。

① 交互式游戏　② 有声图书　③ 彩色画报　④ 立体声音乐、彩色电视等

（A）仅①　（B）①、②　（C）①、②、③　（D）全部

7．在多媒体个人计算机系统中，（　　）是多媒体硬件和软件的桥梁。

（A）多媒体实时压缩与解压缩　（B）多媒体 I/O 接口

（C）多媒体核心系统　（D）总线系统

8．若一部数码相机的标称像素值为 300 万像素，则该数码相机可拍摄相片的最大分辨率约为（　　）。

（A）640×480　（B）1024×768　（C）1280×1024　（D）2048×1536

9．（　　）是为了某个特定目的，使用多媒体技术开发研制的应用系统。

（A）多媒体应用系统　（B）多媒体教学系统

（C）多媒体数据库　（D）多媒体电子出版物

10．利用扫描仪输入文字数据信息，将它们变成文字信息的软件是（　　）。

（A）Photoshop　（B）OCR 软件　（C）Word　（D）媒体播放器软件

11．数码相机的核心感光元件是（　　）。

（A）镜头　（B）储存卡　（C）CCD　（D）LCD 取景框

二、填空题

1．多媒体计算机可分为两大类________和________。

2．多媒体计算机的定义简单地说是综合处理________，使多种媒体信息具有________和________。

3．多媒体技术是解决常规电视数字化及高清晰度电视（HDTV）切实可行的方案。HDTV 的特点有：________、________和________。

4．多媒体通信可分为两类：________和________。

5．多媒体计算机的主要应用领域是________、________和________。

6．多媒体技术所研究的内容主要有下面四个特性，分别为________、集成性、交互性、________。

7．在多媒体个人计算机系统由计算机硬件系统和________组成。

8．与传统的计算机硬件系统相比，多媒体计算机硬件系统主要是在其基础上增加了一些________的芯片。

9．________是多媒体硬件和软件的桥梁，它主要负责完成各种多媒体硬件设备的驱动控制，并提供相应的________，以便高层软件系统的调用。

10．多媒体个人计算机是指具有________功能。并且符合多媒体计算机标准的一类个人计算机，我们通常简称为________。

11．多媒体通信技术是指利用通信网络综合的完成多媒体信息的________的技术。

12．在日常工作中我们经常使用扫描仪来获取印刷品上的文字信息，这是指将印刷品上的文字信息以________方式扫描到计算机中，再利用________软件将其识别并且转换成文本格式。

三、问答题

1．多媒体计算机的定义是什么？

2．多媒体计算机从开发、生产厂商及应用的角度可分哪两大类？

3．多媒体计算机的发展趋势是什么？

4．简述多媒体计算机的关键技术及其主要应用领域。

5．多媒体技术促进了通信、娱乐和计算机的融合，主要体现在哪几个方面？

第 2 章　声音素材的编辑与制作实例

内容提要：

声音媒体技术和格式、常用的压缩编码技术、预测编码技术、编码和解码过程，变换编码技术、音频卡的功能与分类、MIDI、音乐合成、各种音乐格式文件的转换方法。

2.1　多媒体中的音频信息

声音是携带信息的重要媒体，它与图像、视频、字幕等有机地结合在一起，共同承载着制作者所要表达的思想、感情，因此多媒体音频技术是多媒体技术的一个主要分支。在多媒体应用系统中可以通过声音直接表达或传递信息、制造某种效果和气氛以及演奏音乐等。只要为计算机装上“耳朵”（麦克风），就能让计算机听懂、理解人们的讲话，实现语音识别；为计算机安上嘴巴（扬声器），就能让计算机讲话和奏乐。

人从外部世界所获取的信息中，有 20%是通过听觉获得的。人的听觉范围约为 20Hz～20kHz，这个频率范围内的信号被称为音频或声音，多媒体技术主要研究的是这部分信息的使用；频率范围小于 20Hz 的信号被称为亚音频，这个范围内的信号人们一般听不到，频率范围高于20kHz的信号被称为超音频或超声波，超声波具有很强的方阶比并且可以形成波束，利用这种特性，人们制造了超声波探测仪、超声波焊接设备等。另外，人的发声器官可以发出 80Hz～3400Hz 频率范围的声音，但人们平时说话的频率范围为 300Hz～3000Hz。

2.1.1　声音媒体

声音是由物体振动引发的一种物理现象。在多媒体技术中，人们通常将处理的声音媒体分为 3 类。

（1）波形声音：实际上已经包含了所有声音形式，这是因为计算机可以将任何声音信号通过采样、量化数字化，在必要的时候，还可以准确地将其恢复。

（2）语音：人的说话声也是一种波形声音，可以通过语气、语速、语调携带着比文本更加丰富的信息。这些信息往往可以通过特殊的软件进行抽取，所以人们把它作为一种特殊的媒体单独研究。

（3）音乐：音乐是一种符号化了的声音，这种符号就是乐谱，乐谱则是转变为符号媒体形式的声音。

从听觉角度讲，声音媒体具有 3 个要素，即音调、音强和音色。

（1）音调：与声音的频率有关，频率越高，音调就越高。所谓声音的频率是指每秒钟声音信号变化的次数，用 Hz（赫兹）表示。

（2）音强：又称为响度，它取决于声音的振幅。振幅越大，声音就越响亮。

（3）音色：音色是由于波形和泛音的不同所带来的一个声音属性。比如，钢琴、提琴、笛子等各种乐器发出的声音不同，是由它们的音色不同决定的。

2.1.2 音频信号的数字化技术

当把模拟声音变成数字声音时，需要在时间轴上，每隔一个固定时间间隔对波形曲线的振幅进行一次取值，这称之为采样，采样的时间间隔称为采样周期。

数字音频是一个数据序列，在时间上是断续的。用数字表示音频幅度时，只能把无穷多个电压幅度用有限个数字表示。把某一幅度范围内的电压用一个数字表示，称之为量化。

采样量化的结果是用所得到的数值序列表示原始的模拟声音信号，这就是将模拟声音信号数字化的基本过程，如图 2.1 所示。

图 2.1

数字声音是通过采样技术进行记录的。采样就是将模拟量表示的音频电信号转换成由许多二进制数 1 和 0 组成的数字音频文件。采样过程所用的主要硬件是模拟/数字转换器（A/D 转换器），由它完成音频信号的采样工作。在数字声音回放时，再由 D/A 转换器将数字信号转换为原始电信号。声卡的主要部分之一就是 A/D 和 D/A 转换器及其相应的电路。

2.1.3 数字音频质量

数字音频质量的好坏主要取决于采样频率、取样大小和声道数等几个因素。

1. 采样频率

采样频率，又称取样频率。它是将模拟声音波形转换为数字声音时，每秒钟所抽取声波幅度样本的次数。采样频率越高，则经过离散数字化的声波越接近于其原始的波形，也就意味着声音的保真度越高，声音的质量越好。目前通用的标准采样频率有 11.025kHz、22.05kHz 和 44.1kHz。当然采样频率越高，则所需要的信息存储量也越多。

2. 取样大小

取样大小，又称量化位数。它是每个采样点能够表示的数据范围。例如，8 位量化位数可以用 2^8 表示 256 个不同的量化值，16 位量化位数则可表示 2^{16}，即 65536 个不同的量化值。量化位数的大小决定了声音的动态范围，即被记录和重放的声音最高与最低之间的差值。当然，量化位数越高，音质越好，数据量也越大。实际使用中经常要在波形文件的大小和声音回放质量之间进行权衡。

3. 声道数

声道数是指所使用的声音通道的个数，它表明声音记录只产生一个波形（即单音或单声道）还是两个波形（即立体声或双声道）。立体声听起来要比单音丰满优美，但需要两倍于单音的存储空间。

2.1.4 常用的数字音频文件格式

在计算机数字音频制作与处理系统中，存储、传输和处理数字音频信息的文件格式主要有如下几种。

1. WAV 格式文件

WAV 格式文件是 Microsoft 公司和 IBM 公司开发的被 Windows 采用的波形声音文件，WAV 格式来源于对声音模拟波形的采样。用不同的采样频率对声音的模拟波形进行采样可以得到一系列离散的采样点，以不同的量化位数（8 位或 16 位）把这些采样点的值转换成二进制数，然后存入磁盘，就产生了声音的 WAV 文件，即波形文件。

WAV 文件是由采样数据组成的，所以它所需要的存储容量很大。用下列公式可以简单地推算出 WAV 文件所需的存储空间的大小。

WAV 格式的声音文件的字节数/秒=采样频率(Hz) ×量化位数(位) ×声道数/8

如果对声音质量要求不高，则可以通过降低采样频率，采用较低的量化位数或利用单音来录制 WAV 文件，此时的 WAV 文件大小可以成倍地减小。

2. Midi 格式文件

乐器数字接口（Musical Instrument Digital Interface，MIDI）是由世界上主要的电子乐器制造厂商建立起来的一个通信标准，以规定计算机音乐程序、电子合成器和其他电子设备之间交换信息与控制信号的方法。MIDI 文件中包含音符、定时和多达 16 个通道的乐器定义，每个音符包括键、通道号、持续时间、音量、力度等信息。所以 MIDI 文件记录的不是乐曲本身，而是一些描述乐曲演奏过程中的指令。

由于 MIDI 文件记录的是一系列指令而不是数字化后的波形数据，因此它占用存储空间比 WAV 文件要小得多。所以预先装入 MIDI 文件比装入 WAV 文件要容易得多。但是 MIDI 文件的录制比较复杂，需要学习一些使用 MIDI 创作并改编作品的专业知识，并且还必须有专门工具，如键盘合成器。

3. ASF/ASX/WAX/WMA 格式文件

ASF/ASX/WAX/WMA 格式文件都是 Microsoft 公司开发的同时兼顾保真度和网络算术传输的新一代网上流式数字音频压缩技术。以 WMA 格式为例，它采用的压缩算法使声音文件比 MP3 文件小，而音质上毫不逊色，更远胜于 RA 格式的音质。它的压缩率一般都可以达到 1:18 左右，现有的 Windows 操作系统中的媒体播放器或 Winamp 都支持 WMA 格式，Windows Media Player 7.0 还增加了直接把 CD 格式的音频数据转换为 WMA 格式的功能。

4. MP3 格式

MP3 格式是德国 Fraunhofer Institut fur Integrierte Schaltungen 协会于 1987 年开发出来的，符合 MPEG 音频规范。

5. WRK 格式

WRK 格式是 Cakewalk Pro 软件采用的 MIDI 文件存储格式。

2.2 多媒体数据压缩编码技术

数据压缩编码是一项十分关键的多媒体技术，是多媒体数据库、多媒体通信、数字化电视的关键技术。

2.2.1 常用的压缩编码技术

常用的压缩编码技术有波形编码、音频参数编码和混合编码方式三种。

1. 波形编码方式

波形编码方式针对声音波形进行编码，使重建音频波形保持原波形的形状。PCM（脉冲编码调制）是最简单最基本的编码方法。没有进行压缩，因而所需的存储空间较大。为了减少存储空间，人们利用音频样值的幅度分布规律和相邻样值具有相关性的特点，提出了差分脉冲编码调制（DPCM）、自适应差分脉冲编码调制（ADPCM）、自适应预测编码（APC）、自适应变换编码（ATC）等算法，实现了数据的压缩。波形编码适应性强，音频质量好，但压缩比不大，波形编码方式易受量化噪声影响，进一步降低编码率也较困难。

2. 音频参数编码方式

音频参数编码方式是对音频数字信号进行分析，提取其特征参数，然后再进行编码，使重建音频保持原音频的特性，故又称参数编码。其编码率为 0.8kbit/s～4.8kbit/s，属于窄带编码。典型的音频参数编码方式有通道声码器、同态声码器、共振峰声码器、线性预测声码器等。这种编码技术的优点是数据的码率低，但重建音频信号的质量较差，自然度低。

3. 混合编码方式

混合编码方式是将上述两种编码算法很好地结合起来，使在较低的码率（4.8kbit/s～9.6kbit/s）上得到较高的音质。典型的混合编码方式有：码本激励线性预测编码（CELP）、多脉冲激励线性预测编码 （MPLPC）等。

音频信号能进行压缩编码的基本依据有两个，一是声音信号中存在很大的冗余度，通过识别和去除这些冗余度，便能达到压缩编码率的目的；二是人的听觉具有一个强音能抑制一个同时存在的弱音现象，这样就可以抑制与信号同时存在的量化噪声。

2.2.2 预测编码技术

预测编码是统计冗余数据压缩理论的三个重要分支之一，它的理论基础是现代统计学和控制论。在这些理论与技术的基础上形成了一个专门用于作压缩冗余数据的预测编码技术。预测编码的基本方法是首先建立数学模型，利用以往的样本值对新的样本值进行预测；然后将样本的实际值与其预测值相减得到一个误差值；最后对这个误差值信号进行编码。

预测编码方法分线性预测编码方法和非线性预测编码方法。线性预测编码方法也称差分脉冲编码调制法（Differential Pulse Code Modulation，DPCM）。

2.2.3 JPEG 压缩编码技术

JPEG 压缩标准定义了两种基本压缩编码方案，一种采用无失真的预测编码法，另一种是有失真的变换编码法。

无失真的预测编码法的基本思想是先对输入图像进行差分脉冲编码调制（DPCM）压缩，再进一步用熵编码压缩得到的压缩数据。无失真的熵编码器一般采用哈夫曼（Huffman）编码对 DPCM 的压缩数据进行进一步的压缩。

有失真的变换编码法是基于局部区域的离散余弦变换（DCT），图 2.2 所示的是基于 DCT 顺序工作方式的 JPEG 编码的完整工作过程框图，这个过程可以描述为：首先将原始图像分割成 8×8 的数据块，接着使用基于 DCT 的方法分别对每个数据块进行正交变换，再对 DCT 系数进行量化，并对量化后的系数分别编码。

解码过程是编码过程的逆过程，图 2.3 所示的是基于 DCT 顺序工作方式的 JPEG 解码的完整工作过程框图。

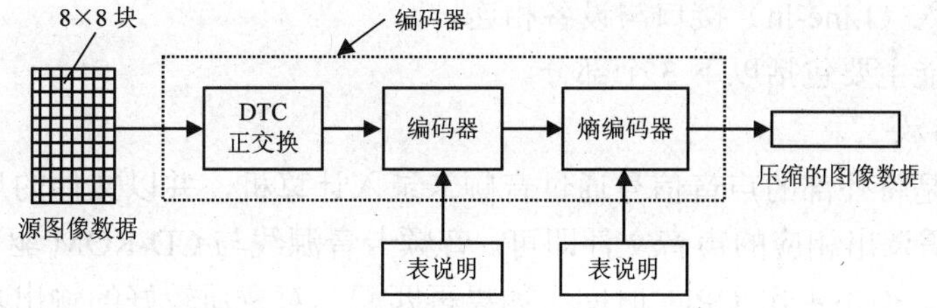

图 2.2

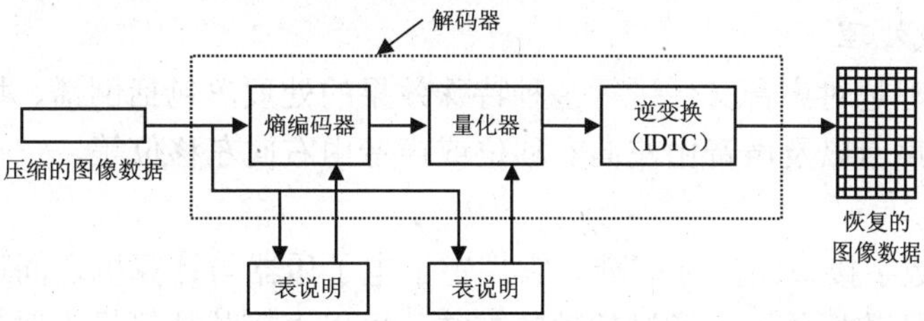

图 2.3

2.3　音频信息的获取与播放方式

常见的声音信息的获取方式有：通过声音数字化接口的录音设备将声音直接或转录到有音频卡的计算机中。实际上，这个方法就是将模拟声音信号经过采样、量化进行数字化的过程。另外一种方式是购买光盘声音素材库，这是已经数字化好的数字声音信息，通常质量比较高。

2.3.1　音频卡的功能与分类

音频卡是多媒体硬件平台上一个很重要的部件，普通计算机必须配上音频卡才能实现音频信息的处理。音频卡一般由线性输入插孔（Line-in）、话筒输入插孔（Microphone，MIC）、线性输出插孔（Line-out）、扬声器输出插孔（Speaker）、游戏端口/MIDI 插孔（Game Port/MIDI）等几部分组成，外部接口如图 2.4 所示。

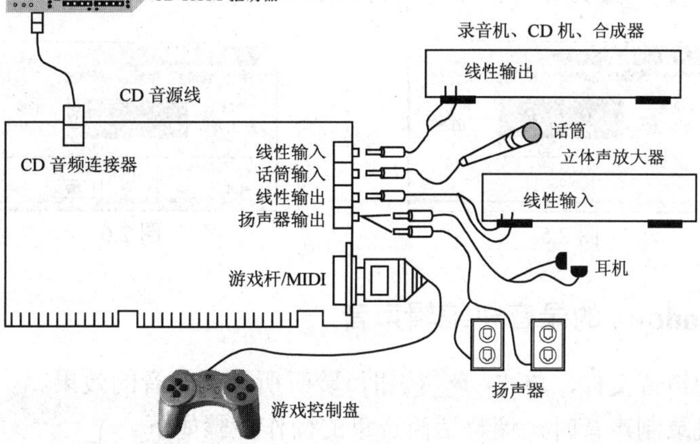

图 2.4

如果需要转录其他音源的声音信息，比如录音机、MP3 播放机、CD 唱机等，就使用声卡提供的线性输入（Line-in）接口与设备相连。

音频卡的功能主要包括以下 3 个部分。

1．录制与播放

录制与播放是将外部的声音信号通过音频卡录入计算机，并以文件的形式进行保存。在需要播放时，只需调出相应的声音文件即可。音频卡音源线与 CD-ROM 驱动器相连，可以直接播放 CD 音乐，而不占用 CPU 时间。如果再匹配一对音质较好的输出功放，将使计算机具有组合音响的功能。

2．编辑与合成处理

编辑与合成处理是对声音文件进行多种特殊效果的处理，包括倒播、增加回音、饶舌、淡入和淡出、交换声道以及声音由左向右移位或声音由右向左移位等。

3．MIDI

MIDI 是乐器数字接口的国际标准，它规定了电子乐器与计算机之间进行数据通信的协议，以便保证双方的数据传输。通过软件的方法，可以直接从计算机上对外部电子乐器进行控制和操作。

音频卡的分类主要根据其数据采样量化位数来确定，通常分为 8、16 和 32 位等几种。当然位数越多，其量化精度越高，音质就越好。除此之外，还应该注意使用高质量的录音设备，选择良好的外界环境。

2.3.2 使用 Windows 的录音机录制声音

下面介绍利用 Windows 环境提供的录音机，以话筒作为输入源录音的方法，其操作步骤如下。

① 将话筒插头插入声卡提供的标有“MIC”或话筒图形的插口，并确认已连接好。

② 选择 Windows 的【开始】→【程序】→【附件】→【娱乐】→【录音机】命令，弹出“录音机”窗口，如图 2.5 所示。

③ 在“录音机”窗口中，选择【文件】→【新建】命令。

④ 单击 （开始）按钮开始录音，如图 2.5 所示。

⑤ 单击 （停止）按钮停止录音，如图 2.6 所示。

⑥ 选择【文件】→【另存为】命令，将刚刚录制好的声音存成一个声音文件。

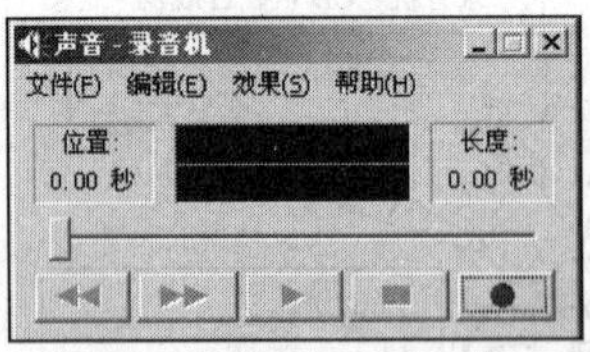

图 2.5

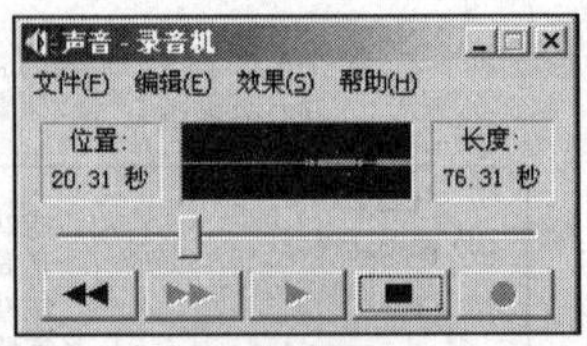

图 2.6

2.3.3 使用 Windows 的录音机编辑声音

打开录制好的声音文件，单击 按钮，聆听所录制声音的效果。

在利用录音机录制声音时，调整话筒音量的操作步骤如下。

① 为了获得更好的录制声音的效果，通常不要让“输入源”的声音强度过大，以避免超

过量化器范围，造成较大的失真。首先右键单击屏幕右下角的喇叭图标，如图 2.7 所示。

图 2.7

② 单击【打开音量控制】命令。弹出音量控制面板对话框，选择【选项】→【属性】命令，如图 2.8 所示。

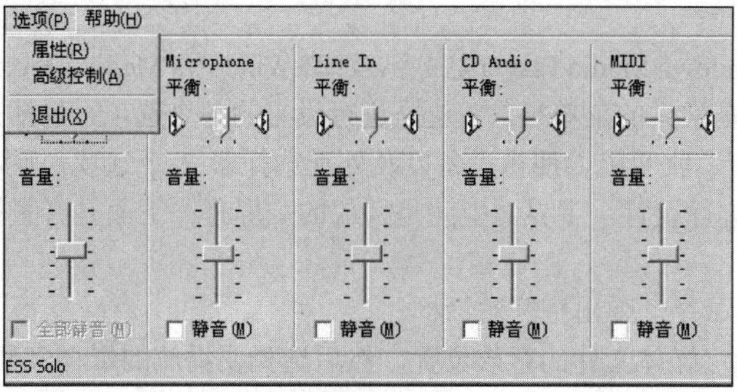

图 2.8

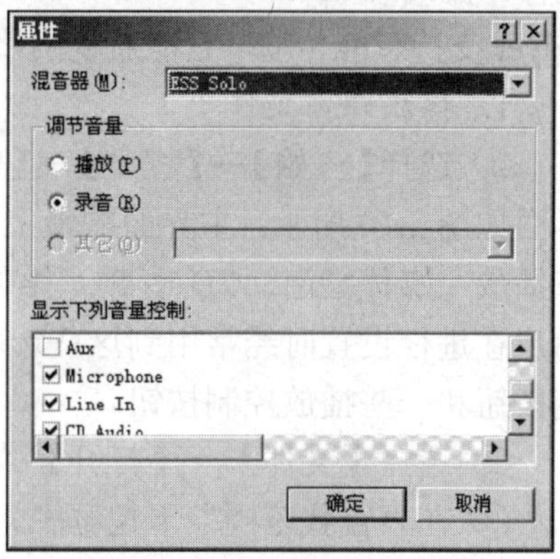

图 2.9

③ 在弹出的“属性”对话框中选择“录音”单选按钮。然后，在“显示下列音量控制”栏中选中“Microphone”复选框，如图 2.9 所示，并单击【确定】按钮退出。

一般来说，语音的录音质量可以低一些，背景音乐的录音质量良好即可，只有在录制高保真音乐时才选择高质量。具体步骤如下。

① 在图 2.5 所示的“声音 - 录音机”窗口中，选择【文件】→【属性】命令，弹出声音的“属性”对话框，上半部分列出了当前声音文件的属性。

② 单击【立即转换】按钮，弹出“声音选定”对话框，在“名称”下拉框中列出了几项常用的格式，可以直接从这里挑选或从“属性”列表中进行挑选。

Windows 环境中提供的录音机，只能录制 1 分钟以内的声音，若要录制长度超过 1 分钟的声音信息，就需要选择功能更强的其他音频处理软件。

2.3.4　波形文件的播放

常见的波形声音文件的播放形式有以下几种。

1. 利用 Windows 环境提供的录音机直接播放 WAV 格式的声音文件

① 在图 2.5 所示的“声音 - 录音机”窗口中，选择【文件】→【打开】命令，弹出相应对话框，选择确认待播放的文件。

② 在图 2.5 所示的“声音 - 录音机”窗口中单击 ▶ 按钮开始播放。

③ 单击 ■（停止）按钮，停止播放。

注意：单击 ◀◀（快退）可以将指针移到文件头，而单击 ▶▶ 可以将指针移到文件尾。这两个按钮相当于平时使用的收录机中的【快进】、【快退】按键。

2. 利用“媒体播放器”播放多种格式的声音文件

① 选择【开始】→【程序】→【娱乐】→【Windows Media P1ayer】命令，打开 Windows Media Player。

② 选择【文件】→【打开】命令，选择待播放的声音文件。Windows Media P1ayer 开始播放。

2.3.5 Windows Media Player

Windows Media Player 是 Microsoft 公司开发的一个功能强大且易于使用的媒体播放机。使用 Windows Media Player，不仅能播放各种音频和视频文件，而且能播放流式 Windows Media 文件。流式 Windows Media 文件是通过网络传输的音频、视频或混合型多媒体文件。Media Player 支持智能传输，它能监视网络情况并自动进行调整，以确保接收和播放处于最佳状态。

1. 播放媒体文件

① 选择【开始】→【程序】→【Windows Media Player】命令，启动 Windows Media Player，界面如图 2.10 所示。主界面的最上方是常见的菜单栏，左边是进行设置的各个选项，包括正在播放、媒体指南、CD 音频、媒体库、收音机、便携设备以及外观选择器 7 个选项，通常用户在进行设置时经常用到这些选项进行设置，主界面中间是播放的主屏幕，下面是音量控制按钮和一些播放控制按钮。

② 选择【文件】→【打开】菜单命令，弹出打开对话框。

③ 在“查找范围”下拉框中，指定媒体文件的存放位置，然后选择要播放的媒体文件。如果要选择多个连续的媒体文件，则单击第一个待选的媒体文件，然后按住【Shift】键，再单击最后一个媒体文件。

④ 单击【打开】按钮，播放将自动开始。

如果要打开网上的媒体文件，则选择【文件】→【打开 URL】菜单命令，在弹出的对话框中指定网上媒体文件的 URL 地址。另外，在浏览网页的过程中，如果单击指向媒体文件的链接，而该媒体文件与 Windows Media Player 相关联，则会启动 Windows Media Player 来播放该媒体文件。

2. 调整 SRS WOW 效果

Windows Media Player 集成有 SRS WOW 音频增强技术，通过它可添加重低音和动态范围来提高音频内容的质量。TruBass 功能则改进了低音效果，模拟大型扬声器的效果，加宽了“声音的环绕效果”，使人感到声音是从远处的扬声器传来的，从任何方向均可听到美妙的音乐。调整 SRS WOW 效果的操作步骤如下。

① 首先单击 Windows Media Player 任务栏的【正在播放】按钮，再选择【查看】→【正在播放工具】→【SRS WOW】效果命令，如图 2.11 所示。

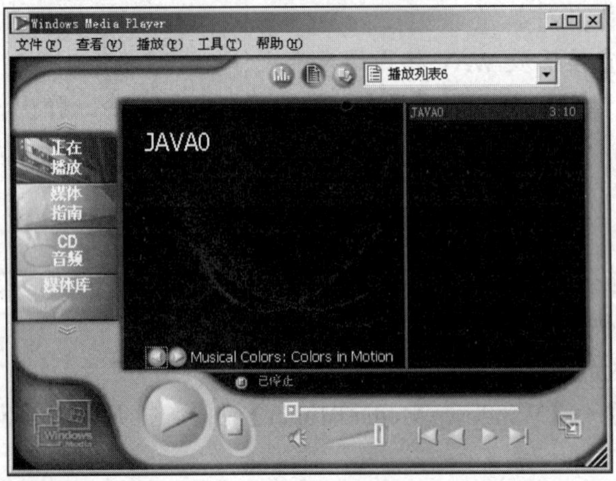

图 2.10

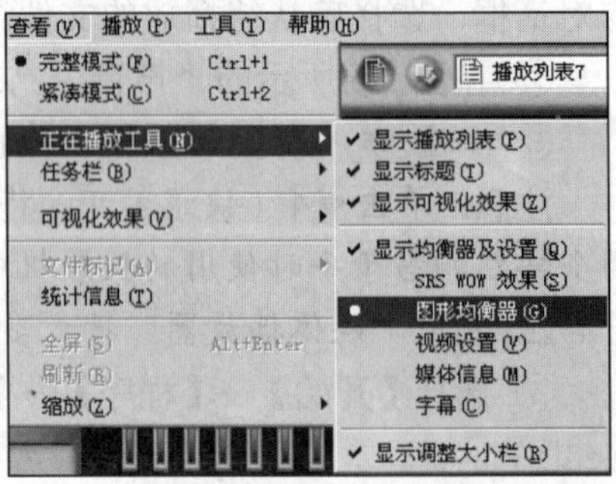

图 2.11

② 在打开的“SRS WOW 效果”设置窗口中，可以打开或关闭 SRS WOW 效果，也可以选择扬声器音量，还可以拖动滑块来调整 TruBass 和 WOW 效果，如图 2.12 所示。

图 2.12

3. 调整视频设置

播放视频文件时，如果要调整视频设置，首先单击【正在播放】按钮，再选择【查看】→【正在播放工具】→【视频设置】命令，在打开的视频设置窗口中，可以拖动滑块来调整视频的亮度、对比度、色调和饱和度。

4. 在完整模式与紧凑模式之间切换

Windows Media Player 有完整和紧凑两种模式，完整模式是播放机的默认模式。若要切换为紧凑模式则单击右下角的（切换模式）按钮。在紧凑模式下，播放机使用所选的外观并只具备该外观设计时所具备的功能，如图 2.13 所示。在紧凑模式下，屏幕右下角会出现一个小窗口。如果在该窗口内单击，则会弹出快捷菜单，如图 2.14 所示。选择该菜单中的命令，可以返回完整模式、选择新外观、打开媒体文件或者关闭 Windows Media Player 等。如果再次单击该按钮，则会切换回完整模式。在完整模式下，Windows Media Player 的所有功能都可以使用，包括某些在紧凑模式下不可用的功能。

图 2.13

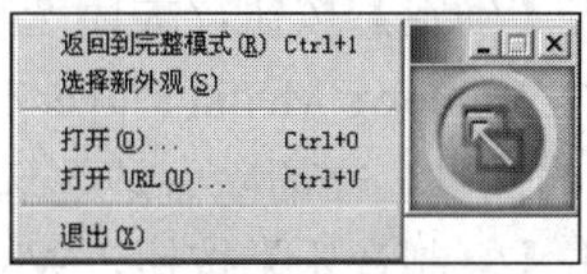

图 2.14

5. 播放 CD

CD 存放的是数字化的音乐节目。播放 CD 时，只需将 CD 插到光盘驱动器中，Windows Media Player 就会自动启动并进行播放。

6. 手工编辑 CD 曲目信息

播放 CD 时，Windows Media Player 会从网上尽可能收集该 CD 的有关信息，包括艺术家的姓名和曲目标题等。如果无法获得 CD 的有关信息或者没有连接到 Internet，那么 Windows Media Player 将以曲目号作为标题显示。另外，还可以手工编辑 CD 曲目信息，操作步骤如下。

① 单击 Windows Media Player 任务栏的【CD 音频】按钮，显示 CD 曲目的详细信息。

② 右键单击要编辑的曲目，打开如图 2.15 所示的快捷菜单，单击【编辑】命令，然后输入曲目信息。

③ 按【Tab】键在栏与栏之间切换，对每首曲目重复步骤②，将编辑好所有曲目信息的情况。

Windows Media Player 会记住用户对 CD 曲目信息所做的编辑并在每次播放同一张 CD 时

显示这些曲目信息。

7. 复制 CD

可以将曲目从 CD 复制到硬盘上，这样做的好处是：可以在各 CD 之间或各 CD 上的歌曲之间轻松转换，而无需更换 CD。还可以创建播放列表，以便对要播放的曲目进行安排。

复制 CD 曲目时，可以将其压缩，以免占用过多的硬盘空间。进行 CD 复制的操作步骤如下。

① 选择【工具】→【选项】菜单命令，弹出选项对话框。

② 切换到 CD“音频”选项卡，如图 2.16 所示，从中对 CD 音频选项进行设置。

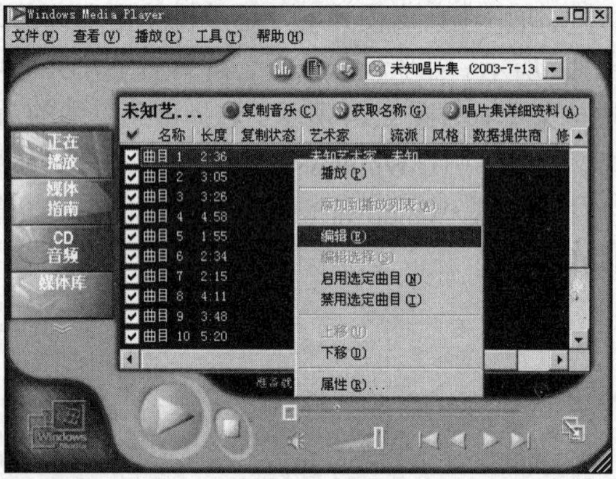

图 2.15

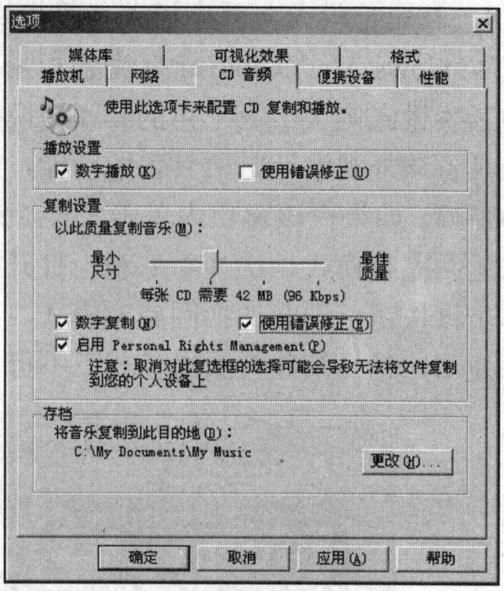

图 2.16

③ 单击【确定】按钮，关闭选项对话框。

④ 单击 Windows Media Player 任务栏的【CD 音频】按钮，然后选择要复制的曲目。对于不想复制的曲目，需清除旁边复选框中的 √。

⑤ 单击【复制音乐】按钮，Windows Media Player 即开始复制。复制时会显示复制进度和状态。

复制后所有选中的曲目将被存放在指定的文件夹中，并在媒体库中列出。单击【媒体库】，将显示媒体库中的内容。

8. 将媒体文件添加到“媒体库”中

将媒体文件添加到“媒体库”中的方法如下。

① 通过将 CD 曲目复制到硬盘中来添加 CD 曲目到“媒体库”中。

② 选择【文件】→【打开】菜单命令，在弹出的对话框中打开要添加的媒体文件。

③ 选择【文件】→【添加到库中】→【添加文件】菜单命令，在弹出的对话框中找到要添加的媒体文件。

④ 将媒体文件从 Windows 资源管理器拖放到“媒体库”窗口中。

9. 创建播放列表

使用“媒体库”，可以将 CD 曲目及与文件或广播电台等的链接添加到播放列表中。播放列表使用户可以将不同媒体内容集中在一起并按指定的顺序播放。创建播放列表的操作步骤如下。

① 单击 Windows Media Player 任务栏的【媒体库】按钮，显示媒体库中的内容。

② 单击【新建播放列表】按钮，在弹出的“新建播放列表”对话框中输入播放列表的名称。

③ 单击【确定】按钮，创建播放列表。

创建播放列表后，就可以将媒体文件添加到播放列表中了，具体步骤如下。

① 单击要添加到播放列表中的媒体文件。

② 单击【添加到播放列表】按钮，弹出下拉菜单。

③ 选择【添加到民歌】命令，将选择的媒体文件添加到“民歌”播放列表中。

④ 重复上面的步骤将其他媒体文件添加到播放列表中。播放列表中可以包含任意数量的媒体文件，而且相同的媒体文件可以重复。

对于播放列表中的媒体文件，若要进行播放，则在媒体库窗口中单击播放列表名，再单击【播放】按钮。

2.3.6　Winamp

除了 Windows 提供的媒体播放器之外，还有很多专门用来播放各种媒体文件的工具，它们在相对的领域内比 Windows 中内置的播放器更专业、更容易使用。其中 Winamp 是由美国 Nullsoft 公司推出的目前使用非常广泛的 MP3 专业音频播放器。

1．下载和安装 Winamp

可以到 Winamp 主页（http://www.winamp.com）免费下载 Winamp。下载后可得到安装程序，只需运行该程序，然后按提示操作，即可安装好 Winamp。

2．Winamp 操作界面

双击桌面上的 Winamp 图标，或者选择【开始】→【程序】→【Winamp】→【Winamp】命令，启动 Winamp，如图 2.17 所示。Winamp 操作界面由播放窗口、音效均衡器、播放表编辑器和 Winamp 浏览器 4 部分构成。其中，播放窗口是 Winamp 的主控窗口：音效均衡器用于调整音质；播放表编辑器用于对播放表进行管理；Winamp 浏览器使用户能连接到 Internet，下载免费的插件和外观。

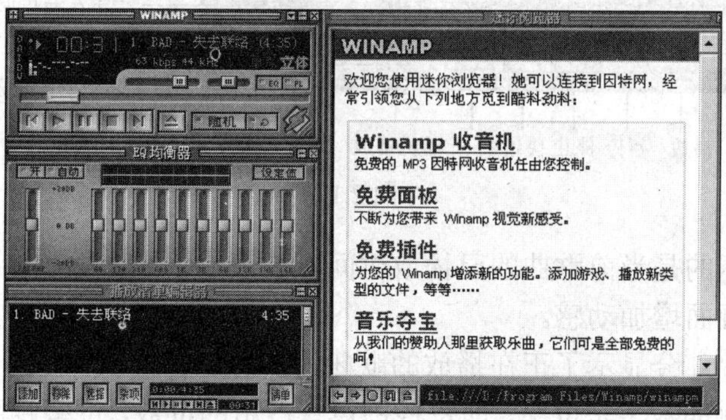

图 2.17

在播放控制面板上有一些如同录音机一样的按钮：播放、暂停、停止、向前跳曲、向后跳曲。另有左右声道调节、音量调节、播放列表、EQ 均衡器开关、随机放音开关、循环放音开关。在 EQ 均衡器中提供 10 个频率的声音调节和前级功放效果。播放列表用于帮助用户选定播放的文件。

3. 用 Winamp 播放 MP3

① 单击按钮，弹出“打开文件”对话框。

② 在“查找范围”下拉列表框中，指定 MP3 文件的存放位置。

③ 按住【Ctrl】键，单击每首要播放的 MP3 文件，如图 2.18 所示。

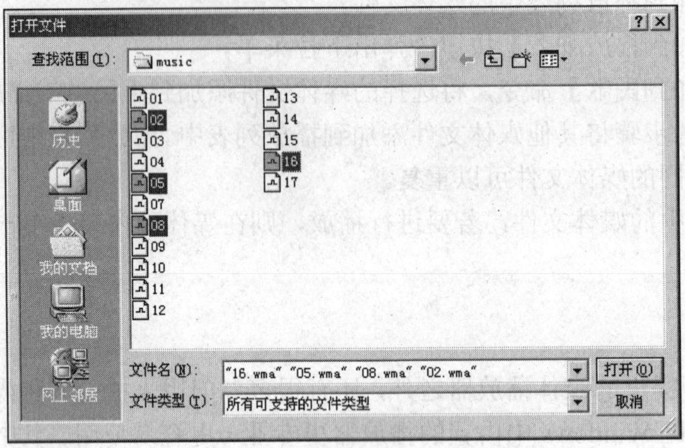

图 2.18

④ 单击【打开】按钮，打开要播放的 MP3 文件。

⑤ 单击按钮，开始播放。

4. 播放窗口

播放窗口是 Winamp 的主控窗口，它的组成及功能如图 2.19 所示。

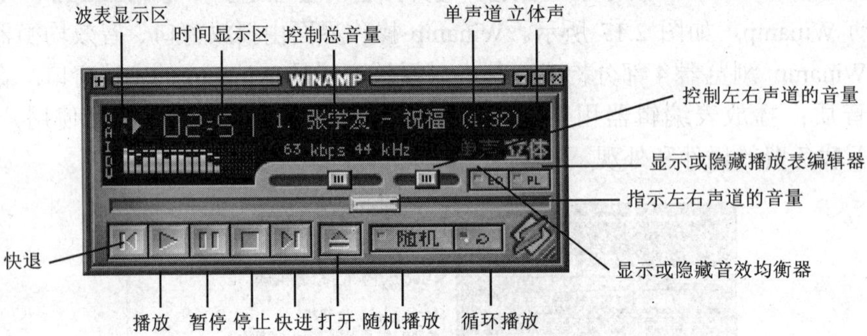

图 2.19

时间显示区显示的是当前歌曲的已播放时间。波表显示区会随歌曲节奏变化的快慢而不断变化，为静止的画面增加动感。

播放窗口的右上部分显示了正在播放的歌曲的信息，包括歌曲序号、歌曲名称和总的播放时间。“kbps”左侧的数字是位率，即每秒钟声音占用的位数，位率越高，声音的质量越好。“kHz”左侧的数字是声音的采样频率。“单声”和“立体”表示声音是单声道还是立体声。若“单声”显示为绿色，则是单声道；若“立体”显示为绿色，则是立体声。

紧接在歌曲信息下有两个控制条和两个控制按钮。拖动左边的控制条，可以调节总音量的大小；拖动右边的控制条，可以控制立体声方式下左右声道的音量均衡；两个控制按钮【EQ】和【PL】分别控制是否显示音效均衡器和播放表编辑器。

音量控制条下面是播放进度显示条，可以左右拖动它来控制歌曲的播放进度。

播放窗口最下面是六个按键的按钮，从左至右依次是【快退】、【播放】、【暂停】、【停止】、【快进】和【打开】。右侧还有随机播放和循环播放两个按钮，绿色表示有效。

若单击播放窗口右下角的闪电图标，则打开“关于 Winamp”对话框，该对话框是对 Winamp 快捷键操作、版权信息等的介绍。

播放窗口左上角是控制菜单图标。双击控制菜单图标，将关闭 Winamp；单击控制菜单图标，将打开如图 2.20 所示的 Winamp 控制菜单，通过控制菜单对 Winamp 进行设置，可以增强和改善 Winamp 的功能，获得更强的播放效果和更多的文件类型支持。

单击播放控制面板上的【EQ】按钮，打开均衡器窗口，如图 2.21 所示。在窗口中可以设置是否启动均衡器，是否在播放时自动载入均衡器，设置前级功率放大的分贝数及各个频率的分贝数。设定完成后可以单击【设定值】按钮，在弹出的菜单中选保存项保存下来。

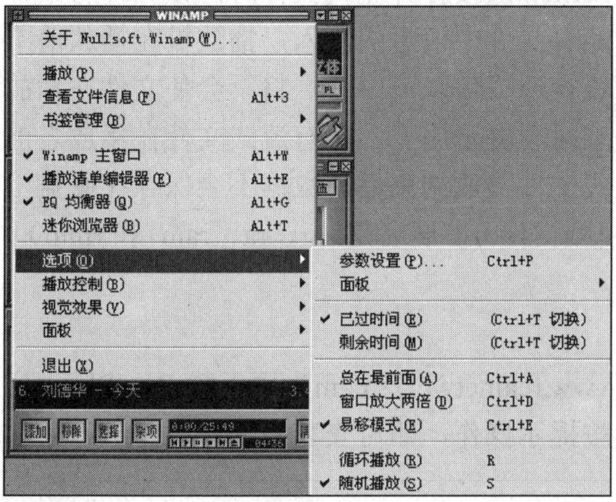

图 2.20

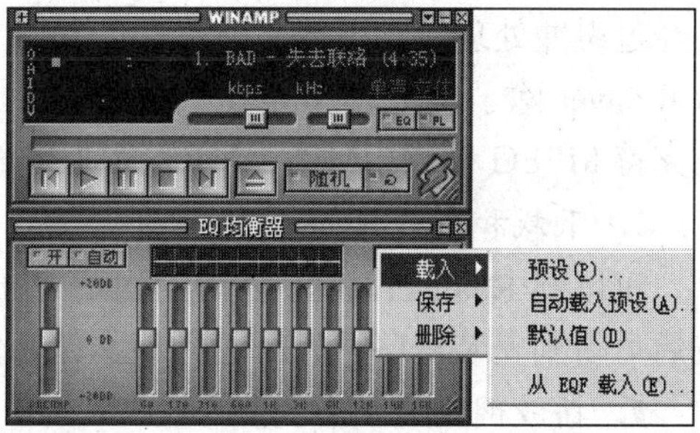

图 2.21

单击【设定值】按钮，在快捷菜单中，选择【载入】→【预设】命令，弹出如图 2.22 所示的对话框。在对话框中提供了各种风格的 EQ，选定其中需要的后，单击【载入】按钮。

5. *往播放表中添加歌曲文件*

单击播放控制面板上的【PL】按钮，弹出“播放文件选择”窗口，单击窗口左下方的【添加】按钮，如图 2.23 所示。

图 2.22

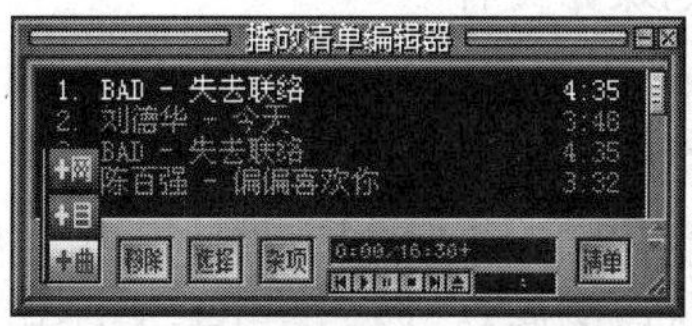

图 2.23

文件添加：单击【+曲】选项，在弹出的对话框中直接选定需要播放的 MP3 文件名。

目录添加：单击【+目】选项，在弹出的对话框中直接选定需要播放的 MP3 文件所在的目录，这样整个目录中的 MP3 文件就一次性被选定，并加入文件列表。

地址添加：单击【+网】选项，在弹出的对话框中输入网址，通过 Internet 可以打开一个网络上的 MP3 文件。

文件删除：对于已经选定的，又不想播放的 MP3 文件，单击移除选项中的相应项，可从文件列表中一次性全部删除，或只删除被选中的部分。

2.3.7 RealPlayer

随着网络的发展和 Internet 的普及，网络流媒体也逐渐被越来越多的音乐爱好者所熟悉和喜爱。在许多的流媒体播放软件中，RealPlayer 8.0 是网上收听收看实时音频、视频和 Flash 的最常用的工具。

RealPlayer 采用流式编码，解决了音频和视频数据的实时传输。在播放流式文件时无需等待下载完整个文件即可播放。当单击某个 Internet 链接打开流式文件时，该文件将部分下载并存储在缓冲区中，然后文件将开始播放。随着文件中信息的流入，播放机在播放前不断地将信息存储在缓冲区中。假如 Internet 上的流量造成信息流中断，将不会使文件在播放时出现停顿或干扰。播放机在对信息进行缓冲处理时会提示用户。所有流式文件在播放之前都要经过缓冲处理。与下载文件不同的是，当流式文件播放结束后，数据不会保存在硬盘上。RealPlayer 除了支持 RealMedia 格式的音频及视频文件（扩展名是.rm、.ra、.ram 和.rmm）外，还支持 MPEG 视频、MP3、MP3 播放表等。

1. 下载和安装 RealPlayer

可以到 RealNetworks 公司的网站（http://www.realnetworks.com）去下载 RealPlayer。下载后可得到安装程序，只需运行该文件，然后按提示操作，即可安装好 RealPlayer。

2. 播放网上音频和视频

RealPlayer 最吸引人的功能，就是通过网络来收听广播和音乐，收看网上电影、电视。收听网络广播的操作步骤如下。

① 在 RealPlayer 的地址栏中填入网络广播的地址。

② 单击【播放】按钮，RealPlayer 开始连接该网址，连接成功后，即实时播放音乐。

③ 如果需要播放 RealPlayer 列出的广播频道，则单击界面中的频道栏中某个频道，程序即开始自动连接播出。

如果网络链接的速度比较慢，那么就需要一定的缓冲时间，等数据传输量达到播放要求后，才开始播放。由于受接收带宽的限制，效果若不理想，可先下载到硬盘上，然后再用 RealPlayer 播放。

3. 播放本地媒体文件

用 RealPlayer 播放本地媒体的操作步骤如下。

① 选择【文件】→【打开文件】菜单命令，弹出“打开”对话框。

② 在“查找范围”下拉列表框中，指定媒体文件的存放位置。

③ 选中要播放的媒体文件，单击【打开】按钮，即开始播放。

如果播放的是视频文件，则可单击“缩放控制”按钮，打开如图 2.24 所示的菜单，选择按哪种方式来播放视频文件，是全屏幕、原始大小还是双倍大小。

如果单击视频控制按钮，则会打开如图 2.25 所示的“视频控制”面板，利用该面板可以调节对比度、亮度、色调、清晰度等。

图 2.24

图 2.25

2.3.8 Sound Forge

1. Sound Forge 简介

Sound Forge 是 Sonic Foundry 公司的王牌产品，Sound Forge 的英文直译就是“声音熔炉”，意思是说，把声音放入这个软件里，就能把声音锻造成所需的任何片段。Sound Forge 是很全面的一个音频编辑软件，从音乐制作到游戏音效的编辑，都有它非常广泛的应用。

双击 Sound Forge 图标，启始界面如图 2.26 所示，工作界面如图 2.27 所示。

图 2.26

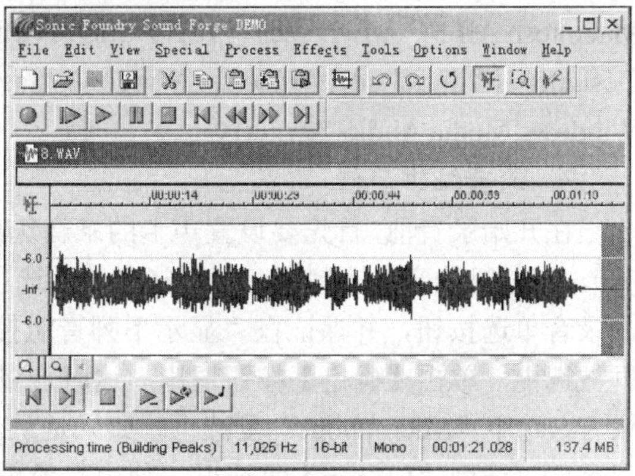

图 2.27

Sound Forge 由波形编辑窗口、菜单栏、标准工具栏、工作区、状态栏和播放栏组成。

在 Sound Forge 中可以同时打开多个音频文件，每个音频文件都有一个独立的编辑窗口。在编辑窗口中可以对音频文件进行剪切、复制、删除、添加效果等处理。

波形编辑窗口用来显示每个被打开的声音文件的波形。在这个窗口里，可以对波形进行各种编辑和处理，并且该窗口的大小是可调的。波形数据窗口包括了编辑音频文件时所需要的标尺——电平标尺和时间标尺。

Sound Forge 所有有效的功能都可以在菜单栏的下拉菜单命令中找到。如果没有打开任何声音文件，那么很多命令不会在菜单栏内显示出来，其功能也就无法打开和使用了。

标准工具栏提供了 Sound Forge 最基本的文件编辑和操作功能。

工作区通常只是一个数据窗的背景。可以直接从一个波形数据窗内拖动一个波形，当在工作区内松开鼠标时，就可以自动创建一个新的数据窗。

状态栏用来显示当前正在编辑或激活的声音文件的有关信息。如采样率（Sample Rate）、采样位数（Sample Size）、单声道/双声道、时间长度、硬盘有效剩余空间等。除了硬盘有效剩余空间显示外，其他各项都可以使用双击和右击来进行选项编辑或查询该音频文件更详细的资料。

播放栏可以提供一些音频播放类的控制键，比如录音、整体播放（Play All）、播放、暂停（Pause）、停止、开始位置、向前、向后、终点位置等。

2. 主要功能和文件格式

Sound Forge 的主要功能有：声音的任意剪辑、直接绘制声波或对声波进行直接修改、声音振幅的放大缩小（包括淡入淡出等效果）、声像（就是俗称的左右平衡）的改变、左右声道相位差的任意改变；声音文件格式转换（几乎所有已存在的各种格式，各种采样率和采样精度都可以转换）；支持基于 Direct X 标准的效果插件（相当于图形处理领域中的“滤镜”）；用 FM（频率调变）的方法自动生成声音，可以用来制作 FM 音色；刻录 CD 唱片（需要安装附加软件）。

Sound Forge 目前支持打开的主要文件格式有：Creative Labx VOC(*.VOC)、Macintosh AIFF(*.alf，*.snd)、MPEG Audio(*.mp3，*.mpg，*.mpeg)、Sounder/SoundTool(*.snd)、Video for Windows(*.avi)、Wave(*.wav)、Raw File(*.raw)等。

另外，它支持保存的主要文件格式有：Dialogic VOX ADPCM(*.VOX)、Inter voice(*.ivc)、Macintosh AIFF(*.aif，*.snd)、NEXT/Sun(Java)File(*.au，*.snd)、Raw File(*.raw，*.*)、Sounder Designer 1(*.dig；*.sd)、Video for Windows(*.avi)、Wave(*.wav)、Windows Media Format(*.asf)、Windows Media Audio(*.wma)等。

3. 录音编辑示例

在开始录音前，首先要设置声卡的录音选项，在 Windows 窗口的右下方双击音量图标（喇叭），在出现的音量控制窗口中选择菜单【选项】→【属性】命令，再在弹出的属性窗口中单击录音单选按钮，并保证在“显示下列音量控制”栏中的“Microphone”和“Line-in”复选框被选中，单击【确定】按钮退出。这时音量控制窗口转变为录音控制窗口，如果要用话筒录音，选中“Microphone”复选框，如果是从其他放音设备上通过连接到声卡的 Line-in 插孔上录音，选中“Line-in”复选框。使用其他录音软件也要这样来操作。

录音环境设置好后，回到 Sound Forge 工作界面中，选择菜单【File】→【New】命令，弹出如图 2.28 所示的对话框。当要录音解说词时，则可以设置为 22 050Hz、8 位单声道；当要录音乐时，则至少要设置为 44 100Hz、16 位立体声。设置好后单击【OK】按钮退出，在工具栏第 2 排单击（录音）按钮 Record，弹出的对话框如图 2.29 所示，再单击（录音）按钮，开始录音。先试一下录音的音量，如果音量显示表上出现红色，就表示音量太大了，要在录音控制中将音量调低，峰值越接近零越好。

录音完毕单击（停止）按钮并单击【Close】按钮关闭录音窗口，这时可以看到录好的波形文件，选择菜单【File】→【Save as】命令，然后在弹出的对话框中为文件命名并保存，录音就完成了。

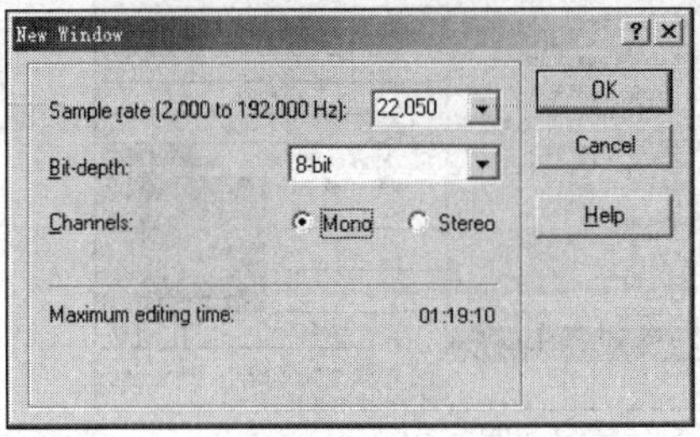

图 2.28

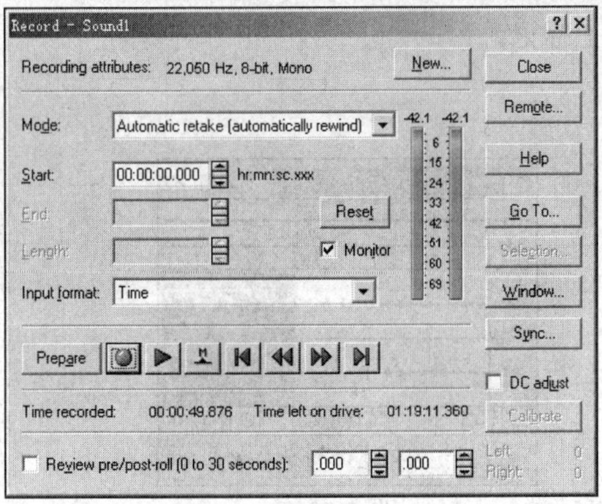

图 2.29

4. 音频编辑示例

最常用的音频编辑包括：Cut（剪切）、Copy（拷贝）、Delete（删除）、Paste（粘贴）、Paste Special（特殊粘贴）。在做这些操作时，首先都要选择需要处理的波形区域，如果不选，Sound Forge 就认为是对整个 Wave 文件进行操作。选择波形区域的方法是：按住鼠标不放，拖出一块黑色的区域即可。

复制波形：将一段声音复制到文件中的另一个地方，或者复制到另一个文件里去。首先选中区域，然后按【Ctrl+C】键复制，接着将指针移到需要粘贴的地方，按下【Ctrl+V】键粘贴，完成复制波形的操作。

移动波形：将一段波形移动到另一处。首先选中区域，然后按【Ctrl+X】键剪切，接着将指针移到目的地，按下【Ctrl+V】键粘贴，就完成了移动波形的操作。

删除波形：选好要操作的波形区域，然后直接按【Delete】键删除，这时后面的波形会补上来。如果想删除以后的区域变成空白，后面的波形保持不动，那么应该用菜单【Process】→【Mute】（静音）命令。

插入空白段：如果要在声波的任意地方插入一段空白，可使用菜单【Process】→【InsertSilence】命令，然后填入需要插入多少时间的空白即可。

（1）混合

将两个音频文件拼贴混合时，Sound Forge 提供了几个通常只在多轨音频处理软件才会有的 Mixing 功能。这样就可以直接用 Sound Forge 进行一些简单有效的混合拼贴工作。

（2）将立体声音频文件的两个声轨分成两个独立的音频文件

在编辑窗口将鼠标移到立体声音频文件的一个声道的最前面，当编辑线变为只在一个声轨上后（鼠标后面会出现 L 或者 R，表示现在在左声道或右声道上，如图 2.30 所示。按住鼠标向后拖动，一直拖到这个声轨全部变成黑色，表示这个声轨被选中，按【Ctrl+C】键复制这个声轨。

选择菜单【File】→【New】命令新建一个文件，在弹出的如图 2.31 所示的对话框中，选中“Channels”后面的“Mono”单选按钮，按【Ctrl+V】键粘贴，一个单声道的音频文件就创建好了，然后用同样的方法创建另一个声道，再将这两个文件分别命名保存备用。

如果要删除或者复制一个音频文件中的某一部分，还是要先选中这一部分，注意对立体声文件要将鼠标放在两个声轨的中间，以保证两个声轨同时被选中。为了能够准确地剪辑或复制某个旋律，可以在编辑窗口的右下方单击放大镜放大波形，在找到要剪辑的位置后，给它加上标记。

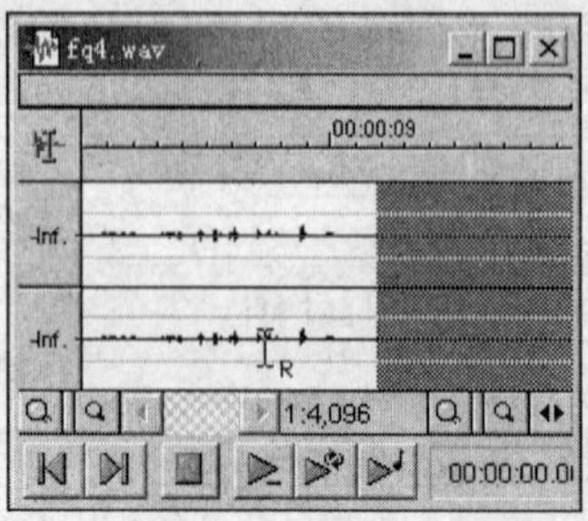

图 2.30

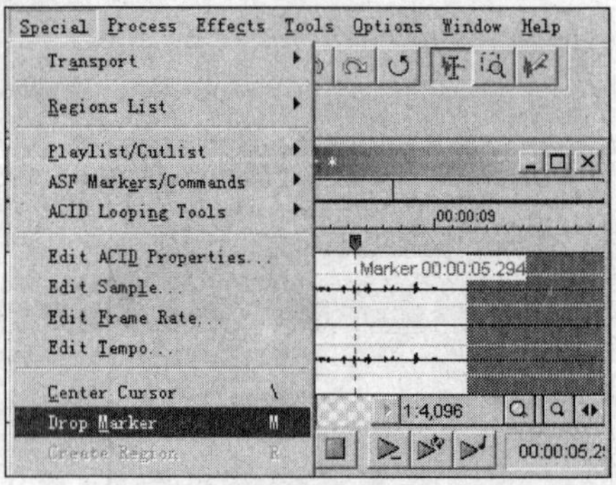

图 2.31

添加标记的方法是将编辑线移到这点上，选择菜单【Special】→【Drop Marker】命令，在编辑线的位置就出现一个橙色的带有一条垂直虚线的标记，并标有标记的号码，如图 2.32 所示。

这样将要剪辑或复制的旋律的头尾先标记出来，再用鼠标将这一段选中，就可以准确地进行选择。用这样的方法可以从不同的乐曲中选择一些合适的旋律在新建的文件中进行组合，创造自己需要的音频文件。

（3）制作一个循环音乐

首先打开一个 Wave 文件，然后将准备选择的那段声音找到，并拖动鼠标选中。

接下来播放试听一下。单击位于编辑区左下角的 ▶（Play Normal）按钮，这样就能听到选择区域的播放效果了。然后可以一边试听，一边调整选择的那段声音循环的范围。调整的时候，不需要重新选择，只需要将鼠标放在已经选好的区域边缘，当鼠标变成双箭头时，就可以前后拉动边缘线，调整循环的起始点和结束点，如图 2.33 所示。

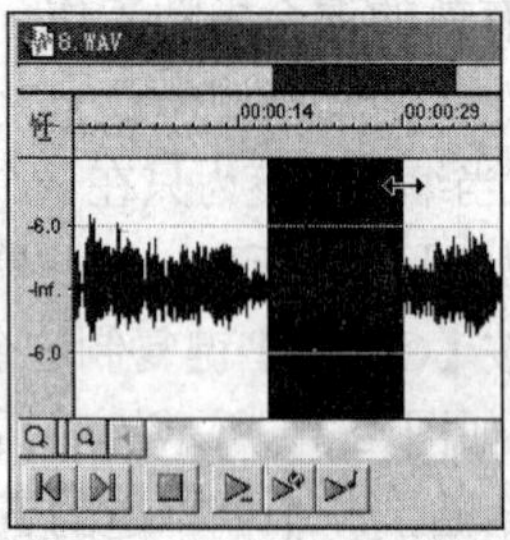

图 2.32

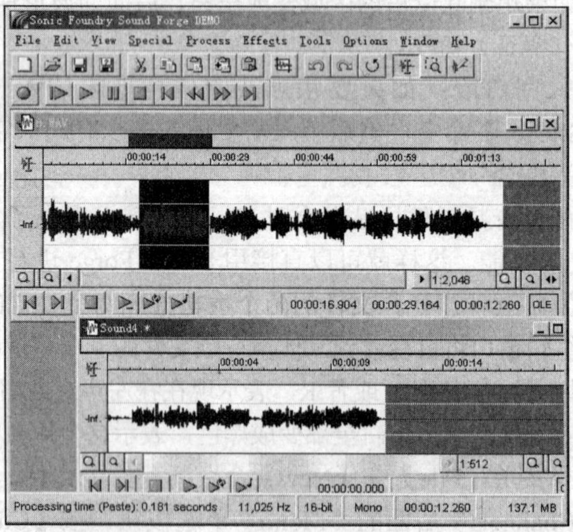

图 2.33

按上面的方法调整好选择的区域以后，就可以用复制和粘贴的方法，将选中的那段声波单独保存。也可以用一个更快捷的方法：把鼠标放在黑色区域里，然后按下去，再拖放到 Sound Forge 的编辑区里的空白地方，松开鼠标。这样，就会自动产生一个新的 Wave 文件，然后保存这个 Wave 文件即可。

在不选中任何一部分的情况下，在 Sound Forge 中施加的任何效果处理都是针对整个音频文件的，在这儿可以选择菜单【Process】→【Volume】命令调整音量，它能提高或降低音量，调整的范围为 0%～1000%，小于 100%为降低音量。

Sound Forge 对音频的处理功能是非常强大的，菜单命令【Effects】，不仅可以对音频进行降噪声处理，还可以给音频添加模拟在某种有限空间声音被反射而产生的混响效果，Sound Forge 中提供了很多现成的有各种空间的效果供选择。

菜单命令【Process】，可以缩短或延长音频的时间，这对处理后期配音中口型对不上很有帮助，可以通过缩短或延长时间使后期配音的速度接近现场说话的口型。但也要注意这里的调整是有限的，太大幅度的调整会明显失真。

（4）音量的连续编辑

如果需要对一段声波的音量进行连续的改变，那么就要用到菜单【Process】→【Fade】命令。这个命令下有三个选项，分别是【Graphic】、【in】和【out】。对于一般的渐强或渐弱的处理，可以使用【in】和【out】两个选项，它们分别是渐强和渐弱，操作方法是先选择好波形区域，然后直接用这两个命令。

（5）选段设置

有时候，为了能以最快的速度将一段音频选中，可以直接使用【Set Selection】选段设置功能。在菜单【Edit】→【Set Location】里面有数个单选项和一个【Set Location】功能项。运行【Set Location】后会弹出一对话框。在该对话框内，可以设置选段的起始位置（Start）、结束位置（End）、选段长度（Length）、声道（Channel）。如果波形内已经有标签或切片，那么它们的位置和相应名称也会被纳入预置选项内。在对话框中，另有两个功能键:【Snap Zero】和【Snap Time】。【Snap Zero】的作用就是将选段的起始位置与结束位置自动移至离它们各自最接近的一个波形 0 交叉点（zerocross）处，并且 Sound Forge 允许用户对 0 交叉点进行预定义（在【Options/Preferences】对话框的“Editing”栏内）。【Snap Time】则是自动将选段的起始位置与结束位置移至离它们各自最接近的整数时间位置处。

（6）选段端点的选择

当选中一段音频后，通常无法精确地确认出选段的左、右端位置数值。当觉得音频的左、右端位置与真正需要的位置有出入时，便要用选段设置方式进行处理。为此，Sound Forge 提供了另一种方式，这种方式就是使用鼠标延长选段。

这一功能在音频编辑中经常使用。选好一段波形，把鼠标箭头移至这个“临时选段”的左端或右端交接处（准备向左延伸就在左端，准备向右延伸则在右端），鼠标箭头就会自动变成双箭头，接着按住鼠标不放，向左、右拖拉，直至到达需要的位置后松开鼠标，原来的波形选段就被延长了。

如果选段的显示长度超过了屏幕显示能力，可以先缩小波形显示，将波形做一个大致的选段，然后在水平方向上放大波形显示；依此重复，直至到达最终目的。

如果波形显示区内的被划黑的波形非常长，难以迅速看到左右端点的位置，此时可以观察波形概观显示条（overview）上的深色段落位置（在始终标尺和波形显示窗标题框之间的狭窄部分），波形选段越长，那么这一深色条也会按比例伸长，可以通过观察和比较这一比例位置来确定一个大致的端点位置。

如果在波形选段过程中，在需要的位置松开鼠标后，选段的端线自动跳离该位置，那么很可能是因为 0 交叉点自动啮合功能（Auto Snap to Zero）处于开启状态。Sound Forge 另有一个帮助决定 0 交叉点位置的功能：当完成一个波形选段的时候，到菜单【Edit】→【Selection】功能栏内使用一下 Snap to Zero 功能。这相当于是半自动的 0 交叉点啮合功能。

如果希望波形显示比例在 1:1 或 2:1 的时候，自动 0 交叉点啮合功能无效，那么可以到【Option】菜单内打开“Preference”对话框，回到“Editing”栏内，选中“Disable auto-snapping below 1:4 zoom ratios”，即可在波形显示比例小于 1:4 时自动关闭 0 交叉点的自动啮合功能。在该栏目内还可对自动啮合的条件做各种设置。

5. 效果处理

（1）频率均衡

频率均衡（EQ）分为三种处理方式：Graphic EQ、Paragraphic EQ、Parametric EQ。其中 Graphic EQ（图示均衡）使用最多。设好后，可以先单击【Preview】按钮来预听效果，满意以后再单击【OK】按钮。

（2）混响

混响（Reverb）、动态是最常用的两个效果器。混响能模拟各种空间效果，例如：教室、操场、礼堂、大厅、山谷、体育馆、走廊、客厅等。具体操作步骤如下。

① 在 Sound Forge 中打开一个 Wave 文件，然后选择一段波形。

② 选择菜单【Effects】→【Reverb】命令。

③ 在弹出的混响编辑窗口中，单击【Selection】按钮，在弹出的相应对话框中单击 Name 旁向下箭头拉出快捷菜单，显示预设项目，这里面囊括了各种常见的空间效果，像明亮的大厅、山谷、走廊、普通房间等。

④ 选定所需设置后，单击【OK】按钮。

⑤ 单击【Preview】按钮试听效果。

（3）合唱

合唱（Chorns）效果可以令声音更丰满，能极大地改变声音效果。具体操作步骤如下。

① 选择菜单【Effects】→【Chorns】命令。

② 在弹出的设置界面，选择【Selection】按钮，在弹出的相应对话框中单击 Name 旁向下箭头拉出快捷菜单，选择需要的效果，单击【OK】按钮。

2.3.9 Cool Edit Pro 2.1

1. Cool Edit Pro 简介

Cool Edit Pro 由美国 Syntrillium 公司出品，是一个界面直观实用功能强大的音乐编辑软件，能高质量地完成录音、编辑、合成等多种任务，只要拥有它和一台配备了声卡的计算机，也就等于同时拥有了一台多轨数码录音机、一台音乐编辑机和一台专业合成器。

双击 Cool Edit Pro2.1 图标，按屏幕提示依次单击【OK】按钮将弹出编辑窗口界面，如图 2.34 所示，在界面的左下角有一组播放和录音的控制按钮，用以录制一段音频。

2. 功能介绍

Cool Edit Pro2.1 能记录的音源包括 CD、卡座、话筒、MIDI 等多种，并可以对它们进行降噪、扩音、剪接等处理，还可以添加立体环绕、淡入淡出、3D 回响等奇妙音效，制成的音频文件，除了可以保存为常见的 WAV、SND 和 VOC 等格式外，也可以直接压缩为 MP3 或 Cool Edit Pro（.rm）文件，放到 Internet 上或 E-mail 给朋友，大家共同欣赏，当然，如果需要的话还可以刻录到 CD 上。甚至，借助于 Cool Edit Pro 2.1 对采样频率为 96kHz、分辨率为 24 位录音的支持，还可以制作更高品质的 DVD 音频文件。

图 2.34

Cool Edit Pro 2.1 有极其丰富的声音处理功能，除剪切、移动、粘贴等功能外，还可以在预定点自动切入和跳出以进行插入编辑。它的频谱处理、动态处理和时间处理功能，不但完全取代了图式均衡器、参数均衡器、压缩/限幅器、动态扩展器、噪声门、延时器、混响器、激励器、音频分析仪表等，而且还可以将以上功能复合叠加使用。

Cool Edit Pro 2.1 能够自动保存意外中断的工作。当突然停电或死机时，只要重新启动 Cool Edit Pro 2.1，就可以恢复到上次的工作状态，在保存之前，不会对原有文件有丝毫改变。

3. 音频效果处理

音频效果处理包含了在编辑处理音频时要用到的反向、颠倒、相位、动态、延时、混响、滤波（均衡）、降噪、失真、变调等大部分的功能，还能调用 Directx 的插件效果器。下面介绍音频效果处理功能。

（1）振幅效果处理

① 首先打开一个“呼仑贝尔大.mp3”的歌曲文件。

② 选择菜单【Effects】→【Amplitude】→【Amplify】命令，弹出“Amplify”对话框。

③ 在对话框中，【Linear Fades】和【Logarith Fades】两个单选钮用来设置是选择线性变化还是对数变化；选中“View all settings in dB”复选框，是以百分数显示与分贝数显示；选中“Lock Left/Right”复选框可将左右声道关联。

④ 单击【Calculate Now】按钮，将根据所选择波形的最大振幅进行预设值的计算，从而自动将音量（振幅）增加到所需的值。

⑤ 最后单击【OK】按钮，完成振幅处理。

（2）合唱效果处理

① 首先打开一个“呼仑贝尔大.mp3”的歌曲文件。

② 选择菜单【Effects】→【Delay Effects】→【Chorns】命令，弹出“Chorns”对话框。

③ 在合唱效果对话框中的 Presets 的列表栏中，选择 Thick Chorns 几重唱选项。

④ 最后单击【OK】按钮，完成合唱效果处理。

（3）图形均衡器

① 首先打开“一个呼仑贝尔大.mp3”的歌曲文件。

② 选择菜单【Effects】→【Filter】→【Graphic Equalizer】命令，弹出“Graphic Equalizer”对话框，在图形均衡器对话框中，有 10、20 和 30 三个频段的视图窗口，可根据需要选择。

③ 若选择 Q 值高的均衡系数就选用 30 段均衡，一般用户只需对某一特定频段作处理，若选用 10 段均衡时，每个相邻频段刚好相差一个 8 度音，20 段则差半个 8 度音，以此类推。此时由于此均衡器取样的是 FIR 滤波器，它在低精确度时不可能与实际均衡曲线相符合，单击【Graph Actual Response】（实际响应曲线）按钮后就能看到实际的均衡曲线。

④ 单击【Preview】按钮试听效果。最后单击【OK】按钮完成均衡器效果处理。

（4）快速滤波器

① 首先打开一个“呼仑贝尔大.mp3”的歌曲文件。

② 选择菜单【Effects】→【Filter】→【Quick Filter】命令，弹出“Quick Filter”（快速滤波器）对话框，默认【Lock to these settings only】复选框为选中状态，两个选项卡都是【Locked】，这时只有一个【Locked】选项卡能设置滤波参数。滤波器的另一个特点是：输出增益可以在两个声道之间分别调节，只要不使【Lock L/R】复选框处于选中状态即可。

③ 在 Quick Filter（快速滤波器）对话框中，当【Lock to these settings only】的复选框没有被选中时，可以看到“Initial Settings”（初始设置）和“Final Settings”（最终设置）两个不同的选项，在这里可以设置两个滤波参数，一个初始设置和一个最终设置。它会随着时间的变化而改变滤波/均衡系数，时间是根据所选定的音频波形而定的。

④ 单击【Preview】按钮试听效果。单击【OK】按钮，完成快速滤波器效果处理。

4. 消除背景噪声（环境噪声、设备噪声）

消除背景噪声的操作步骤如下。

① 打开“呼仑贝尔大.mp3”的歌曲文件，用鼠标拖动仔细选择出一段平稳、有代表性的、不包含有用声音的噪声波形。

② 选择菜单【Effects】→【Noise Reduction】→【Noise Reduction】命令，弹出“Noise Reduction”对话框，单击【Get Profile form Selection】（噪声取样）按钮，如图 2.35 所示。单击【Close】按钮关闭此对话框。

③ 使用【Ctrl+A】键选择整个音频波形，再次调出降噪窗口，根据刚刚的噪声取样，调整“Noise Reduction Level”（降噪程度）的值，单击【Preview】按钮，可以预听处理后的效果。

④ 满意后，单击【OK】按钮，这样，音频文件的背景噪声消除即可完成，这种方

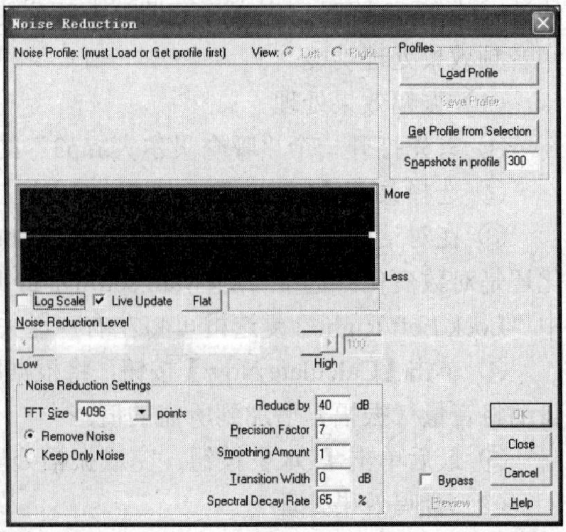

图 2.35

式也就是 FFT 取样降噪法。这种方式对消除包含在有用声音里的背景噪声有良好的效果，如果有较长的一段波形，并不包含有用的声音，那干脆就把这段波形做静音或删除处理。

5. 消除短暂的杂音

消除短暂的杂音的操作步骤如下。

① 选择菜单【Effects】→【Noise Reduction】→【Click/PopEliminator】命令，弹出“Click/PopEliminator”对话框，在对话框中可以自动寻找并清除掉被选波形中的噼啪声和爆音。左上角图形视图中的绿色曲线代表查找阈值，红色曲线代表排除阈值。

② 首先设置好【Sensitivity】下的灵敏度值和【Discrimination】下的鉴别率值，具体数值根据实际情况和经验来确定。

③ 单击【Auto Find All Levels】（自动查找所有电平）按钮，此时，曲线的形状会发生变化，单击【OK】按钮确定。

④ 消除音量较大的爆音，可以选中【Detect Big Pops】（爆音探测）复选框，并填入相应的数值。对话框中【FFTSize】右边的【Auto】（自动）复选框被取消后，可以手工输入一个参数值，系统默认值为 32。增大此数值，可以加强消除的效果，一般取值为 30～80。

6. 变调和变速

变调是改变选中波形的音调，使音高提升或降低，可以处理诸如唱歌“跑调”等问题；变速是改变波形的长度即改变音乐的速度。变调处理操作步骤如下。

① 选择菜单【Effects】→【Time/Pitch】→【Pitch Bender】命令，弹出“Pitch Bender”对话框，如图 2.36 所示。

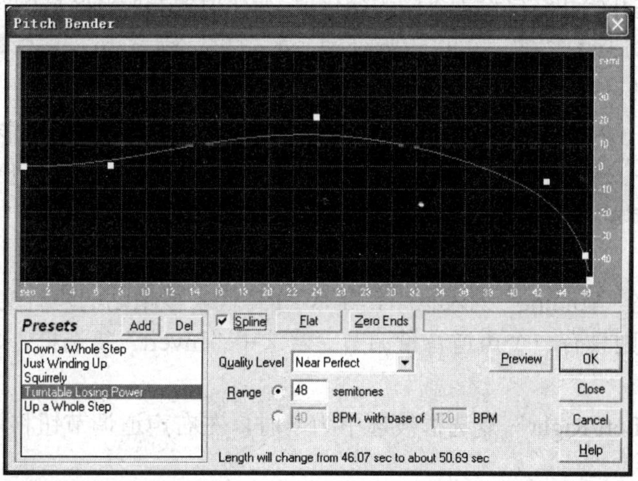

图 2.36

② 在对话框中选中【Spline】复选框，用于确定黄色变调线的曲度。

③ 单击【Flat】（归位）按钮，清除所有调整，回复初始状态。

④ 单击【Zero Ends】（将曲线首尾置于零位置）按钮，选择【Quality Level】旁的向下箭头，在弹出的菜单中任意选择一个处理质量，质量越高，处理时间越慢。

⑤ 选择【Range】单选钮，在第一项填入数值即变调范围，以自然音阶的半音为单位，第二项用来变速。

⑥ 选择菜单【Effects】→【Time/Pitch】→【Stretch】命令，弹出“Stretch”对话框，如图 2.37 所示。在对话框中，有“Stretching Mode”（变速模式）、“Gliding Stretch”（滑动伸展）两个选项卡。在“Stretching Mode”选项卡下有三个选项单选钮：选中第一个“Time Stretch”变速单选钮，变速而音高不变，可以拖动滑杆，也可以在“Ratio”（比例）或“Length”（长度）中输入希望的值（速度比例、时间长度）；选中第二个“Pitch Shift”（变调）单选钮，变调而不变速，此时“Ratio”和“Length”失效；选中第三个“Resample”（重新量化）单选钮，同时变调和变速。

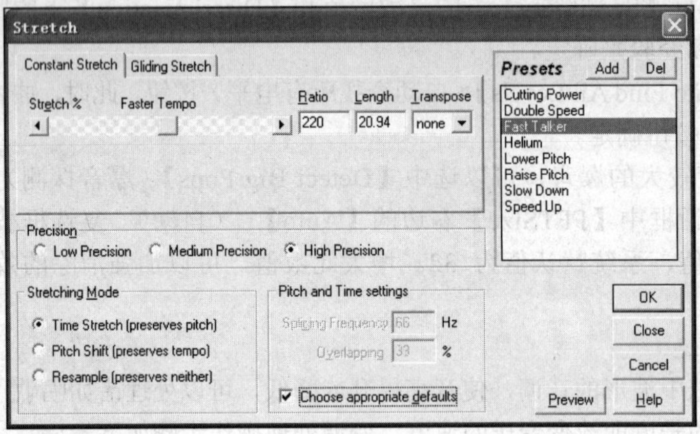

图 2.37

⑦ 当选择“Gliding Stretch”选项卡时，会出现“Initial”（开始）和“Final”（最后）两个调节条，也就是可以在开始和结尾设置不同的变化值，变化值随着所选区域的时间变化来进行处理。

⑧ 单击【Preview】按钮，可以预听处理后的效果。满意后，单击【OK】按钮。

7. 对声音文件进行混音处理

用 Cool Edit Pro 2.1 可以完成两个波形文件的混音处理，具体操作步骤如下。

① 首先打开一个“dc.wav”的歌曲波形文件，用鼠标从左上向右下拖动选择一个区域。

② 然后选择菜单【Edit】→【Mix Paste】命令，打开“Mix Paste”对话框，如图 2.38 所示。

③ 在对话框的“Volume”列表框中，“L”、“R”代表被粘贴的声音文件的左右声道音量，若为单声道文件，则只有一个声道音量调节。若选中“Invert”复选框，则文件在被粘贴前声音数据将会颠倒。

④ 当“Lock Left/Right”复选框被选中为√时，左右声道调节钮将被锁定，调节音量时将一起变化。

⑤ 选中对话框左边合成方式框中的“Replace”单选按钮，则被粘贴的声音文件将覆盖源文件。选中“Insert”单选按钮，则将被粘贴的文件插入到当前文件中；选中“Overlap”单选按钮，则是以选定的部分与当前文件叠加；选中“Modulate”单选按钮，则将被粘贴的声音文件与当前文件一起调节，即将每采样点的幅值相互混合后输出。

⑥ 选中“Cross Fade”复选框，输入时间（ms），则粘贴的文件有淡入淡出效果。

⑦ 选中对话框右边被粘贴的文件来源框中的“From File”单选按钮，则表示被粘贴的文件来源于新文件，单击【Select File】按钮，从弹出的相应对话框中选择要替换歌曲

所需的一段音乐文件。选中“From Clipboard”单选按钮表示被粘贴的文件来源与剪贴板；选中“From Windows Clipboard”单选按钮，表示被粘贴的文件来源于 Windows 剪贴板。

⑧ 选中“Loop Paste”复选框，设置“Loop Pasts”粘贴文件的时间为 3，单击【OK】按钮完成设置，其混合的两个波形声音文件结果，将是前半部分是歌曲，后半部分是音乐，如图 2.39 所示。

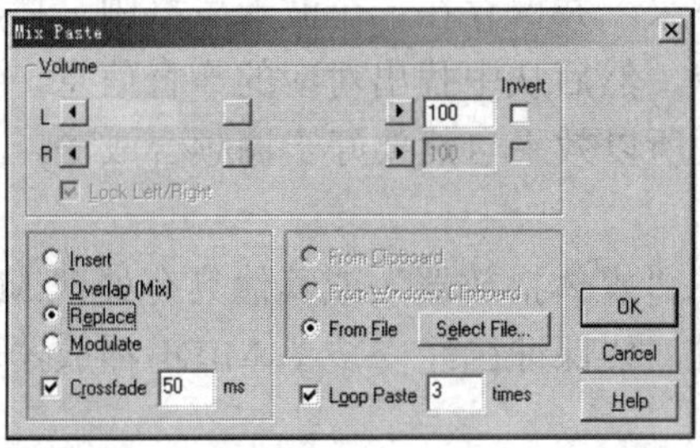

图 2.38

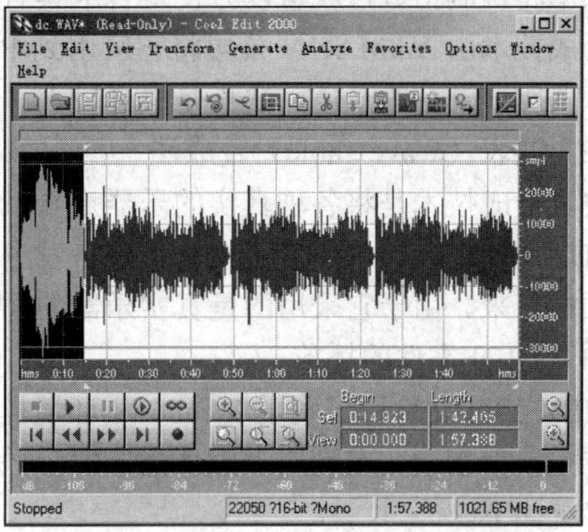

图 2.39

2.4　MIDI 与音乐合成

音乐和计算机，看似是两个完全不相干的领域，但随着计算机技术的飞速发展及其应用领域的不断扩展，音乐与计算机奇妙地携手走到了一起。这是多媒体计算机结出的硕果，是未来音乐发展的必由之路。

2.4.1　什么是 MIDI

MIDI 是音乐与计算机结合的产物。MIDI（Musical Instrument Digital Interface）是“乐器数字接口”的英文缩写，它是指数字乐器与计算机连接的接口，是直接插入在计算机端口上的一个小部件，通过它可以使数字乐器与计算机相互“沟通”信息。

MIDI 的特点是将演奏数字音乐的全部动作过程以信息文件记录下来。比如，音色、音符、延时、音量、力度等信息，所以其数据量相当小。它以乐谱的形式展示出来，而乐谱实际上就是由描述演奏过程的符号组成的。

为了使数字乐器与计算机之间配合默契，也为了使各个厂商生产的设备可以被不同的计算机接收与处理，在 20 世纪 80 年代，由几家电子乐器厂商共同制定了一个 MIDI 接口标准，即“GM 标准（General MIDI）”。

MIDI 标准主要由两部分组成：一是规定了与设备相连的硬件标准，不同厂家的电子乐器与计算机连接的缆线和硬件；二是规定了 MIDI 数据的格式和硬件上传输信息的编码方式，及从一个装置传送数据到另一个装置的通信协议。无论厂家如何开发自己的产品，其基本设计必须参照这套 MIDI 标准。

2.4.2 音乐合成

在多媒体计算机的音频卡中，应用了两种常见的音乐合成技术。

（1）调频（FM）合成法

FM 合成技术是使高频振荡波的频率按调制信号规律变化的一种调制方式。采用不同调制波频率和调制指数，就可以方便地合成具有不同频谱分布的波形，再现某些乐器的音色。这种合成技术由 YAMAHA 公司将它应用到 PC 的声卡中。其特点是能创造出丰富多彩的、真实乐器所不具备的音色，缺点是失真较大。

（2）波表（Wave Table）合成法

波表合成技术是将各种真实的乐器声音录制下来，并保存在一个波形表格中。播放时根据 MIDI 文件记录的乐谱信息向波形表格发出指令，然后从中找出对应的声音信息，经过合成后回放出来。由于它采用的是真实乐器的采样，所以效果自然要好于调频合成法。

（3）MIDI 文件的播放

MIDI 声音文件可以利用 Windows 环境提供的“媒体播放器”或其他具有处理 MIDI 音乐的特定软件播放。在利用“媒体播放器”播放时，要保证已经安装了 MIDI 播放器。具体设置步骤如下。

① 选择【开始】→【程序】→【娱乐】→【Windows Media P1ayer】命令，打开“媒体播放器”窗口。

② 选择【查看】→【选项】命令，在弹出的选项对话框中单击【格式】选项卡，在“有效格式”列表中选中“MIDI”复选框。

2.5 各种音乐格式文件的转换方法

利用超级解霸 9 可以将 DVD 转成 MPEG 格式、把电影转换成 GIF 动画、AVI 转 MPEG 格式、使用“CD 抓轨 MP3”可以将 CD 转换为 MP3。

2.5.1 DVD 转 MPEG 格式

豪杰超级解霸的“DVD 转 MPEG”功能可以把电影中某一段对话录制下来，或者把某一首歌曲压缩成 MP3 格式。把视频或者音频文件转换成 MP3 或者 WAV 格式文件的操作步骤如下。

① 选择【开始】→【程序】→【豪杰超级解霸 9】→【视频工具】→【DVD 转换 MPG】格式转换器命令，弹出 DVD 转 MPEG 对话框。

② 选择【文件】→【选择输出目录】命令，设置转换后的输出位置。

③ 选择菜单【开始压缩】按钮，稍等片刻即自动转换完成。

2.5.2 把电影转换成 GIF 动画

把一部电影中的一个经典片段转换成 GIF 动画的操作步骤如下。

① 选择【开始】→【程序】→【豪杰超级解霸 9】→【视频工具】→【转 GIF】命令，

图 2.40

弹出“VCD 转 GIF”窗口，如图 2.40 所示。

② 单击【视频文件】按钮，找到需要转换格式的电影文件调入。

③ 单击【播放】按钮，查看电影内容，找到需要转换的片段的起始位置。

④ 设置 GIF 动画的输出参数，其中图像宽度或图像高度增减器可以调整输出图像的宽度或高度的大小，默认值为 64×48 像素；“宽/高关联”复选框表示调整输出图像的宽高时，其宽高与原图像宽高成比例；“交互”复选框是 GIF 图像的一种属性，“延时”为显示每幅图像之间的间隔时间，默认值为 10 毫秒；“间隔帧数”设置每隔几帧取一帧视频图像压缩为 GIF，默认值为 5 帧；“调色板”下拉式列表框用于输出 GIF 使用的调色板，推荐用优化调色板。

⑤ 单击【另保存为】按钮，选择保存 GIF 文件的输出位置和文件名。

⑥ 单击【开始压缩】按钮，这时就开始进行格式转换，同时显示相关信息。

⑦ 查看视频流区域的播放情况，如果已经转换到自己希望终止的位置，那么单击【停止压缩】按钮，这时 GIF 动画就输出并保存到指定的位置了。

2.5.3　AVI 转 MPEG 格式

将 AVI 视频文件转换为 MPEG 压缩格式文件输出的操作步骤如下。

① 选择【开始】→【程序】→【豪杰超级解霸 9】→【视频工具】→【AVI 转 MPEG】命令，弹出将 AVI 转 MPEG 格式界面，如图 2.41 所示。

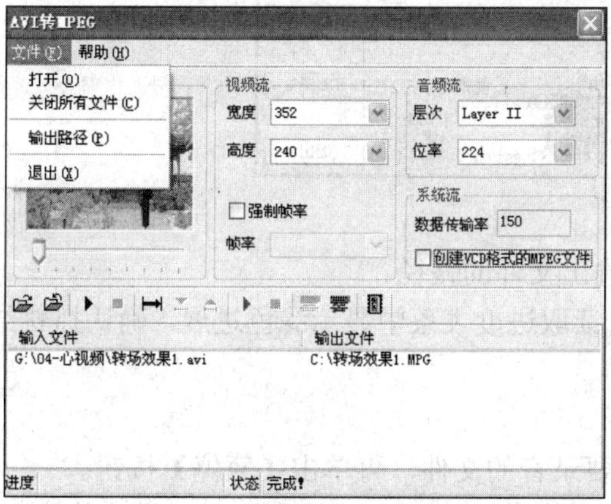

图 2.41

② 选择菜单【文件】→【打开】命令选择需要被转换的 AVI 文件。

③ 选择菜单【文件】→【输出路径】命令，选择需要保存 MPEG 文件的路径。

④ 设置视频的大小、播放的帧率；设置音频的压缩层次（一般提供 Layer Ⅱ和 Layer 1）和音频的位率，还可以设置数据传输速率。如果选中“创建 VCD 格式的 MPEG 文件”复选框，则转换的格式将按 VCD 的标准来转换。

⑤ 单击【开始压缩】按钮，则可以看到正在压缩视频的进度条。如果在转换过程中，单击【停止压缩】按钮，则立即停止转换工作，并将已转换的文件保存到指定的 MPEG 文件中。如果转换工作正常结束，则会弹出提示对话框表示完成了全部转换工作。

2.5.4　利用豪杰超级音频解霸抓轨

豪杰超级解霸提供了很多影音文件格式转换的工具，其音频控制窗口如图 2.42 所示。

豪杰超级音频解霸工具提供了“CD 抓轨 MP3”和“数字 CD 抓轨”，如图 2.43 所示。

图 2.42

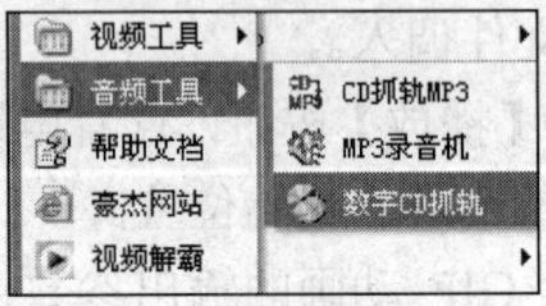

图 2.43

“CD 抓轨 MP3”和“数字 CD 抓轨”采用 Direct CD Rom 技术，可抓取 CD、DVD、VCD、DVCD 和其他各种类型的光盘。采用 Direct CD Rom 技术的数字抓轨程序，可以直接测出光驱的实际速度，不被光驱 Cache 影响，抓取数据速度快。支持 IDE 和 SCSI 等各种类型的光驱。可以直接抓取 CD 为 48kHz 高质量 16 位 WAV 文件，而且能自动去除多余补助数据，使数据最小。可以实现自动连续轨道抓取，支持任意位置开始抓取，支持直接将 CD 音轨转录成 MP3 文件，还可以把各种常用格式的音频文件压缩成 MP3 和 WAV 文件。

使用“CD 抓轨 MP3”进行音频格式转换的步骤如下。

① 在光驱里放入光盘，选择“音频控制”窗口菜单中的【文件】→【自动搜索播放光盘】命令，豪杰超级解霸就开始播放 VCD。

② 选择【开始】→【程序】→【豪杰超级解霸 9】→【音频工具】→【CD 抓轨 MP3】命令，弹出如图 2.44 所示对话框。

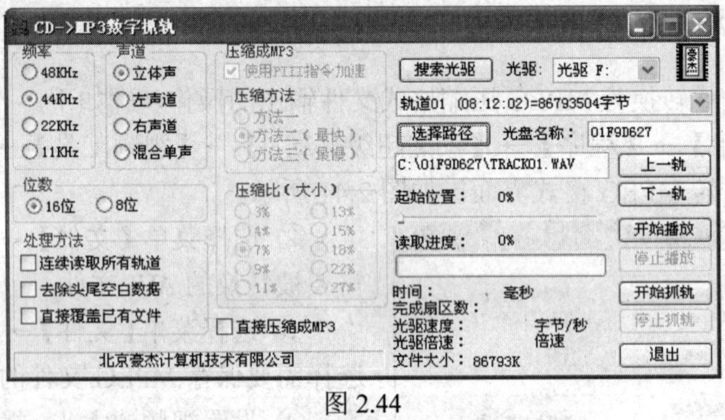

图 2.44

③ 单击【选择路径】按钮，设置需要保存输出文件的路径。

④ 单击【开始抓轨】按钮，开始读取，同时读取进度表条中显示绿色进展，确认抓轨结束时，单击【停止抓轨】按钮。

使用“波形压缩录音”的步骤如下。

① 在图 2.42 所示的音频控制窗口中，打开要录音的文件，再单击【暂停】按钮。

② 单击“音频控制”窗口中间左数第 3 个按钮，或选择菜单【控制】→【播放并录音】命令。在弹出的相应对话框中选好保存位置，输入文件名称，单击【保存】按钮，音乐自动开始播放，播放完成时，录音同时完成。

2.5.5 WAV、MP3 格式转换成 RA 格式

把 WAV、MP3 这些常见的音频文件转换成流媒体的 RA 格式，只要在软件的音频格式

转换中，选择合适的速率线路就可以了。如：在 Cool Edit Pro 的音频文件转换中另存为 RA 格式。

2.5.6　WAV 格式转换成 WMA 格式

把 WAV 音频文件转换成流媒体的 WMA 格式，可以选用美国 Macromedia 公司的音频编辑和处理软件 Sound Forge 来完成。该软件除了可以转换 WMA 格式，还具有音频文件索引信息的功能，允许把有关的信息添加在音频文件里，比如作者、版权等。

2.5.7　MIDI 格式转换成 WAV 格式

不是每个音频编辑软件都支持 MIDI 格式，因此，MIDI 格式的转换需要选择支持 MIDI 格式的编辑软件。多音轨编辑软件 Samplitude，可以打开并编辑 MIDI 文件，而且 Samplitude 的音乐输出选项很丰富，支持很多的音频格式，可以很方便地把 MIDI 文件转换成需要的格式。此外，利用 Cakewalk 可以很便捷地实现从 MIDI 到 WAV 的转换。

2.6　数码录音笔

数码录音笔是通过数字存储的方式来记录音频信息的一种工具。通常来说录音笔的体积比较小，形状大小类似于传统的钢笔，携带方便，并且配有用于固定的卡子。

2.6.1　录音笔的工作原理

数码录音笔通过对模拟信号的采样、编码将模拟信号通过数模转换器转换为数字信号，并进行一定的压缩后进行存储。

2.6.2　录音笔的特点

1. 重量轻、体积小

数码录音笔的主体是存储器，而由于使用了闪存，在加上超大规模的集成电路的内核系统，因此整个产品的重量轻、体积小。

2. 连续录音时间长

传统录音机使用的磁带每一盒的录音时间的长度一般是 40～60 分钟，最长的也不过 90 分钟。而目前即使存储容量最小的数码录音笔连续录音时间的长度都在 5～8 小时，高级一些的产品更是可以进行几十个小时的连续录制。

3. 与计算机连接方便，即插即用

除了有标准的音频接口之外，数码录音笔基本都提供了 USB 接口，从而使其能够非常方便地与计算机连接，即插即用。

4. 非机械结构，使用寿命长

传统的录音设备是采用的机械结构，久而久之会发生磨损的情况，因此寿命有限。以磁带为例，一盒磁带，一般只能反复的擦、录上几十次，磁头和传动装置时间长了也会发生磨损。而数码录音笔采用的是电子结构，因此可以做到无磨损，使用寿命也较长。

5. 安全可靠，可进行保密设计

有些用户使用录音可能有保密的要求，但是如果使用传统的录音机和磁带的话，要实现加密是比较困难的。而数码录音笔由于采用的是数字技术，因此可以非常容易地使用数字加密的各种算法对其进行加密，以达到保密的要求。

录音笔与其他录音设备的对比如表 2-1 所示。

表 2-1　录音笔与其他设备的对比

项　目	录　音　笔	录　音　机	MP3（可录音）
机械传统装置	无	有	无
功耗	很低	高	较低
音质	高保真	一般	一般
复制损耗	无	有	无
体积	很小	大，受磁带体积限制	很小
外加磁场影响	无	有	无
录制格式	数字格式	模拟格式	数字格式
录音时间	很长	短	较长
重复使用次数	数百万次	磁带和磁头寿命很短	数百万次

2.6.3 录音笔的性能指标

1. 标准录音时间

录音时间是录音笔最直观的指标。而录音时间的长短与录音笔支持的声音文件存储规格有关，目前常见的有长时间录音（Long Play，LP）、标准录音（Standard Play，SP）、高质量录音（High Quality，HQ）三种基本模式。标准录音时间是指在 SP 模式下录音笔内存支持的最长录音时间。

录音时间的长短是数码录音笔最重要的技术指标，也是广大的消费者购买时关注最多的地方之一。目前市场上的数码录音笔品牌众多、产品型号也很多，因为这个指标和录音笔的闪存容量和压缩算法有关，所以其录音时间长短也有很大差异，因此录音的时间长短成了选购时首要考虑的问题。有的产品录音时间很长是由于其使用了高压缩率来压缩录音数据，而这种压缩可能会降低录音的质量。因此我们在选择时不能盲目地追求较长的录音时间，而应该将录音时间和录音质量均衡考虑。

长时间录音模式下，压缩率高，是通过牺牲了一定的音质的情况下来延长录音的长度的，一般可以将录音的时间长度延长 80%左右。

标准录音模式下的压缩率不高，音质比较好，录音时间适中。

高质量录音模式下的压缩率十分低，音质非常好，但容量比较大，一般在对音质要求较高的场合使用，例如为重要讲话作存档式的记录等。

2. 最大录音数

由于数码录音笔能够录音的时间很长，而且在绝大多数的情况下，它的存储容量不可能一次用完，因此数码录音笔一般提供几个文件夹，每个文件夹中可以存储几十个甚至上百个文件。用户可以将每一段录音命名后，以文件的形式进行存储，并且可以根据内容进行分类，存储在不同的文件夹中，方便查找和管理。

最大录音数（条）是录音笔可以创建的最大的信息文件数目，最大录音条数越多，就能创建越多的文件。为了方便管理，一般的数码录音笔都支持多文件夹。如说明书上标注为 4 文件夹×200 文件这样的格式，表明此数码录音笔会自动分为 4 个文件夹，每个文件夹可以存放 200 个录音文件。目前市面上的录音笔大多数都支持几百条的录音数，这样的设计也是为了管理上的方便，把录制的音频文件单独存放在一个文件里有利于后期对文件的处理。

3. 随机内存

随机内存即内置内存，数码录音笔都是采用内置的闪存来存储录音信息，理论上可以经受上百万次的反复擦写。闪存可以说是数码录音笔中最贵的部件，当然容量越大，价格就越贵，录音时间也就越长。

现在有些高级数码录音笔除了内置内存外，还提供外置存储卡如 CF，SD 等，当一张卡的容量用完后，就可以随时更换，类似于更换磁带，这样可以得到更长的录音时间。同时也方便交换共享录音内容及资料传送，还可以利用读卡器将录音数据快速存入计算机。

4. 频率响应

频率响应是指将一个以恒电压输出的音频信号与系统相连接时，音箱产生的声压随频率的变化而发生增大或衰减、相位随频率而发生变化的现象，这种声压和相位与频率的相关联的变化关系（变化量）称为频率响应，频率响应范围是最低有效声音频率到最高有效声音频率之间的范围，单位为赫兹（Hz）。

从理论上讲，20Hz～20kHz 的频率响应足够了。低于 20Hz 的声音，人的耳朵虽听不到但其他感觉器官却能觉察，也就是能感觉到所谓的低音力度，因此为了完美地播放各种乐器和语言信号，应将放大器的频带扩展，下限延伸到 20Hz 以下，上限提高到 20kHz 以上。

5. 电池使用时间

数码录音笔的电池使用时间是指使用原装电池能录音的最长时间。用电池作为电源，不仅更换简单，而且携带方便，操作灵活。

2.6.4 数码录音笔的使用

一般来说数码录音笔的操作都十分简单，类似于传统录音机的操作，包括录制、停止、播放、快进、快退等按键。在录音时通常只需要按下“录音”键即可录制。

对于普通用户来说，录音笔是录制会议信息，采访信息，讲课实况等很好的工具，但是由于要进行长时间录制，决定了录音笔不能使用传统的音频压缩格式储存音频文件。例如每分钟传统的未压缩的音频文件要占去 10MB 的储存空间，而即便是经过 MEPG 算法压缩而成的 MP3，每分钟也将近占去 1MB 的储存空间。所以，各个品牌的录音笔通常都使用自己研发的特殊的音频格式，其共同特点就是“高质量、高压缩、体积小”。

对这些特殊的音频文件格式支持最好的无疑是录音笔自带的播放和编辑软件，但是我们很多时候需要将录制下来的文件转换成更常见的音频文件格式，而录音笔自带的软件往往只提供单一的转换到 WAV 格式的功能，所以要将录音笔录制的音频文件转换成现今最常见的 MP3 格式，就必须借助其他的工具软件了。下面以 SONY ICD-SX45 录音笔为例说明如何使用自带软件和外部软件对录音笔录制的文件进行转换操作。

1. SONY ICD-SX45 录音笔的主要参数

- 47 小时 35 分 USB 界面 IC 数字录音机。

- 采用 128MB 内存，5 小时 50 分录音（Stereo 模式时）/ 11 小时 15 分录音（Stereo LP 模式时）/ 17 小时 50 分录音（SP 模式时）/ 47 小时 35 分录音（LP 模式时）。
- 内建立体声指向性麦克风，2 段（H / L）感度调整。
- 数字 V.O.R.声控录音。
- 显示录音时间、剩余可录音时间、录音日期与时间功能。
- STEREO 音声输出/输入端子。
- 放音速度调整机能。
- 一段重复，A-B 段重复。
- 追加录音/用件分割/用件结合或删除。
- 录音文件移动功能。
- ALARM 放音功能，可设定喜好的时间自动放音。
- 最大可分 3 区段（A、B、C），每区段 99 件，共 297 件录音。
- 用 USB 方式高速传送录音资料。

2. 使用 Digital Voice Editor 下载和转换录制好的声音

ICD-SX45 可以通过 USB 接口连接到计算机上，接好之后打开 Digital Voice Editor 2，会出现一个提示窗口，询问用户是否使用自动存储功能，如图 2.45 所示。在这里建议使用者将“Execute AutoSave”复选框选中，这样就可以保证每次将录音笔和计算机连接后系统会按照设定的路径，将录音笔中的文件与计算机同步。用户还可以通过该窗口设置录音笔中的文件在计算机中默认的保存格式以及保存路径，如图 2.46 所示。

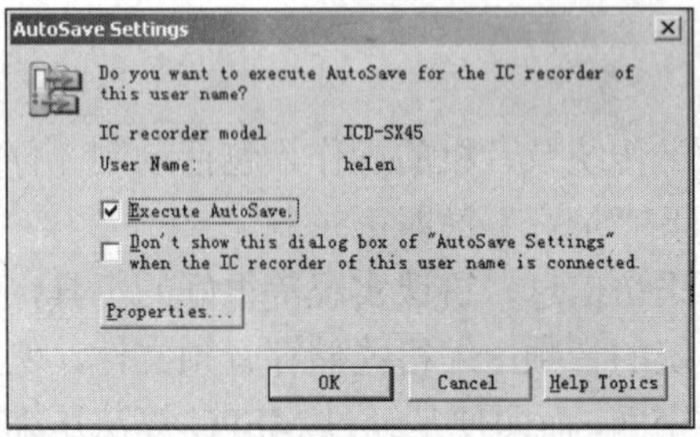

图 2.45

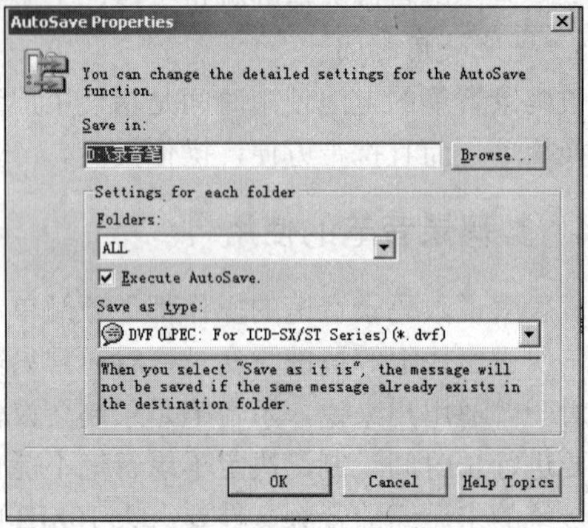

图 2.46

当设置成功之后，我们可以看到 Digital Voice Editor 的主界面，在界面左边是录音笔内的文件结构和内容，右边是计算机的文件结构和内容，这种形式很像我们使用的 FTP 工具，一边是远程，一边是本地。在前面已经设定好了录音笔文件在计算机中的存储路径，所以连接之后，系统首先会自动将录音笔中的文件结构和文件内容完全复制到既定的文件和文件夹中，免去用户手动上传的麻烦。如图 2.47 所示，系统在前面指定的路径，即 D 盘下面的“录音笔”文件夹中自动建立了“A”、“B”、“C”三个子文件夹，而这些文件夹中的内容也和录音笔中的内容保持一致。

Digital Voice Editor 默认的文件保存格式是 DVF 格式，很多音频播放软硬件并不能很好地支持该格式，所以将音频文件转换成一个比较通用的格式是很现实的问题。而 Digital Voice Editor 也提供了这样的功能，使用文件的 Convert 功能可以轻松地将下载的 DVF 文件转换成 WAV 文件。如图 2.48 和图 2.49 所示。

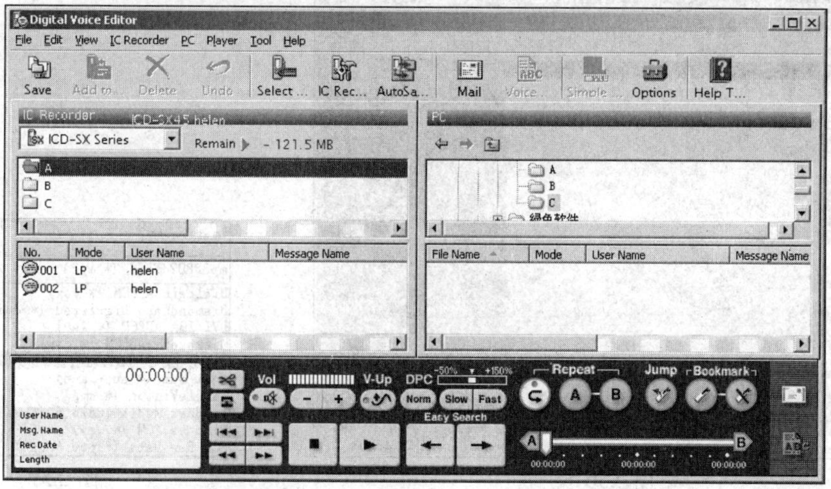

图 2.47

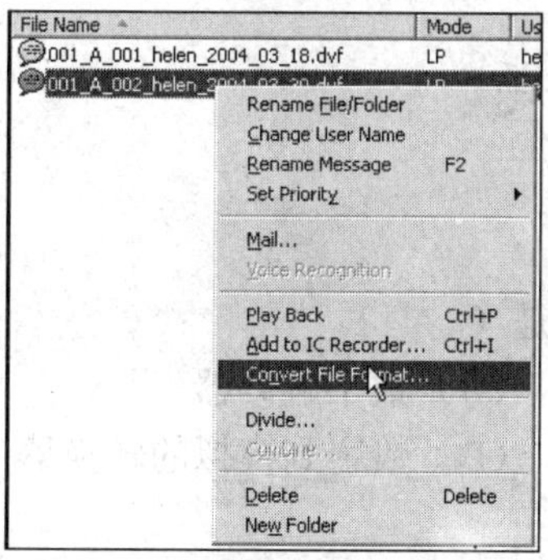

图 2.48

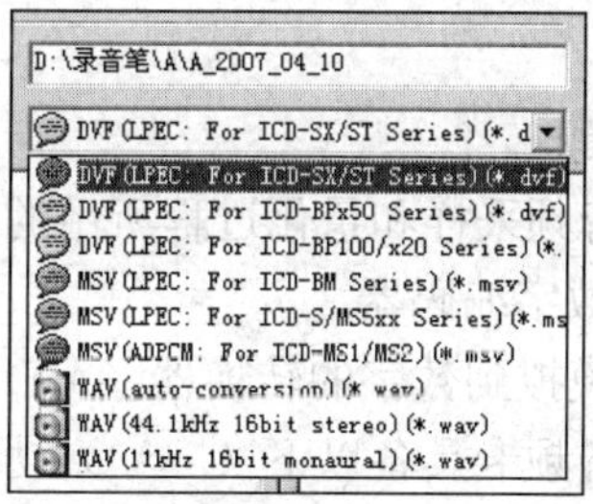

图 2.49

2.6.5　WAV 文件的处理

通过 Digital Voice Editor，我们可以将录音笔录制的声音文件下载并转换成 WAV 格式，该格式是音频信息的原始格式，也就是说，这种格式的音频质量是最好的，但是其弊端在于体积过大。录音笔录制几十分钟的音频信息，转换成 WAV 格式之后就要占据几百兆的空间，这显然限制了其使用的方便性，解决这个问题的一个办法就是将这个 WAV 文件转换成体积更小，与各种便携音频播放器兼容性极高的 MP3 格式。

将 WAV 文件转换成 MP3 格式的工具有很多，其根本原理在于对 WAV 格式音频文件的压缩编码。在这里可以使用前面介绍过的音频编辑软件 Cool Edit Pro。

下面我们举一个简单的例子，来说明如何使用 CoolEdit Pro 来将 WAV 文件转换为 MP3 文件。

启动 Cool Edit Pro，在最上方的菜单栏中，选择菜单命令[文件]→[打开]，选中将要进行转换的 WAV 文件，如图 2.50 所示。

打开文件后，再次选择菜单命令[文件]→[另存为]，即可将打开的 WAV 文件按照选定的文件格式保存，在这里我们选择使用 MP3 格式保存，如图 2.51 所示。

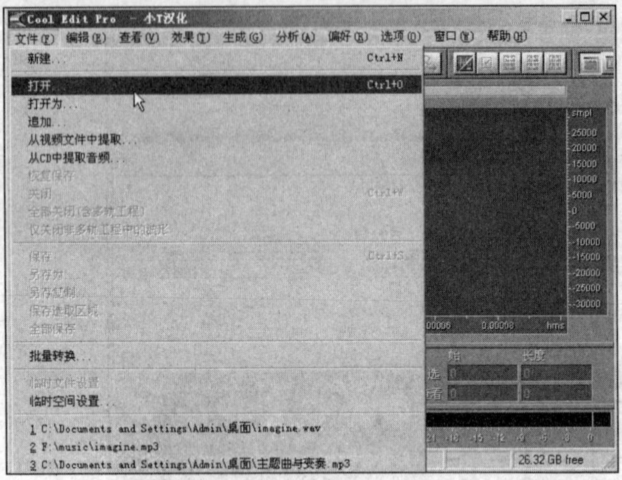

图 2.50

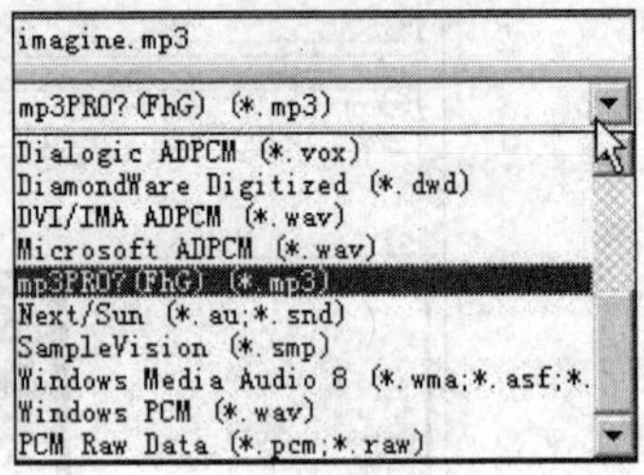

图 2.51

习　题

一、选择题

1．数字音频采样和量化过程所用的主要硬件是（　　）。

（A）数字编码器　　（B）数字解码器

（C）模拟到数字的转换器（A/D 转换器）　　（D）数字到模拟的转换器（D/A 转换器）

2．目前音频卡具备以下（　　）功能。

① 录制和回放数字音频文件　　② 混音

③ 实时解/压缩数字单频文件　　④ 语音特征识别

（A）①③④　　（B）①②③　　（C）②③④　　（D）全部

3．在数字音频信息获取与处理过程中，下述顺序正确的是（　　）。

（A）A/D 变换，采样，压缩，存储，解压缩，D/A 变换

（B）采样，压缩，A/D 变换，存储，解压缩，D/A 变换

（C）采样，A/D 变换，压缩，存储，解压缩，D/A 变换

（D）采样，D/A 变换，压缩，存储，解压缩，A/D 变换

4．MIDI 的音乐合成器有（　　）。

① FM　　② 波表　　③ 复音　　④ 音轨

（A）①　　（B）①②　　（C）①②③　　（D）全部

5．下列论述正确的是（　　）。

（A）音频卡的分类主要是根据采样的频率来分，频率越高，音质越好

（B）音频卡的分类主要是根据采样的压缩比来分，压缩比越大，音质越好

（C）音频卡的分类主要是根据接口功能来分，接口功能越多，音质越好

（D）音频卡的分类主要是根据采样量化的位数来分，位数越高，量化精度越高，音质越好

6．在 JPEG 中使用了哪两种熵编码方法（　　）。

（A）统计编码和算术编码

（B）PCM 编码和 DPCM 编码

（C）预测编码和变换编码

（D）哈夫曼编码和自适应二进制算术编码

7．图像序列中的两幅相邻图像，后一幅图像与前一幅图像之间有较大的相关，这是（　　）。

（A）空间冗余　　（B）时间冗余　　（C）信息熵冗余　　（D）视觉冗余

8．在数字音频信息获取与处理过程中，下述顺序正确的是（　　）。

（A）A/D 变换，采样，压缩，存储，解压缩，D/A 变换

（B）采样，压缩，A/D 变换，存储，解压缩，D/A 变换

（C）采样，A/D 变换，压缩，存储，解压缩，D/A 变换

（D）采样，D/A 变换，压缩，存储，解压缩，A/D 变换

9．预测编码方法可分为（　　）两类。

（A）DPCM 编码和 PCM 编码　　（B）线性预测编码和非线性预测编码

（C）DPCM 编码和 DPCM 编码　　（D）算术编码和哈夫曼编码

10．一般说来，要求声音的质量越高，则（　　）。

（A）量化级数越低和采样频率越低　　（B）量化级数越高和采样频率越高

（C）量化级数越低和采样频率越高　　（D）量化级数越高和采样频率越低

11．音频卡是按（　　）分类的。

（A）采样频率　　（B）声道数　　（C）采样量化位数　　（D）压缩方式

12．下列论述正确的是（　　）。

（A）音频卡的分类主要是根据采样的频率来分，频率越高，音质越好

（B）音频卡的分类主要是根据采样信息的压缩比来分，压缩比越大，音质越好

（C）音频卡的分类主要是根据接口功能来分，接口功能越多，音质越好

（D）音频卡的分类主要是根据采样量化的位数来分，位数越高，量化精度越高，音质越好

13．下列采集的波形声音（　　）的质量最好。

（A）单声道、8 位量化、22.05kHz 采集频率

（B）双声道、16 位量化、44.1kHz 采样频率

（C）单声道、16 位量化、22.05kHz 采样频率

（D）双声道、8 位量化、44.1kHz 采集频率

二、填空题

1．声音卡是按________分类的。

2．音频卡的主要功能有________，________，________，________。

3．数字音频的特点是________，动态范围大。

4．在多媒体系统中，音频信号可分为两类________，________。

5．音频卡的核心，是声音的合成与处理，它由以下几部分组成________，________，________。

6．采样和量化过程所用的主要硬件是：________，在数字音频回放时，再由________还原。

7．声卡是根据采样量化的位数来分的，常用的有________位，________位，________位等。

8．JPEG 建议使用两种熵编码方法：________，________。

9．衡量数据压缩技术性能的重要指标是________，________，________。

10．多媒体数据压缩编码方法可分为两大类：________，________。

11．JPEG 标准采用的混合编码方法有：________，________，________。

12．目前较常用的静态和动态图像格式有：________，________，________，________，________。

13．MPEG 的数据流结构中分为________层次，分别为________，________，________，________，________，________。

14．多媒体数据通常存在大量的冗余数据，主要有________，________，________，________，________等。

15．声卡上都有一个 15 针的接口，这个接口通常有两个作用，分别为________和________。

三、问答题

1．音频卡的主要功能有哪些？

2．什么是 MIDI 接口？

3．声音卡是根据什么分类的？常用的有哪几种？

4．什么是 MIDI？

5．在 MPEG 视频压缩中，为了提高压缩比，主要使用了哪两种技术？

四、论述题

1．论述 JPEG 静态图像压缩编码的主要原理及其实现技术。

2．预测编码的基本方法是什么？

第 3 章　图形图像信息处理技术

内容提要：

色彩的基本概念和深度、数字图像的重要参数、数字图像的分类、格式和获取方式。

3.1　图形图像基础知识

图形与图像是多媒体技术的重要组成部分，也是人们非常容易接收的信息媒体。常言道，“百闻不如一见”，这说明图形与图像是信息量极其丰富的媒体。一幅图画可以形象、生动和直观地表现大量的信息，具有文本和声音所不能比拟的优点。因此在多媒体应用系统中，灵活地使用图形与图像，可以达到事半功倍的效果。

3.1.1　色彩的基本概念

人们对颜色感觉的形成有四个要素，即光源、物体、眼睛和大脑。这四个要素也是人能正确判断色彩的条件。

色彩是视觉系统对可见光的感知结果。从物理学上讲：可见光是指波长在 380nm～780nm 之间的电磁波。在这段可见光谱内不同波长的光会引起人们不同的色彩感觉。在光谱中将不能再分解的色光称为单色光（如红、绿、蓝光），将由单色光混合而成的光称为复色光（如白光）。实际上，自然界中绝大多数的光源色都是由红（Red）、绿（Green）、蓝（Bule）三原色混合组成的。把红、绿、蓝三束单色光投射到白色的屏幕上相互叠加，可以看到：红+绿=黄，红+蓝=品红，绿+蓝=青，红+绿+蓝=白。这里“+”表示光的混合，“=”表示左、右两边颜色和亮度一致。如图 3.1 所示。

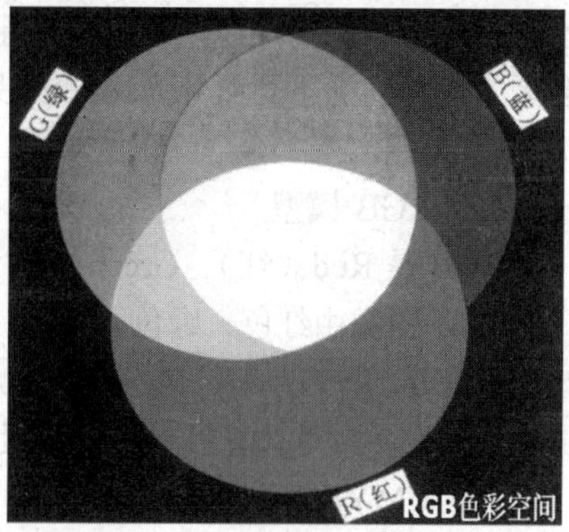

图 3.1

这种经过颜色混合相加产生新颜色的方法被称为加色法。人们常常将红、绿、蓝称为色光三原色。从生理学上讲：人眼的视网膜上存在着三种不同类型的锥体细胞，它们分别对红、绿、蓝有很高的灵敏度，物体的反射光进入人眼以后，在三种锥体细胞的作用下，产生不同颜色的光感。这就是三刺激理论，又称三色学说理论，它是国际上公认的色度学理论基础。彩色印刷、彩色摄影、分色以及彩色电视均建立在三色学说基础上。

任何一种新颜色与红、绿、蓝三种基本颜色的关系可以用下式描述：

C=R（红色的百分比）+G（绿色的百分比）+B（蓝色的百分比）

三种原色相互叠加会产生青色、品红、黄色和白色，当三种基本颜色等量相加时，就会得到白色。其中，又常将品红色称为绿色的补色，青色称为红色的补色，黄色称为蓝色的补色，如图 3.2 所示。

人们对颜色的感知通常用三个量来度量，即色调、饱和度和亮度，它们共同决定了视觉的总效果。

● 色调：由可见光光谱中各分量成分的波长来确定，是彩色光的基本特性。

● 饱和度：反映色彩的浓淡程度。

● 亮度：指彩色光对人眼的光刺激程度，显然它与光的能量有关。

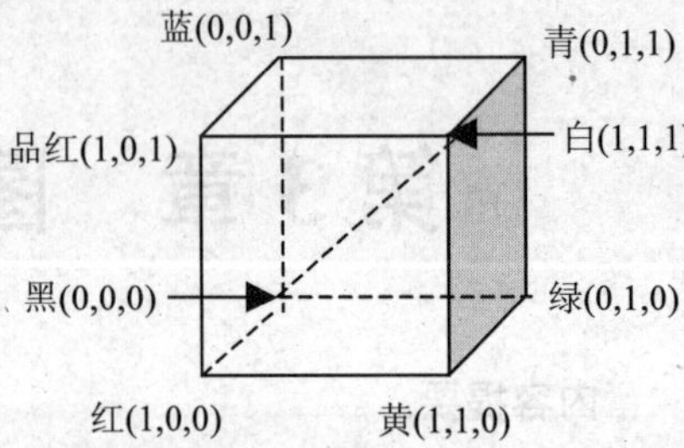

图 3.2

3.1.2 颜色模型与颜色模式

1. *颜色模型*

所谓图像的颜色模型就是定量颜色的方法。在不同的领域，人们采用的颜色模型往往不同，比如，显示器、投影机这类发光物体用 RGB 模型；打印机这类吸光物体用 CMYK 模型；电视系统用 YUV 模型；从事艺术绘画的画家们习惯用 HSB（色调、饱和度和亮度）模型等。

常见的颜色模型包括 HSB、RGB、Lab 和 CMYK，在 Photoshop 的“Color Picker”（拾色器）对话框中可以根据以上四种颜色模型来选择颜色。

（1）HSB 模型

HSB 是 Hue（色相）、Saturation（饱和度）、Brightness（亮度）三个英文单词的字头。HSB 模型是利用色相、饱和度和亮度来表示颜色的。其中色相用于调整颜色，取值范围为 0°～360°；饱和度是指颜色的深浅，其取值范围为 0%（灰色）～100%（纯色），例如，同样是红色，也会因为饱和度的不同而分为深红或浅红；亮度指的是颜色明暗程度，其取值范围为 0%（黑色）～100%（白色）。

（2）RGB 模型

RGB 是 Red（红）、Green（绿）、Blue（蓝）三个英文单词的字头。

RGB 图像由红色、绿色、蓝色三个颜色信息通道组成。其中每个通道使用 8 位颜色信息，该信息在 0～255 的亮度值之间变化。可以产生 1670 余万种不同的颜色，它足以配制再现这个绚丽多彩的世界。像计算机显示器、投影机、电视等，都是采用这种方式来混合不同颜色效果的。

（3）CMYK 模型

CMYK 是 Cyan（青色）、Magenta（洋红色）、Yellow（黄色）和 Black（黑色）的缩写，只是为避免与蓝色混肴，黑色用 K 而非 B 表示。

CMYK 是由青色、洋红色、黄色和黑色四种颜色组成的一种减法颜色模型。它是最佳的打印模式。CMYK 与 RGB 颜色模型在本质上没有什么区别，只是产生色彩的原理不同。RGB 产生颜色的方法称为加色法，而 CMYK 产生颜色的方法称为减色法。

在处理图像时，一般不采用 CMYK 模式，因为这种模式的图像文件占用的存储空间较大。此外，在这种模式下，Photoshop 提供的很多滤镜都不能使用。因此，人们只是在印刷时才将图像颜色模式转换为 CMYK。

（4）Lab 模型

Lab 模型是由国际照明委员会（CIE）在 1976 年公布的一种颜色模型。Lab 模型由三个通道组成，其中，亮度分量 L 的取值范围为 0～100，a 分量代表了由绿色到红色的光谱变化，而 b 分量代表由蓝色到黄色的光谱变化，因此，这种颜色混合后将产生明亮的颜色。a 和 b 分量的取值范围均为-120～120。

Lab 颜色模型是 Photoshop 内部的颜色模式。例如，要将 RGB 模式的图像转换为 CMYK 模式的图像，Photoshop 会在内部首先将其转换为 Lab 模式，再由 Lab 模式转换为 CMYK 模式。因此，Lab 模式是目前所有模式中包含色彩范围（色域）最广的颜色模式，它能毫无偏差地在不同系统和平台之间进行交换。

在表达颜色范围上，处于第一位的是 Lab 模型，第二位是 RGB 模型，第三位是 CMYK 模型。Lab 模型所定义的颜色最多，且与光线及设备无关，其处理速度与 RGB 模型同样快，当然也就比 CMYK 模型快数倍。

（5）YUV 模型

为了将彩色电视与已有的黑白电视兼容。需要将表示亮度和表示色彩的信号分开，黑白电视只处理亮度信号，略去色彩信号，这样就形成了 YUV 模型。其中 Y 表示亮度，U、V 表示色差。所谓色差是指三原色信号分量与亮度信号之差。对于黑白图像，只有 Y 信息，U 和 V 都为 0。这种彩色模型还可以利用人眼对彩色的敏感度低于对亮度的敏感度的视觉特性，将 UV 信息用较少的二进制位数表示，以较窄的频带传送。

2. *颜色模式*

颜色模式是指建立在颜色模型上的图像色彩方案。在 Photoshop 8.0 中，除了 HSB、RGB、LAB 和 CMYK 的颜色模型外，还有位图（线画稿）模式、灰度模式（Grayscale）、双色调模式（Duotone）、索引颜色模式、多通道模式，这些模式可从“Image Mode”下拉菜单中的命令进行选择。

3.1.3 数字图像的分类

数字图像分为两大类。一类为矢量图即图形，另一类为点阵图即图像。它们是反映客观事物的两种不同形式。

1. 图形

图形是利用绘图软件绘制出来的。其内容由基本图元组成，这些图元有点、直线、圆、椭圆、矩形、弧、多边形等。图形主要是通过绘图软件诸如 CorelDRAW、Adobe Illustrator、FreeHand、AutoCAD 设计而成的，是由轮廓线经过填充而来的。在对图形进行编辑时，可以对每个图元分别实施操作；图形显示时，按照绘制的过程逐一地显示。

图形使用矢量格式，图形文件中记录的是绘制对象的几何形状、线条粗细和色彩等，因此，文件存储容量很小。

2. 图像

图像是通过扫描仪、数码像机、摄像机等输入设备导入到计算机的。图像弥补了图形的缺陷，可以逼真地表现自然界的景物，图像即点阵图是由许许多多的点组成的，这些点称为像素（pixel）。每个像素用若干个二进制位记录色彩、亮度等反映该像素属性的信息，并将每个像素的内容按一定的规则排列起来组成文件的内容。在对图像编辑处理时，以像素为单位，实施调整亮度、对比度等操作，并可以进行特殊效果的处理。图像的显示通常按像素点从上到下，从左到右的顺序显示。

点阵图文件在被保存时需记录每个像素的色彩，占用的存储空间非常大，而且在缩放或旋转时会出现失真。

3. 图形与图像的区别

- 图形、文件的数据量较图像小很多；但不如图像表现的自然、逼真。
- 图形将颜色作为绘制图元的参数在命令中给出，所以图形的颜色数目与文件的大小无关；而图像中每个像素所占据的二进制位数与图像的颜色数目有关，颜色数目越多，占据的二进制位数也越多，文件数据量也越大。
- 图形在进行放大、缩小、旋转等操作后不会产生失真。而图像则出现失真现象，特别是放大若干倍后可能会出现颗粒状，缩小后会丢掉部分像素点内容。

总之，图形和图像是两种表现客观事物的不同形式。在制作一些标志性的内容或一些真实感要求不是很强的内容时，可以选择图形。当需要反映真实场景时，应该选用图像。

在计算机中，图形和图像是两个不同的概念。图形和图像是现实生活中各种形象和画面的抽象浓缩或真实再现。通常，人们常常混淆这两个概念，对图形与图像不作区分，但严格来看，在计算机中它们创建、加工处理、存储和表现的方式完全不同。图形反映物体的局部特性，是真实物体的模型化；图像则反映物体的整体特性，是物体的真实再现。例如一扇门，如果用线、面、体等元素描绘出来的就是图形，如果拍成照片就是图像。

图形处理是在计算机上借助于数学的方法生成、处理和显示图形；而图像处理是指将客观世界中实际存在的物体映射成数字化图像，然后在计算机上用数学的方法对数字化图像进行处理。随着计算机技术的发展和图形与图像处理技术的成熟，图形与图像的内涵日益接近，以至于在某些情况下，图形和图像两者已融合在一起，无法区分。利用真实感图形绘制技术可以将图形数据变成图像，利用模式识别技术可以从图像数据中提取几何数据，把图像转换成图形。

3.1.4 数字图像的重要参数

1. 分辨率

分辨率是图像处理中的一个非常重要的参数，它可以分为屏幕分辨率、图像分辨率、打印机分辨率、扫描仪分辨率、像素分辨率等。分辨率的单位是像素/英寸（pixels per inch，ppi），即每英寸所包含的像素数量。

（1）屏幕分辨率

屏幕分辨率是指屏幕上的最大显示区域，一般屏幕分辨率是由计算机的显卡所决定的。例如：标准的 VGA 显卡的分辨率是 640×480 像素，即宽 640 点（像素），高 480 点（像素）。至于较高级的显卡，通常可以支持 800×600 像素或是 1024×768 像素以上。

（2）图像分辨率

图像分辨率是指数字图像的实际尺寸，是指黑色图像在每英寸上所包含的像素数量。例如，若一幅图像的分辨率为 320×240，计算机屏幕的分辨率为 640×480，则该图像在屏幕上显示时只占据屏幕的四分之一。图像分辨率与屏幕分辨率相同时，所显示的图像正好占满整个屏幕区域；图像分辨率大于屏幕分辨率时，屏幕上只能显示出图像的一部分，这就要求显示软件具有卷屏功能，使人能看到图像的其他部分。

（3）像素分辨率

像素分辨率是指一个像素的宽和长之比，在像素分辨率不同的机器间传输图像时会产生图像变形。例如，在捕捉图像的设备使用长宽比为 1:2，而显示图像的设备使用长宽比为 1:1，这时该图像会发生变形。

（4）打印机分辨率

打印机分辨率又称为输出分辨率，所指的是打印输出的分辨率极限，而打印机分辨率也决定了输出质量。打印机分辨率越高，除了可以减少打印的锯齿边缘之外，在灰度的半色调表现上也会较为平滑。

打印机的分辨率通常以点/英寸（dots per inch dpi）来表示，目前市场上 24 针的针式打印机的分辨率大多为 180dpi，而喷墨或激光打印机的分辨率可达 300dpi、600dpi，甚至 1200dpi。不过必须使用特殊的纸张，才能打印这么高的分辨率。

（5）扫描仪分辨率

扫描仪分辨率是扫描仪在每英寸长度上可以扫描的像素数量，单位同样用 dpi 来表示。扫描仪的分辨率在纵向是由步进马达的精度来决定的，而横向则是由感光元件的密度来决定的。

一般台式扫描仪的分辨率可以分为两种规格，第一种是光学分辨率，指的是扫描仪的硬件所真正扫描到的图像分辨率，目前市场上的产品可以达到 1 200dpi 以上；第二种则是输出分辨率，是通过软件强化以及插补点之后所产生的分辨率，大约为光学分辨率的 3～4 倍。所以购买扫描仪时，要看好是光学分辨率还是输出分辨率。

2. *颜色深度*

颜色深度是指图像文件中记录每个像素的颜色信息所占的二进制数位数，即位图中各像素的颜色信息用若干数据位来表示，这些数据位的个数称为图像的颜色深度（又称图像深度）。对于彩色图像来说，颜色深度决定了该图像可以使用的最多颜色数目；对于灰度图像来说，颜色深度决定了该图像可以使用的亮度级别数目。颜色深度越高，显示的图像色彩越丰富，画面越逼真自然，但数据量也随之猛增。

根据颜色深度可以判断图像包含的颜色数，有如下的常见的颜色深度种类。

4 位：这是 VGA 支持的颜色深度，共 16 种颜色。

8 位：这是多媒体应用中的最低颜色深度，共 256 种颜色。

16 位：在 16 位中，用其中的 15 位表示 RGB 三种颜色，每种颜色 5 位，用剩余的一位表示图像的其他属性，如透明度。所以 16 位的颜色深度实际可以表示 32 768 种颜色。

24 位：用三个 8 位分别表示 RGB，约 16M 种颜色，已经超出了人眼所能识别的颜色范围，常将它称为真彩色。

32 位：同 24 位颜色深度一样，也是用三个 8 位分别表示 RGB 三种颜色，剩余的 8 位用来表示图像的其他属性，如透明度。

3. *图像文件大小*

图像大小可用两种方法表示，第一种是图像尺寸（Image Size），指的是图像在计算机中所占用的随机存储器的大小；第二种则是文件尺寸（File Size），是指图像保存在磁盘上存储整幅图像所需的字节数。可用以下公式来计算：

图像文件的字节数=图像分辨率×颜色深度÷8

例如：一幅 640×480 的真彩色图像，它未压缩的原始数据量为：

$$640\times480\times24\div8=921\,600\text{Byte}\approx900\text{KB}$$

以一个 3×5 英寸的图像为例，如果分辨率为 200dpi，则整张图像的总点数为（3×200）×（5×200）=600 000 点。如果分辨率提高为 400dpi 的话，则点数增加到 2 400 000 点，为原来的 4 倍。

图像变大之后，第一个问题是计算机是否有足够大的 RAM 来处理这么大的图像。其次，当图像存储在硬盘上或是网上传输时，会消耗大量的磁盘空间及传输时间。因此，如何在图像分辨率与大小之间进行权衡，是图像处理的具体实践中一个比较现实的问题。

在制作多媒体系统中，一定要考虑图像的大小，合理地设置图像的宽、高和颜色深度。

3.1.5 图像的文件格式

图像格式是指用计算机表示、存储图像信息的格式。由于历史的原因，不同厂家表示图像文件的方法不一，目前已经有上百种图像格式，常用的也有几十种。

同一幅图像可以用不同的格式存储，但不同格式之间所包含的图像信息并不完全相同，因此，文件大小也有很大的差别。例如，对于抓屏的某个菜单界面，用 BMP 格式存储约需 400KB，用 LZW 压缩格式的 TIF 格式存储需 28KB，而用 GIF 格式存储只占 9KB。当然，这个比例随图像内容的不同会有所变化，但至少说明了各种格式之间的差别。所以使用时应根据需要选用适当的格式。下面简单介绍几种最为常见的图像格式。

（1）PCX

该格式最早是由 Zsoft 公司创建的一种专用格式，比较简单，因此特别适合保存索引和线画稿模式图像。其不足之处是它只有一个颜色通道。

PCX 格式支持 1～24 位格式颜色深度以及 RGB、索引颜色、灰度和位图颜色模式。

（2）TIFF

这是一种通用的图像格式，几乎所有的扫描仪和多数图像软件都支持这一格式。该格式支持 RGB、CMYK、Lab、Indexed Color 位图和灰度颜色模式，有非压缩方式和 LZW 压缩方式之分。同 EPS、BMP 等格式相比，其图像信息最紧凑。

（3）BMP

它是标准的 Windows 图像文件格式，是 Microsoft 专门为 Windows 的“画笔”或“画图”建立的。该格式支持 1～24 位颜色深度，使用的颜色模式可以为 RGB、索引颜色、灰度和位图等，且与设备无关。

（4）TGA

该格式由 Ture Vision 公司开发，支持带一个单独 Alpha 通道的 32 位 RGB 文件和不带 Alpha 通道的索引颜色模式、灰度模式、16 位和 24 位 RGB 文件。以该格式保存文件时，可选择颜色深度。

（5）EPS

EPS 格式为压缩的 PostScript 格式，是为在 PostScript 打印机上输出图像开发的。其最大优点是可以在排版软件中以低分辨率预览，而在打印时以高分辨率输出。

EPS 格式支持 Photoshop 的所有颜色模式，但不支持 A1pha 通道。

用户在将图像以 EPS 格式存储时，可以选择图像预览的数据格式、图像编码格式等。

（6）GIF

该格式是由 CompuSewe 提供的一种图像格式。由于可以使用 LZW 压缩方式进行压缩，因此被广泛用于通信领域和 Internet 的网页文档中。不过，该格式仅支持 8 位图像文件。

（7）JPEG

JPEG 是一种带压缩的文件格式，其压缩率是目前各种图像格式中最高的。它支持 RGB\CMYK 和灰度颜色模式。该格式主要用于图像预览和制作 HTML 网页。

（8）RAW

该格式支持带 Alpha 通道的 CMYK\RGB 和灰度颜色模式，和不带 Alpha 通道的多通道、Lab、索引颜色和双色调模式。

（9）PSD

该格式是 Photoshop 生成的图像格式，可包括层、通道、颜色模式等信息，并且是唯一支持全部颜色模式的图像格式。由于 PSD 格式保存的信息较多，因此其文件非常庞大。

（10）FilmStrip

该格式是 Adobe Premiere 动画软件使用的格式，这种格式的图像只能在 Photoshop 中打开、修改和保存，而不能将其他格式的图像以 FLM 格式保存。若在 Photoshop 中更改了图像的尺寸和分辨率，则该图像将无法继续被 Premiere 所使用。

（11）PICT

这种格式的特点是能够对大块具有相同颜色的图像进行有效压缩。该格式支持 RGB、索引颜色、灰度和位图模式，在 RGB 模式下还支持 Alpha 通道。

（12）PDF

该格式是由 Adobe 公司推出的专为线上出版而制定的，由 Adobe Acrobat 软件生成的文件格式，该格式可以保存多页信息，其中可以包含图形和文本。由于该格式支持超级链接，因此是网络下载经常使用的文件格式。PDF 格式支持 RGB、索引颜色、CMYK、灰度、位图和 Lab 颜色模式，但不支持 Alpha 通道。

（13）Photo CD

该格式是柯达（Kodak）相片光盘的文件，以只读方式保存在 CD 光盘上，它采用 Kodak Presicion Color Management System（柯达专门颜色管理系统）控制颜色模式和显示模式。该格式只能在 Photoshop 中打开，而不能保存。

3.1.6　获取图像的途径

对于计算机来说，它所能处理的都必须是经过数字化的信息。图像可以利用图像采集设备将其输入到计算机中，此时又称为数字图像。在一个图像采集设备中，光学系统将景物或图片投影到平面上。传感器将其转换成电信号,经过模数转换器变成数字信号。比如，扫描仪、摄像机都是这样采集图像的。

数字图像的信息不会随时间而衰减，要对它进行放大也非常容易，而且易于保存。化学照片是静止图像，一经产生就无法修改，而用户可以在 Photoshop 里将数字图像进行任意地组合拼贴、修改和增强。甚至还可以凭借想象，创造出在现实世界里无法拍摄到的图像。从获取数字图像，到将其转化成二进制数据存到硬盘上，一般要经历获取、浏览和保存 3 个阶段。一般来讲，用户可从如下几个途径获取图像。

（1）屏幕抓图

从屏幕捕获又称“屏幕抓图”，它是指将计算机屏幕显示的内容以图像文件的形式保存起来。常用的方法是按键盘上的【Print Screen】键抓取全屏幕图像，按键盘上的【Alt】+【Print Screen】键抓取当前窗口图像。另一种方法是用抓图软件来完成，常用的抓图软件有 HyperSnap、SuperCapture、ScreenHunter、ImageTools 等，这些抓图软件不仅可以捕捉桌面、窗口、菜单、窗口等控件，还可以捕捉鼠标指针、特殊超长屏幕、网页图像等。

（2）通过扫描仪获得

利用扫描仪可以将图片、照片，书籍上的文字通过模/数转换的方式获取。当用户购买扫描仪时，都会获得相应的驱动程序。利用该驱动程序或 Photoshop 图像软件，用户可扫描图片、照片并将其以 JPG 或 BMP 格式保存。利用 OCR 文字识别软件将书籍上的文字扫描转换为文本文件。

（3）使用数码相机和数字摄像机拍摄

通过数码相机和摄像机拍摄获取图片、照片，这些拍摄好的图片、照片存储在数码相机和摄像机的存储器中，然后通过数据连接线将数码相机与计算机相连，将数码相机存储器中的文件传输到计算机中即可；数字摄像机一般是通过 1394 口与计算机相连的，并需要使用相应的软件将文件“导入”计算机。

（4）其他

- 从市场上销售的光盘中获得风光摄影、广告图片、美术图片等资料。
- 从 Internet 上下载丰富的图片。
- 利用“画图”、Hijaak、Photoshop、Photostyler 等软件进行绘制或各种处理。

3.2 Photoshop CS 基本操作

Photoshop CS 不但继承了以前版本在图像处理方面的超强功能，而且对图形绘制、图像浏览、网络应用及文本编辑等方面的支持也大为增强，使平面设计工作更加方便、快捷。

3.2.1 进入 Photoshop CS 系统

启动 Photoshop CS 的方法有多种多样，常用的有两种方法。

① 双击桌面上的“Photoshop CS”快捷图标。

② 选择【开始】→【程序】→【Adobe】→【Photoshop CS】命令。

当用户第一次启动 Photoshop CS 时，将显示图 3.3 所示的屏幕。它由标题栏、菜单栏、图像编辑窗口、工具箱、调板组和状态栏组成。

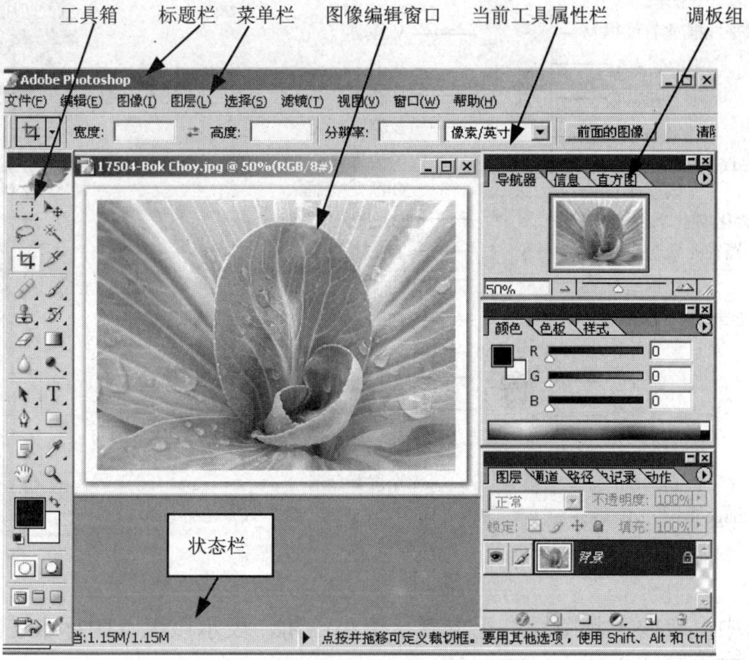

图 3.3

1. 标题栏

标题栏位于窗口的最上方，其左侧显示的是软件图标和名称，其右侧有【最小化】、【最大化】或【还原】、【关闭】3 个按钮。

2. 菜单栏及快捷菜单

菜单栏位于标题栏的下方，包含 Photoshop CS 的各类图像处理命令，共有【文件】、【编辑】、【图像】、【图层】、【选择】、【滤镜】、【视图】、【窗口】和【帮助】9 个菜单。栏中的菜单命令包括了 Photoshop 大部分的操作命令，其操作有 3 种方法。

① 直接用鼠标单击菜单项，然后在弹出的菜单中选择菜单命令。

② 按【Alt】键+菜单名中带下划线的字母打开菜单。

③ 直接使用菜单命令旁的快捷键。例如，按【F1】键，得到帮助信息。

除了通过菜单栏可以选择菜单命令外，还可以用鼠标右键单击图像区域，选用弹出快捷菜单的命令，快捷菜单中列出了关于当前图像状态下所有可执行的命令。

3. 工具箱

工具箱是 Photoshop 提供画图、编辑、颜色选择、屏幕视图等操作的好帮手。

图 3.4 列出了各种工具的快捷键，牢记这些快捷键是提高操作速度的一个重要途径。

通常选择缺省工具的方法有以下两种。

① 用鼠标左键直接单击工具箱上的图标，被选中的图标就会呈高亮状态，图像上的光标将变为图标状。如图 3.5 所示。

② 直接按工具箱上的快捷键，能快速选择相应的工具。快捷键的英文字母当鼠标指向时会显示出，如图 3.5 中“缩放工具”的快捷键是【Z】。

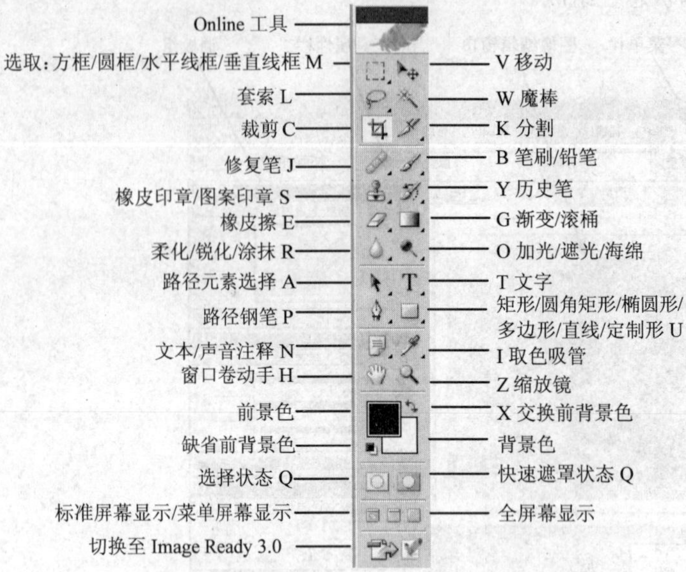

图 3.4

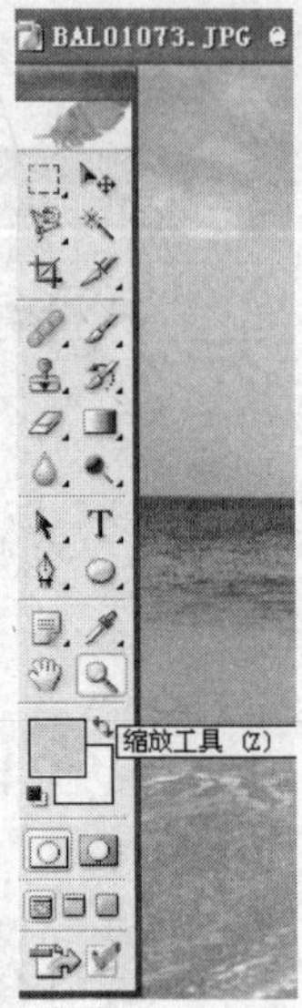

图 3.5

在工具箱中，有的工具图标右下方有一个小三角，表示该工具图标中还隐藏着其他工具图标。选择隐藏工具的方法有以下 3 种。

① 对准工具图标右下方的小三角单击鼠标右键，在弹出的快捷菜单中选择其他工具图标命令。

② 按下【Alt】键的同时用鼠标左键反复单击隐藏工具所在图标，在工具图标中就会循环出现各个隐藏工具。

③ 按下【Shift】键的同时反复按快捷键字母，在工具图标中也会循环出现各个隐藏工具。

4. 调板组的显示控制

在缺省状态下 Photoshop 有 4 个调板组提供编辑、查询操作，每组中都包含有 2～4 个调板，它们是层/通道/路径（Layers/Channels/Paths）调板组、颜色/色样/式样（Color/Swatches/Styles）调板组、导航/信息（Navigator/Info）调板组、历史记录/批命令（History/Actions）调板组。使用下述 3 种方法可以选择调板。

① 在打开的调板组中，用鼠标单击所选调板的选项卡。

② 选择菜单【Window】中的显示或隐藏某调板项。

③ 按【F6】键选择“Color”（颜色）调板，按【F7】键选择“Level”（图层）调板，按【F8】键选择“Info”（信息）调板。

使用下述 3 种方法可以控制显示或隐藏调板组。

① 按【Tab】键可以隐藏所有的调板组以及工具箱，仅显示图像内容，再一次按【Tab】键可以显示所有的调板组以及工具箱。

② 按【Shift+Tab】键可以隐藏所有的调板组，再一次按【Shift+Tab】键可以显示所有的调板组。

③ 反复按【F6】、【F7】、【F8】、【F9】键可以控制相应调板组的显示或隐藏。

每个调板组的右上角都有一个三角图标，单击则打开调板菜单。单击调板组标题栏旁的最小化图标或按下【Alt】键的同时单击最小化图标，将使调板组仅显示调板选项卡。

5. 状态栏的使用

当屏幕上出现图像编辑窗口时，状态栏将主要显示以下的内容：

状态栏的最左侧部分，显示当前图像缩放显示的百分数。

状态栏的最右侧部分，显示当前工具箱中所选工具操作的详细说明。

单击状态栏中间部分的三角图标，可以显示当前图像文件的 7 项信息。

按下【Alt】键的同时单击状态栏，可查看当前编辑窗口的图像像素大小。

3.2.2 新建、打开图像文件

1. 新建图像文件

若要在一个空白的画面上制作一幅图像，应使用新建图像文件的操作，新建图像文件有“菜单命令”和“复制新建”两种方式。“菜单命令”具体操作步骤如下。

① 选择【文件】→【新建】菜单命令，弹出相应的对话框。

② 在对话框中选择图像尺寸的单位，输入图像的高度（Height）、宽度（Width）及分辨率（Resolution），选择图像的颜色模式（Mode）。

③ 选择新图像的背景颜色：如白色、工具箱中的背景色或透明色。

在实际操作中，应首先根据制作图像的目的确定新建图像的分辨率及图像的尺寸。若图像仅用于屏幕显示，则分辨率应设置为显示器的分辨率。如设置图像分辨率为 72dpi，图像尺寸为 640×480 像素。

若图像用于打印输出，图像分辨率应设为打印机的半调网屏频率的 1.5～2 倍，图像尺寸为实际所需的尺寸。为了避免产生图像的“打印花纹”，应设置分辨率值为打印机分辨率值的整除数。例如，对于 600dpi 的打印机，如果设置如 100dpi 的图像效果，会比设置为 135dpi 的图像效果好。

“复制新建”方式具体操作步骤如下。

① 选择【文件】→【打开】菜单命令，弹出相应对话框，在对话框中的文件列表中选择所需处理的图像文件名，单击【打开】按钮。

② 按【Ctrl+A】键全选，按【Ctrl+C】键复制。

③ 选择【文件】→【新建】菜单命令，在弹出的相应对话框中取默认值设置。

2. 打开图像文件

若要修改、处理一幅原有的图像，应使用打开图像文件的操作。具体操作步骤如下。

① 选择【文件】→【打开】菜单命令，弹出相应对话框。

② 在对话框中的“搜索”栏中，选择文件所在文件夹，然后在文件列表中选择图像文件名，按下【Ctrl】键可以选择不连续的文件，按下【Shift】键可以选择连续的文件。

③ 单击【打开】按钮，打开所选的一个或多个图像文件；单击【取消】按钮，取消打开图像文件的操作。

为了提高操作速度，可以按【Ctrl+N】键进行新建图像文件的操作。按【Ctrl+O】键进行打开图像文件的操作。

3. 打开最近打开过的图像文件

① 选择菜单命令【File】→【Recent】→最近打开过的图像文件名（系统默认为 10 个）。

② 单击想要打开的图像文件名则迅速打开该文件。

3.2.3 保存、关闭图像文件

在创建或修改了图像文件后，必须要对文件进行保存。在 Photoshop 8.0 中，有以下 3 项保存文件的命令。

（1）存储命令：选择【文件】→【存储】菜单命令，将编辑过的文件按原路径、原文件名、原格式存入磁盘中，结果将覆盖掉原始的文件。

（2）存储为命令：选择【文件】→【存储为】菜单命令，在弹出的对话框中指定盘符、路径、文件类型、新文件名。结果既保留了原始的文件，也保存了修改后的新文件。

（3）存储为 Web 所用格式：选择【文件】→【存储为 Web 所用格式】菜单命令，在弹出的对话框中指定盘符、路径、文件格式和新文件名。结果既保留了原始的文件，也保存了 HTML 网页格式文件。

关闭 Photoshop 8.0 文件，可发选择【文件】→【关闭】和【文件】→【全部关闭】菜单命令或单击图像编辑窗口右上角的“×”按钮。

为了提高操作的速度，可以按【Ctrl+Shift+S】键执行另存图像文件的操作。按【Ctrl+S】执行保存图像文件的操作。按【Ctrl+W】执行关闭图像文件的操作。

3.2.4 设置前景色、背景色及选择颜色

1. 设置前景色、背景色

在图 3.6 所示的工具箱下方的有前景色、背景色设置方块，缺省的前景色为黑色，背景色为白色。使用下述 3 种方法可以快速设置前景色、背景色。

① 单击前背景色交换按钮，交换当前的前景色和背景色，快捷键是【X】。

② 单击缺省颜色按钮，将前景色、背景色设置为缺省的黑、白色，快捷键是【D】。

③ 单击前景色/背景色按钮，弹出“拾色器”（Color Picker）对话框，如图 3.7 所示。

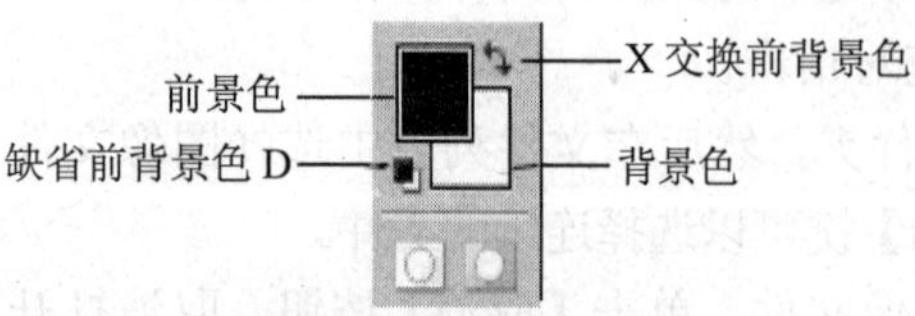

图 3.6

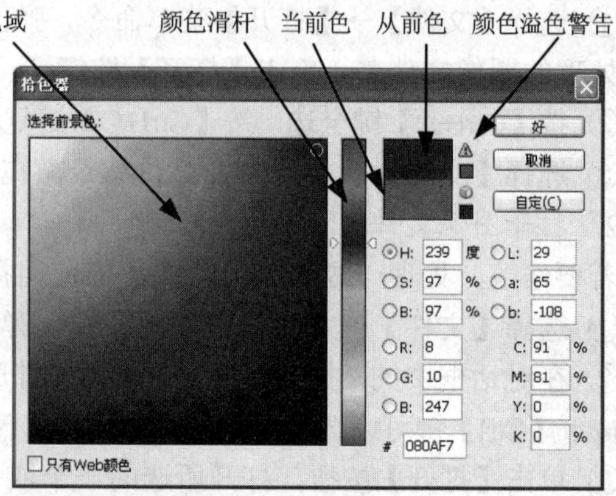

图 3.7

2. 选择颜色

在图 3.7 所示的对话框中通过拖动颜色滑杆和在颜色域中单击，可以选择出 1 600 多万种

的颜色。当用户在颜色拾取对话框中设定颜色时，如果所设定的颜色过于鲜明，则颜色拾取对话框中将出现一个警告标志，表示当前所选颜色超出了 CMYK 颜色域。例如，选择了比较鲜明的颜色（如亮蓝色），鲜明的颜色虽然可以忠实地显示在计算机屏幕上，但是打印输出后，细心的用户可能会发现图像中的色彩变暗了很多，这种情况称之为溢色。因为在 CMYK 颜色模式当中并没有相对应的颜色。因此，最后打印输出的图像和在计算机屏幕上看到的效果会存在一定的差异，如图 3.8 所示。

当出现三角符号图标时，单击此警告标志，便可以将设定的颜色自动修订为输出的颜色，其下方的颜色块表示了最为接近的 CMYK 颜色，可以选择它替代所选颜色。

3. 利用前景色、背景色绘制老虎尾巴

① 首先设置前景色为黑色，背景色为黄色。

② 选择工具箱上的铅笔工具（Pencil Tool），单击当前工具属性栏中黑圆点笔刷后，在绘图窗口单击一下鼠标左键得到一个黑圆点。

③ 单击前背景色交换钮或按【X】键，然后在绘图窗口点按鼠标即得到一个黄圆点。

④ 再按【X】键，在绘图窗口单击，依此类推，老虎尾巴就画出来了，如图 3.9 所示。

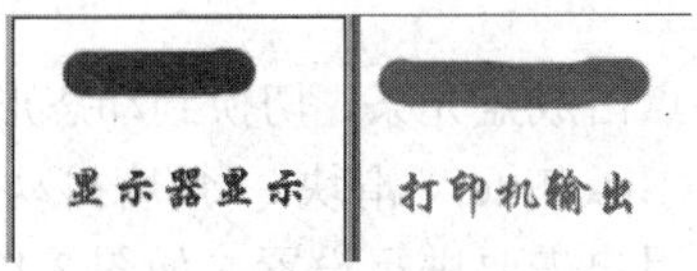

图 3.8

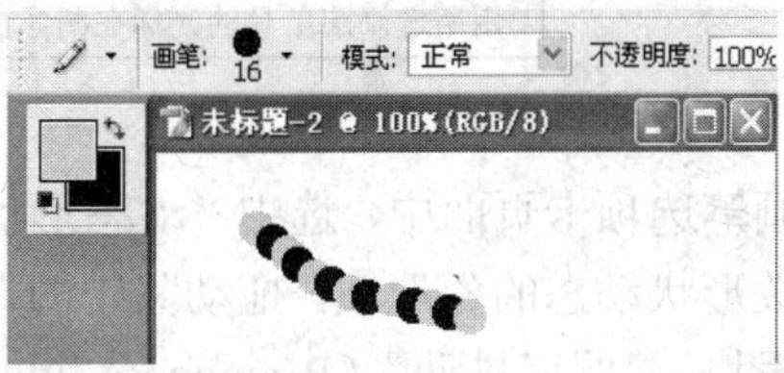

图 3.9

3.2.5　绘制图像

1. 画图工具

画图工具包括笔刷（Paintbrush）、铅笔（Pencil）、历史笔（History Brush）和艺术历史笔（Air History Brush）工具，如图 3.10 所示。

（1）设置笔刷画图

画笔类工具的颜色由当前的前景色来决定。可以通过改变前景色来改变画笔工具的颜色。画笔的宽度通过笔刷控制调板来定义。通过选择不同宽度的画笔，取得不同的效果。使用画图工具进行画图的一般操作步骤如下。

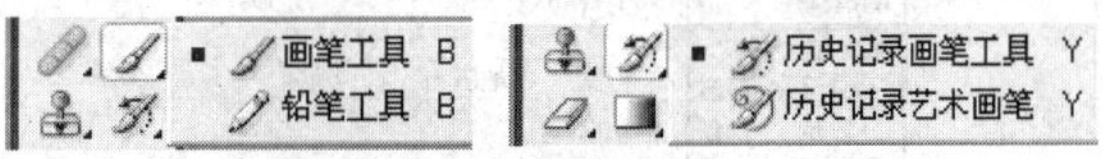

图 3.10

① 在工具箱中选择一种画图工具，随之工具属性栏变为当前画图工具栏。

② 选择前景色。

③ 单击当前工具属性栏“画笔”（Brushes）旁的向下按钮，弹出画笔调板。在画笔调板中选择笔刷样式，拖动“主直径”（Master Brushes）下的滑块调整笔刷的直径到所需的尺寸。

④ 用所选画图工具的光标在图像窗口中拖动，达到画图效果，如图 3.11 所示。

（2）设置动态画笔

在 Photoshop 窗口右侧的画笔选项卡页面提供了一些画笔动态选项，例如在绘画的过程中，可以使画笔的大小、颜色、不透明度等参数自动发生变化，从而绘制出动态效果图。

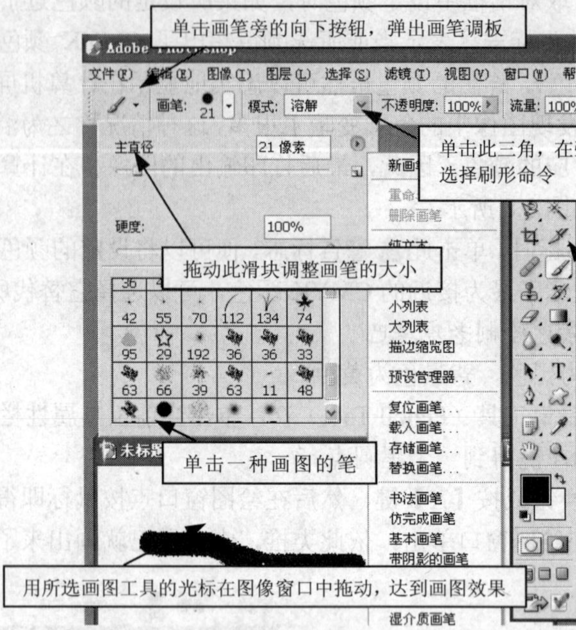

图 3.11

在画笔选项卡页面中，选中“动态形状”复选框并点击成蓝光条，切换到动态形状页面，显示有关形状动态的各选项，拖动其中的“大小抖动”（Size Jitter）滑块、“角度抖动”（Angle Jitter）滑块、“圆度抖动”（Roundness Jitter）滑块等按用户需要进行设置，如图 3.12 所示。

在画笔选项卡页面中，选中“动态颜色”复选框并点击成蓝光条，切换到动态颜色页面，显示有关颜色动态的各选项，拖动其中的“前景色/背景色抖动”（Foreground/Background Jitter）滑块、“色相抖动”（Hue Jitter）滑块、“饱和度抖动”（Saturation Jitter）滑块、“亮度抖动”（Brightness Jitter）滑块、“纯度抖动”（Purity Jitter）滑块等按用户需要进行设置，如图 3.13 所示。

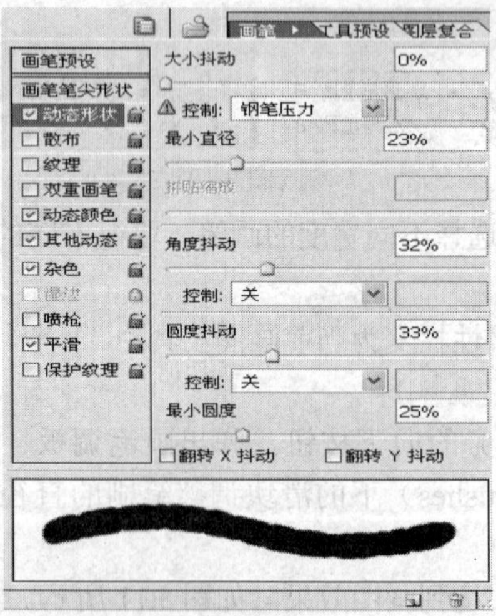

图 3.12

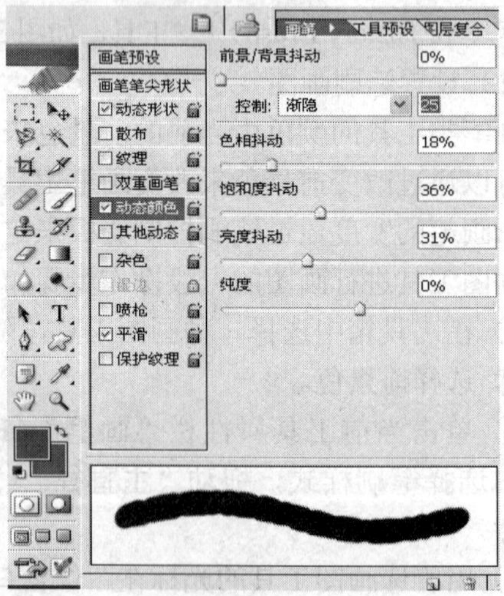

图 3.13

拖动滑块的数值越大，动态效果越明显。

在绘制过程中，笔尖的随机角度抖动，如图 3.14 所示。

在绘制过程中，笔尖的随机圆度抖动，如图 3.15 所示。

在绘制过程中，不透明度动态画笔的绘制效果，如图 3.16 所示。

图 3.14

图 3.15

图 3.16

2. 用画笔绘制一片洒满落叶的草坪效果实例

操作步骤如下。

① 新建一个宽 300 像素、高 150 像素的画布窗口。

② 将前景色选择为草地绿色。

③ 在工具箱中单击画笔工具（Brush Tool）按钮。

④ 在当前属性工具栏中单击“画笔”（Brush）下拉菜单，在调板中选择画笔，并拖动“主直径”滑块将画笔尺寸调整到合适的大小，如图 3.17 所示。

⑤ 将前景色选择为绿色，在图像窗口中横向拖动鼠标逐行绘制草。

⑥ 将前景色选择为落叶的枯黄颜色，在调板中选择画笔，拖动“主直径”滑块将画笔尺寸调整到合适大小，在窗口中单击绘制落叶。

⑦ 在当前属性工具栏中单击“画笔”（Brush）下拉菜单，显示弹出式调板，单击调板右上角的三角形按钮，在弹出的菜单中选择【特殊画笔效果】命令将特殊画笔效果库载入到调板中，如图 3.18 所示。

⑧ 将前景色选择为花的红色，在调板中选择画笔，并拖动“主直径”滑块调整画笔尺寸到合适的大小，然后单击绘制红花。最后绘制效果如图 3.19 所示。

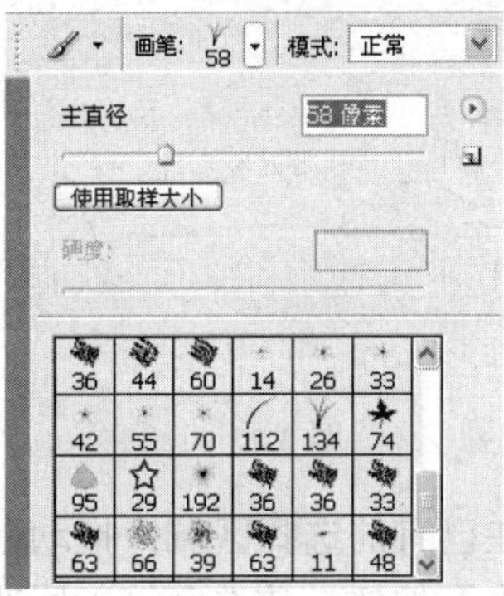

图 3.17

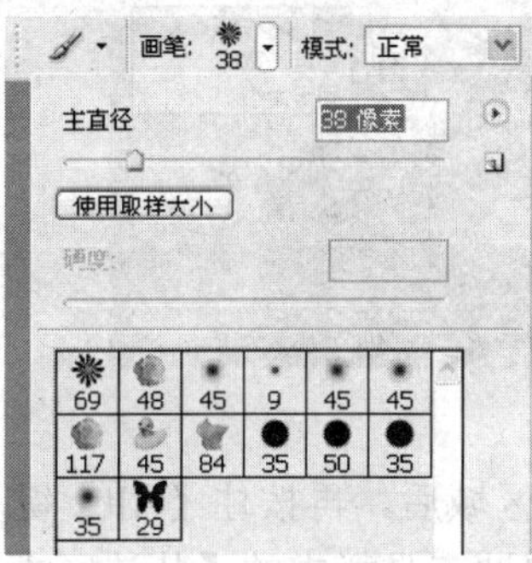

图 3.18

图 3.19

从以上两个实例可以看出，通过选择合适的画笔，选用草、树叶以及花朵这些复杂的效果，使绘制变得非常简单。

3.3　选择图像

3.3.1　使用选择框工具选取

选取工具主要包括矩形框、椭圆形框、单行水平线框、单列垂直线框和裁剪工具，如图

3.20 所示。选择图像的操作是进行图像编辑之前必须进行的一个重要步骤，灵活、精确地进行图像选择，是提高编辑图像效率和质量的关键。

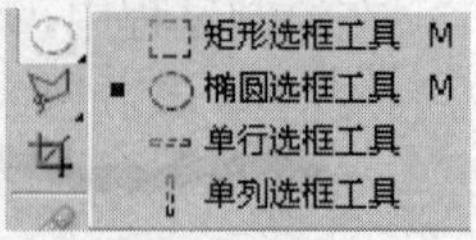

图 3.20

1. 矩形、椭圆选框工具

① 用鼠标右键单击工具箱中矩形框右下的三角按钮，在弹出的快捷菜单中选择“矩形选框”工具命令，或选择“椭圆选框”工具命令，快捷键是【M】键。

② 然后在图像窗口中单击左键并拖动鼠标即可绘制出一个矩形或椭圆形选区，在选框的当前工具属性栏中，从左至右有更新、加入、减出、相交 4 个选区模式。如图 3.21 所示。“羽化”项可以设定羽化边缘的宽度。“样式”项可以设定选择类型，其中“正常”为标准选择类型，鼠标拖动的方框即为选择区域。“固定长宽比”为强制比例选择，是按右侧的宽度和高度比例限制选择，【固定大小】是按右侧的宽度和高度设定所需的像素。

选择框工具与相应的功能键配合，可以产生多种选框选择手段。具体操作方法如下。

① 按住【Shift】键拖动鼠标，将选择出一个正方形或正圆形区域的效果。

② 按住【Alt】键拖动鼠标，将以拖动的开始处为中心选出一个矩形或椭圆形区域。

③ 按住【Shift+Alt】键再拖动鼠标，将以拖动的开始处为中心选择出一个正方形或圆形区域。

④ 当图像中已经有了一块选择区域后，再按住【Shift】键在已有的选择区域上拖动鼠标画一新选择区域，相当于选择了当前属性工具栏中的【添加到选区】按钮，该选区等于原选区加上新选区。应用这项技术能加选出较为复杂的选择区域，如图 3.22 所示。

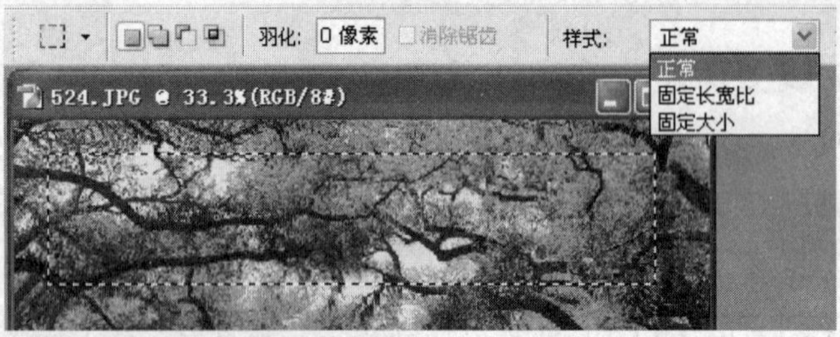

图 3.21

图 3.22

⑤ 当图像中已经有了一块选择区域后，再按住【Alt】键并在已有的选择区域内拖动鼠标画一新选区，相当于选择了当前属性工具栏中的【从选区中减去】按钮，该选区等于原选区减去新选区。一般用于减选出较为复杂的选择区域，如图 3.23 所示。

⑥ 当图像中有一块或多块选择区域时，按住【Alt+Shift】键，再拖动鼠标画一新选区，相当于选择了当前属性工具栏中的【与选区交叉】按钮，将选择出一个交集的区域，即刚选择的区域与原有选择区域相交的区域成为最终的选择区域。

⑦ 移动【方向】键将每次以 1 个像素点移动选择框。

⑧ 按【Shift+方向】键，将每次以 10 个像素点移动选择框。

2. 单行或单列选取工具

单行和单列选取工具专门用于选中只有一个像素高的行或一个像素宽的列。使用这个工具时必须在当前工具属性栏中设 Feather 为 0。

在工具箱中单击单行或单列选取工具后，在图像中单击即可在单击位置建立一个单行或单列选区，如图 3.24 所示。

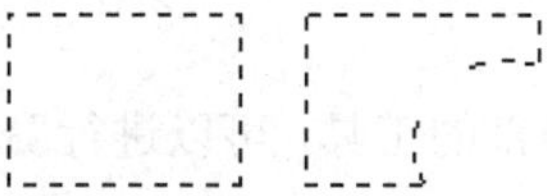

图 3.23

图 3.24

3.3.2　使用套索工具选取

套索工具主要包括自由套索、多边形套索、磁性套索，如图 3.25 所示。

自由套索用于选取一些无规则的直边、外形极其复杂的手画线图形；多边形套索工具用于选择出极其不规则的多边形形状；磁性套索工具特别适用于快速选择边缘与背景对比强烈且边缘复杂的图像，所选图形与背景的反差越大，选取的精确度越高。该工具既具有套索工具使用方便的特点，又具有路径选择的精确度。下面用磁性套索工具选取吉他，其操作步骤如下。

图 3.25

① 用鼠标左键在图像中单击，设置第一个紧固点。

② 按住鼠标左键沿着要描绘的边缘进行移动，使绘制的线段保持为现用状态。当移动光标时，现用的线段会贴紧图像中对比最强烈的边缘。磁性套索工具每隔一定时间将紧固点添加到选区边框上，以固定前面的线段。

③ 若发现边框没有贴紧图像的边缘，可单击鼠标一次，手动添加一个紧固点，继续描绘边缘。要抹掉最近绘制的线段和紧固点，按【Delete】键。

④ 双击鼠标左键或按【Enter】键闭合磁性线段边框，完成闭合直线段边框，选取结果如图 3.26 所示。

图 3.26

注意：按住【Alt】键，然后按住鼠标左键进行拖移，将激活套索工具。按住【Alt】键，然后单击鼠标左键，将激活多边形套索工具。

精确地选择吉他图像，无论是利用套索工具还是多边形套索工具，都是无法实现的，只有磁性套索工具可以做到这一点，使用磁性套索工具选取一些有明显边缘的图像时，建议将【宽度】（Width）的值设大，【边对比度】（Edge Contrast）的值设大，【频率】（Frequency）的值设小，这样在拖动鼠标时误差可以大一些。

3.3.3 使用魔棒工具选取

魔棒工具（Magic Wand Tool）是几个选择工具中最神奇的工具，可以进行魔术般的选择。魔棒工具的快捷键是【W】键。

单击工具箱中的魔棒工具，在图像或某个单独的图层上单击某个点时，附近的与该点颜色相同或相近的点都被自动选中颜色相近的程度，决定了选择区域的大小。

魔棒选取的色差范围由“容差”（Tolerance）项设定，图 3.27 中分别选择了“容差”值为 100 和 32 的显示结果。

打开光盘中的“Samples（书中实例素材）”文件夹中的“Guitar.psd”图像文件，单击魔棒工具，然后在编辑窗口的吉他图像外单击，结果如图 3.28 左侧所示。选择【选择】→【选择反选】命令，吉他图像即被全部选中，结果如图 3.28 右侧所示。

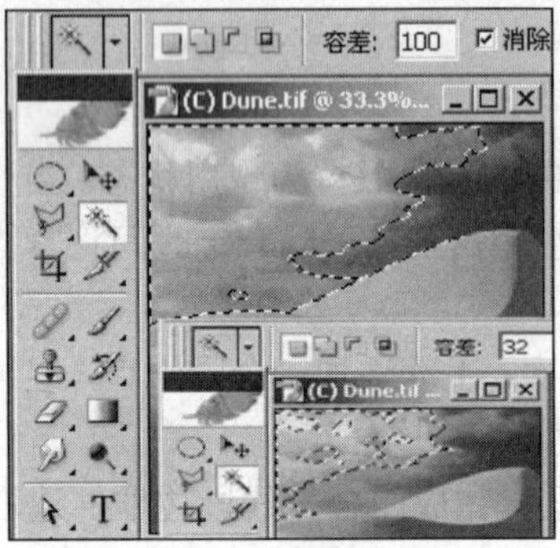

图 3.27

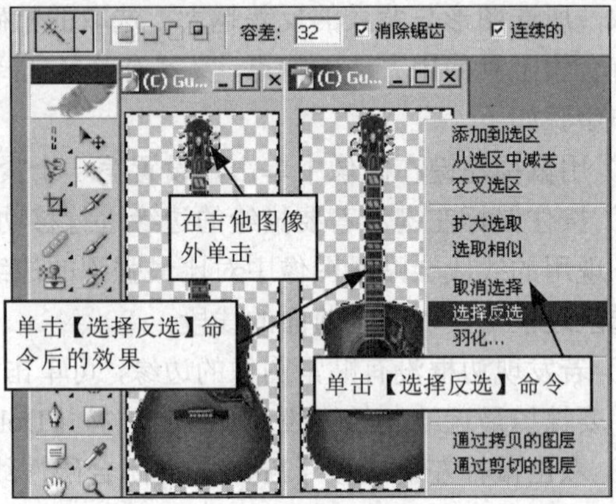

图 3.28

可以看出用自由套索、多边形套索、磁性套索 3 种工具选择具体吉他图像，都没有像魔棒工具这样连吉他弦钮都能选择出来，如图 3.29 所示。

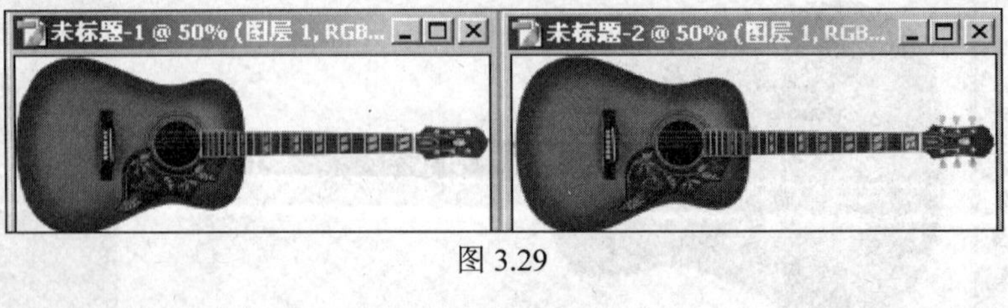

图 3.29

下面再以选取气球为例，讲解魔棒工具的妙用。

① 打开光盘中“Samples（书中实例素材）”文件夹中的“CMYK balloons.tif”图像文件，选择工具箱中的椭圆形工具把一个气球框住，结果如图 3.30 所示。

② 单击工具箱中的魔棒工具，然后按住【Alt】键同时单击选择区域内的蓝色部分，气球被快捷地选取出，效果如图 3.31 所示。

图 3.30

图 3.31

3.3.4　使用路径工具选取

利用 Photoshop 提供的路径（Path）功能可绘制线条或曲线，并可对绘制的线条进行填充和描边，从而完成一些无法用绘图工具所完成的工作。下面以灯光效果制作为例，当要把街灯选取出来，若用魔棒和磁性套索工具会费时费力，并且效果极差，但用路径选取工具却非常方便，操作步骤如下。

① 打开如图 3.32 所示的街灯图，在层调板中双击 Background 背景图将其转换为 Layer 0 层。再单击工具箱中的路径选取工具，并在当前属性工具栏中按下按钮，为路径方式。

② 利用路径选取工具把街灯灯罩选取出来，如图 3.33 所示。然后在 path 路径调板中单击路径转换为选区按钮，将整个路径选择上，如图 3.34 所示。

图 3.32

图 3.33

图 3.34

③ 选择【滤镜】→【照明】→【灯光效果】(【Filter】→【Render】→【Lighting Effects】)命令。在“灯光效果”对话框中进行如图 3.35 所示的设置，在“光照类型”项中把灯光的颜色设定为“点光”，然后单击【好】按钮即可。

④ 按【Ctrl+D】键，取消对路径的选择。

⑤ 用套索工具将灯泡选取出来，选择【滤镜】→【照明】→【灯光效果】(【Filter】→【Render】→【Lighting Effects】）命令。在“灯光效果”对话框中进行设置，为图 3.36 左图加光。最后结果如图 3.36 右图所示。

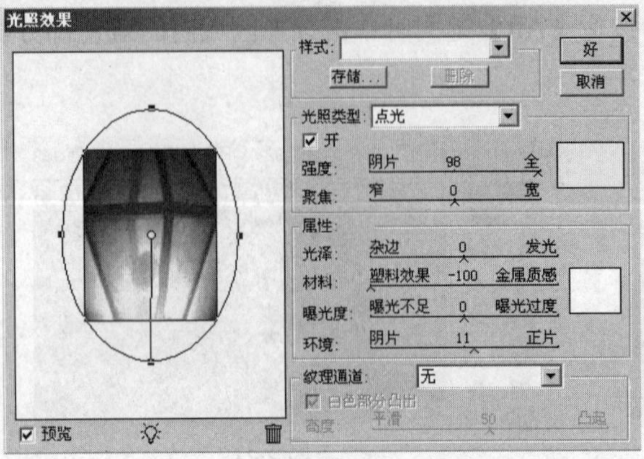

图 3.35

图 3.36

3.3.5 使用【选择】→【色彩范围】命令选取

上面介绍了选择框选取工具、套索工具、魔棒工具、路径工具，但是碰到有镂空的图案使用这些工具就无能为力了，下面介绍另一个好的选取方法，就是使用【选择】→【色彩范围】命令选取。具体操作步骤如下。

① 打开龙纹图案图像，选择【选择】→【色彩范围】命令，弹出“色彩范围”对话框。

② 在对话框中首先选择吸管工具，然后在龙纹图案的图像白色背景上单击，再回到对话框中选择加法吸管工具，继续单击龙纹图案图像的镂空白色，再回到对话框中调整颜色容差滑块到 180 左右，如图 3.37 所示。

③ 在对话框中单击【好】按钮，龙纹图案白色区域被选出。

④ 按【Ctrl+Shift+I】键反选，将龙纹图案选出，如图 3.38 所示。

⑤ 按【Ctrl+C】键复制，选择【文件】→【新建】命令，新建一个窗口，然后单击工具箱的渐变工具设置蓝白色，在新建窗口从左至右拉一直线，最后按【Ctrl+V】键粘贴，结果如图 3.39 所示。

图 3.37

图 3.38

图 3.39

3.3.6　使用【滤镜】→【抽出】命令选取

当背景比较复杂时，要想选出其中的对象，无论使用前面介绍的哪种方法，工作量都不会小，此时读者不妨考虑试一试【滤镜】→【抽出】命令。【抽出】命令用于选择边缘不规则的图像，例如动物的毛发等。下面通过一个实例说明其用法。

① 打开原始图像，选择【滤镜】→【抽出】命令，打开“抽出”对话框。

② 在“抽出”对话框中单击左侧工具箱中的“EdgeHigh Lighter”（边界高亮）工具，然后在中间的图像中描绘小狗图像的边缘，方法是从边界外侧的某一点单击并拖动，沿小狗边界勾画，如图 3.40 所示。

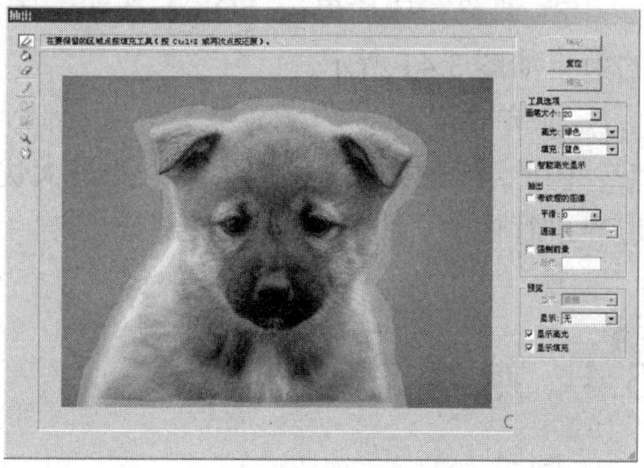

图 3.40

③ 边界高亮工具主要用来描出要选择图像的边缘，在右侧“工具选项”类下的“画笔大小”框中可以设置工具的画笔粗细。在“高光”框内设置工具的颜色。勾选“智能高光”选项，可以进行较精确地描边。实际上，“工具选项”类下的“画笔大小”值越小，选择的边缘越精确，而且在描边时最好勾选“智能高光”选项。

④ 如果对这次操作不满意，可以利用左侧工具列中的【橡皮擦】工具，将边缘和填充效果擦除，然后重新进行选择。若图像中描绘小狗图像的边缘擦除多了，可单击左侧工具箱中的橡皮擦工具反擦除。

⑤ 在左侧的工具列中选择填充工具，然后在小狗图像内部单击进行填充，效果如图 3.41 所示。在“抽出”类中，使用工具填充要选择的部分。右侧“工具选项”类下的【填充】框内设置填充使用的颜色。

⑥ 单击【预览】按钮，结果如图 3.42 所示。右下方的“预览”类选项全部可用。在“显示”下拉列表中，选择“原始的”选项，中间的图像窗口显示原图的效果。选择“抽出”类的选项，中间的图像窗口显示预览效果。

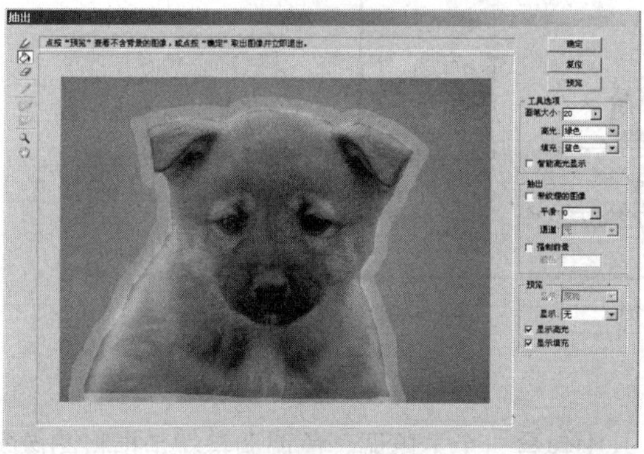

图 3.41

图 3.42

⑦ 在“预览”类中选择“无”选项，透明部分显示默认的网格效果。选择“黑色”、“灰色”、“白色”和“其他”选项，图像透明部分使用指定的颜色显示。选择“蒙版”选项，中

间的图像窗口显示的是蒙版效果。

勾选“显示高光”选项，在中间的图像窗口显示被工具描绘的高亮边缘效果。

勾选“显示填充”选项，在中间的图像窗口显示工具填充颜色的效果。

⑧ 观察预览效果，显然，此时所选取的对象还有不少问题。为此，可首先单击选中工具箱中的 Zoom 工具，然后在预览区单击放大图像显示。随后选取工具箱中的 Cleanup 工具，在图像上拖曳，可以继续进行删除。

⑨ 调整完成后单击【OK】按钮，关闭【抽出】对话框，选择的效果如图 3.43 所示。

图 3.43

⑩ 单击菜单中的【文件】→【存储为】命令，将所做的修改保存。

由此可以看出，【抽出】命令的最大优点是，它具有很强的灵活性。用户可以随意对选取边界进行修改，并可选取多个部分。

3.4 编辑图像

3.4.1 几个常用的处理图像方法

1. 用色阶（Levels）命令调整图像

色阶是指各种图像色彩模式下图像原色的明暗度，色阶的调整也就是明暗度的调整，色阶的范围为 0～255，也就是说，可在 256 种色阶内调整。例如，打开一张图片，如图 3.44 左图所示，选择【图像】→【调整】→【色阶】命令，在弹出的【色阶】对话框中，将右边的三角拖至黑色边缘 210 处，如图 3.44 中图所示，单击【好】按钮，结果变的明亮，如图 3.44 右图所示。

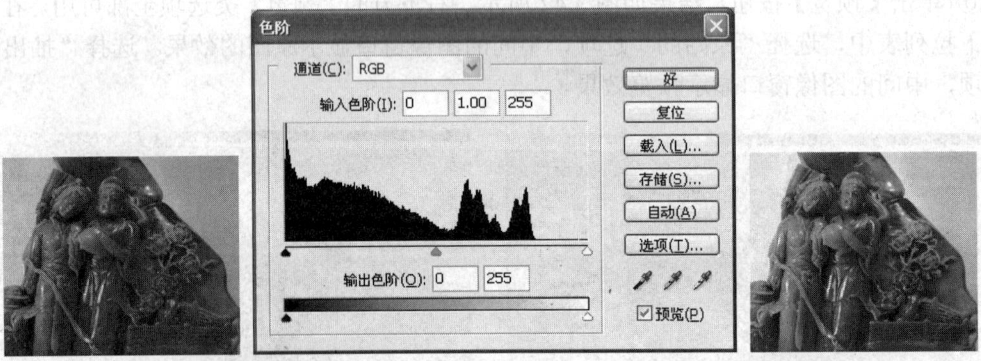

图 3.44

2. 色调（Hue）

图像通常被划分为多个色调（如绿色、红色），其中包含一个主色调。色调调整就是指将图像颜色在各种颜色之间进行调整。例如，打开一张图片，如图 3.45 左图所示，选择【图像】→【调整】→【色相/饱和度】命令，将弹出“色相/饱和度”对话框，用户可分别调整色相为 17，饱和度为 27，明度为 17，如图 3.45 中图所示，单击【好】按钮，结果由红色基调变为黄色基调，如图 3.45 右图所示。

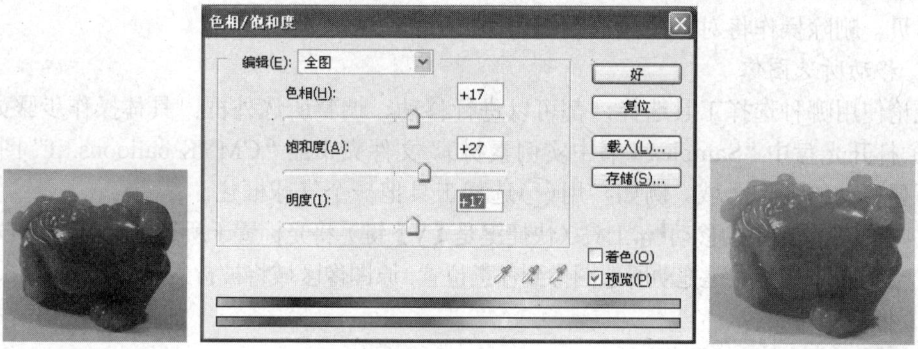

图 3.45

3. 饱和度（Saturation）

饱和度是指图像颜色的彩度或鲜艳程度，将一个图像的饱和度降至−100 时，图像即变为灰度图，如图 3.46 所示。

4. 对比度（Contrast）

对比度是指不同颜色之间的差异，对比度越大，两种颜色之间的差值就越大。例如，打开一张图片，如图 3.47 左图所示，选择【图像】→【调整】→【亮度/对比度】命令，弹出“亮度/对比度”对话框，如图 3.47 中图所示。在对话框中将对比度增加后，黑白颜色对比会更加鲜明。当对比度增加到极限时，一幅灰度图像只剩下黑白两色，而将对比度减小到极限时，一幅灰度图像只剩下灰色底图，如图 3.47 右图所示。单击【好】按钮，结果变为灰色图。

图 3.46

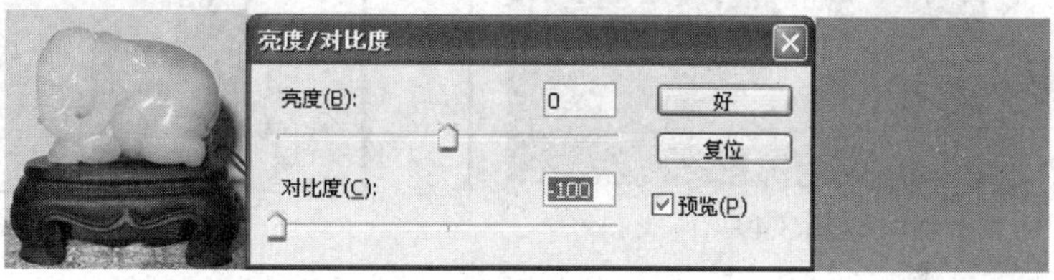

图 3.47

5. 亮度（Brightness）

亮度是指图像中明暗程度的平衡，它决定了明暗色调的强度。例如，打开一张图片，如图 3.48 左图所示，选择【图像】→【调整】→【亮度/对比度】命令，在弹出的“亮度/对比度”对话框中调整其亮度，如图 3.48 中图所示，单击【好】按钮，结果由暗色变为亮色，如图 3.48 右图所示。

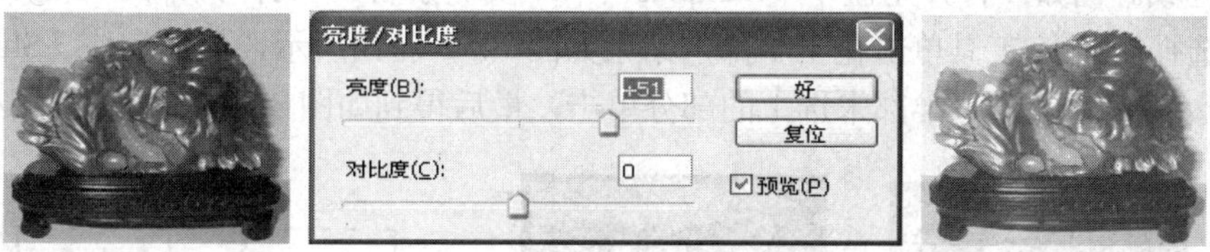

图 3.48

3.4.2 移动、拷贝、加选、减选等操作

在进行移动、拷贝、删除操作之前，首先必须选择需要处理的图像区域，否则所做的移

动、拷贝、删除操作将对全图像范围起作用。

1. 移动所选图像

无论使用哪种选择工具选择，都可以进行移动、调整所选外框。具体操作步骤如下：

① 打开光盘中“Samples（书中实例素材）”文件夹中的“CMYK balloons.tif”图像文件，选择所要移动的图像区域。例如，用◌选择工具把一个气球框住。

② 单击工具箱中的移动工具（快捷键是【V】键）将光标置于所选区域内，当光标尾部出现剪刀时按下鼠标左键拖动所选图像到任意位置，原图像区域将被背景色填充，如图 3.49 所示。

2. 拷贝所选图像

① 选择所要拷贝的图像区域。

② 选择【编辑】→【拷贝】命令，屏幕上无变化，但系统已将所选内容复制到剪贴板上，拷贝快捷键是【Ctrl+C】。

③ 选择【编辑】→【粘贴】命令或按【Ctrl+V】快捷键，系统将所选内容粘贴在一个新的图层上，如图 3.50 所示。若选择【编辑】→【粘贴入】命令或按【Ctrl+Shift+V】键，系统即将所选内容粘贴到选择区域内，并自动产生图层遮板。

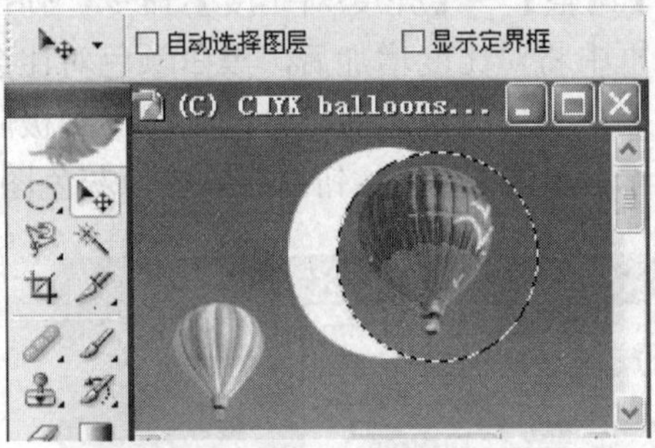

图 3.49

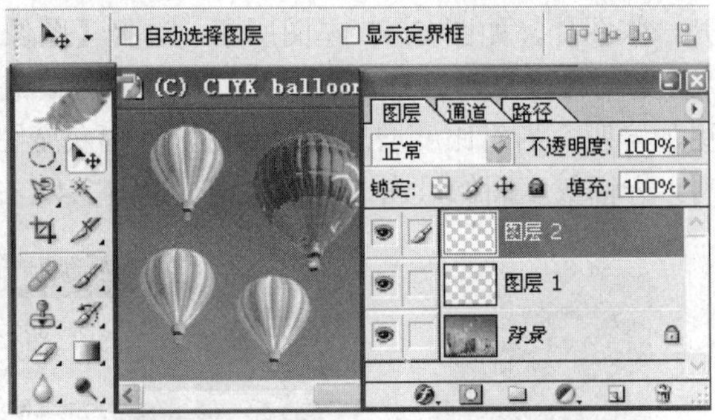

图 3.50

若按住【Alt】键再拖动选择区域，也将复制选择区域。具体操作步骤如下。

① 打开光盘中“Samples（书中实例素材）”文件夹中的“彩盘.jpg”图像文件。

② 选择磁性套索工具将绿彩盘勾选出，如图 3.51 左图所示，按住【Alt】键拖动绿彩盘即复制一个，如图 3.51 右图所示。

3. 用快捷键增加选择区域

按【Shift】键，待光标旁出现“+”符号时，用选择工具在编辑窗口中进行选择操作，即增加选择区域。例如：打开光盘中“Samples（书中实例素材）”文件夹中的“花.GIF”图像文件，首先选择魔棒工具单击花上半部，结果如图 3.52 左图所示，然后按住【Shift】键同时使用魔棒工具再在花下半部未选上的部分单击，最后得到如图 3.52 右图所示的选择区域。

选择　　移动

图 3.51

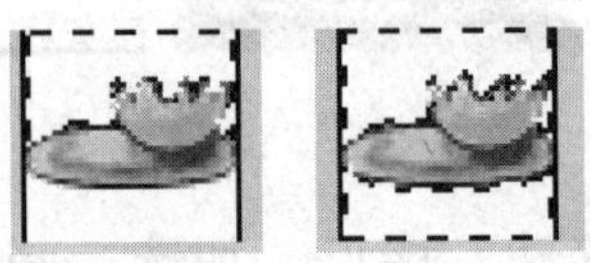

选择　　加选

图 3.52

4. 用快捷键减小选择区域

当选择了一个图像区域后，还可以进入。打开光盘中“Samples（书中实例素材）”文件夹中的 0026.GIF 图像文件，首先选择矩形工具把樱桃水果选中，结果如图 3.53 所示，然后按住【Alt】键同时使用工具再单击选择区域内的白色部分，即将樱桃水果严丝合缝地选出，最后得到如图 3.54 所示的结果。

5. 用快捷键得到相交的区域

在图 3.54 选择区域上，按【Alt+Shift】键，待光标旁出现“×”符号时，单击工具箱椭圆选择按钮，拖动鼠标画一圆形框，将得到相交区域的樱桃水果，如图 3.55 所示。

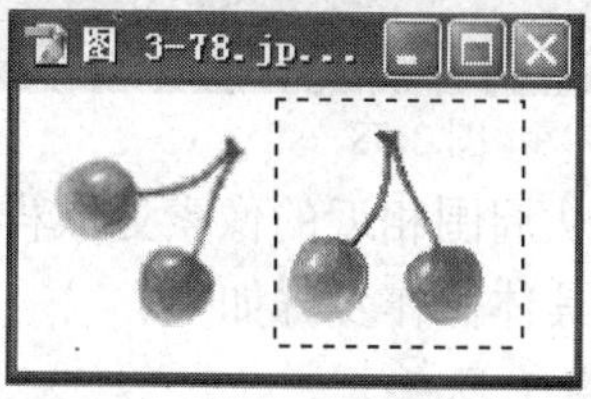

图 3.53

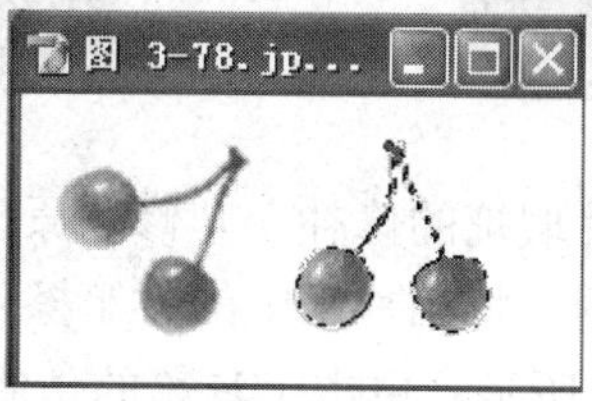

图 3.54

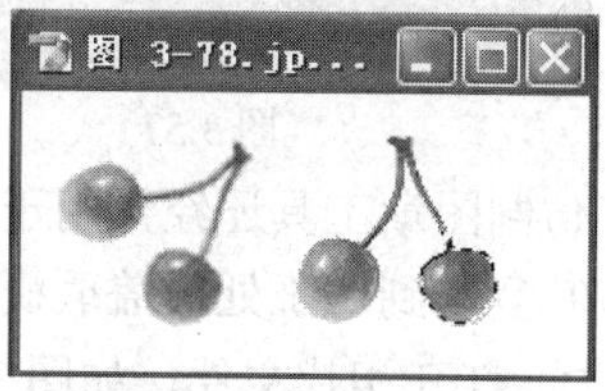

图 3.55

6. 使用快捷键的常用操作

全部选择：按【Ctrl+A】键可以选择全部图像。

反向选择：按【Ctrl+ Shift+I】键可以选择当前未选择的其他图像。

取消选择：按【Ctrl+D】键可以取消选择。

隐藏选择：按【Ctrl+H】键可以隐藏选择框的显示，以便更好地查看屏幕编辑效果，再次使用【Ctrl+H】键可以再现选择框。

3.4.3 使用图像修补工具

工具箱中的图像修补工具包括修补工具、印章工具、橡皮擦工具，如图 3.56 所示。

图 3.56

图像修补是设计师们经常要做的事情之一，利用这些修补工具可以对老照片进行处理，如将刮痕、污点等痕迹去除掉，将其他游客从旅游景点照片中移出等。

1. 仿制印章工具的使用

仿制印章是一个很奇妙的工具，一般常用于对图像取样，将取样的图像应用到其他图像或同一图像的不同部分上。仿制印章工具的快捷键是【S】键。

印章复制实例操作步骤如下。

① 打开光盘中的“Samples（书中实例素材）”文件夹中的“树.jpg”图像文件，如图 3.57 所示。

② 单击工具箱中的仿制印章工具，在当前仿制印章选项工具栏中选中“Aligned”复选框，保证以对齐的方式进行复制，这样即使复制的过程分几次进行，复制出的图像也将是完整的，不会相互覆盖。若选中“Use All Layers”复选框，则对所有的图层生效。

③ 按住【Alt】键并单击要复制的区域，拖动鼠标在树上来回移动，直至设定好样本，然后松开【Alt】键，再次单击并拖动鼠标按气球形状移动即可进行复制，如图 3.58 所示。

使用仿制图章工具时不但能从当前图片中取样，而且可以从其他图片中取样，将其他图片中的内容复制到当前图片中。

图 3.57

图 3.58

仿制图章工具还经常用于图片瑕疵的修补，其修补原理是从周围相近的像素处取样，然后将其复制到瑕疵处覆盖瑕疵。例：将相片水中的竹竿擦除，具体操作步骤如下。

① 打开相片文件，如图 3.59 所示，单击工具箱的仿制印章工具。

② 按住【Alt】键并单击要复制的水区域，拖动鼠标在水区域上来回移动。

③ 松开【Alt】键在竹竿上拖动鼠标按水形状移动即将竹竿覆盖掉，如图 3.60 所示。

图 3.59

图 3.60

2. 图案印章工具（Pattern Stamp Tool）的使用

图案印章工具不是以定义的基准点为单位进行复制，而是以预先定义的图案为复制对象进行复制。其操作步骤如下。

① 打开光盘中的“Samples（书中实例素材）”文件夹中的“CMYK balloons.TIF”图像文件。

② 单击工具箱中的矩形框工具，确认当前矩形框选项工具栏中羽化设置为 0，然后在图像编辑窗口中选择一个气球图案的图像，如图 3.61 所示。

图 3.61

③ 选择【编辑】→【定义图案】(【Edit】→【Define Pattern】) 命令，在弹出的对话框中取默认图案名，再单击【好】按钮，完成定制图案的操作。依照步骤②和③继续定义其他气球图案。

④ 单击工具箱的图案印章工具，在当前图案印章选项工具栏中单击 Pattern 旁的下拉按钮，在弹出的列表框中选择一种气球图案。

⑤ 在图像编辑窗口中拖动鼠标，就可以得到定制图案的图像效果，如图 3.62 所示。

图 3.62

3. 修复笔工具

Photoshop 8.0 中新增加了修复笔工具（Healing Brush Tool）和修补工具（Patch Tool）两种。修复笔工具非常类似于仿制图章工具，同样是先从源位置取样，然后通过单击或拖动将源位置处的像素绘制到目标位置，不同之处在于修复笔工具不会完全照搬源位置处的像素，而会将其匹配目标位置处的纹理、阴影、光等因素。修复笔工具的操作步骤如下。

① 打开相片文件，如图 3.63 所示，在工具箱中单击修复笔工具。

② 在当前修复笔工具选项栏中单击画笔选项，在弹出的画笔调板中选择需要的画笔。

③ 在当前修复笔工具选项栏中选中取样单选按钮。

④ 按住【Alt】键，鼠标指针变为标靶状，然后在图像中单击取样位置。

⑤ 松开【Alt】键，在需要修复的黄斑位置按下鼠标左键拖动，画笔拖动过的位置即会按照取样位置进行修复，修复结果如图 3.64 所示。

图 3.63

图 3.64

4. 修补工具

与修复笔工具一样，修补工具同样是根据取样区域的图像来修复目标区域中的图像，并且也会将取样图像匹配目标区域中的纹理、阴影、光等因素。但其操作方式却有所不同，适合于整块修复。使用修补工具的操作步骤如下。

① 打开相片文件，在工具箱中单击修补工具在工具选项栏中选中“源”单选按钮。

② 在图像窗口中拖动鼠标选中好的蓝天区域，如图 3.65 所示。

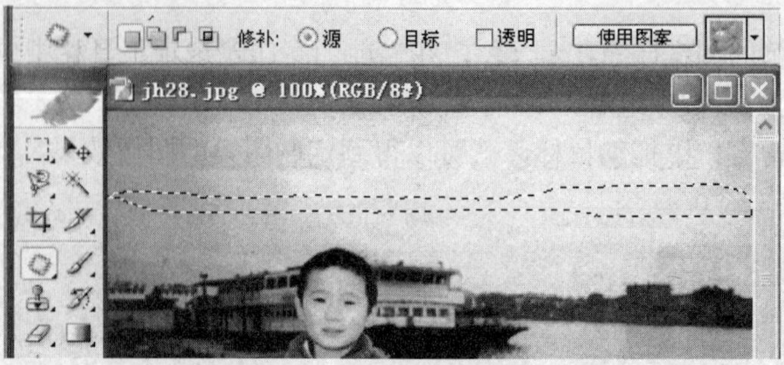

图 3.65

③ 将鼠标移至选区内并拖动该区域到用于修补的斑点区域的图像位置上，其结果如图 3.66 所示。

除了按以上操作步骤之外，还可以按相反的方式来使用修补工具，在步骤①中选中“目标”单选钮，并在步骤②中选中修补的斑点区域，然后在步骤③中将取样区域拖动到作为修补图像的区域。两种操作方式虽然看似不同，但实际效果完全相同。

5. 橡皮擦工具的使用

橡皮擦工具是用来擦除图像颜色的，也就是在擦除的位置上填入背景色。在橡皮擦工具组中提供了橡皮擦工具（Eraser Tool）、背景橡皮擦工具（Background Eraser Tool）和魔术橡皮擦工具（Magic Eraser Tool）3 种，橡皮擦工具的快捷键是【E】键。

使用橡皮擦工具处理主页图，其操作步骤如下。

① 打开光盘中的“Samples（书中实例素材）”文件夹下的“苏州园林.jpg”文件，如图 3.67 左图所示。

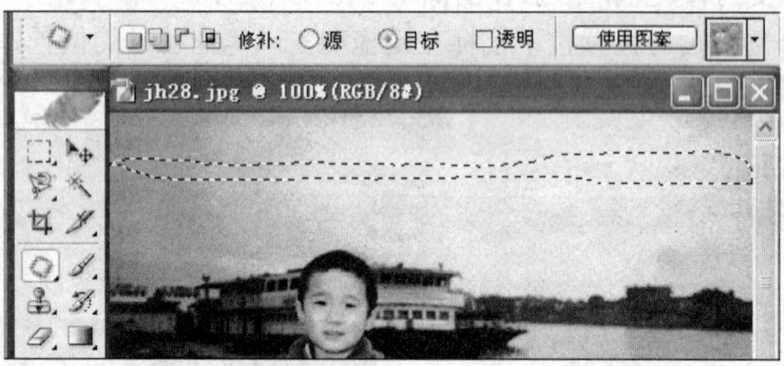

图 3.66

图 3.67

② 单击工具箱的橡皮擦工具，在当前橡皮擦选项工具栏中设“模式”为画笔，单击画笔向下箭头拉出列表，设笔刷为湿笔，直径 55，硬度 0%。

③ 用橡皮擦笔刷轻轻涂抹苏州园林图像的边缘，效果如图 3.67 右图所示。

使用魔术橡皮擦工具擦除图层上所有相近颜色的像素。这种工具擦除的特点是不需要拖移鼠标，处理的颜色是根据鼠标单击点决定的，具体操作步骤如下。

① 单击工具箱的魔术橡皮擦工具，在当前魔术橡皮擦选项工具栏中设“容差”（Tolerance）为 0～255 的数值。数值越小表示擦除的颜色离采样颜色越接近；数值越大，则

删除的范围越宽。选中“Continuous”（连续）复选框，则只擦除满足采样颜色周围连续的区域；否则擦除选区内所有满足采样颜色的区域。

② 打开光盘中的“Samples（书中实例素材）”文件夹中的“Zebra.psd”图像文件。

③ 在图像编辑窗口中选中“邻近”复选框，反复单击鼠标，只以背景色擦除了一个条纹，如图 3.68 左图所示。

④ 取消“邻近”复选框，在图像编辑窗口中单击鼠标一次，则以背景色擦除所有与黑色斑马条纹相近的颜色区域，如图 3.68 右图所示。

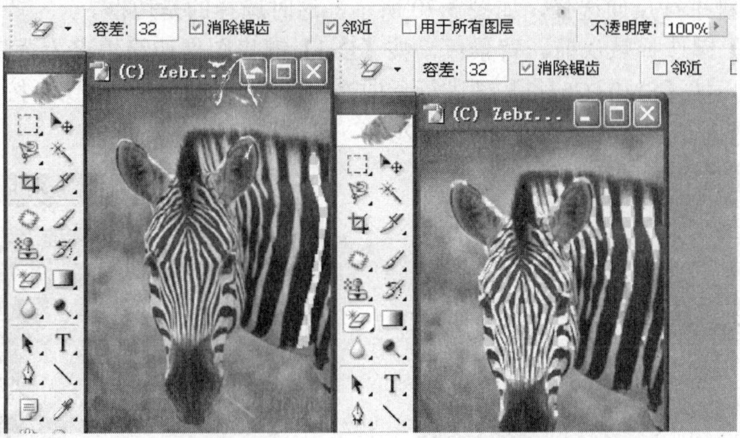

图 3.68

3.4.4 使用填充工具

填充指的是填充所选区域，一般使用删除操作、填充命令、油漆桶工具和渐变着色工具等。

1. 删除操作

使用【BackSpace】键或【Del】键，可以对所选区域或当前图层进行填充操作，操作步骤如下。

① 选择所需填充的区域或图层。

② 按【Del】键使用背景色进行填充或按【Alt+Del】键使用前景色进行填充。

③ 按【Ctrl+Del】键使用背景色进行填充；按【Ctrl+Shift+Del】键将使用背景色对有图像的内容进行填充；按【Alt+Shift+Del】键将使用前景色对有图像的内容进行填充。

2. 颜料工具

颜料工具包括油漆桶工具（Paint Bucket Tool）和渐变着色工具（Gradient Tool），如图 3.69 所示。油漆桶工具和渐变着色工具都用于为图像填色，其区别主要体现在填充的图案不同，油漆桶工具只能填充颜色相近的区域。

图 3.69

（1）漆桶工具

漆桶工具用于在图像或选择区域内，对指定容差范围内的色彩区域填充前景色或指定图案。油漆桶工具的快捷键是【G】键。

在油漆桶的当前工具属性栏中，在“填充”项中，选定其中之一前景色或图案填充方式。

在“模式”的下拉列表中设定填充模式；设定“不透明度”的百分比值。在“容差”项输入定义色彩容差范围的数值，容差范围越小，可填充区域越小。选中“所有图层”复选框，在做填充时，就像将所有图层合并后再做填充一样。

（2）设计用漆桶填充镜框实例

设计下面镜框实例的操作步骤如下。

① 打开光盘中的“Samples（书中实例素材）”文件夹中的“100.jpg”图像文件（自加进的）。

② 单击工具箱的矩形框工具，在离图像边缘一定距离处画一矩形选择框，按【Shift+Ctrl+I】键进行反向选择，如图 3.70 所示，这时选择的是边框。

③ 按【D】键选择默认前、背景色，按【Del】键将图像边缘填充为背景色——白色，如图 3.71 所示。按【Shift+Ctrl+I】键进行反向选择，此时选择的是图像，按【Ctrl+Alt+D】键打开羽化设置对话框，输入羽化半径为 20。

图 3.70

图 3.71

④ 按【Shift+Ctrl+I】键进行反向选择，此时选择的是边框。

⑤ 单击工具箱中的漆桶工具，在当前漆桶工具属性栏中设置“模式”为正常。

⑥ 将光标置于图像左上角后单击鼠标左键，如图 3.72 所示。

⑦ 按【Ctrl+D】键取消选择区域，就可以得到如图 3.73 所示效果。

图 3.72

图 3.73

（3）渐变着色工具

渐变着色工具用于在画面或选择区域内进行色阶着色，形成一种渐变的颜色方式。渐变着色工具的快捷键是【G】键。

选择工具箱的渐变着色工具，使渐变工具为当前工具属性栏，在工具属性栏中提供了

5 种渐变工具，从左至右依次为直线渐变方式着色、圆形辐射渐变方式着色、螺旋渐变方式着色、反射渐变方式着色和菱形渐变方式着色工具，单击渐变工具旁的向下按钮，弹出 15 种着色调板，如图 3.74 所示。

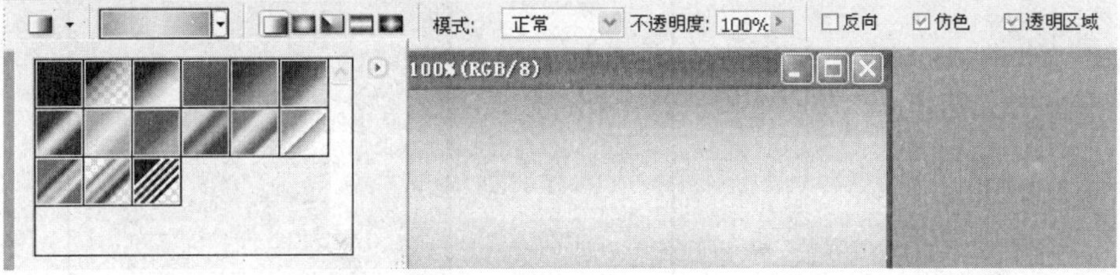

图 3.74

另外，若选中“反相”复选框，则使渐变效果反向。若选中“仿色”复选框，可使用递色法来增加中间色调，使渐变效果更平缓。若选中“透明区域”复选框，将打开透明度设置。如果不选择区域，将对整幅图像进行填充，其操作步骤如下。

① 选择工具箱的渐变工具，选择所需的一种渐变着色方式，如直线着色方式。

② 选择渐变所需的前景色和背景色。

③ 在图像编辑窗口单击并拖动鼠标画一直线，产生渐变效果。

（4）用渐变着色制作一幅卡通图片实例

以直线渐变着色和圆形辐射渐变方式制作一幅卡通图片，具体操作步骤如下。

① 新建一个 300×400 像素的文件，选择工具箱的渐变工具，在当前工具属性栏中双击渐变样式按钮，打开“渐变编辑器”对话框，调整渐变颜色编辑条，如图 3.75 所示。

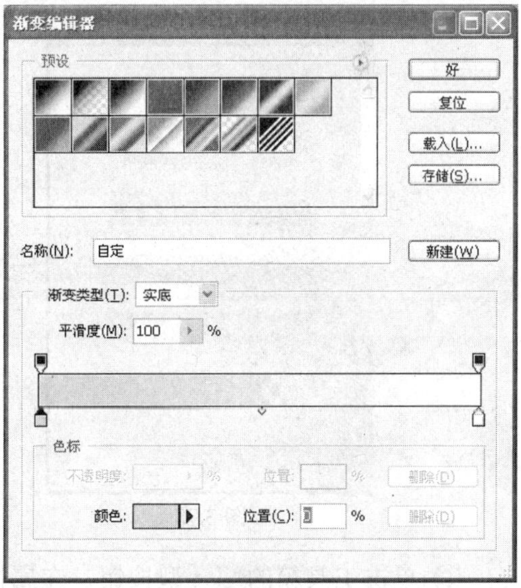

图 3.75

② 选择工具属性栏中的直线渐变方式，从左至右拖动光标。

③ 单击工具箱的椭圆工具，在图 3.76 上画一个椭圆，再单击工具箱的矩形工具，按【Alt】键的同时拖动鼠标画矩形减选椭圆选区，如图 3.77 所示。再双击当前工具属性栏中渐变样式按钮，在打开的渐变编辑器对话框中的颜色编辑条中，单击其下方的颜色桶，在弹出的颜色拾取对话框中选取深灰色，使渐变颜色编辑条颜色变深。

④ 按住鼠标左键从上向下拖动光标，用渐变着色方式将选区添充灰色。单击工具箱的椭圆工具，按【Alt+Shift】键的同时拖动鼠标画一个正圆眼睛，再双击当前工具属性栏中渐变样式按钮，在打开的渐变编辑器对话框中的“Presets”（预先装置）区单击所需样式为当前样式，本例取第一排最后一个样式。

⑤ 在渐变颜色编辑条中，左右拖动颜色桶，可调整过渡区的起始和结束位置；在渐变颜色编辑条下方单击将新增一个油漆桶，将油漆桶拖出颜色编辑条下方即删除渐变色。

⑥ 在当前工具属性栏中选择圆形辐射渐变方式，从左上角向右下角拖动鼠标，效果如图 3.78 所示。

⑦ 单击工具箱的移动工具，按【Alt】键拖动眼睛到右边即复制另一个眼睛，如图 3.79 所示。

图 3.76

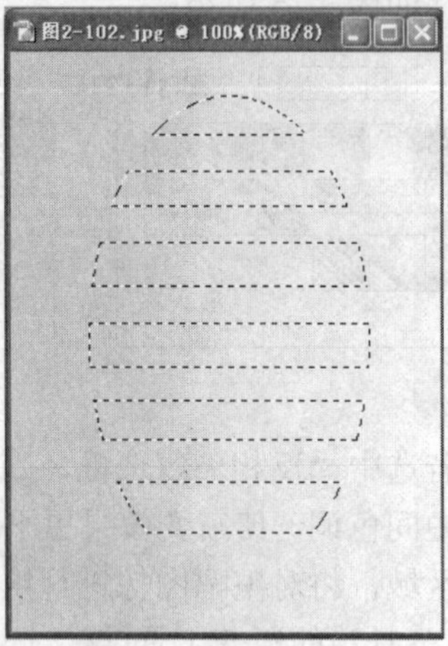

图 3.77

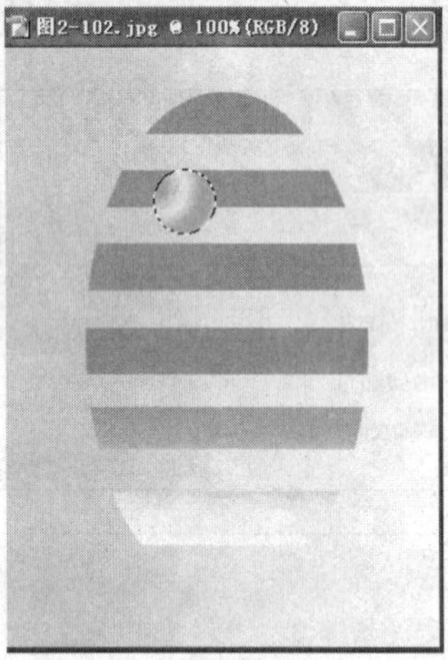

图 3.78

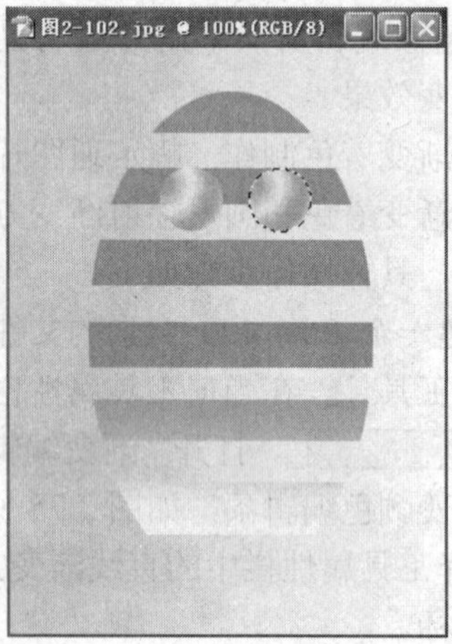

图 3.79

⑧ 单击工具箱的型按钮，在属性工具栏中单击“样式”旁的向下箭头按钮，弹出样式板，选择第一排第 5 个按钮；单击“形状”旁的向下箭头按钮，拉出图案板，选择水滴图案，最后在图像编辑窗口画一个三角，这样就制作出了鼻子图案，如图 3.80 所示。

⑨ 继续在当前属性工具栏中单击“样式”旁的向下箭头按钮，拉出样式板，选择第二排第 4 个按钮；单击“形状”旁的向下箭头按钮拉出图案板，选择嘴唇图案，最后在图像编辑窗口画一个嘴唇图案，这样就制作出了嘴唇图案，如图 3.81 所示的效果。

（5）以渐变功能制作一个光盘实例

以渐变功能制作光盘的操作步骤如下。

① 选择工具箱的渐变工具，在渐变工具的当前工具属性栏中双击渐变样式按钮，打开“渐变编辑器”对话框，选择系统内置的七彩虹渐变样式，如图 3.82 所示。将渐变颜色编辑条上方不需要的颜色桶拖离渐变带将其删除，只在两端保留两个，并将相应的不透明度（Opacity）设置为 100%。将渐变带下方的颜色桶均匀地拖动到渐变带左边的 1/4 范围内。

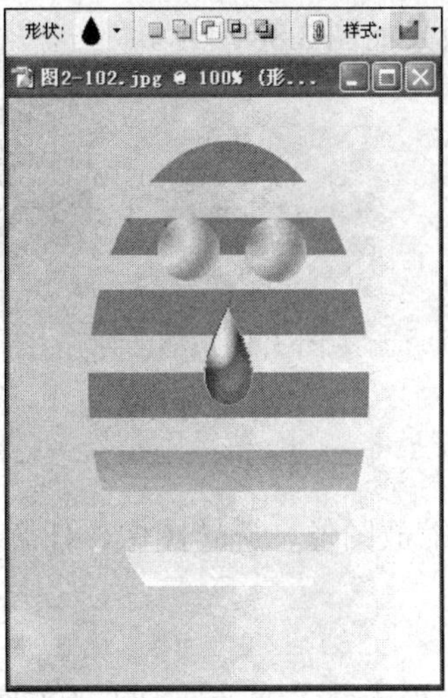

图 3.80

图 3.81

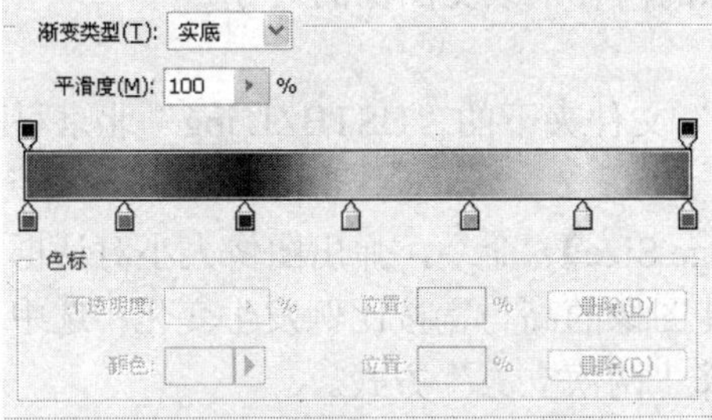

图 3.82

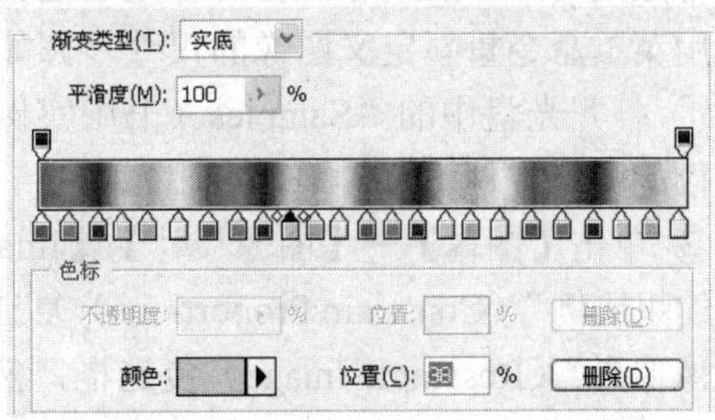

图 3.83

② 单击选中左边第一个颜色桶，然后在最右一个颜色桶右边单击，在该处插入一个同色的颜色桶。单击选中左边第二个颜色桶，然后在最右一个颜色桶右边单击，在该处插入一个同色的颜色桶。

③ 重复②操作步骤，不断地复制颜色桶，直到渐变带如图 3.83 所示，然后单击【好】按钮关闭渐变编辑器。

④ 新建一个 400×400 像素的文件，在“Layers”（图层）调板中单击新建按钮，建立一个 Layer 1 图层，并确认选中该层。按【Ctrl+R】键调出标尺，用鼠标从标尺的上边界和左边界拖曳出两条参考线到图像的中心位置。

⑤ 使用椭圆选取工具，按【Alt+Shift】键的同时拖动鼠标建立一个如图 3.84 所示的圆形选区，在工具箱中单击渐变工具，并在当前工具选项栏中选择角度渐变按钮，然后在选区中由圆心向圆周拖动鼠标，绘制的渐变效果如图 3.85 所示。

⑥ 使用椭圆选取工具建立一个略小一些的圆形选区，然后按快捷键【Ctrl+Shift+I】将选区反选。选择菜单【图像】→【调整】→【亮度/对比度】(【Image】→【Adjustments】→【Brightness】→【Contrast】）命令，打开相应对话框，并在对话框中将“亮度”（Brightness）值调整为-50，图像效果如图 3.86 所示。

⑦ 在光盘中心使用椭圆选取工具建立一个小圆形选区，按【D】键将前景色设置为黑色，背景色设置为白色，然后按快捷键【Alt+Delete】填充黑色，如图 3.87 所示。

⑧ 在光盘中心继续使用椭圆选取工具拉出一个小圆形选区，按【X】键将前景色设置为

白色，然后按快捷键【Alt+Delete】填充白色，最终效果如图 3.88 所示。

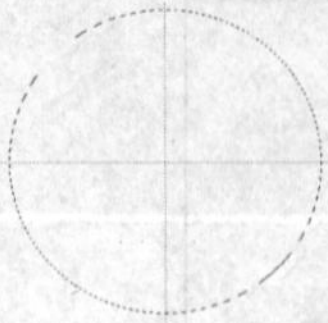
图 3.84

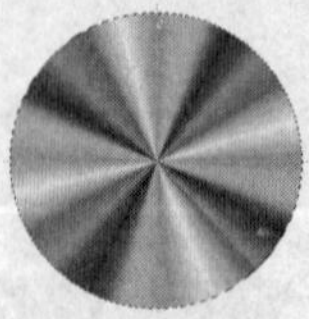
图 3.85

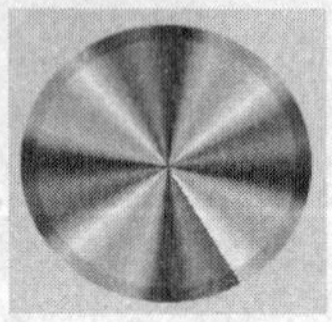
图 3.86

图 3.87

图 3.88

3.4.5 图像的重新定义与变形

图像的重新定义与变形主要包括改变图像尺寸、缩放图像、旋转图像、任意变形图像、透视变形图像、斜变形图像以及对称变形图像等。

1. *改变图像尺寸*

改变图像的尺寸主要包括 3 种情况，第一种是在图像内容不变的情况下改变图像的尺寸，第二种是改变画布的尺寸，第三种是通过裁剪图像的内容来改变图像的尺寸。

用菜单命令重新定义图像的尺寸步骤如下。

① 打开光盘中的“Samples（书中实例素材）”文件夹下的“USTBZL.jpg”北京科技大学主楼的图像文件。

② 单击【图像】→【图像尺寸】(【Image\Image Size】) 命令，弹出图像大小对话框，选中“约束比例”（Constrain Proportions）复选框，使图像的高与宽按比例发生变化；选中“重定图像像素”（Resample Image）复选框，然后选择“两次立方”方式。

③ 设像素大小的高（Height）为 120，宽则自动按比例调整。

④ 单击工具箱中的矩形框按钮，选择高 60 像素的图像，复制到新建的高 60 像素、宽 600 像素的图像文件中，如图 3.89 所示。

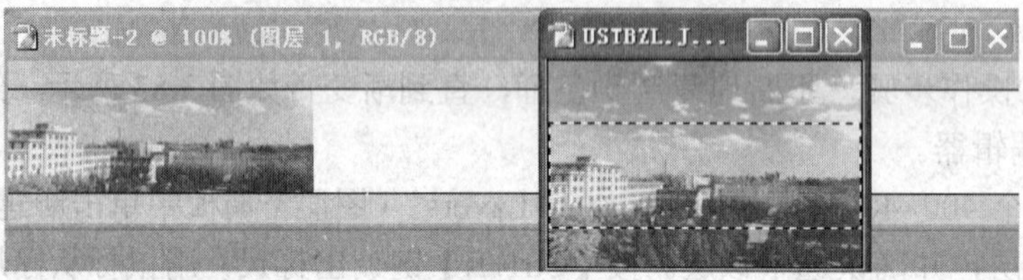

图 3.89

2. *改变画布尺寸及方向*

画布尺寸（Canvas Size）命令允许添加或删除现有图像周围的工作空间。可以通过减小画布区域来剪切图像，添加的画布会以与背景相同的颜色或透明度出现。

① 打开光盘中的“Samples（书中实例素材）”文件夹下的“郁金香 4”图像文件。

② 选择【图像】→【画布尺寸】(【Image】→【Canvas Size】) 命令，弹出画布尺寸对话框。

③ 在“宽度”(Width)、“高度”(Height) 中输入图像的最终尺寸，并且在“定位”(Anchor) 格中单击一个方格，确定当前图像在新画布上的位置。

④ 单击【好】按钮。

当新画布的尺寸大于当前图像尺寸时，则生成一个和原图像中心对称的外框，新画布的空白处将以背景色填充。当新画布的尺寸小于当前图像尺寸时，其效果就是裁剪图像。

3. 裁剪选取图像

裁剪选取图像通常使用裁切工具按钮，其快捷键是【C】键，用于切除选中区域以外的部分，在进行裁剪时可以旋转和重新设置图像的大小。具体操作步骤如下。

① 打开光盘中的“Samples（书中实例素材）”文件夹下的“dog_0.jpg”图像文件。单击工具箱中的裁切工具按钮，在图像中的第 1 个小狗上画一矩形框。

② 当选定裁剪区域后，将有 8 个控制点出现，将鼠标置于裁剪框的控制点上，当出现双向箭头时，可以拖动这些控制点以改变选择尺寸大小。当鼠标移至选择区域外时，指针将变为弧形，拖动鼠标即可以旋转选择框，如图 3.90 所示。

③ 直接按【Enter】键，或者在工具箱中任意处单击，在出现的信息确认框中单击【裁切】按钮，就可以得到如图 3.91 所示的裁剪后的结果。

图 3.90

图 3.91

4. 图像变形操作

图像变形操作有改变所选图像大小、旋转所选图像、任意变形所选图像、对称变形所选图像、斜变形所选图像、透视变形所选图像等操作。

如果变形后不需要保留原图像内容，按【Ctrl+T】键；如果变形后仍然需要保留原图像内容，按【Ctrl+Alt+T】键；这时在选择区域外出现控制点，按如下步骤进行变形。

① 打开光盘中的“Samples（书中实例素材）”文件夹下的“CMYK balloons.tif”图像文件。

② 单击工具箱中的矩形框按钮，在图像中画一矩形框。

③ 按【Ctrl+Alt+T】键调出控制点，拖动控制点即调整图像的大小，如图 3.92 所示。

④ 将光标置于控制点外侧时，指针变为弧形的旋转光标，拖动鼠标使选择框围绕着旋转中心发生旋转，如图 3.93 所示。用鼠标移动旋转中心，可以调整旋转中心的位置。

图 3.92

图 3.93

⑤ 按【Ctrl】键的同时拖动四角控制点，可以使图像进行任意变形。

⑥ 按【Alt】键的同时拖动控制点，使图像进行对称变形，如图 3.94 所示。

⑦ 按【Ctrl+Shift】键的同时拖动中心控制点，使图像进行斜变形，如图 3.95 所示。

图 3.94

图 3.95

⑧ 按【Ctrl+Shift+Alt】键的同时拖动四角控制点，使图像进行透视变形，如图 3.96 所示。

图 3.96

旋转变形常用【编辑】→【变换】级联菜单中的命令进行，具体操作步骤如下。

① 打开光盘中的“Samples（书中实例素材）”文件夹下的“Hand.psd”图像文件。

② 选择【编辑】→【变换】(【Edit】→【Transform】) →【水平翻转】(Flip Horizontal) 或【垂直翻转】(Flip Vertical) 命令直接对所选图像进行对称翻转操作。

③ 选择【编辑】→【变换】(【Edit】→【Transform】) →【旋转 180°】、【旋转 90°（顺时针)】、【旋转 90°（逆时针)】命令直接对所选图像进行旋转操作，结果如图 3.97 所示。

注意：*以旋转“Hand.psd”图像文件为例，选择【编辑】→【变换】与选择【图像】→【旋转画布】命令的结果是不同的，选择【编辑】→【变换】命令的结果是只旋转对象，而选择【图像】→【旋转画布】命令的结果是画布和对象一起旋转，如图 3.98 所示。*

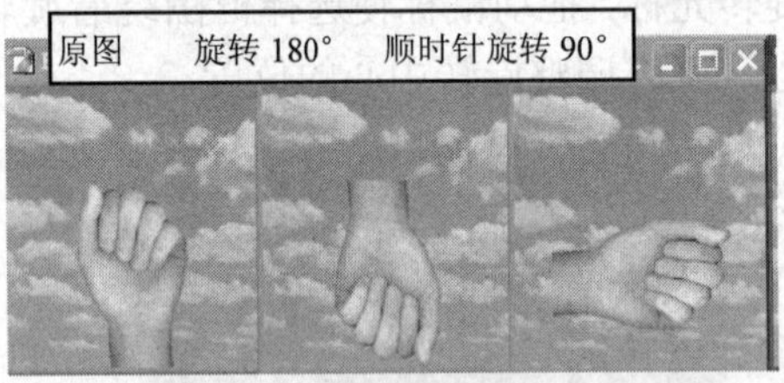

图 3.97

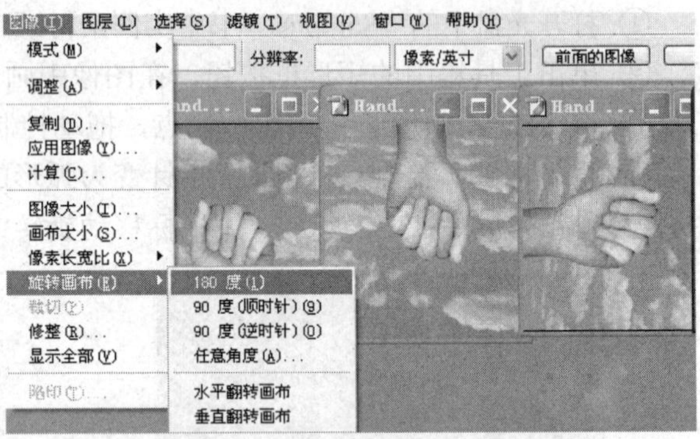

图 3.98

5. 变形实例

以风景像框为例，使用图像的斜变形、渐变制作镜框阴影效果，具体操作步骤如下。

① 打开光盘中的“Samples（书中实例素材）”文件夹下的一幅宽 500 像素，高 400 像素的图像文件“fj.jpg”，按【Ctrl+A】键全选，按【Ctrl+C】键复制。

② 新建一个宽 800 像素，高 500 像素的文件，按【Ctrl+V】键粘贴，如图 3.99 所示。

③ 单击【编辑】→【变形】→【斜变形】(【Edit】→【Transform】→【Skew】) 命令或【Ctrl+T】键，然后横向拖动图像上边的中间控制点，使之产生斜变形效果，如图 3.100 所示。

④ 在工具箱选择多边形套索工具，创建一个倒三角形选区。再选择渐变工具，设渐变模板左深右浅，由下向上拖动鼠标，结果如图 3.101 所示。

⑤ 按【Ctrl+D】键取消选区，保存文件，完成作品制作。

图 3.99

图 3.100

图 3.101

6. 立方体斜变形实例

以立方体风景为例，使用图像的斜变形、阴影制作立体阴影效果，具体操作步骤如下。

① 打开光盘“Samples（书中实例素材）”文件夹下的各立方体图像文件。

② 打开“立方体 1”图像，按【Ctrl+A】键全选，按【Ctrl+C】键复制。

③ 回到“立方体 m”图像窗口，在工具箱选择矩形工具，将“立方体 m”正面选出，如图 3.102 所示。按【Ctrl+Shift+V】键粘贴入“立方体 1”图像，按【Ctrl+T】键定义图案，然后拖动图像上边的控制点调整如图 3.103 所示。

图 3.102

图 3.103

④ 打开“立方体 2”图像，按【Ctrl+A】键全选，按【Ctrl+C】键复制。

⑤ 回到“立方体 m”图像窗口，在工具箱选择多边形套索工具，将“立方体 m”侧面选出，如图 3.104 所示。按【Ctrl+Shift+V】键粘贴入“立方体 2”图像，按【Ctrl+T】键定义，然后拖动图像上边的控制点调整为如图 3.105 所示。

图 3.104

图 3.105

⑥ 打开“立方体 3”图像，按【Ctrl+A】键全选，按【Ctrl+C】键复制。

⑦ 回到“立方体 m”的图像窗口，在工具箱选择多边形套索工具，将立方体 m 上面选出，如图 3.106 所示。按【Ctrl+Shift+V】键粘贴入“立方体 3”图像，按【Ctrl+T】键，然后拖动图像上边的中间控制点调整为如图 3.107 所示。

图 3.106

图 3.107

⑧ 新建一个图层，在新图层上画一个不规则椭圆选区，再选择渐变工具，设渐变模板左浅右深，由下向上拖动鼠标，结果如图 3.108 所示。图层如图 3.109 所示。

⑨ 最后按【Ctrl+D】键取消选区，保存文件，完成作品制作。

图 3.108

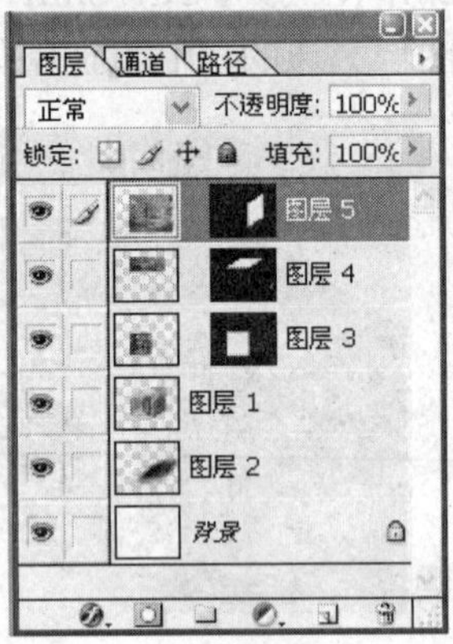

图 3.109

3.4.6 常用恢复操作的 3 种方法

在绘画、编辑过程中，有时由于不满意当前的一步或一系列的操作，希望恢复到前一步，甚至前几步的操作，Photoshop 8.0 软件提供了返回、填充、橡皮擦、恢复笔和历史记录调板等相应工具。

1. 放弃操作

Photoshop 在进行图像处理过程中，若需要中断当前尚未完成的操作，可以按【Esc】键中断正在进行的操作。

2. 还原状态更改操作

Photoshop 软件提供了【还原状态更改】的操作，因此当出现误操作时，选择【编辑】→【恢复】(【Edit】→【Undo】) 命令，或按【Ctrl+Z】键即可还原状态更改的操作。如果选择了【编辑】→【清理】→【还复】(【Edit】→【Purge】→【Undo】) 命令，将不能使用恢复操作。

3. 使用历史记录调板恢复图像

历史记录调板是一个非常有用的工具，它可以记录对图像进行操作的过程，这些过程通过所使用的工具和命令名在历史记录调板中列出，当用户想取消以前的操作时，用鼠标单击历史记录调板列出的某动作，可以使这个动作以后的操作都被取消。

3.4.7 旧日时光制作

① 在编辑窗口打开光盘中的“Samples（书中实例素材）”文件夹下的“jh23.jpg”素材图像文件，选中工具箱中的矩形框选取工具[ ]，在需要保留彩色效果的圆明园区域创建选定范围，如图 3.110 所示。

② 选择【选择】→【羽化】(【Select】→【Feather】) 命令，在弹出的对话框中将“羽化半径”文本框中的参数设置为 50，如图 3.111 所示。

图 3.110

图 3.111

③ 单击【好】按钮羽化选定范围。

④ 选择【选择】→【反选】(【Select】→【Inverse】) 命令或者按快捷键【Shift+Ctrl+I】反转选定范围。

⑤ 选择【图像】→【调整】→【色相/饱和度】(【Image】→【Adjust】→【Hue/Saturation】)命令，在弹出的相应对话框中将“饱和度”（Saturation）设置为-100，不选“着色”复选框，如图 3.112 所示。设置完成后，单击【好】按钮，应用到图像中的结果如图 3.113 所示。

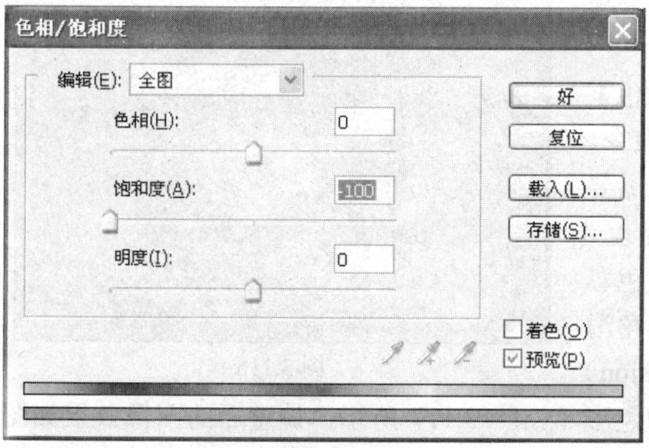

图 3.112

图 3.113

⑥ 选择【图像】→【调整】→【色彩平衡】(【Image】→【Adjust】→【Color Balance】)命令，设置对话框中的色阶为 38、−12、−60，如图 3.114 所示。效果是将选定范围中的背景图像调整为老照片的颜色。

⑦ 选择【选择】→【反选】命令或者按快捷键【Shift+Ctrl+I】反转选定范围。

⑧ 选择【图像】→【调整】→【色相/饱和度】命令，在弹出的相应对话框中向右拖动“饱和度”下方的三角滑块至+42，增加主体图像的饱和度，单击【好】按钮将调整后的效果应用到图像中，如图 3.115 所示。

⑨ 按快捷键【Ctrl+D】取消选定范围，得到最终的图像效果。相片背景制作成泛黄的老照片的效果，相片的主体保持色彩鲜艳的彩色效果。

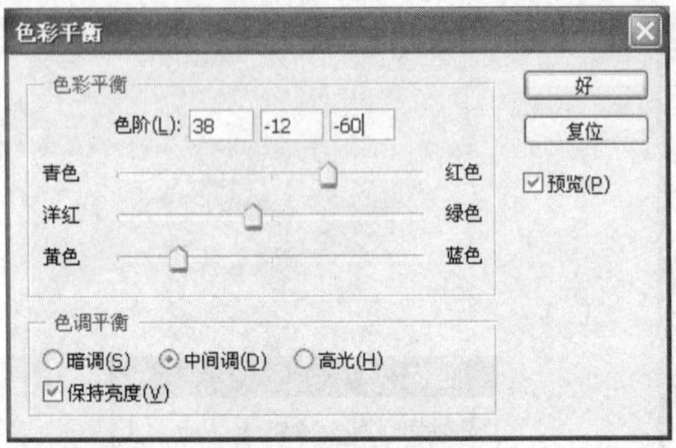

图 3.114

图 3.115

制作本例的技巧：使用羽化命令得到边缘柔和的选定范围，使用色相/饱和度命令调整选定范围中图像的色相和饱和度，使用色彩平衡命令调整老照片的效果。

3.4.8 调整黄草地为绿草地制作

① 打开光盘中的“Samples（书中实例素材）”文件夹下的草原 27y.JPG 图像文件。

② 选择工具箱中的磁性套索工具将素材图像人物选出，如图 3.116 所示。

③ 按【Ctrl+Shift+I】键反选，再选择工具箱中的矩形工具按【Alt】键减选蓝天。

图 3.116

④ 选择【图像】→【调整】→【替换颜色】(【Image】→【Adjust】→【Replace Color】)命令，单击对话框中的吸管按钮，在图像中吸取需要调整草地部分的色彩，并拖动“颜色容差”(Fuzziness)下方的三角滑块确定需要调整的色彩的容差范围；拖动“色相”(Hue)下方的三角滑块将色相调整为绿色；拖动“饱和度”(Saturation)下方的三角滑块将泛黄的草地调整为碧绿的色彩，如图 3.117 所示，调整后的图像效果如图 3.118 所示。

图 3.117

图 3.118

3.4.9　花中仙子制作

① 打开光盘中的“Samples（书中实例素材）”文件夹下的“flower1.jpg”花的图像和“old.jpg”人物肖像。

② 使花的图像为当前工作图像，双击磁性索套工具，在其属性工具栏里设定“羽化”为 15 像素，选中“消除锯齿”复选框，“宽度”为 10 像素，“边对比度”为 20%，“频率”为 11。在花的图像的编辑窗口里，用磁性索套工具选取花心区域。

③ 使人物图像为当前工作图像，用椭圆选取工具选取人物头像，然后按【Ctrl+C】复制图像，如图 3.119 所示。关闭人物图像，使花为当前工作图像，选择【编辑】→【粘贴入】命令，将上一步复制的文件粘贴进花心中央，利用移动工具使头像正好处于花心中央，如图 3.120 所示。

图 3.119

图 3.120

④ 这时在图层调板会出现一个图像蒙板层，如图 3.121 所示。选择【图层】→【合并图层】命令，将新图层和原图层合并，合并前如图 3.121 所示，合并后如图 3.122 所示。

⑤ 选择【选择】→【色彩范围】（【Select】→【Color Range】）命令，在弹出的“色彩范围”对话框中，从“选择”下拉列表中选择“取样颜色”，单击最左边的吸管然后在图像编辑窗口中花的浅黄色花叶上吸取颜色采样。

⑥ 再选择带加号的吸管，在图像中选择较深的桔黄色，这时可以看到图像窗口中白色部分增加，设定“颜色容差”为 68，将花叶全部选取以后，单击【好】按钮。如图 3.123 所示。

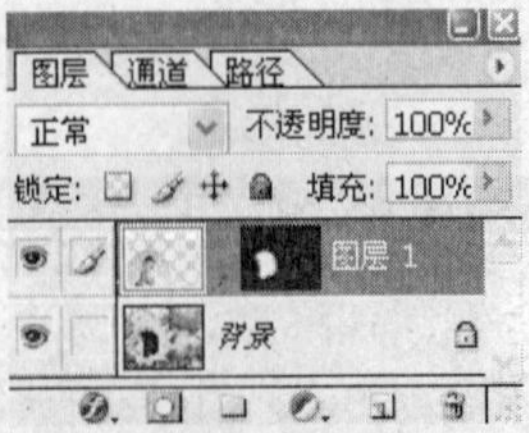

图 3.121

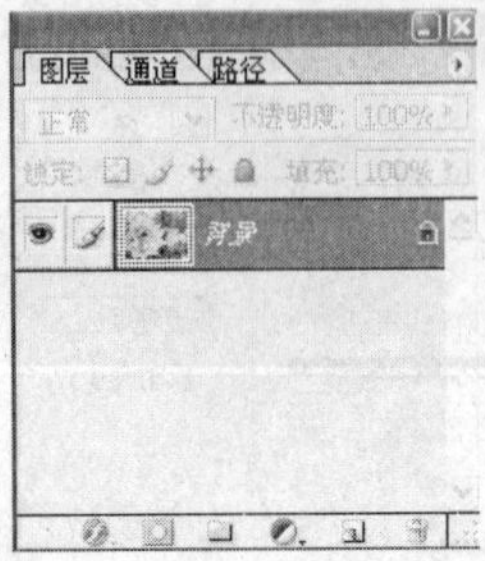

图 3.122

⑦ 这时选择矩形选择工具或多边形索套工具，按住【Shift】键，加选人物头像，如图 3.124 所示。人物头像为被选取状态，再按住【Alt】键，然后同时用选取工具如矩形框减选周围的黄色部分。此时花和头像被选取，按【Ctrl+C】热键，将选取部分复制。

图 3.123

图 3.124

⑧ 选择【选择】→【反选】(【Select】→【Inverse】) 菜单命令，将选取范围反转。执行【滤镜】→【扭曲】→【水波】(【Filter】→【Distort】→【ZigZag】) 菜单命令，准备做水波涟漪效果。

⑨ 在弹出的“水波”(ZigZag) 对话框中，设定“数量”(Amount) 为 86，“起伏”(Ridges) 为 13。单击【好】按钮，如图 3.125 所示。

⑩ 按【Ctrl+D】键取消选取范围，按【Ctrl+V】键两次将上步复制的花和头像粘贴，按【Ctrl+T】键调整花和头像到右上角和右下角完成本例制作，其结果如图 3.126 所示。

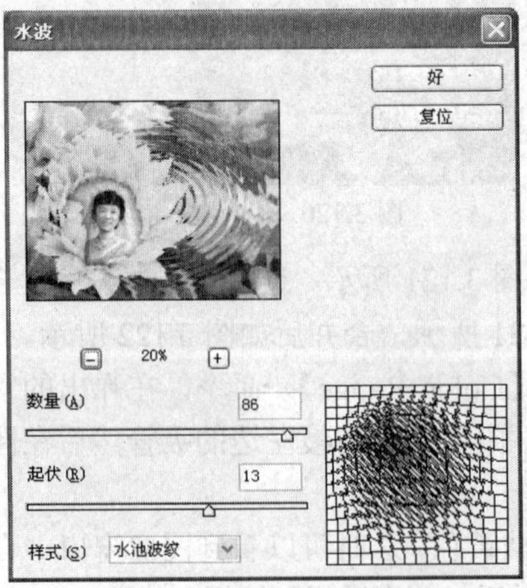

图 3.125

图 3.126

3.5　图层的使用

3.5.1　常用图层类型创建

在 Photoshop 中，可根据需要创建多种类型的图层，如普通图层、文本层、调节层等。

1. 创建新图层

（1）新建普通层

① 在图层（Layers）调板中选中需创建新图层下面的图层。

② 单击图层调板中的新建图层按钮。系统使用默认的设置（Normal 模式，不透明度为 100%）创建新图层，并赋予“图层 1”、“图层 2”、“图层 3”等名称。

③ 或选择【图层】→【新建】→【图层】(【Layer】→【New】→【Layer】) 命令，在弹出的对话框中设置新图层名、混合模式和不透明度。

（2）通过粘贴创建新图层

① 打开光盘中的“Samples（书中实例素材）”文件夹中的“小猫 1.jpg”和“小猫 2.jpg”图像文件。

② 在小猫 2 图像文件窗口，用磁性套索工具将小猫选出，选择【选择】→【修改】→【扩展】命令，在弹出的相应对话框中，输入扩大值 3，得到的扩大选择区域效果如图 3.127 所示。接着按【Ctrl+Alt+D】组合键，在弹出的相应对话框中，输入羽化值 5。最后按【Ctrl+C】键复制。

③ 在小猫 1 图像文件窗口，按【Ctrl+V】键粘贴，按【Ctrl+T】键定义，拖动控制点调整图像，即创建一个新图层。若在小猫 1 图像窗口画一圆形，然后按【Ctrl+Shift+V】键粘贴，即创建一个带蒙版的图层，图层调板如图 3.128 所示，效果如图 3.129 所示。

图 3.127

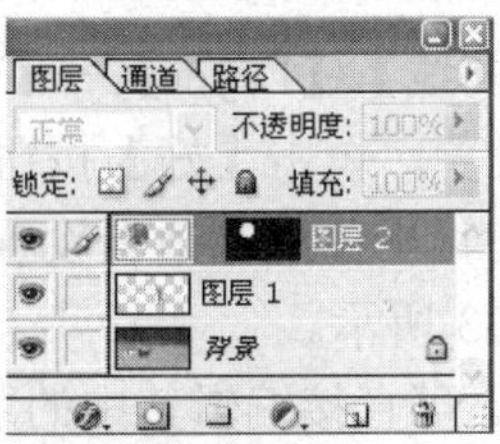

图 3.128

图 3.129

（3）通过拖动创建新图层

与粘贴图像类似，通过鼠标拖动的方法在图像间复制选区中的图像时，被拖动的图像会被作为一个新的图层插入到目标图像中。

（4）将选区转换为新图层

① 若将图像中的某一部分作为一个新的图层，则先选中这一部分。

② 然后选择【图层】→【新建】→【通过拷贝的图层】(【Layer】→【New】→【Layer via Copy】) 命令，图层调板如图 3.130 所示。

③ 单击【图层】→【图层】→【通过剪切的图层】(【Layer】→【New】→【Layer via Cut】)

命令，图层调板如图 3.131 所示。通过图层调板缩略图可以看到，图 3.130 所示的背景图层保持原样，而图 3.131 所示的背景图层中选中的佛已被剪去。

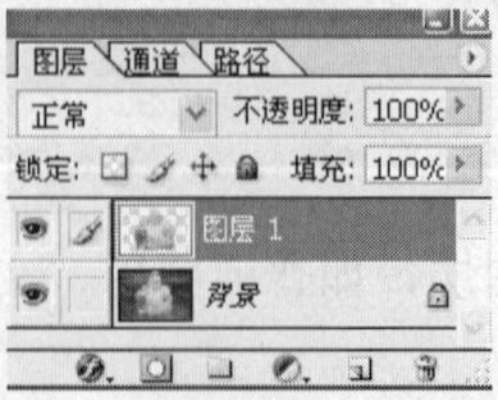

图 3.130

图 3.131

2. 创建调节层

调节层可以对图像的颜色和色调进行调整，利用色阶（Level）、【色彩平衡】（Color Balance）等命令制作的效果可单独放在调节层中，调节层像一层透明膜一样，下面的图像透过它显示出来，而原图并未真正改变。以后只需简单地打开或关闭调节层，即可对图像施加或撤消某一种或多种调整效果。下面通过简单的实例来介绍创建调节层的步骤。

① 打开光盘中的“Samples（书中实例素材）”文件夹下的“青海湖.jpg”图像文件，如图 3.132 左侧所示。

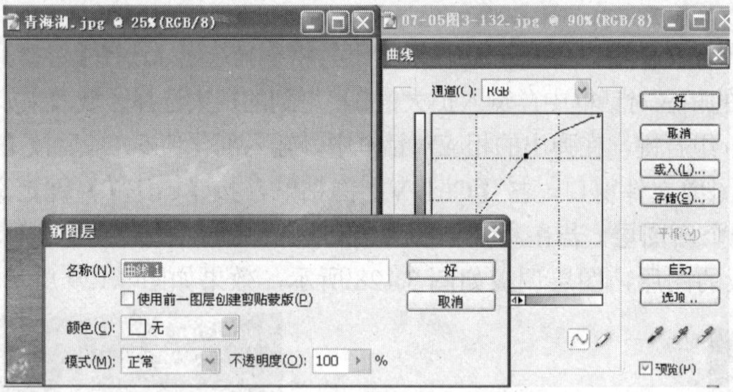

图 3.132

② 选择【图层】→【新调整图层】→【曲线】(【Layer】→【New Adjustment Layer】→【Curves】) 命令，在弹出的对话框中取默认设置，单击【好】按钮后，系统将打开曲线调整对话框，如图 3.132 右图所示。在曲线调整对话框中进行适当设置后，单击【好】按钮，则新增的调节层将出现在图层调板中，如图 3.133 所示。

③ 调节层实际上也是一个带蒙版的图层。可直接编辑其中的蒙版，在本例中，首先利用曲线对话框对图像进行整体调整，然后利用渐变工具为蒙版填充一个由上黑色到下白色的渐变图案，则图像效果将自上而下由暗变亮。

④ 单击该层左侧的图标关闭调节层，即可取消其影响。如果不满意调节层，可在层调板中双击该层缩图，打开设置对话框，然后重新进行调整。

3. 创建填充层

填充图层是 Photoshop 8.0 的一种带蒙版的图层，填充图层有 3 种：“纯色”（Solid Color）、“渐变”（Gradient）和“图案”（Pattern）。填充层的功能主要有：随时更换其内容、将其转换为调节层、通过编辑蒙版制作融合效果。下面通过实例来说明其操作步骤。

① 打开光盘中的“Samples（书中实例素材）”文件夹下的“青海湖.jpg”素材图像文件。

② 选择【图层】→【新填充图层】→【渐变】(【Layer】→【New Fill Layer】→【Gradient】)命令，在弹出的对话框中取默认设置，单击【好】按钮后打开“渐变”(Gradient Fill)对话框。

③ 在“渐变”对话框中选择某种渐变图案并设置渐变参数，如图 3.134 左图所示。

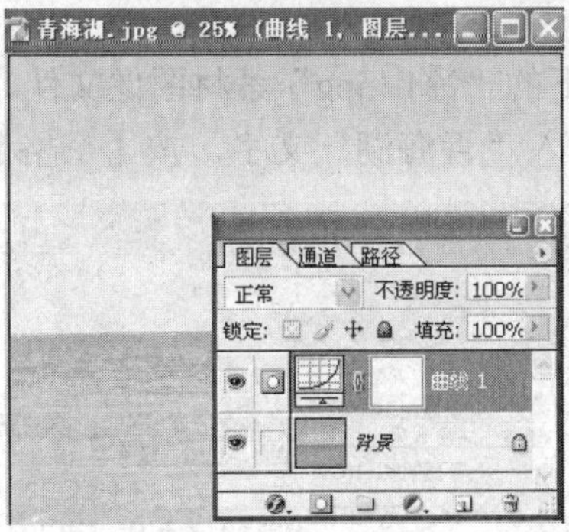

图 3.133

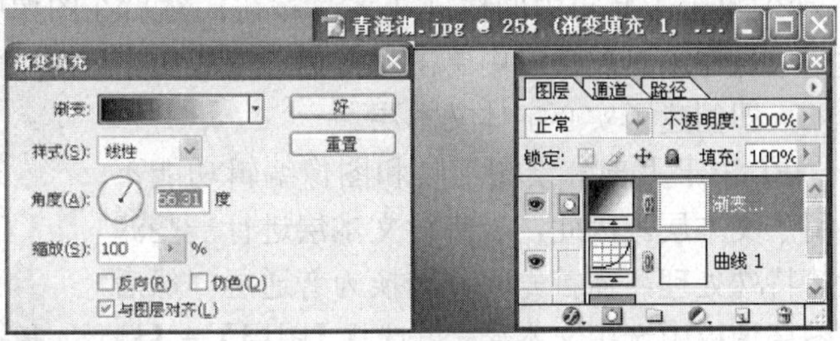

图 3.134

④ 单击【好】按钮，此时画面及图层调板，如图 3.134 右图所示。由该图可以看出，此时填充图层的蒙版处于编辑状态。

⑤ 打开光盘中的“Samples（书中实例素材）”文件夹下的“Water5.jpg”素材图像文件，按【Ctrl+A】键全选图像，如图 3.135 所示，按【Ctrl+C】键将图像复制到剪贴板中。

⑥ 切换到青海湖图像中，按【Alt】键后单击打开填充图层的蒙版。由于蒙版尚未做任何处理，因此，其内容为空（即白色），如图 3.136 所示。按【Ctrl+V】键，粘贴剪贴板中图像到填充图层的蒙版，结果如图 3.137 所示。由该图可以看出，由于蒙版为 256 色灰度图像，因此，此时粘贴图像已变为灰度图像。

图 3.135

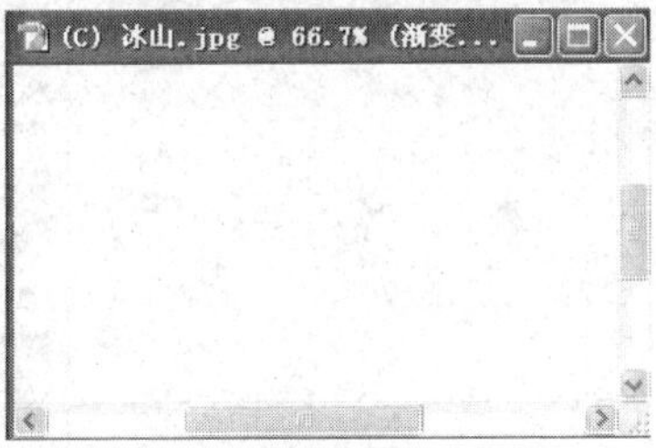

图 3.136

⑦ 再次按【Alt】键单击填充图层的蒙版，关闭蒙版，恢复图像显示，此时画面将如图 3.138 所示。

图 3.137

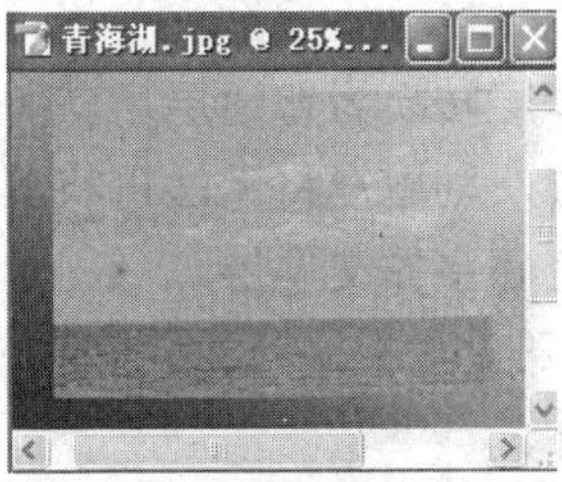

图 3.138

⑧ 如果希望改变填充图层的内容或将其转换为调节图层，可选择【图层】→【更改图层内容】(【Layer】→【Change Layer Content】)命令。

⑨ 如果希望编辑填充图层，可选择【图层】→【图层内容选项】(【Layer】→【Layer Content Options】命令，或双击图层调板中的填充图层缩图，此时将再次打开渐变填充对话框。

4. 创建文本层

（1）实心字体文本层

① 打开光盘中的“Samples（书中实例素材）”文件夹下的“冰山.jpg”素材图像文件。

② 单击工具箱中的横排文字 T 按钮，然后在图像中输入“青海湖”文字，按【空格】键结束并在工具属性栏中单击√按钮，完成文字输入，即创建了实心字体文本层。

③ 由于大部分绘图工具和图像编辑功能不能用于文本层。因此，若想对文本层进行一些滤镜等特殊处理，需首先将其转换为普通层。然后在图层调板中选中文本层，再选择【图层】→【栅格化】→【图层】(【Layer】→【Rasterize】→【Layer】)命令，将文本层转换为普通层。这时该层列表左侧的 T 将消失，如图 3.139 所示。Photoshop 8.0 已改进为在执行滤镜等功能时系统自动将文本层转换为普通层。

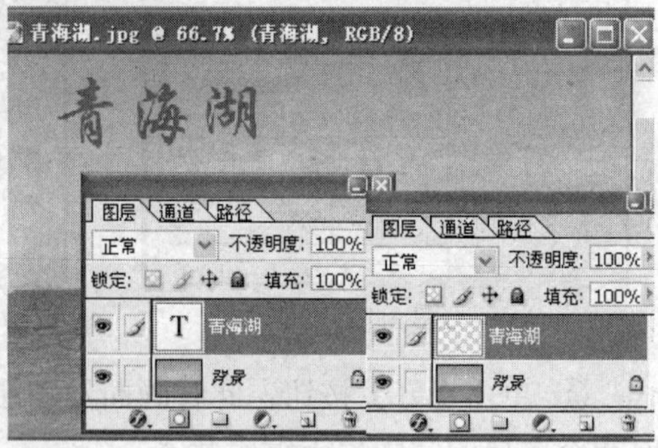

图 3.139

④ 选择【滤镜】→【画笔描边】→【喷溅】(【Filter】→【Brush Strokes】→【Spatter】)命令，在弹出的对话框中设置“喷色半径”（Spray Radius）和“平滑度”（Smoothness）来确定喷射效果的轻重，如图 3.140 所示，效果如图 3.141 所示。

图 3.140

将文本层转换为普通层后就可像处理其他普通层一样处理该层了，但是文本层一旦转换为了普通层，则用户将无法再将其转换为文本层进行文本编辑了。

（2）空心字体文本层

① 打开光盘中的“Samples（书中实例素材）”文件夹下的“青海湖.jpg”和“花.jpg”素材图像文件。

② 单击工具箱中的横排文字蒙版按钮 T，然后在图像窗口中输入“青海湖”文字，如图 3.142 所示。单击空心字体文本层为当前图层，选择【图层】→【栅格化】→【图层】命令，将文本层转换为普通层。

图 3.141

图 3.142

③ 切换到“花.jpg”素材图像窗口，按【Ctrl+A】键全选，按【Ctrl+C】键复制。

④ 切换到“冰山.jpg”素材图像窗口，按【Ctrl+Shift+V】键粘贴入，单击工具箱中的移动按钮，拖动花.jpg 素材在字体中的位置，如图 3.143 所示。

5. 创建型（Shape）层

Photoshop 8.0 允许用户使用系统提供的型（Shape）工具来制作向量图形。与此相适应，系统新增了型层。下面通过实例来说明使用型的步骤。

① 打开光盘中的“Samples（书中实例素材）”文件夹下的“冰山.jpg”素材图像，在工具箱中选中自定形状工具。

② 在打开的工具属性栏中选中“创建型层”（Create Shape Layer）工具，然后在形状（Shape）下拉列表中选择鱼型图形，如图 3.144 所示。

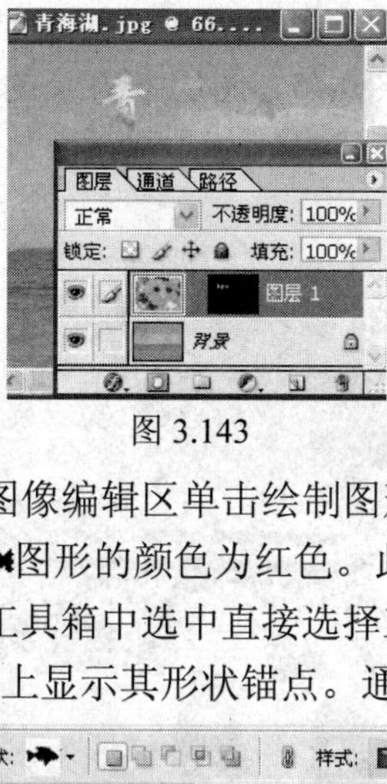

图 3.143

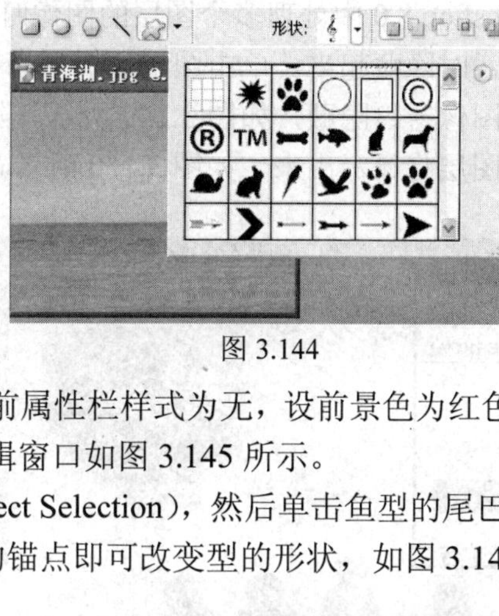

图 3.144

③ 在图像编辑区单击绘制图形，设置当前属性栏样式为无，设前景色为红色，因此，绘制的鱼型图形的颜色为红色。此时图像编辑窗口如图 3.145 所示。

④ 在工具箱中选中直接选择工具（Direct Selection），然后单击鱼型的尾巴或头，此时将在型边线上显示其形状锚点。通过移动型的锚点即可改变型的形状，如图 3.146 所示。

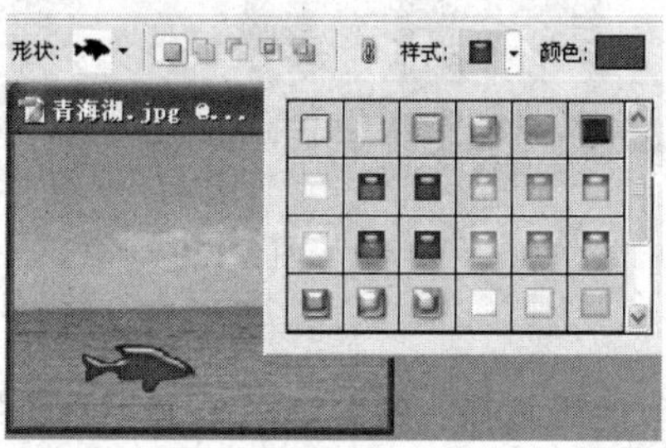

图 3.145

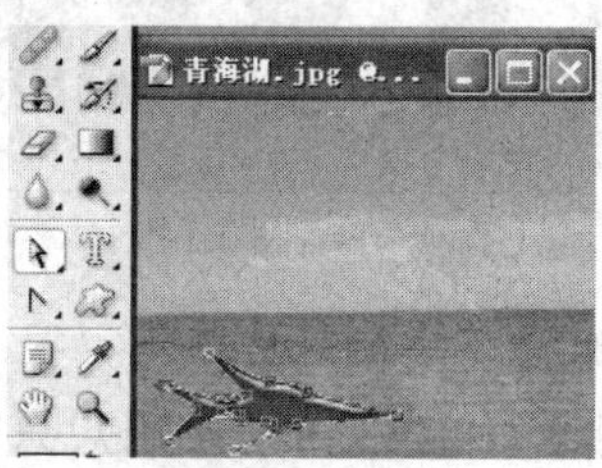

图 3.146

最后强调一下：为了使用户在进行图像处理时对所设置的动作一目了然。可以通过调整预缩图的大小来实现。单击图层调板右上角的三角按钮打开其快捷菜单，然后从中选择【调板选项】(Palette Options）命令，系统将打开“图层调板选项”对话框。在对话框中可以设置预览缩图，选择最小单选按钮，则结果如图 3.147 所示。选择“中等”单选按钮，结果如图 3.148 所示。

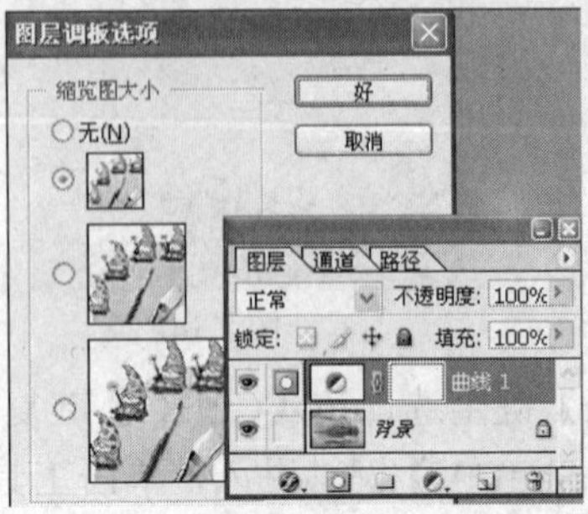

图 3.147

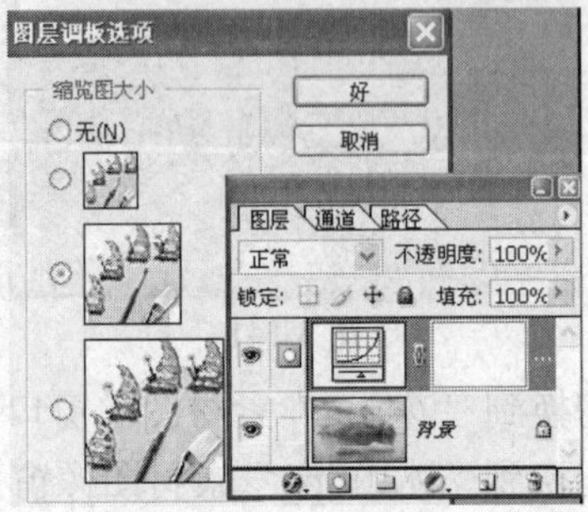

图 3.148

从图 3.147 所示的调板预缩图中看不出做了何种动作，但从图 3.148 所示的调板预缩图中就看出做了“曲线调整”的动作，所以建议用户在“图层调板选项”对话框中选择“中等”单选按钮。

3.5.2 图层操作的 5 种方法

操作图层主要包括层的删除、复制、移动、链接、合并等。此外，还可根据需要创建层剪辑组等。

1. 显示和隐藏图层

在 Photoshop 8.0 中处理多个图层的图像时，常需要查看一个图层或几个图层的效果，而把其他图层暂时隐藏起来。单击图层调板上当前图层 1、图层 5、图层 6 开头的👁标志，可将该图层从图像窗口隐藏，如图 3.149 所示。隐藏的图层开头以▢标志显示。再次单击▢标志，隐藏的图层将显示出来。如图 3.150 所示。

图 3.149

图 3.150

2. 删除和复制图层

要删除不再需要的层，用户只需在图层调板中选中该层，然后单击下方的删除层按钮🗑或选择【图层】→【删除层】(【Layer】→【Delete Layer】）命令或图层调板快捷菜单中【删除层】命令即可。此外，还可选中要删除的层后，简单地将其拖至删除按钮🗑上。

若想将图像中的层复制到本图像或其他图像中，可在选中该层后将光标拖至创建新层按钮◻上。另外，在选中要复制的层后，选择【图层】→【复制图层】(【Layer】→【Duplicate Layer】) 命令或图层调板快捷菜单中的【复制图层】命令，也可复制层。

3. 移动和调整图层顺序

图层就好像是一层层透明的玻璃纸自上而下叠放在一起，且上面的层总是覆盖下面的层，位于下面的图层只能透过上面图层的透明区域显示出来，因此通过调整图层的排列顺序可以改变各图层间的覆盖关系，在编辑图像时，通过调整层的叠放顺序便可获得不同的图像处理效果。通常使用鼠标拖动的方法来调整图层的排列顺序，其操作步骤如下。

① 在工作区打开具有多个图层的图像文件，将要移动的图层设置为当前层。

② 按下鼠标左键向上或向下拖动鼠标，当显示移动的横线到达需要的位置后，松开鼠标按键。或利用【图层】→【排列】(【Layer】→【Arrange】) 级联菜单中的命令调整层顺序。

4. 链接图层

① 按默认设置，图层与它的图层蒙版是链接的，这在图层调板中用缩图之间的链接图标🔗表示。用移动工具移动它们中的任一个时，图层和图层蒙版在图像中都会一起移动，如图 3.151 图所示。

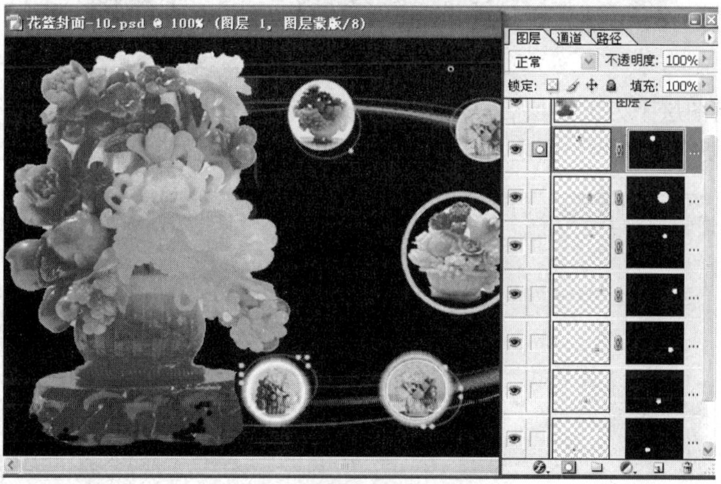

图 3.151

② 通过单击链接图标🔗可以取消图层和图层蒙版的链接，取消两者之间的链接后，可以单独移动图层如图 3.152 所示。

③ 要重新建立链接，在图层缩图和图层蒙版缩图之间单击，产生链接图标🔗。

5. 对齐和分布链接层

① 打开光盘中的“Samples（书中实例素材）”文件夹下的“冰山.jpg”和“FLOW16.GIF”素材图像。

② 将打开的荷花图复制粘贴到冰山图上 6 次，并建立链接层，如图 3.153 所示。

③ 将各层建立链接🔗，再利用【图层】→【对齐链接】(【Layer】→【Align Linked】) 命令，以当前层为准重新排列链接层，进行上对齐、居中对齐、下对齐、左对齐、水平对齐、右对齐等操作。

6. 合并图层

Photoshop 8.0 允许创建多达 100 个图层，但是图层会使图像文件占用的磁盘空间大大增加，因此，在每一个工作阶段都应该合并那些不必要的单独图层，以节省系统资源，提高操作速度。Photoshop 8.0 提供了以下几种合并图层的方式，可以根据需要进行选择。

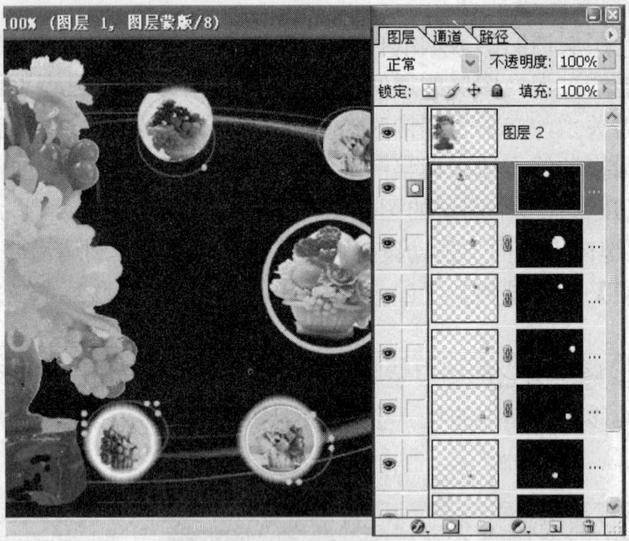

图 3.152

（1）与当前图层下方的图层合并

① 确认需要合并的两个图层处于可见状态，在图层调板中选中较上方的一个图层。

图 3.153

② 选择【图层】→【合并链接图层】(【Layer】→【Merge Down】) 命令或者按快捷键【Ctrl+E】完成向下合并。

（2）合并可见图层

① 隐藏不希望合并的图层。

② 选择【图层】→【合并可见图层】【Layer】→【Merge Visible】命令或者按快捷键

【Ctrl+Shift+E】合并所有的可见图层。

（3）拼合图层

① 将要拼合的图层做链接标记。

② 选择【图层】→【拼合图层】命令或按【Ctrl+E】键。

7. 图层与背景之间的转换

在 Photoshop 中，背景层（Background）和普通的图像图层之间有许多不同之处，根据使用的需要可以将二者互相转换。将背景转换为普通图层的操作步骤如下。

① 在图层调板中双击需转换为普通图层的背景层，弹出相应对话框，如图 3.154 所示。

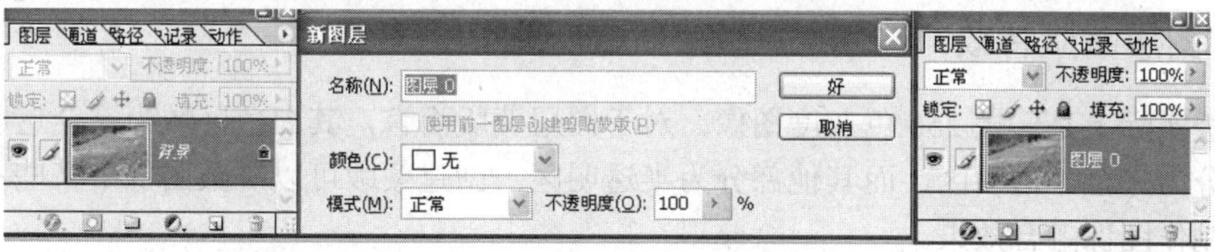

图 3.154

② 在新图层对话框中指定图层的名称和各项属性，并单击【好】按钮，图层的名称由“背景”变为“图层 0”，如图 3.154 右图所示。

8. 将图层转换为背景层

将普通的图像图层转换为背景层的操作步骤如下。

① 在图层调板中选中需转换为背景的图层。

② 单击【图层】→【新建】→【图层背景】(【Layer】→【New】→【Background From Layer】)命令，转换为背景层，该图层将自动移动到最底层，并且图层中的透明区域被底色填充。

9. 创建剪辑组

相邻图层可以编进一个剪辑组。在剪辑组中，最底下的图层叫基底层，其作用是使用基底层来剪切上面的各层，相当于整个剪辑组的蒙版，具体操作步骤如下。

① 打开光盘中的“Samples（书中实例素材）”文件夹下的“LOVE0.GIF”和“dog_1.jpg”素材图像。

② 在 LOVE 0 图像窗口，将心用魔棒选出，然后粘贴到 dog_1 图像窗口，并将心层调整到小狗层下方，再新建一个图层调整到心层下方并转换为背景层，如图 3.155 所示，图像中包括三个层，自下而上分别是白色的背景层、心层和小狗层。这时只能看到最上面的小狗层。下面开始创建剪辑组。

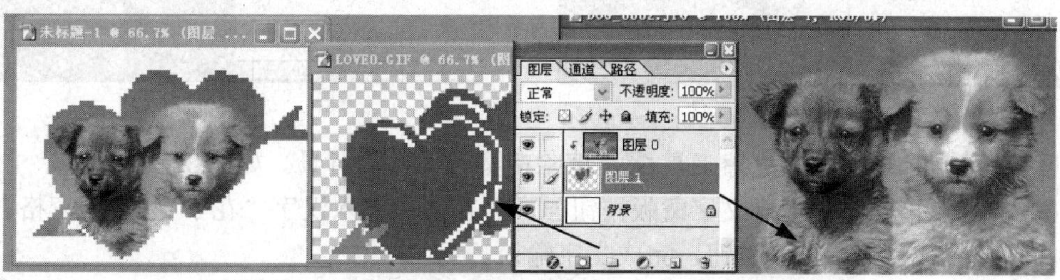

图 3.155

③ 将光标移至图层调板中第 3 层和第 2 层之间的分界线上并按【Alt】键，待光标变为圆球加箭头形状时单击，心层变为剪辑组中的基底层，使位于其上的小狗层中的图像只能透

过基底层中的心形轮廓显示出来。背景层由于不在剪贴组中，因此不会受到影响。

从图 3.155 中看到图层调板中第 2 层的层名称下增加了一条下划线，这表明已创建了一个剪辑组。创建好的剪辑组底层不透明区域将显示上一层的内容，因此，剪辑组便有了蒙版（Mask）功能，其基底层图像就是一个蒙版，上层图像则成为蒙版内容。

取消剪辑组的方法和创建剪辑组的方法一样，只需将光标移至第 2 层和第 3 层之间的分界线上，按下【Alt】键待光标变为圆球加箭头形状时单击。

若希望将多个相邻的层建立剪辑组，则应首先将这些层设置为链接，然后选择【图层】→【链接图层】(【Layer】→【Group Linked】) 命令。

3.5.3 图层蒙版特效

蒙版实际上是一幅 256 色灰度图像，对于图层蒙版而言，其白色区域为完全透明区，其黑色部分为完全不透明区，而其他部分为半透明区。创建蒙版可以屏蔽图像中某些不需要的部分，制作图像融合效果。

下面通过一个实例来说明创建和处理蒙版的步骤。

① 打开光盘中的“多媒体技术与应用作业\1-Photoshop 作业\PH 作业 5 图层”文件夹下的“花.jpg”、“相片 1.jpg”和“大海.jpg”3 个图像文件。

② 将花和相片 1 两幅图的高都调为 300 像素，然后用椭圆工具将相片 1 图中的肖像选出，按住【Ctrl】键，并用鼠标将肖像拖进“花.jpg”图像窗口中，如图 3.156 所示。

③ 将最上面的人物图层设置为当前层，在图层调板中单击增加层蒙版按钮，为该图层创建一个蒙版，在工具箱中单击渐变工具，在工具属性栏中设渐变色为左白到右黑，然后从肖像的肩膀处向下拖动鼠标，即看见蒙版特效，此时图层调板中可看到已创建一幅包括 2 个图层的图像，如图 3.157 所示。

图 3.156

图 3.157

④ 单击工具箱中的橡皮擦工具，擦除椭圆肖像内的背景。如图 3.158 所示。

⑤ 在工具箱中单击横排文字蒙版按钮，并在图中输入汉字“花季”，按【空格】键结束并在工具属性栏中单击√按钮，完成文字输入。

⑥ 打开大海素材图像窗口，按【Ctrl+A】键全选图像，按【Ctrl+C】键复制图像。

⑦ 切换到花素材图像窗口中，选择【编辑】→【粘贴入】(【Edit】→【Paste Into】) 命令，创建另一个图像蒙版，画面如图 3.159 所示。

图 3.158

图 3.159

细心的读者已经看到，当为某个图层创建蒙版后，该图层调板中实际上就存在两幅图像，一幅是该图层原图，一幅就是蒙版图像。那么，如何知道当前编辑的是哪幅图像呢？对于带有蒙版层的图层而言，要编辑原图，可在图层调板中单击该图层的缩图，使该层缩图前面的标志列显示一只毛笔，如图 3.160 左图所示，要编辑蒙版，则在图层调板中单击该图层的蒙版缩图，使该层缩图前面的标志列显示标志。如图 3.160 右图所示。

为了便于观察蒙版形状或进行编辑，可在图层调板中按下【Alt】键的同时单击蒙版缩图，使图像编辑窗口单独显示蒙版图案，如图 3.161 所示。

图 3.160

图 3.161

要回到正常显示状态，可在按下【Alt】键的同时再次单击图层调板中的蒙版缩图。

对于图层蒙版而言，需要注意的另外一个问题是：如果图层原图与蒙版之间的关系为链接关系，则在图层调板中图层缩图与蒙版缩图之间会有一个链接符号，它表示用户在对图层原图进行移动、变形等各种操作时，蒙版将会被同步操作，如图 3.162 所示。如果单击该符号解除两者之间的链接，则对图层原图进行各种处理时，图层蒙版将不被同步修改，图层蒙版特效将受影响，如图 3.163 所示。

3.5.4　设置图层效果

右键单击图层调板中按钮弹出快捷菜单，利用该菜单中的各命令，用户可以很快地制作出各种层效果，如阴影、发光、浮雕、颜色覆盖、渐变色覆盖、图案覆盖等。在 Photoshop

8.0 中，所有层效果都被放在了图层调板中，因此，可以像操作图层那样随时打开、关闭、删除、修改这些效果。

图 3.162

图 3.163

（1）阴影和浮雕效果

为图像制作阴影效果是图像处理时经常使用的手法，通过制作阴影使图像产生立体或透视效果。下面通过在一幅底图上粘贴若干张图片并制作阴影效果的实例来说明其操作步骤。

① 同时打开一幅底图和若干张图片，把若干张图片粘贴到底图上。

② 双击图层调板中粘贴到底图上要设阴影效果图片的图层 18，弹出“图层样式”（Layer Style）对话框，如图 3.164 所示，选中“内发光”复选框、“斜面和浮雕”复选框、“等高线”复选框、“投影”复选框、单击“投影”为当前页面（点蓝），在“投影”页面中设角度 137 度，距离 10 像素，大小 5 像素，单击【好】按钮。

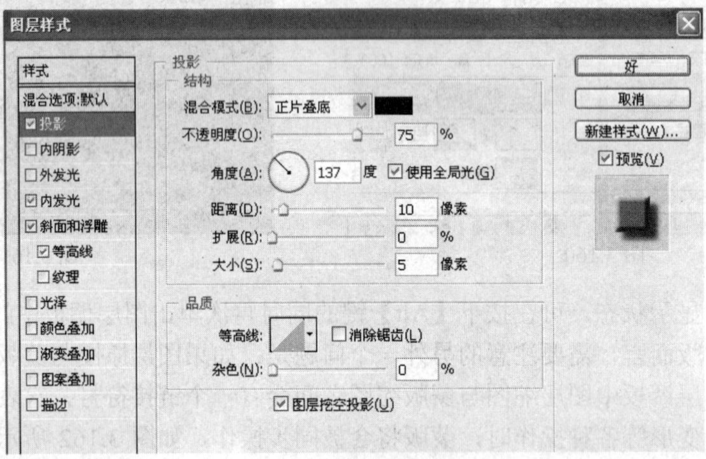

图 3.164

③ 基于同样的方法，将所有的图片设成阴影效果，其结果如图 3.165 所示。

④ 以后若打开或关闭某种效果，只需在图层调板中单击👁即可打开或关闭效果层。

（2）文字描边和浮雕效果

利用图层样式对话框，还可为文字图层设置内阴影、内发光、外发光、颜色覆盖、渐变色覆盖、图案覆盖、斜面和浮雕等效果，下面简述设置为文字描边的操作步骤。

图 3.165

① 双击文字图层，弹出“图层样式”对话框，选中“描边”复选框，如图 3.166 所示。

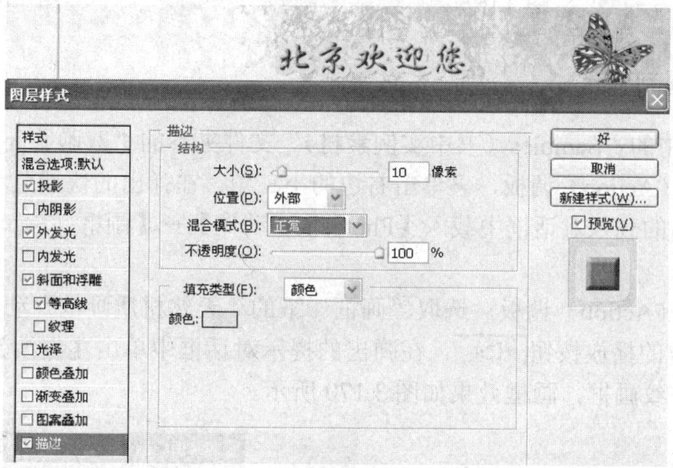

图 3.166

② 单击“描边”为当前页面，在描边页面中设颜色为黄色，位置为外部，大小 10 像素，结果如图 3.166 上部所示，单击【好】按钮。

（3）层效果快速设置

在样式调板中列出了一组内置样式。要应用其中提供的某种样式，只需在选中某层后单击所需样式即可。另外，利用该调板的快捷菜单，还可加载、复位、保存、替换样式文件或保存样式。

3.5.5　镶镜框制作

① 打开光盘中的“多媒体技术与应用作业\1-Photoshop 作业\图层 1 新加作业”文件夹下的“FR7058.JPG”和“B053-1.jpg”素材图像，如图 3.167 所示。

② 把镜框图用移动工具（Move Tool）拖动到苏州园林图像中去，然后按【Ctrl+T】键将镜框图调整和相片图像一样大小。

③ 利用魔棒工具把镜框中心白色选择出来。

④ 选择【图层】→【添加图层蒙版】→【隐藏选区】(【Layer】→【Add Layer mask】→【Hide selection】) 命令，使相片在镜框中显示，按【Ctrl+T】键将相片调整在镜框中的合适位置，如图 3.168 所示。

图 3.167

图 3.168

3.5.6 艺术镜框制作

① 打开光盘中的“Samples（书中实例素材）”文件夹下的“双胞胎.jpg”图像文件。

② 单击动作（Action）调板，再单击右边的小三角，在弹出的快捷菜单里选择【载入动作】命令，在弹出的载入对话框中载入【Photoshop 动作】→【画框（Frames)】项，再单击【载入】按钮关闭。

③ 回到动作（Action）调板，选取“画框”下的“天然材质画框”动作项，如图 3.169 所示。再单击下方的播放按钮 ▷ ，在弹出的提示对话框中单击【继续】按钮，该动作为图像制作了一个布纹画框，画框效果如图 3.170 所示。

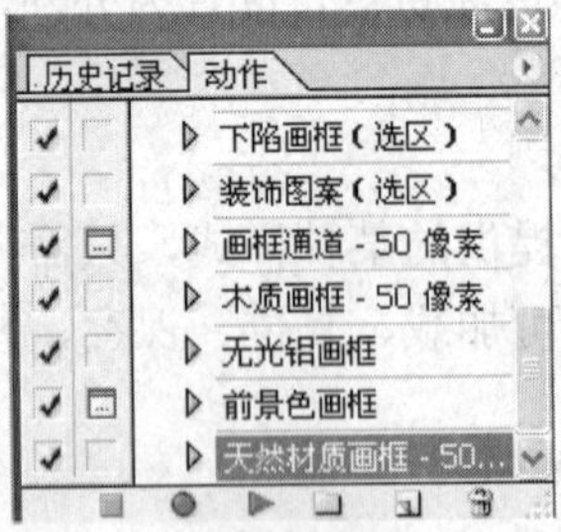

图 3.169

图 3.170

④ 图层调板新增一个画框层，并产生一个图层 1，如图 3.171 所示。将图层 1 拖动至调板右下方的垃圾箱图标上。选择背景（Background）层为工作层，选择【图像】→【画布尺寸】【Image】→【CanVas Size】命令，在打开的对话框中将图像的高度和宽度各扩大 300 像素，选画框图层为当前工作图层，按【Ctrl+T】进入变形状态，然后，拖动右上角的控制点缩小镜框的尺寸，如图 3.172 所示。

图 3.171

图 3.172

⑤ 仍然在当前镜框变形状态下，将鼠标移动到四角控制点外，当出现旋转光标时移动鼠标旋转画框图像，如图 3.173 所示。在图层调板中继续选择画框图层，并设置该图层的“不透明度”（Opacity）为 40%左右，使背景图像显现出来，如图 3.174 所示。

图 3.173

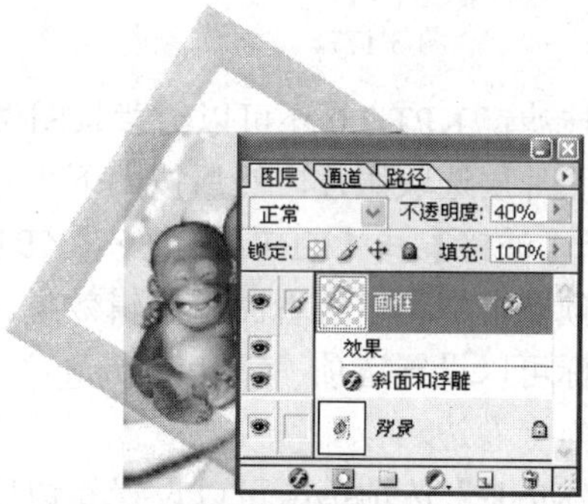

图 3.174

⑥ 选中背景图层，利用矩形选取工具将背景从画布上选取出来。然后按【Ctrl+J】键将背景图剪切复制为新的图层 1。选取背景图层为当前层，按键盘上的【D】键设置前/背景色为默认的黑白色，按【Ctrl+Delete】键，用白色填充整个图层，如图 3.175 所示。

⑦ 使图层 1 为当前工作图层，按【Ctrl+T】定义图形，按下【Ctrl+Shift+Alt】键的同时向上拖动左上控制点得到透视效果，如图 3.176 所示，按【Enter】键退出变形状态。

图 3.175

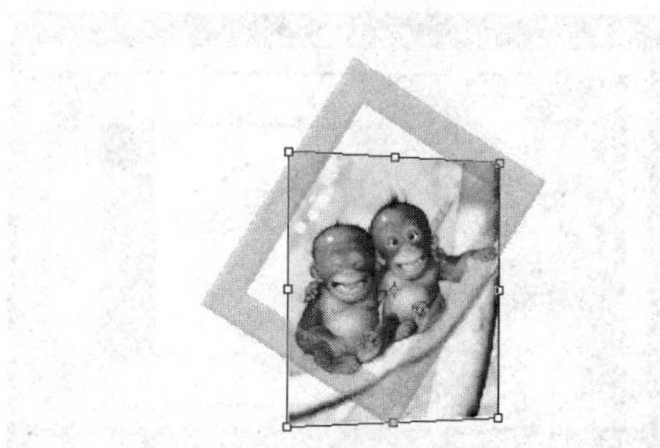

图 3.176

⑧ 选择图层 1，利用多边形索套工具（Polygon Lasso Tool）选取出背景与画框重叠的部分相角，按【Ctrl+J】将所选相角区域复制为图层 2，并将画框图层的不透明度设置回原来的 100%。如图 3.177 所示。

⑨ 为了使图像更为逼真，现制作原图像的右相角在像框上的阴影效果。双击调板图层 2，在弹出的图层样式对话框中设置相角阴影效果，然后单击【好】按钮完成阴影制作。

⑩ 拖动图层 2 至顶层，最后效果如图 3.178 所示。

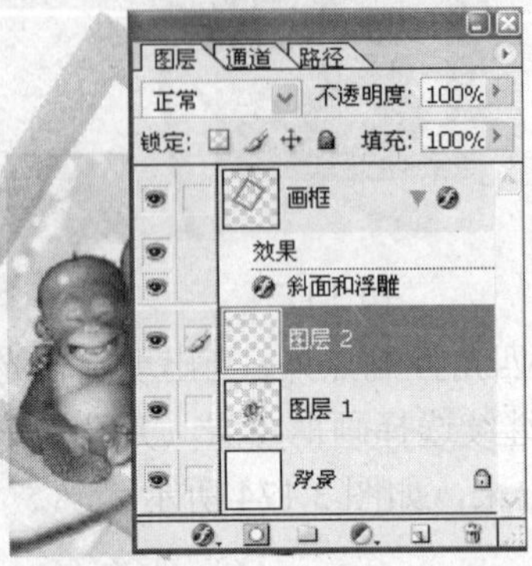

图 3.177

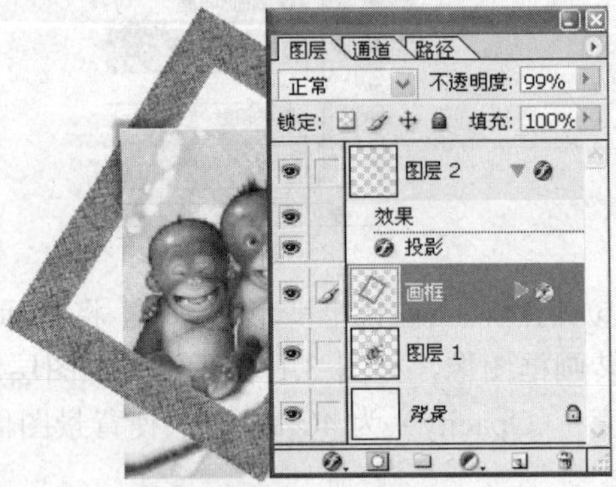

图 3.178

利用外挂滤镜 KPT 3.0 还可以给背景图做卷边效果。卷边在相片图层上进行，按【Ctrl】键同时单击照片层选取照片，然后按如下步骤做卷边效果。

① 选择【滤镜】→【KPT 3.0】→【KPT Page Curl 3.0】命令，弹出的对话框如图 3.179 所示，在其预览框中可以查看图像编辑效果。在预览图像周围有 8 个卷边方向选择，沿箭头方向拖动鼠标可以设置选项“Curl Intensity”，从 0～200，数值越大，卷曲程度越大，本例中拖动右下角向上卷边。

② 在“Mode”选项单击可以设置卷边后的区域的填充，有 Foreground 和 Background 两种填充方式，在这里把“Mode”设置为 Background；在“Glue”选项上单击可以设置卷起部分与下面图像的混合模式，有 Procedura、Difference、Lighten Only、Darken On、Normal、Subtract、Multiply、Screen 等模式，在这里把“Glue”设置为 Normal。

③ 在“Opacity”选项拖动图标可以设置卷起部分的不透明度，数值越大，不透明程度越高，在此把“Opacity”设置为 100%。调整好后单击对话框右下角的绿色按钮确定，最后完成的效果如图 3.180 所示。

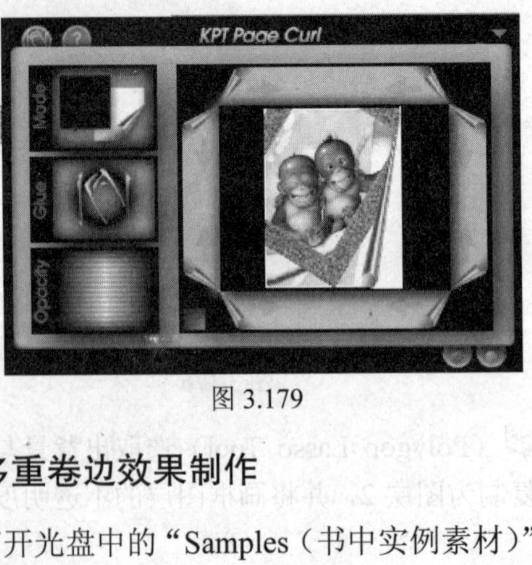

图 3.179

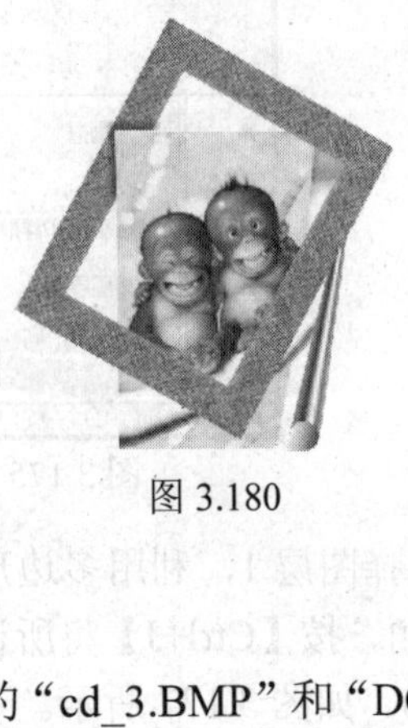

图 3.180

3.5.7 多重卷边效果制作

① 打开光盘中的“Samples（书中实例素材）”文件夹下的“cd_3.BMP”和“DOG_0.jpg”

素材图像。

② 在小狗图片窗口中按【Ctrl+A】键全选，按【Ctrl+C】复制，然后切换草地风景图为当前窗口，按【Ctrl+V】键粘贴，再按【Ctrl+T】键调整小狗图片在草地风景图中的大小和合适位置，如图 3.181 所示。

③ 将小狗图片拖至调板新建按钮上 3 次，复制两个背景副本，选中最上方小狗图片为当前图层，选择【滤镜】→【KPT3.0】→【KPT Page Curl 3.0】命令，打开 KPT Page Curl 编辑器，在卷边方向上沿箭头方向拖动鼠标设置卷曲程度，调整好后单击对话框右下角的绿色按钮确定，如图 3.182 所示。

图 3.181

图 3.182

④ 用魔棒工具选取白色三角，按【Delete】键删除白色，再按【Ctrl+E】键向下合并图层，继续选择【滤镜】→【KPT 3.0】→【KPT Page Curl 3.0】命令，打开 KPT Page Curl 编辑器，设置卷边程度比步骤③小一些，调整好后单击对话框右下角的绿色按钮确定，效果如图 3.183 所示。

⑤ 依照步骤④继续设置卷边效果，但程度比步骤④小一些，调整好后单击对话框右下角的绿色按钮确定，效果如图 2.184 所示。

图 3.183

图 3.184

⑥ 三重卷边效果制作完成后，按【Ctrl+D】键取消选区。

3.6 通道的使用

每幅 Photoshop 图像都会具有色彩通道、专色通道和 Alpha 通道三种之一，通道主要用于保存颜色数据，还可以分别对各原色通道（R、G、B）分别进行明暗度、对比度的调整，甚至可对原色通道单独执行滤镜功能，这样可以制作许多特殊效果。

色彩通道取决于图像的颜色模式，例如 RGB 图像有 4 个通道、CMYK 图像有 5 个通道。另外，通道还用于保存蒙板（这类通道被称为 Alpha 通道），其作用是让被屏蔽的区域不受任何编辑操作的影响，从而增强图像编辑的弹性。

3.6.1 混合通道创造特效

下面将通过一个具体实例综合介绍使用通道的步骤。

① 打开光盘“Samples（书中实例素材）”文件夹下的“雪 Zjpg”的素材图像文件，如图 3.185 所示。

② 在通道调板，单击【新建】按钮创建一个新 Alpha 通道。此时 Alpha 通道为纯黑色，如图 3.186 所示。

图 3.185

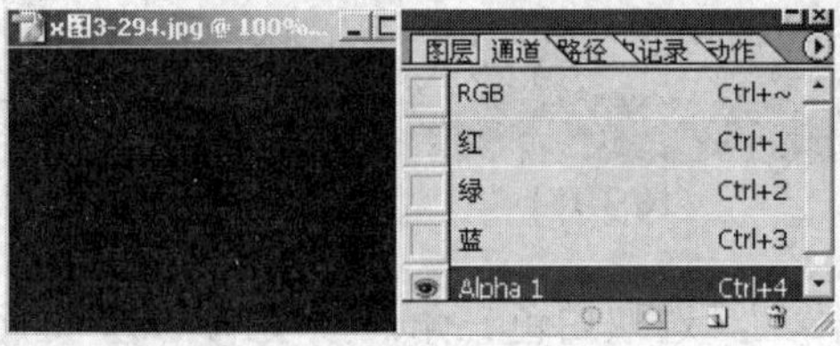

图 3.186

③ 在工具箱中选择文本 **T** 输入工具，然后在属性工具栏中依次设置字体、字型与尺寸等参数后，在编辑区输入汉字“滑翔”，按【空格】键确认并在工具属性栏中单击√按钮结束文字输入，此时画面如图 3.187 所示。

④ 按【Ctrl+D】键取消选区，选择【滤镜】→【风格化】→【风】（【Filter】→【Stylize】→【Wind】）命令，在弹出的相应对话框中设置风的强度为“风”、风向为“从左”，如图 3.188 所示，

图 3.187

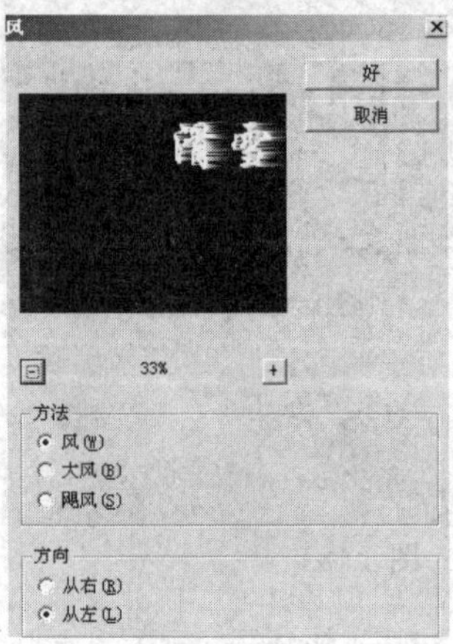

图 3.188

单击【好】按钮。重复步骤④的操作，风的强度效果会更好。

⑤ 在通道调板中按【Ctrl】键单击 Alpha 1 通道，选中其选区，切换到图层调板中，单击原图像层，显示原图像，如图 3.189 所示。

⑥ 选择工具箱中的吸管工具，吸图片的深蓝色为背景色，然后按【Del】键删除选区图像，按【Ctrl+D】键，取消选区，此时画面如图 3.190 所示。

图 3.189

图 3.190

3.6.2　给灰度图像着色

给灰度图像着色实例是利用 Alpha 通道建立复杂选区的和使用【色相\饱和度】命令着色的方法实现的，具体操作步骤如下。

① 打开光盘中的“多媒体技术与应用作业\1-Photoshop 作业\PH 作业 11 着色”文件夹下的“p066.jpg”素材图像文件，选择菜单【图像】→【模式】→【RGB 颜色】(【Image】→【Moder】→【RGB Color】) 命令，将图像由灰度模式转换为 RGB 模式，如图 3.191 所示。

② 用磁性套索工具沿着人体轮廓拖动鼠标建立选区，如图 3.192 所示。在通道调板中单击按钮，将人体轮廓选区保存为一个通道，系统自动将其命名为 Alpha 1，如图 3.193 所示。按快捷键【Ctrl+D】取消现有选区，然后使用磁性套索等工具选中头发的大致轮廓。在通道调板中单击按钮，将头发选区保存为一个通道，系统自动将其命名为“Alpha 2”，如图 3.194 所示。

图 3.191

图 3.192

③ 单击菜单【图像】→【调整】→【色相/饱和度】(【Image】→【Adjustments】→

【Hue/Saturation】）命令，弹出“色相/饱和度”对话框，如图 3.195 所示。在对话框中选中【着色】（Colorize）复选框，然后拖动“色相”滑块为 38，拖动“饱和度”滑块为 50，拖动“明度”滑块为 5，将黑发女郎变成了金发女郎。

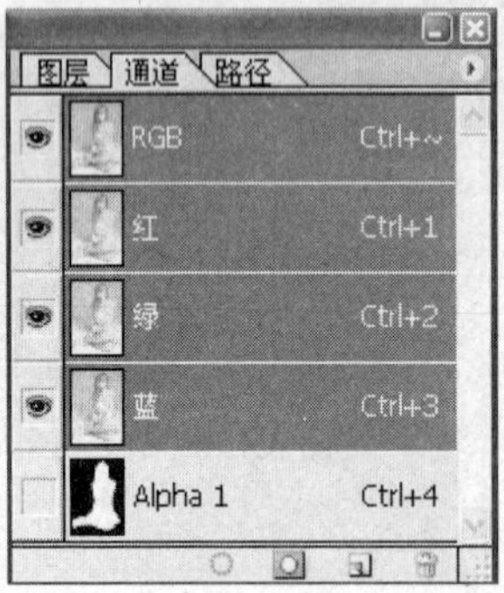

图 3.193

图 3.194

④ 按快捷键【Ctrl+D】取消现有选区。使用磁性套索等工具选中人物的衣服，在通道调板中单击按钮，将衣服选区保存为一个通道，系统自动将其命名为 Alpha 3，如图 3.196 所示。选择菜单【图像】→【调整】→【色相/饱和度】（【Image】→【Adjustments】→【Hue/Saturation】）命令，弹出“色相/饱和度”对话框，调整衣服的颜色，选中“着色”复选框，设“色相”为 0、“饱和度”为 75、“明度”为-35，如图 3.197 所示，将人物的衣服由白色变成红色。

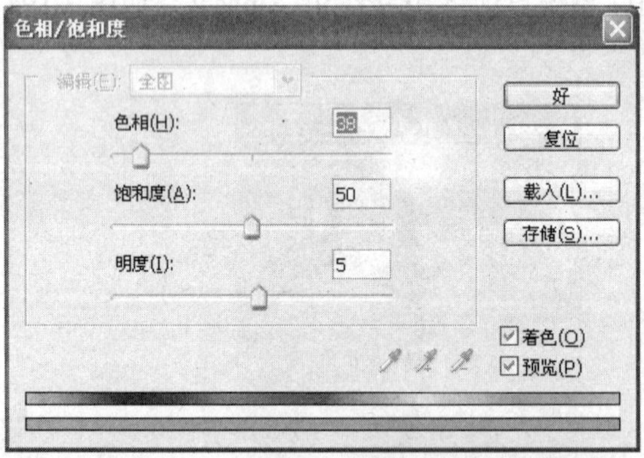

图 3.195

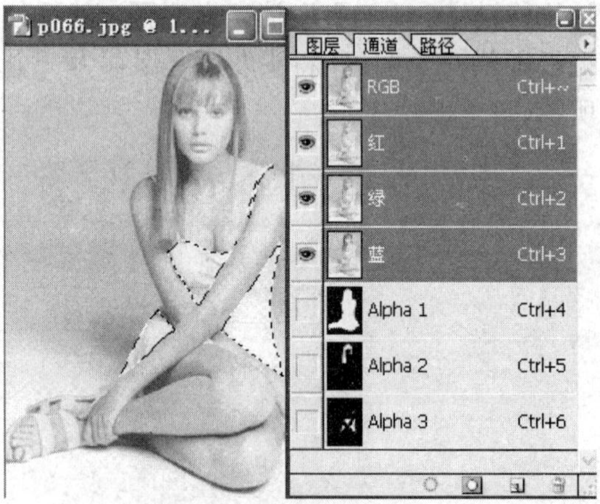

图 3.196

⑤ 按快捷键【Ctrl+D】取消现有选区，选中 RGB 通道，然后按住【Ctrl】键在通道调板中单击通道 Alpha 1 载入人体轮廓选区，如图 3.198 所示。选择菜单【选择】→【载入选区】（【Select】→【Load Selection】）命令，弹出“载入选区”（Load Selection）对话框。在对话框的“通道”列表框中选择 Alpha 2，指定将该通道作为选区载入，接着选中“从选区中减去”（Subtract from Selection）单选钮，如图 3.199 所示，单击【好】按钮，实现从现有选区中减

去载入的头发选区。

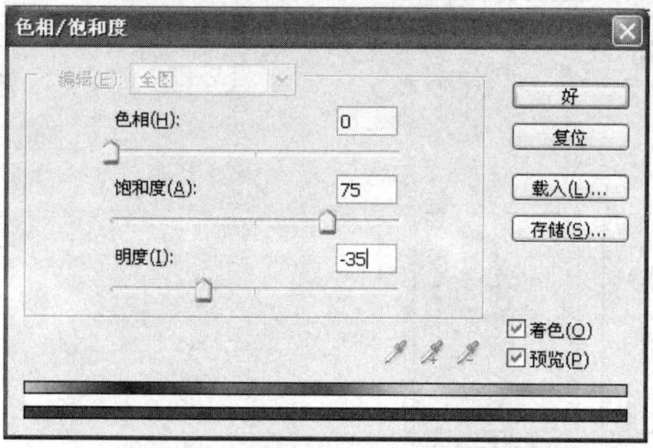

图 3.197

图 3.198

⑥ 再次选择菜单【选择】→【载入选区】命令，在弹出的“载入选区”对话框的通道列表框中选择 Alpha 3，指定将 Alpha 3 选区载入，接着选中“从选区中减去”（Subtract from Selection）单选钮，单击【好】按钮实现从现有选区中减去载入的衣服选区；这时选中的是肤色选区，再按【Alt】键并同时用椭圆工具将残留的头发区域减选。

⑦ 选择菜单【图像】→【调整】→【色相/饱和度】（【Image】→【Adjustments】→【Hue/Saturation】）命令，在弹出的“色相/饱和度”对话框中选中“着色”（Colorize）复选框，设“色相”为 26、“饱和度”为 36、“明度”为 6，如图 3.200 所示，单击【好】按钮。

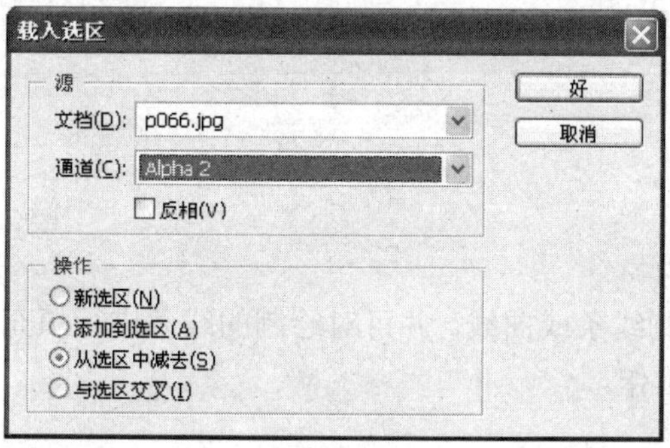

图 3.199

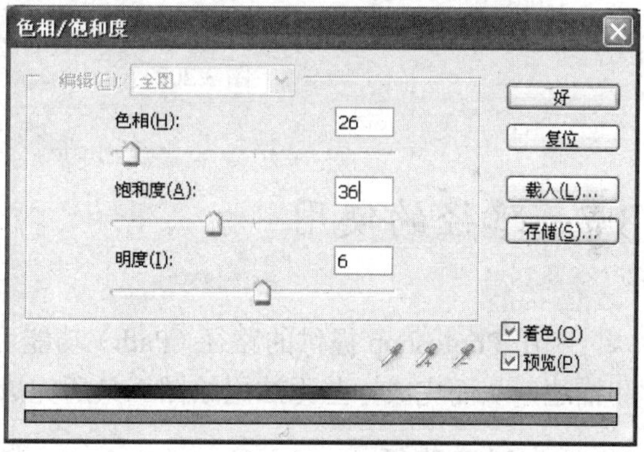

图 3.200

⑧ 按【Ctrl+D】键取消现有选区，然后按住【Ctrl】键并单击通道调板中 Alpha 1 通道载入人体轮廓选区，按【Ctrl+Shift+I】键将选区反转，选中背景区域，如图 3.201 所示。

⑨ 选中菜单【图像】→【调整】→【变化】（【Image】→【Adjustments】→【Variations】）命令，弹出“变化”（Variations）对话框，对话框中列出了偏向各种颜色的预览图，单击任意样式即调整背景的颜色，如图 3.202 所示，单击【好】按钮。

⑩ 按【Ctrl+D】快捷键取消现有选区，设置结果如图 3.203 所示。

图 3.201

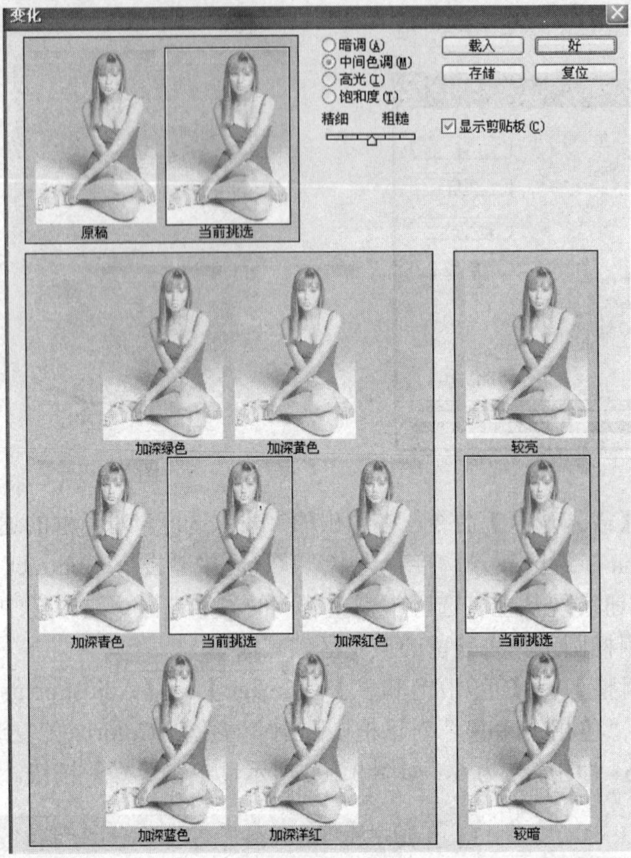

图 3.202

图 3.203

3.7 路径的使用

利用 Photoshop 提供的路径（Path）功能可绘制线条或曲线，并可对绘制的线条进行填充和描边，从而完成一些无法用绘图工具所完成的工作。

3.7.1 创建路径

要创建路径，必须使用路径（Paths）调板和路径工具。

1. 路径编辑和选择工具

路径工具分路径工具和路径修改工具，它们都位于工具箱内，如图 3.204 所示。

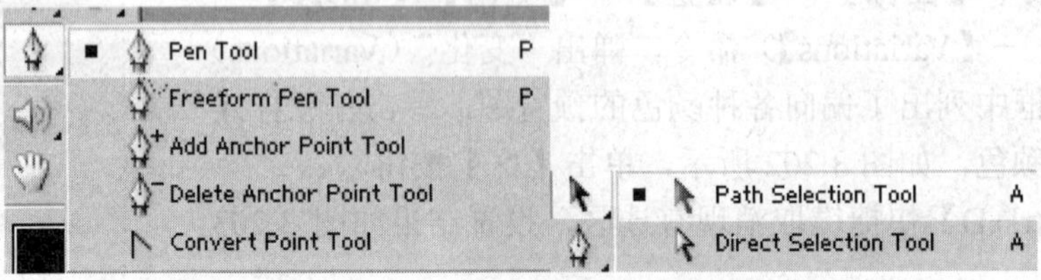

图 3.204

2. 路径调板组成元素

利用路径（Paths）调板可执行所有涉及路径的操作。如将当前选择范围转换为路径、将路径转换为选择范围、删除路径、创建新路径等，如图 3.205 所示。

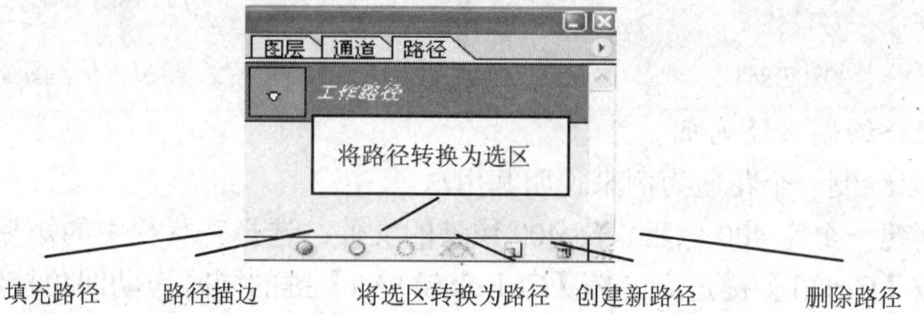

图 3.205

3. 利用钢笔工具绘制路径

下面以绘制一个苹果为例来说明其用法。

① 选中钢笔工具 ，在当前工具属性栏中单击 按钮，如图 3.206 所示。

图 3.206

② 在图像窗口偏中下处单击确定路径起始点，如图 3.207 所示。

③ 将鼠标移至第二个点处单击并拖动，此时将会在锚点位置出现一根方向线（又称调整杆），方向线两端的锚点为方向点，拖动这两个方向点即可改变方向线的长度和位置，同时也就改变了曲线的形状和平滑程度，如图 3.208 所示。

④ 将鼠标移至路径起点，当钢笔右下角有小“。”号时单击封闭图形，如图 3.209 所示。

⑤ 选中转换锚点工具 ，再单击当前路径起始点，使出现方向线，然后将鼠标分别移至两个方向点位置并拖动，以改变方向线的方向，从而改变路径形状，如图 3.210 所示。

图 3.207

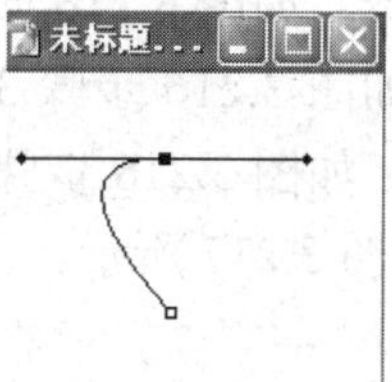

图 3.208

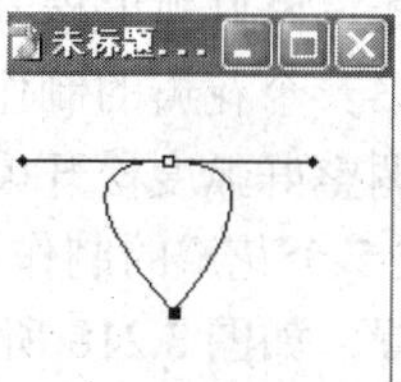

图 3.209

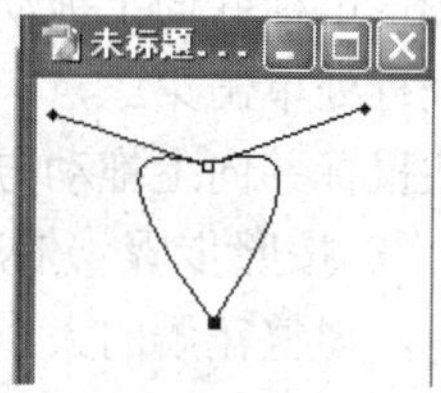

图 3.210

⑥ 依然选中转换锚点 工具，单击起点（同时也是终点）并向左拖动出现方向线，松手变为两个方向锚点，则结果将如图 3.211 所示。

⑦ 为了使苹果下方看起来有“凹”的效果，用鼠标分别拖动下面的两个方向点，使其如图 3.212 所示。

⑧ 选中曲线钢笔工具 ，将鼠标移至苹果的上方稍远一点的位置单击并向第二个点处拖动，当钢笔符号右下角有一个小“。”号时松手，即绘制一条短曲线作为苹果的“蒂”，至此，一个苹果的轮廓图就画出来了，如图 3.213 所示。

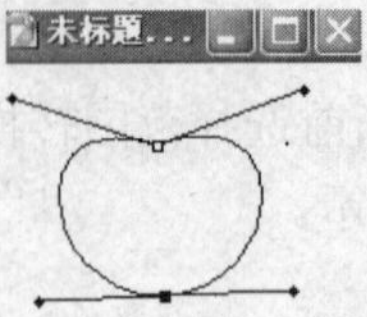

图 3.211

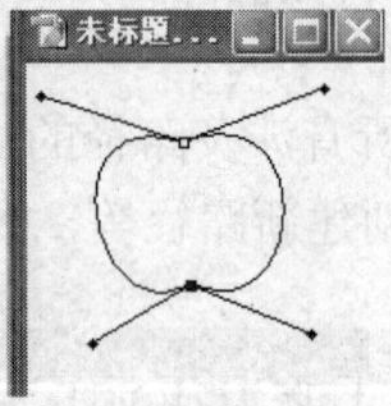

图 3.212

图 3.213

4. 组合绘制路径花瓶

下面以绘制一个花瓶为例来说明其用法。

① 新建一个宽 400 像素、高 400 像素的文件，选择工具箱中的矩形工具，画一矩形。

② 按【Ctrl+T】键定义，按【Ctrl+Shift+Alt】键的同时拖动四角控制点，调整图像进行透视变形，如图 3.214 所示。

③ 选择工具箱中的渐变工具，从左至右拖一左蓝右白的直线渐变如图 3.215 所示。

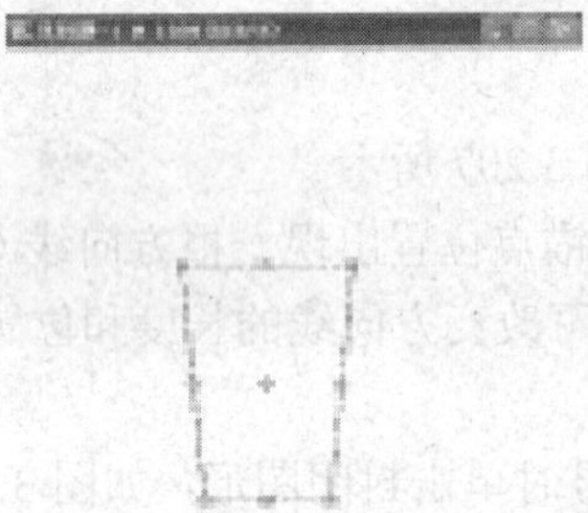

图 3.214

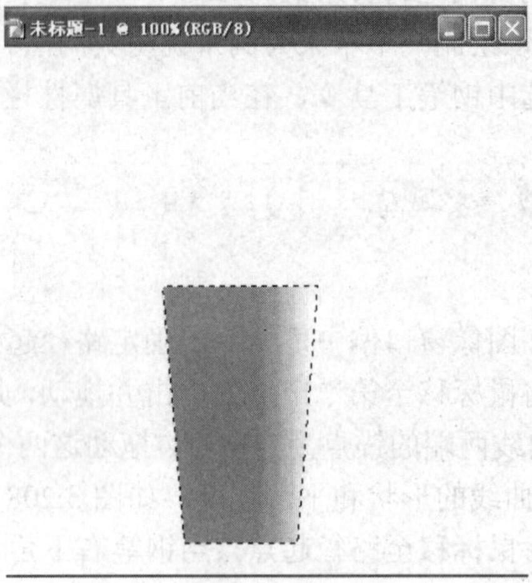

图 3.215

④ 用钢笔工具在编辑窗口单击第一点，如图 3.216 步骤 1 所示。在左边第二点位置处按住鼠标并向上拖动方向线调整好弧度松开鼠标，如图 3.216 步骤 2 所示。接着在与第一点平行处单击第三点，完成第一个花瓣的制作，如图 3.216 步骤 3 所示。在第三点的上方，按住鼠标并向上拖动方向线调整好弧度松开鼠标，如图 3.216 步骤 4 所示。

⑤ 按照步骤④依次完成 5 个花瓣的制作，如图 3.217 所示。选择工具箱中的直接选择工具，调整花瓣的大小及位置，如图 3.218 所示。

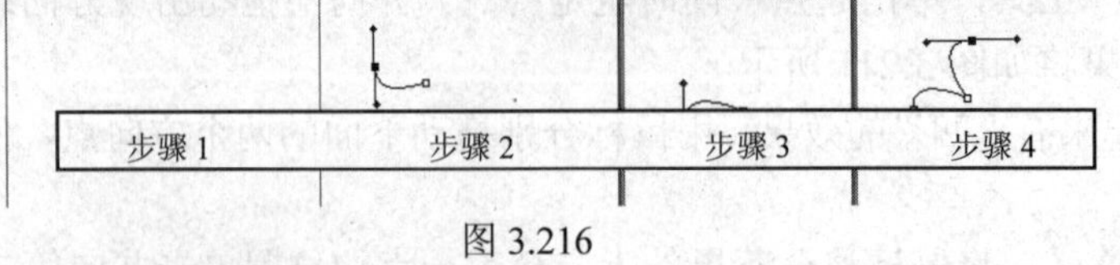

图 3.216

图 3.217

⑥ 单击路径调板中的路径转换为选择范围按钮，将路径转换为选择范围，如图 3.219 所示。

⑦ 选择工具箱中的渐变工具，从上向下拖橘红、黄、橘红的直线渐变，如图 3.220 所示。选择工具箱中的画笔工具，在花瓣中画上花径，如图 3.221 所示。

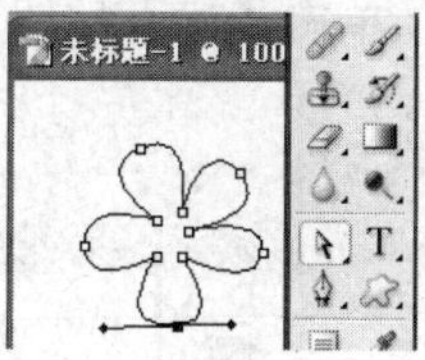

图 3.218

图 3.219

图 3.220

⑧ 按【Alt】键的同时拖动花瓣进行复制，直到布满整个花瓶，如图 3.222 所示。

图 3.221

图 3.222

3.7.2　填充和描边路径

填充路径封闭的区域，操作步骤如下。

① 在路径调板中单击填充按钮，将以默认设置进行填充。

② 要更改填充参数，则需在路径调板快捷菜单中选择【填充路径】命令，打开填充对话框，单击【使用】栏向下箭头拉出列表，选择前景色，单击【好】按钮，即可按前景色设置填充路径，结果如图 3.223 所示。

③ 在路径调板快捷菜单中选择【填充路径】命令，打开“填充”对话框，单击“使用”栏向下箭头拉出列表，选择图案，单击【好】按钮，即按图案填充路径，如图 3.224 所示。

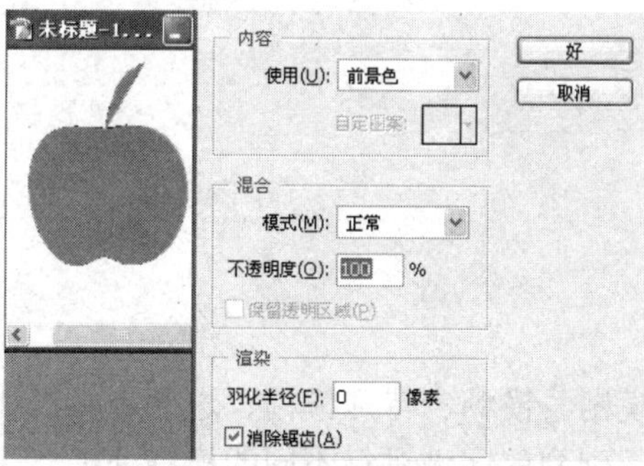

图 3.223

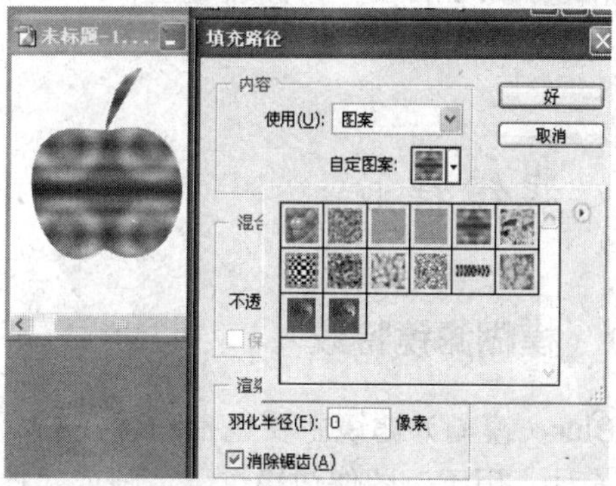

图 3.224

④ 通过“填充”对话框可设置填充内容按背景色或 50%灰色等设置填充以及设置羽化半径和是否消除锯齿等,. 结果如图 3.225 所示。

对路径进行描边，操作步骤如下。

① 在路径调板中单击描边 按钮，将以默认设置进行填充。

② 要更改描边参数，则需在路径调板快捷菜单中选择【描边路径】命令，打开描边对话框，单击“使用”栏向下箭头弹出列表，选择前景色为红色，单击【好】按钮，即可按前景色设置描边路径，结果如图 3.226 所示。

图 3.225

图 3.226

③ 在路径调板快捷菜单中选择【描边路径】命令，打开“描边”对话框，单击“使用”栏向下箭头拉出列表，选择画笔，单击【好】按钮，即按画笔设置描边路径，结果如图 3.227 所示。

④ 通过“描边”对话框可设置描边工具为毛笔、手指、橡皮擦、铅笔、印章等，结果如图 3.228 所示。

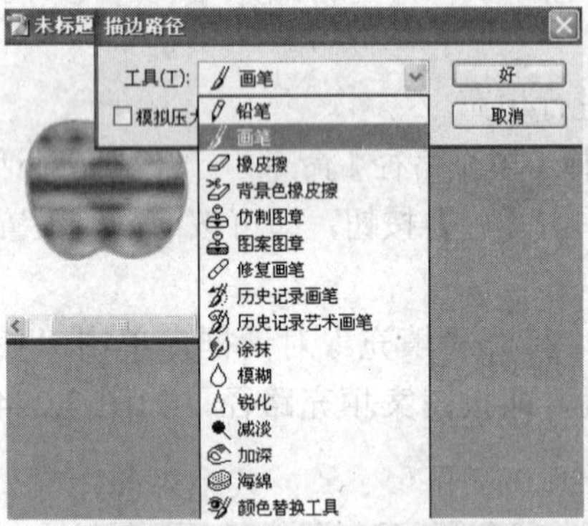

图 3.227

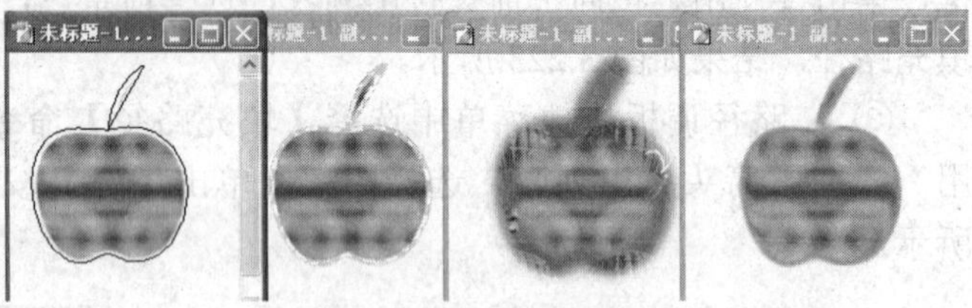

图 3.228

3.8 滤镜特效

3.8.1 模糊滤镜特效

Blur（模糊）滤镜主要包括动感模糊、径向模糊、模糊、特殊模糊、进一步模糊和高斯模糊 6 种。用于对图像边缘过于清晰或对比度过于强烈的区域进行不同的模糊处理。

下面以径向模糊效果描述本例模拟大象奔跑的运动效果，其操作步骤如下。

① 打开光盘中的“多媒体技术与应用作业\1-Photoshop 作业\PH 作业 13 运动”文件夹下的“dx.jpg”素材图像文件，选择工具箱中的磁性套索工具，沿大象边缘拖动鼠标，按大象轮廓建立选区，如图 3.229 所示。

② 选择【选择】→【羽化】(【Select】→【Feather】)命令，弹出“羽化选区”(Feather Selection)对话框，在对话框中设置羽化半径为 1，如图 3.230 所示，单击【好】按钮。

图 3.229

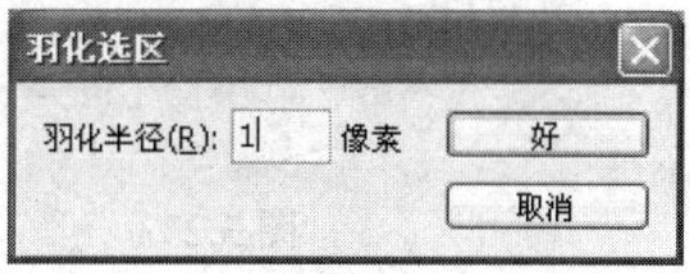

图 3.230

③ 选择【选择】→【反选】(【Select】→【Inverse】) 命令，将选区反选。

④ 选择【滤镜】→【模糊】→【径向模糊】(【Filter】→【Blur】→【Radial Blur】) 命令，弹出的“径向模糊”(Radial Blur) 对话框，如图 3.231 所示。

⑤ 在对话框中选中“缩放”(Zoom) 单选按钮，拖动“数量”(Amount) 滑块设置模糊程度为 10，在“中心模糊”(Blur Center) 示意图中单击鼠标调整模糊的中心。

⑥ 选中“最好”(Best) 单选按钮，单击【好】按钮，完成大象向前奔跑的运动效果，如图 3.232 所示。

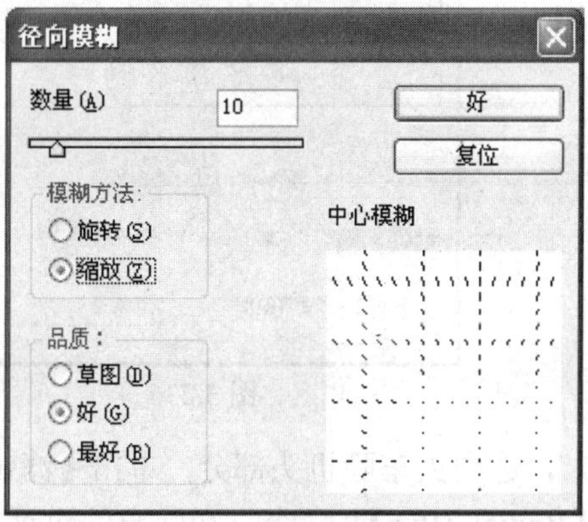

图 3.231

图 3.232

下面以动感模糊效果描述本例模拟火车奔驶的运动效果，其操作步骤如下。

① 打开光盘中“多媒体技术与应用作业\1-Photoshop 作业\PH 作业 13 运动”文件夹下的“hc.jpg”素材图像文件，选择工具箱中的磁性套索工具，沿火车边缘拖动鼠标，按火车轮廓建立选区，如图 3.233 所示。

② 选择【选择】→【羽化】(【Select】→【Feather】)命令，弹出“羽化选区”(Feather Selection)对话框，在对话框中设置羽化半径为 1，单击【好】按钮。

③ 按【Ctrl+C】键将选区中的图像复制到剪贴板中，然后按【Ctrl+V】键将其粘贴到一个新图层，系统自动将其命名为“图层 1”，此时图层调板如图 3.234 所示。

④ 在图层调板中选中背景 (Background) 层，然后按【Ctrl】键单击“图层 1”，将该层的轮廓作为选区载入。在工具箱中单击吸管工具，然后在背景 (Background) 图像窗口中单

击火车以外的背景中最具代表性的颜色，将其作为前景色。按【Alt+Delete】键使用指定的前景色填充选区，填充后背景（Background）层如图 3.235 所示。

图 3.233

图 3.234

⑤ 按【Ctrl+D】键取消选区，然后选择【滤镜】→【模糊】→【动感模糊】(【Filter】→【Blur】→【Motion Blur】）命令，弹出图 3.236 所示“动感模糊”（Motion Blur）对话框。在对话框中将“角度”(Angle)值设置为 17 表示物体运动的角度，根据需要设置“距离”(Distance)为 30，然后单击【好】按钮应用滤镜，图像效果如图 3.237 所示。

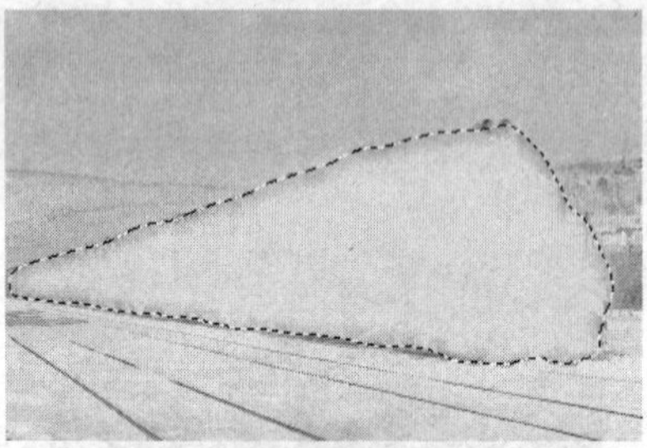

图 3.235

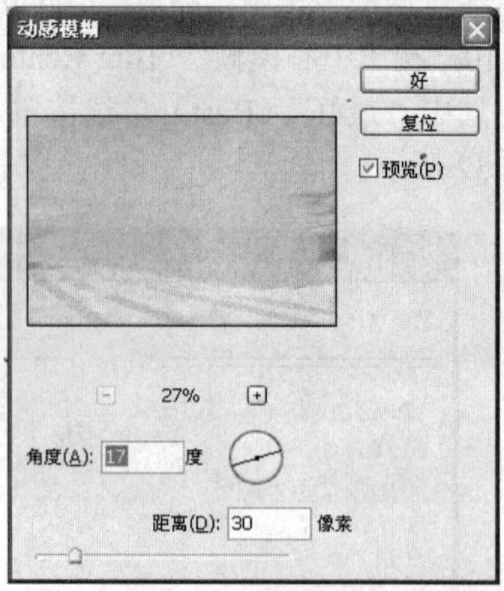

图 3.236

⑥ 在图层（Layers）调板中选中“图层 1”，选中火车除机头部分，单击【滤镜】→【模糊】→【径向模糊】(【Filter】→【Blur】→【Radial Blur】）命令，在弹出的对话框中，“选中缩放”（Zoom）单选按钮，拖动“数量”（Amount）滑块设置“模糊程度”为 10，在“中心模糊”（Blur Center）示意图中拖动鼠标调整模糊的中心。

⑦ 选中“最好”（Best）单选钮，单击【好】按钮，完成火车奔驰的运动效果，如图 3.238 所示。

图 3.237

图 3.238

下面以动感模糊效果描述本例模拟汽车行驶的运动效果，其操作步骤如下。

① 打开光盘中“多媒体技术与应用作业\1-Photoshop 作业\PH 作业 13 运动”文件夹下的“qc.jpg”素材图像文件，选择工具箱中的磁性套索工具，沿汽车边缘拖动鼠标，按汽车轮廓建立选区，如图 3.239 所示。

② 选择【选择】→【羽化】(【Select】→【Feather】)命令，弹出“羽化选区”(Feather Selection)对话框，在对话框中设置“羽化半径”为 1，单击【好】按钮。

③ 按【Ctrl+C】键将选区中的图像复制到剪贴板中，然后按【Ctrl+V】键将其粘贴到一个新图层，系统自动将其命名为“图层 1”，在图层调板中选中背景（Background）层，然后按【Ctrl】键单击“图层 1”，将该层的轮廓作为选区载入。在工具箱中单击吸管工具，然后在背景（Background）图像窗口中单击汽车以外的背景中最具代表性的颜色，将其作为前景色。按【Alt+Delete】键使用指定的前景色填充选区，填充后背景（Background）层如图 3.240 所示，层调板如图 3.241 所示。

图 3.239

图 3.240

④ 按【Ctrl+D】键取消选区，然后双击背景（Background）图层将其转换为 Layer 0 层，单击【滤镜】→【模糊】→【动感模糊】(【Filter】→【Blur】→【Motion Blur】) 命令，弹出图 3.242 所示“动感模糊”(Motion Blur) 对话框。

图 3.241

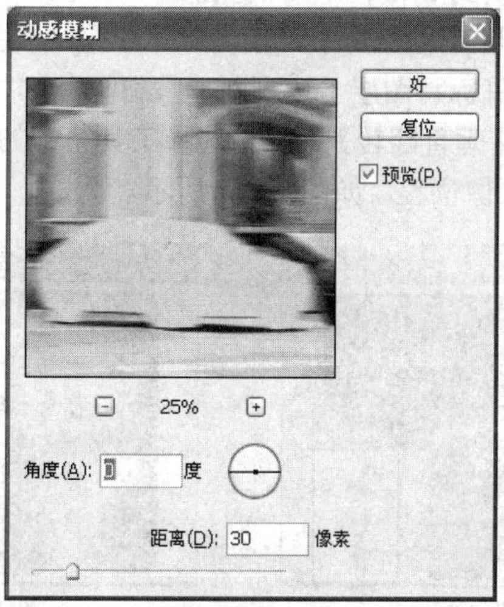

图 3.242

⑤ 在对话框中将“角度”(Angle) 值设置为 0，表示物体运动的角度（本例中汽车水平运动，所以角度置为 0)，根据需要设置“距离”(Distance) 值，然后单击【好】按钮。

⑥ 在图层（Layers）调板中选中图层 1，选中汽车的后轮部分，选择【滤镜】→【模糊】→【径向模糊】(【Filter】→【Blur】→【Radial Blur】) 命令，打开对话框选中“旋转”(Spin) 单选钮，选择沿圆周方向产生模糊，按图 3.243 所示设置 24 参数后，单击【好】按钮即可使选中的后轮部分产生径向模糊，后轮的处理过程如图 3.243 所示。对前轮做同样的处理后，最终效果如图 3.244 所示。

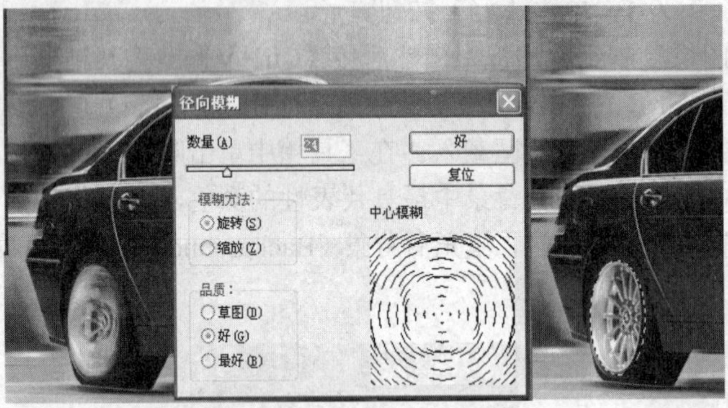

图 3.243

图 3.244

3.8.2 制作倒影

在 Photoshop 图像处理过程中，特别是进行图像合成时，有时需要制作图像的倒影。下面的例子将小狗添加到另一幅小狗图像并制作水中倒影，制作步骤如下。

① 打开光盘中的“多媒体技术与应用作业\1-Photoshop 作业\PH 作业 12 倒影”文件夹下的“dog.jpg”和“dogbj.jpg”素材图像文件，如图 3.245 所示。

② 切换到 dog 素材图像窗口，使用魔棒工具单击白色背景，然后按【Ctrl＋Shist＋I】键反选，选中小狗，然后按【Ctrl＋C】键复制。

③ 切换到 dogbj 素材图像窗口，按【Ctrl+V】键粘贴，把在 dog 图像窗口中选中的小狗复制到 dogbj 图像窗口中，使之和第一只小狗并排站在水边，如图 3.246 所示。

④ 用鼠标将图层 1 拖到新建按钮上，复制一个图层 1 副本层，选择菜单【编辑】→【变换】→【垂直翻转】命令，选择工具箱中的移动工具调整 dog 小狗的位置，使它处于第一只小狗的映像位置，如图 3.247 所示。

图 3.245

图 3.246

图 3.247

⑤ 选择菜单【滤镜】→【模糊】→【高斯模糊】(【Filter】→【Blur】→【Gaussian】) 命令，在弹出的“高斯模糊”对话框中，设置“模糊半径”(Radius) 为 1.5 像素 (pixels)，

对图层 1 副本层的映像 dog 小狗进行高斯模糊，如图 3.248 所示。

⑥ 在图层调板上，将当前层的“不透明度”改为 83%，如图 3.249 所示，按【Ctrl＋E】键合并图层，完成作品制作，效果如图 3.250 所示。

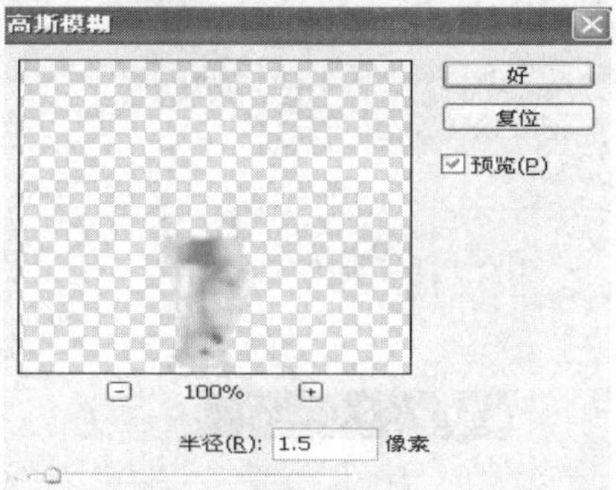

图 3.248

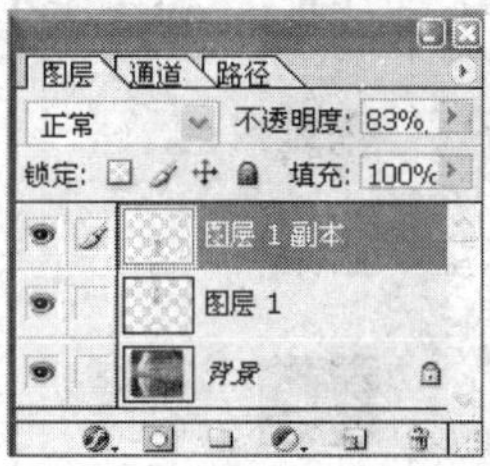

图 3.249

图 3.250

3.8.3 金属/火焰滤镜字

利用 Ulead 公司的 Type 滤镜制作金属字的操作步骤如下。

① 新建一个图像文件，本示例图像文件大小为宽 300 像素，长 200 像素。

② 在工具栏中选择文本工具T，选择前景色为浅黄，参数设置 RGB 设置为（169，143，44），输入汉字“金属字”。单击当前文本属性工具栏的“√”按钮。

③ 在图层调板上按住【Ctrl】键，再用鼠标单击文字图层，获得文字的选择区域。

④ 选择菜单【图层】→【栅格化】→【图层】命令，将文字图层转换为普通图层；选择菜单【滤镜】→【Ulead Effects】→【Type】命令，如图 3.251 所示。在弹出的对话框中选择左下方的效果缩略图中第三行第二列的金属字效果按钮，如图 3.252 所示。

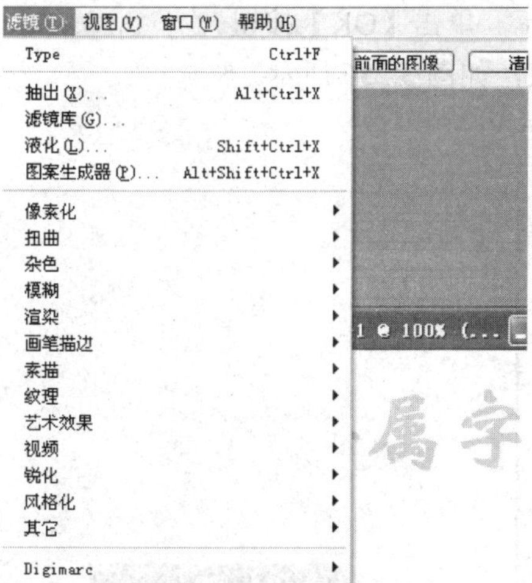

图 3.251

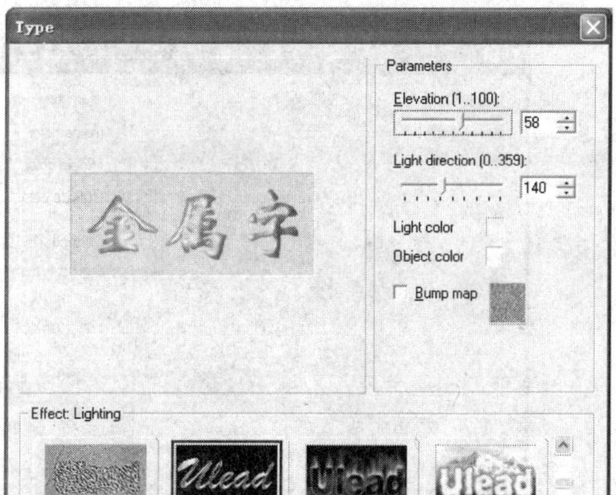

图 3.252

⑤ 单击【Load】按钮，将弹出“Load From Preset”窗口，选择左下方的光照效果【Spotlight】按钮，如图 3.253 所示，然后单击【OK】按钮。

⑥ 按【Ctrl+D】键取消选择区域，完成制作效果，如图 3.254 所示。

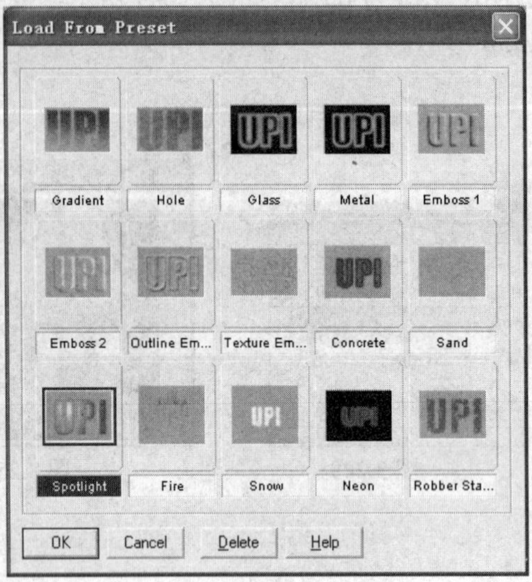

图 3.253

图 3.254

利用 Ulead 公司的 Type 滤镜制作火焰字的操作步骤如下。

① 新建一个图像文件，本示例图像文件大小为宽 300 像素，长 200 像素。

② 在工具栏中选择文本工具T，选择前景色为浅红色，输入“火焰字”文字。单击当前文本属性工具栏的“√”按钮。

③ 在图层调板上按住【Ctrl】键，再用鼠标单击文字图层，获得文字的选择区域。

④ 选择菜单【图层】→【栅格化】→【图层】命令，将文字图层转换为普通图层；选择菜单【滤镜】→【Ulead Effects】→【Type】命令，在弹出的对话框中选择左下方的效果缩略图中第三行第三列的火焰字效果按钮，如图 3.255 所示，单击【OK】按钮。

⑤ 按【Ctrl+D】键取消选择区域，完成制作效果，如图 3.256 所示。

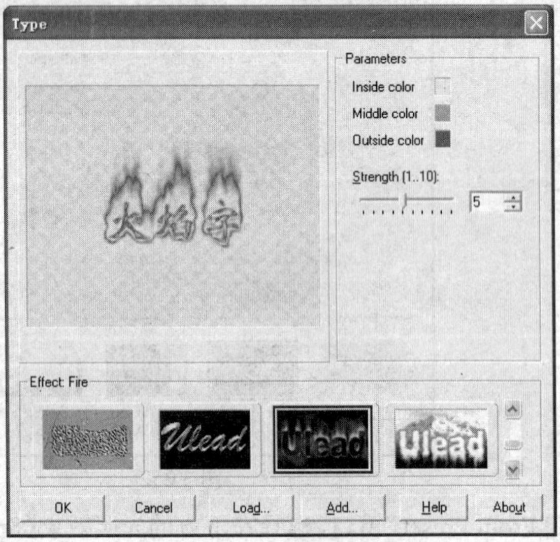

图 3.255

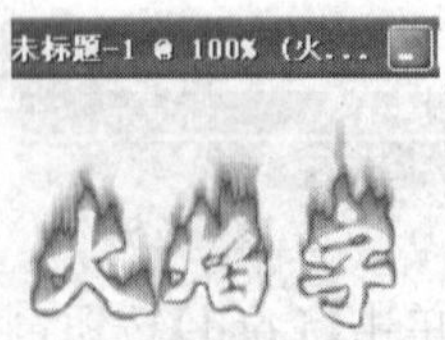

图 3.256

3.8.4　镜头光晕滤镜特效字

制作镜头光晕滤镜特效字示例的操作步骤如下。

① 打开光盘中“多媒体技术与应用作业\1-Photoshop 作业\图层合成 1 新加作业”文件夹下的“ZTCZ.jpg”图像文件，按【Ctrl+A】键选择全部。选择【编辑】→【定义图案】(【Edit】→【Define Pattern】）命令，弹出定义图案对话框，单击【OK】按钮。

② 新建一个宽 400 像素，高 400 像素的 ZT1 图像文件，选择【编辑】→【填充】(【Edit】→【Fill】）命令，弹出填充【Fill】对话框，如图 3.257 所示，选取定义的砖图案，单击【OK】按钮，使砖填满整个文件窗口。

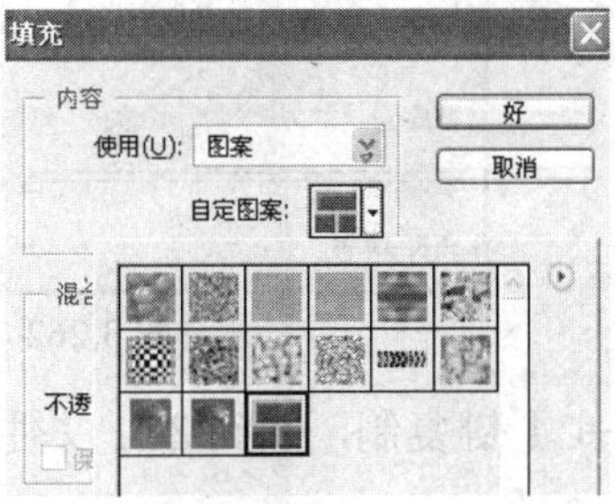

图 3.257

图 3.258

③ 新建一个宽 200 像素，高 200 像素的图像文件，选择前景色为浅黄色，按【Alt+Delete】键用前景色填充窗口，单击工具箱中文本工具T，选择前景色为红色，选择字体为华文行楷，字号为 72pt，输入汉字“新”，单击当前属性工具栏的“√”按钮，结果如图 3.258 所示。

④ 选择【图层】→【栅格化】→【图层】(【Layer】→【Rasterize】→【Layer】）命令，将文本层栅格化。在图层调板按住【Ctrl】键，再用鼠标单击文字图层，获得文字的选择区域。

⑤ 选择【编辑】→【描边】(【Edit】→【Stroke】）命令，弹出描边对话框如图 3.259 所示，选择【颜色】为黑色并单击【好】按钮，将“新”文字描成黑色边，如图 3.260 所示。

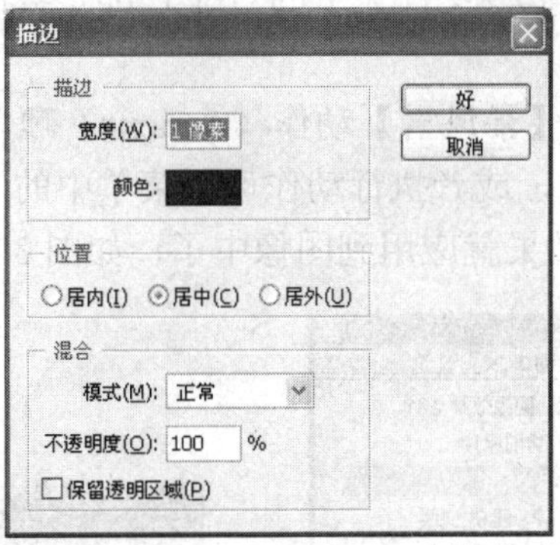

图 3.259

图 3.260

⑥ 选择【滤镜】→【渲染】→【镜头光晕】(【Filter】→【Render】→【Lens Flare】）命令，弹出“镜头光晕”对话框，如图 3.261 所示，拖动光点到所需位置，单击【好】按钮。

⑦ 按【Ctrl+D】键取消选区，单击工具箱椭圆选区工具，框选“新”文字，选择【滤镜】→【扭曲】→【球面化】(【Filter】→【Distort】→【Spherize】）命令，弹出球面化对话

框，如图 3.262 所示，单击【好】按钮。

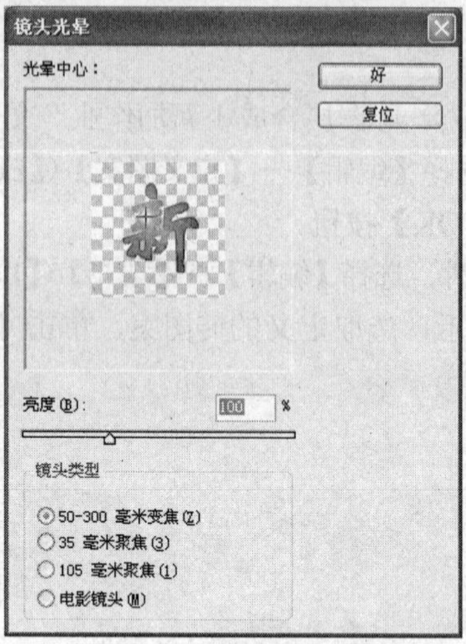

图 3.261

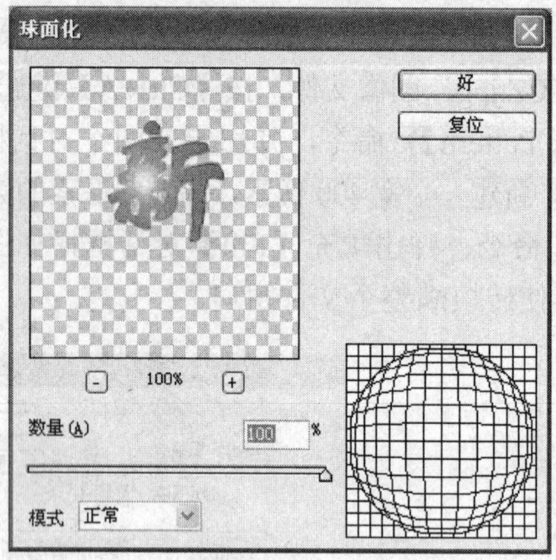

图 3.262

⑧ 按【Ctrl+E】键合并图层，按【Ctrl+C】键复制，回到 ZT1 文件窗口，按【Ctrl+V】键粘贴，如图 3.263 所示。

⑨ 重复③～⑧步骤，依次完成“年快乐”3 字，最后结果如图 3.264 所示。

图 3.263

图 3.264

3.8.5 制作暴风雪实例

① 打开光盘中“Sample（书中实例素材）”文件夹下的“雪 1.jpg”素材图像，如图 3.265 所示。

② 在动作调板上选中【图像效果】→【暴风雪】动作（Actions）项，如图 3.266 所示。

③ 单击动作调板上的执行动作 ▷ 按钮，或者执行动作调板菜单中的【播放】（Play）命令。稍等片刻，动作命令集暴风雪的图像效果就应用到图像中了，如图 3.267 所示。

图 3.265

图 3.266

图 3.267

习　题

一、选择题

1．一幅彩色静态图像（RGB），设分辨率为 1024×1280 像素，每一种颜色用 8bit 表示，则该幅彩色静态图像的数据量为（　　）。

（A）1024×1280×8×2bit　　（B）1024×1280×8×3bit

（C）1024×1280×3×8×30bit　　（D）1280×1024×3×8×25bit

2．DPI 的正确叙述是（　　）。

（A）每英寸的 bit 数　　（B）每英寸像素点

（C）dpi 越高图像质量越低　　（D）描述分辨率的单位

3．下列哪一种图像格式可以支持动画效果（　　）。

（A）GIF　　（B）TIFF　　（C）JPEG　　（D）BMP

4．下列颜色不属于三原色的是（　　）。

（A）红色　　（B）黄色　　（C）蓝色　　（D）绿色

5．不同图像格式，下列哪一种说法正确的是（　　）。

（A）当 JPEG 图片转换成 GIF 图像后，得到的 GIF 图片会比原始的 JPEG 图片体积小

（B）PSD 图片和 PNG 图片都可以在网页中直接嵌入

（C）GIF 图片最多能够支持 256 种颜色

（D）PSD 图片不仅仅可以保存图层，还可以保存制作图片时的历史记录

6．不是以点阵为单位对图像进行操作的是（　　）。

（A）图像几何运算　（B）光笔绘制　　（C）图像剪切　　（D）图像压缩

7．图像采集设备中，光学系统将景物或图片投影到平面上。传感器将其转换成（　　）。

（A）数字信号　　（B）数模转换　　（C）电信号　　（D）电压

8．关于不同图像格式，下列说法正确的是（　　）。

（A）当 JPEG 图片转换成 GIF 图像后，得到的 GIF 图片会比原始的 JPEG 图片体积小。

（B）PSD 图片和 PNG 图片都可以在网页中直接嵌入。

（C）GIF 图片最多能够支持 256 种颜色。

（D）PSD 图片不仅仅可以保存图层，还可以保存我们制作图片时的历史记录。

9．下列不是以点阵为单位对图像进行操作的是（　　）。

（A）图像几何运算　　（B）光笔绘制　　（C）图像剪切　　（D）图像压缩

10．下列工具中专门用于制作矢量图形的是（　　）。

（A）Adobe Photoshop　　（B）Macromedia Authorware

（C）Macromedia Fireworks　　（D）Macromedia Freehand

二、填空题

1．矢量图形在经过放大缩小后，图像的质量不会变化，这是因为矢量图形是由________组成的，而位图图像在放大缩小后质量发生变化是因为位图图像由________组成。

2．图像的两个主要属性是________和________。

3．图像的颜色深度指________。

4．对于数字化图像来说，改变图像的大小就意味着改变图像的________。

5．人眼对颜色的感知通常用三个量来度量，即________，________，________，它们共同决定视觉的总效果。

6．常用的色彩模型有 RGB 模型、YUV 模型、________模型、________模型。

7．在 Windows 中标准的位图图像格式为________。

8．矢量图形在经过放大缩小后，图像质量不会变化，这是因为矢量图形是由________组成的，而位图图像在放大缩小后质量发生变化是由于位图图像由________组成。

9．图像的颜色深度指________。

10．对于数字化图像来说，改变图像的大小就意味着改变图像的________。

11．人们对颜色感觉形成的四个要素是指________，________眼睛和________。

第4章 视频素材的剪辑与制作

内容提要：

视频采集卡、视频制式及文件格式、视频信号的处理、动画与视频、视频的压缩和视频信息获取。

4.1 视频信息处理基础

视频媒体是携带信息最丰富、表现力最强的一种媒体。当一段视频节目配有背景音乐或语音时，它就同时具有了视觉媒体和听觉媒体的所有特性。

在多媒体应用系统中，视频以其直观和生动等特点得到广泛的应用。视频与动画一样，也是由一幅幅帧序列组成，这些帧以一定速率播放，使观察者得到画面连续运动的感觉。

4.1.1 视频必备的硬件——视频采集卡

目前使用的多媒体计算机，大多数都可以利用软件直接播放视频节目。但是，要将外部设备上的视频节目采集到计算机中，或将计算机中加工好的视频信息输出到外部介质上，就必须要具有视频采集卡了。

所谓视频卡就是插在 PC 主板上，用于处理视频信息的配件卡，其主要功能是采集来自摄像机、录像机、扫描仪以及视频光盘等视频信号源输出的彩色全电视信号，将模拟视频信号转换成数字视频信号或将数字信号转换成模拟信号。一般台式机都不带视频采集卡，而一般笔记本都带视频采集卡（个别不带）。

视频采集卡按功能可分为以下四类。

（1）视频采集卡：主要用于将摄像机、录像机等设备播放的视频信号不经过硬件压缩直接采集到计算机中，并以 AVI 格式保存。由于 AVI 格式没有经过硬件压缩，因而占用的硬盘空间较大，通常平均每秒的视频图像要占用近 2 MB 的硬盘空间。一个 AVI 文件的最大容量不能超过 2GB，所以只适用于小片段的视频采集和编辑。

（2）压缩/解压缩卡：主要用于将录像机或摄像机播放的静止和动态的图像按照 JPEG/MPEG 标准进行压缩（生成后缀为 MPG 的压缩文件）或还原。由于采集到的文件是按照一定的压缩比压缩而成的，因而对视频信号有一定的损耗，尤其是对激烈的动态信号和亮度反差大的信号，压缩时可能会出现马赛克现象。

（3）视频输出卡：主要用于将计算机中加工处理的视频信息转换为编码，把 VGA 信息编码成 NTSC 或 PAL 制式的视频信号输出到电视机或录像机设备上。

（4）电视接收卡：在视频采集卡上增加了高频电视信号的接收、协调电路，将电视机中的节目通过该卡的转换处理，在计算机的显示器上播放。视频采集卡使用捕获、存储和特技等功能可以直接处理电视节目。

现在，市场上见到的很多视频卡都集中了上述各种功能，而使用时更注重视频采集卡。

视频采集卡功能强弱各有不同，但概括起来主要有显示全活动的数字化影像画面，在影像画面上可以叠加计算机文字与图像，可以调节色调饱和度、亮度和对比度等功能。

4.1.2 视频制式标准

视频制式标准是在制作影片作品时首先要碰到的选择，它决定着视频的成品能否播放。

视频是由一系列单独的图像，即帧组成的。当观众面前的屏幕上每秒钟放映的图像达到一定数目时，由于人眼的视觉延迟，就会产生动态画面的感觉。帧速率的单位为帧/秒。

现在，国际上流行的视频制式标准主要有：美国和日本使用的NTSC制式、中国和欧洲大部分国家使用的PAL制式和法国、俄罗斯等国家使用的SECAM制式。

1. NTSC制式

NTSC（National Television System Committee，国家电视制式委员会）是1953年美国研制成功的一种兼容的彩色电视制式。它规定每秒30帧，每帧525行，水平分辨率为240～400个像素点，采用隔行扫描，场频为60Hz，行频为15.634kHz。宽高比例4:3。美国、加拿大、日本等国家使用这种制式。

NTSC制的特点：是用两个色差信号（R-Y）和（B-Y）分别对频率相同而相位相差90°的两个副载波进行正交平衡调幅，再将已调制的色差信号叠加，穿插到亮度信号的高频端。

2. PAL制式

PAL（Phase A1ternate Line，相位远行交换）是前联邦德国1962年制定的一种电视制式。它规定每秒25帧，每帧625行，水平分辨率为240～400个像素点，隔行扫描，场频为50Hz，行频为15.625kHz。宽高比例4:3。中国、德国、英国等国家使用这种制式。

PAL制的特点：也是同时传送两个色差信号（R-Y）与（B-Y)。不过（R-Y）是逐行倒相的，它和（B-Y）信号对副载波进行正交调制。采用逐行倒相的方法，若在传送过程中发生相位变化，则因相邻两行相位相反，可以起到相互补偿的作用，从而避免了相位失真引起的色调改变。

3. SECAM制式

SECAM（Sequential Color and Memory System，顺序传送彩色存储）是法国于1965年提出的一种标准。它规定每秒25帧，每帧625行，隔行扫描，场频为50Hz，行频为15.625kHz。宽高比例4:3。上述指标均与PAL制式相同，不同点主要在于色度信号的处理上。法国、俄罗斯、东欧和非洲等国家使用这种制式。

SECAM制的特点：两个色差信号是逐行依次传送的，因而在同一时刻，传输通道内只存在一个信号，不会出现串色现象，两个色度信号不对副载波进行调幅，而是对两个频率不同的副载波进行调频，再把两个已调副载波逐行轮换插入亮度信号高频端，形成彩色图像视频信号。

4. HDTV

HDTV（High Deflnition TV，高清晰度电视）是目前正在蓬勃发展的电视标准，尚未完全统一，但一般认为HDTV有以下特点：宽高比例16:9，每帧扫描在1000行以上，采用远行扫描方式，有较高扫描频率，传送信号全部数字化。

这些制式标准定义了彩色电视机对视频信号的解码方式，不同制式对色彩处理方式、屏幕扫描频率等有不同的规定，因此如果计算机系统处理视频信号的制式与其相连的视频设备的制式不同，则会明显降低视频图像的效果，有的甚至根本没有图像。所以美国的录像机不能与中国电视连接，法国的录像机不能与日本电视机相配。

4.1.3　视频文件的格式

同其他媒体的格式一样，视频文件的格式也有很多种，常见的有：AVI 文件格式、MOV 文件格式、MPG 文件格式和 DAT 文件格式。

1. AVI 文件格式

AVI 格式是常用的将视频信息与同步音频信号结合在一起存储的多媒体文件格式。它以帧为存储动态视频的基本单位。在每一帧中，都是先存储音频数据，再存储视频数据。整个看起来，音频数据和视频数据相互交叉存储。播放时，音频流和视频流交叉使用处理器的存取时间，保持同期同步。通过 Windows 的对象链接与嵌套技术，AVI 格式的动态视频片段可以嵌入到任何支持对象链接与嵌入的 Windows 应用程序中。

2. MOV 文件格式

MOV 文件格式是 Quick Time 视频处理软件所选用的视频文件格式。

3. MPG 文件格式

MPG 格式是采用 MPEG 方法进行压缩的全运动视频图像文件格式，目前许多视频处理软件都支持该格式，例超级解霸应用软件。

4. DAT 文件格式

DAT 文件格式是 VCD 和卡拉 OK CD 数据文件的扩展名，也是 MPEG 压缩方法的一种文件格式。

4.1.4　帧和帧速率

摄像机通过光敏器件，如 CCD，将光信号转换为电信号，这一过程就叫做扫描。电信号是一维的，而图像是二维的，为了把二维图像转换成一维电信号，需要在图像上快速移动单个感测点，当感测点移动以循序渐进的方式扫描时，输出变化的电信号以响应扫描图像的亮度和色彩变化，这样图像就变成了一系列在时间上延续的值，形成了最初的视频信号。

扫描总是从图像的左上角开始，水平向前进行，同时扫描点也以较慢的速率向下移动，因此扫描线并非水平而是斜的。当扫描点到达图像右侧边缘时，扫描点快速返回之上侧，重新开始在第一行起点下面进行第二行扫描，行与行之间的返回过程被称为水平消隐（输出一个零信号）。一幅完整的图像扫描信号，由水平消隐间隔分开的行信号序列构成，称为一帧。扫描点扫描完一帧后，要从图像的右下角返回到图像的左上角，开始新一帧的扫描，这一时间间隔，叫做垂直消隐。

和电影一样，在视频领域中同样要利用人眼的视觉暂留特性产生运动影像。因此，对每秒钟扫描多少帧有一定的要求，这就是帧速率。对于 PAL 制电视系统，帧速率为 25 帧。而对于 NTSC 制电视系统，帧速率为 30 帧。虽然这些帧速率足以提供平滑的运动，但还没有高到足以使视频显示避免闪烁的程度。根据实验知道，人的眼睛可觉察到低于 1/50 秒速度刷新的图像中的闪烁。然而，要把帧速率提高到这种程度，要求显著增加系统的频带宽度，这是相当困难的。为了避免这种情况的发生，采用了下面要讲的隔行扫描方法。

4.1.5 隔行扫描与逐行扫描

隔行扫描，就是扫描完第 1 行后，从第 3 行开始的位置继续扫描，再分别扫描第 5，7，9…行，直到最后一行为止。所有的奇数行扫描完后，再使用同样的方式扫描所有的偶数行。这时才构成一幅完整的画面，通常将其称为帧。由此可以看出，在隔行扫描中，一帧需要奇数行和偶数行两部分组成，分别将它们称为奇数场和偶数场，也就是说，要得到一幅完整的图像需要扫描两遍。对于帧速率 25 帧的 PAL 制电视系统来说，虽然每一行都以每秒 25 次扫描速度刷新，但整个图像看起来是以每秒 50 次扫描来刷新的。隔行扫描，实际上是以牺牲一定的图像分辨率为代价的折中办法。对于远距离观看的电视，强调的是画面的整体效果，对于图像的细节可不予考虑，因此采用隔行扫描的办法是完全可行的。而对于近距离观看的计算机显示器而言，隔行扫描是不可取的，它会给人眼带来损害。因此对于计算机显示器，都采用了逐行扫描的办法，其刷新频率在 60Hz 以上。逐行扫描是从显示屏的左上角一行接一行地扫描到右下角，在显示屏上扫描一遍就显示一幅完整的图像。

4.1.6 视频信息数字化

普通的视频，如标准 NTSC 和 PAL 制式的视频信号都是模拟的，而计算机只能处理和显示数字信号，因此在计算机使用 NTSC 和 PAL 制式信号前，必须进行数字化（采样、量化），并经模数转换和彩色空间变换等过程。

1. 采样与量化

模拟波形在时间上和幅度上都是连续的。为了把模拟波形转换成数字信号，必须把这两个量纲转换成不连续的值。把连续的图像函数 $f(x, y)$进行时间和幅度的离散化处理，幅度表示成一个整数值，而时间表示成一系列按时间轴等步长的整数距离值。

采样：在时间轴上，每隔一个固定的时间间隔对波形的振幅进行一次取值，或时间连续坐标（x，y）的离散化，叫做采样。

量化：将一系列离散的模拟信号在幅度上建立等间隔的幅度电平，称之为量化。或 $f(x, y)$幅度的离散化，称之为量化。

两种离散化结合在一起，叫做数字化。离散化的结果称为数字图像。

2. 颜色深度

图像和视频数字化后，为了真实反映出原始图像的颜色，引用了颜色深度这一概念。

颜色深度指的是每个像素可显示出的颜色数，它和数字化过程中的量化数有着密切的关系。因此颜色深度用多少量化数，也就是多少位来表示。显然，量化比特数越高，每个像素可显示出的颜色数目就越多。同第 3 章讲的颜色深度一样，对应不同的量化数，有伪彩色 8 位、高彩色 16 位、真彩色 24 位等。

对于视频，一般都采用 4:2:2 分量采样格式，虽然压缩了色度信号的频带，但对各通道 8 比特量化都是一致的。

3. 动画与视频

动态图像序列根据每一帧图像产生形式的不同，又分为不同的种类。当每一帧图像是人工或计算机产生的时候，被称为动画；当每一帧图像是通过实时获取的自然景物时，被称为视频。动态图像具有以下特点。

（1）动态图像具有时间连续性，非常适合于表示“过程”，易于交待事件的“始末”，具有更强、更生动、更自然的表现力。在实际应用中比静态图像具有更广泛的范围。

（2）动态图像数据量更大，必须采用合适的压缩方法才能存储、处理及表现。

（3）动态图像的帧与帧之间具有很强的相关性。相关性既是动态图像连续动作形成的基础，也是进行压缩处理的基本条件。由于相关性，使得动态图像对差错的敏感度降低。

（4）动态图像对实时性要求很高，必须在规定时间内完成更换画面播放的过程。当计算机处理时，处理速度、显示速度、数据读取速度都要求达到实时性的要求。

视频的数字化是指在一段时间内以一定的速度对视频信号进行捕获并加以采样后形成数字化数据的处理过程。按每帧所包含的颜色位，其采样深度可以是 8 位、16 位、24 位或 32 位。然后将采样后所得到的数据保存起来，以便对它进行编辑和处理。

视频信号的采集就是将视频信号经硬件数字化后，再将数字化数据加以存储。在使用时将数字化数据从存储介质中读出，并还原成图像信号加以输出或播放。

（1）视频图像编辑技术。视频图像的编辑技术就是将要处理的图像进行组合。对静态图像的修改、裁剪、组合和拼接，对动态图像的淡入淡出、雪花入出，视频图像与声音、文字的组合等。

（2）视频变换编辑技术。视频图像的变换技术是将像素的位置进行重组，如改变量化位数，修改亮度，形状变换，产生油画和负片的效果；还能实现多画面组合变换，如缩放、移动、翻转、镜像、拖尾、透视、三维旋转、曲线移动、淡入淡出等。

4.1.7　压缩编码

模拟视频信号数字化后，数据量是相当大的。以 PAL ITUR601 标准来说，每一帧按 720×576 的大小进行采样，以 4:2:2 的采样格式，8 比特量化来计算，每秒钟图像的数据量约 21.1MB。这么大的数据量，使得传输、存储和处理都很困难。以计算机所用的硬盘为例，1GB 硬盘存储不到 50 秒的视频，显然，解决这一问题的出路只有采用压缩编码技术。

对于压缩，已有 ARJ、ZIP、LHA 等压缩软件，在工作中已发挥了不小的威力。但在 MPEG 标准出现前，传统的各种压缩算法在处理视频方面，都没有取得有意义的成功。

数字视频之所以能够被压缩，是因为在数字视频中存在着大量的冗余信息。这些冗余信息有以下三种类型。

- 空间冗余度：这是由于相邻像素之间的相关性造成的。
- 频谱冗余度：这是由于不同彩色平面之间的相关性造成的。
- 时间冗余度：这是由于数字视频中不同帧之间的相关性造成的。

另外压缩编码还将人眼不能辨别的多余信息压缩。如将亮度与色度分别处理，并压缩色度的频带宽度。

压缩方案可利用冗余度的任一方面或所有方面，其目的是通过去掉这些兀余度来减少表示数字视频的数据量。不仅是数字视频，对于数字图像也往往要采取压缩处理，这两者之间有许多相同之处。

图像压缩有许多方法，但这些方法基本可分成两类，即无损压缩和有损压缩。在无损压缩中，当数据被压缩之后再进行解压，得到的重现图像与原始图像完全相同。显然，无损压缩是理想的，因为不丢失任何信息。但是对于数字视频来说，其压缩的效果通常不明显，并不实用。在有损压缩中，解压后得到的重现图像相对于原始图像产生的误差足以蒙骗过人的眼睛，同时它可提供更高的压缩比。因此，有损压缩在视频处理中得到了广泛应用。

目前，常用的压缩编码技术是国际标准化组织推荐的 JPEG 和 MPEG。

联合图像专家组（Joint Photographic Experts Group，JPEG）是用于静态图像压缩的标准。其主要方法是采用无失真的预测编码、有失真的变换编码——离散余弦变换（DCT）以及熵编码，以去除冗余的图像和彩色数据。

无失真的预测编码方法的基本思想是对输入图像进行差分脉冲调制（DPCM）压缩，得到的压缩数据再进一步用熵编码压缩。其中 DPCM 中确定的预测值十分关键，因为一个像素的预测值受到上、下、左、右相邻像素影响。无失真的熵编码器一般采用 Huffman 编码或算术编码对 DPCM 的压缩数据进行进一步的压缩。该方案可以直接对视频输入经模数转换后做实时编码，便于硬件实现。

有失真的变换编码法是基于局部区域的离散余弦变换（DCT），它可以让能量集中在少数系数上。即变换后大部分系数等于或接近于 0，然后把它们做进一步的压缩处理，从而取得较高的压缩比。它的基本过程是将原始图像分割成 8×8 方块，然后用 DCT 方法分别对每个方块进行正交变换，再对 DCT 系数进行量化，并对量化后的系数分别编码，最后输出压缩后的图像数据。

JPEG 可按大约 20:1 的比率压缩图像，而不会导致明显的质量损失。JPEG 还有一个优点是，压缩和解压是对称的。其算法能由硬件实现，实现对视频图像的实时压缩和解压缩，因此形成了 Motion-JPEG 压缩方式。

运动图像专家组（Motion Picture Experts Group，MPEG）是专门用来处理运动图像的标准。目前 MPEG 在计算机和民用电视领域得到了广泛使用，其代表产品就是广为人知的 VCD 机。MPEG 压缩算法的核心是处理帧间冗余以大幅度地压缩数据，它依赖两项基本技术：一是基于 16×16 块的运动补偿；二是前面讲过的 JPEG 帧内压缩。

运动补偿的概念可以这样理解，为了寻找帧间冗余，通常把两个帧分成一些像素块，采用一系列技术在两帧间寻找相似的像素块，并且只存储在两帧之间变化的部分。

MPEG 压缩编码，按不同的用途可划分为 MPEG-1 和 MPEG-2。MPEG-1 能将图像和伴音的总码率压缩到 1.5MB/s，应用于像 VCD 这样对图像质量要求不太高的领域。MPEG-2 是针对能提供广播级质量要求的编码标准，目前已用于 DVD、高清晰度电视等领域，包括现在的超级 VCD 也采用了 MPEG-2 标准。

MPEG 是一种不对称压缩算法，压缩算法的计算量比解压缩要大得多。所以压缩常用硬件，而解压缩则软、硬件均可。由于 MPEG 压缩形成的数字视频不具有帧的定位功能，因此无法对帧进行编辑处理。在视频制作过程中，往往是非线性编辑系统先采用通用格式如 AVI 进行编辑，最后再转换成 MPG 文件。注意，从 AVI 到 MPG 的转换是不可逆的。

4.2 视频信息获取的 3 个方法

4.2.1 利用 Ulead VideoStudio 8 获取视频信息

① 双击 VideoStudio 8.0 图标，启动 VideoStudio 8.0，在弹出的如图 4.1 所示的启动画面

的选择界面中单击【VideoStudio Editor】按钮，打开采集工作窗口。在“Capture”选项卡页面，单击左下部的【Capture Video】按钮进行采集，如图 4.2 所示。

图 4.1

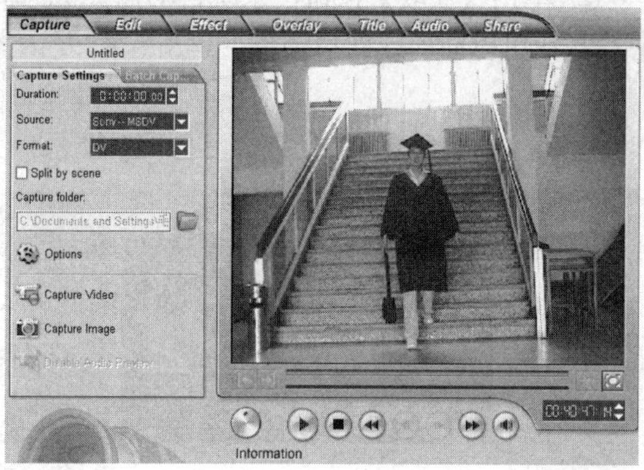

图 4.2

② 采集完成，单击左下部的【Stop Capture】按钮停止采集，单击“Edit”选项卡，在“Edit”选项卡页面中可以播放及编辑采集的片段，如图 4.3 所示。

图 4.3

③ 单击【Options】按钮，在弹出的“Capture Options”对话框中选中“Capture audio”和“Capture to Libra”复选框。

④ 选择工作窗口的右上方【File】→【Save As】菜单命令，在弹出的对话框中输入文件名称，选择盘符\路径，最后单击【保存】按钮。

4.2.2　利用 ShowBiz 获取视频信息

ArcSoft ShowBiz 1.1 是使用简单但功能强大的视频制作工具。ShowBiz 将已有的视频文件或静态图像制作成家庭电影就像拖放文件一样简单。它能够添加各种画面过渡和动画文字效果，能够同时添加背景音乐和旁白，能够直接通过程序高效地捕捉摄像机的数字视频和预览电影。

① 单击【开始】→【程序】→【ArcSoft ShowBiz】→【ShowBiz】命令，启动 ArcSoft ShowBiz，如图 4.4 所示。

② 单击【获取】按钮，系统自动捕捉摄像机，单击▶按钮开始播放摄像机中的磁带，单击◀◀ ▶▶按钮可以向前或向后倒带，单击 ● | ▶ | ■ 按钮开始/暂停采集，如图 4.5 所示。

图 4.4

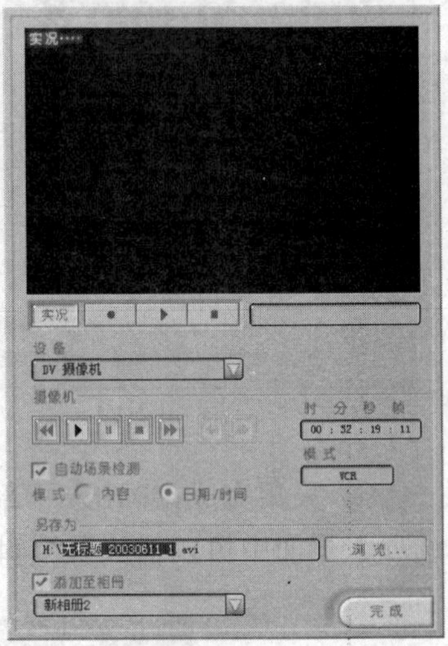

图 4.5

③ 在“另存为”框中输入盘符路径、文件名，单击【完成】按钮，将采集的视频片段保存。

4.2.3 利用 Adobe Premiere 获取视频信息

Premiere 6.5 支持模拟视频信号和数字视频信号的采集。下面分别讲述这两种视频的采集方法。首先必须正确地安装视频采集卡并连接摄像机，并对视频采集进行正确的设置，才能将信号顺利地采集到计算机中。操作步骤如下。

（1）模拟视频数据的采集

① 启动 Premiere 6.5，选择菜单【File】→【Capture】→【Movie Capture】(【文件】→【采集】→【影片采集】）命令，打开“Movie Capture”（影片采集）窗口，如图 4.6 所示。

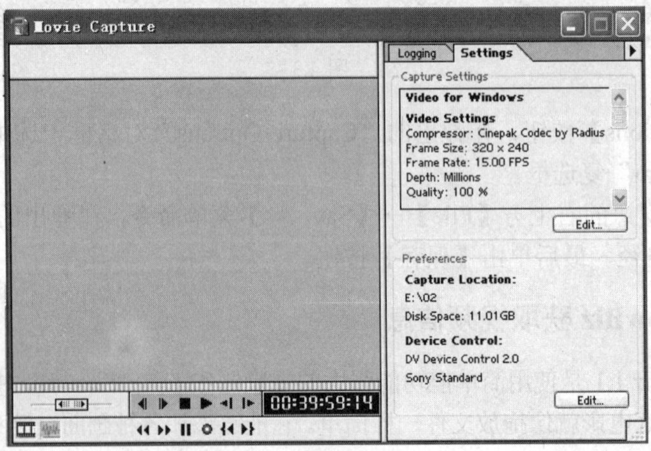

图 4.6

② 单击上部的【Edit】编辑按钮，打开“Project Settings”采集设置对话框，在“Capture Format”（采集格式）框中单击向下按钮拉出列表，在这里要选择“Video for Windows”格式。如图 4.7 所示。单击【DV Settings】按钮，弹出设置对话框，选中全部复选框。

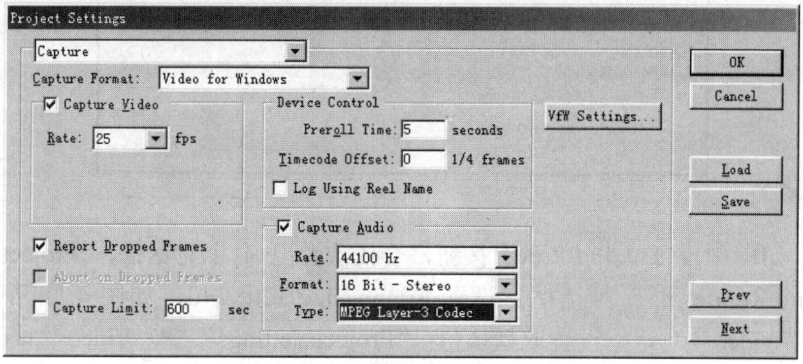

图 4.7

③ 在图 4.7 所示对话框中反复单击【Prev】按钮，会依次弹出对话框，一般取默认设置。

④ 单击“Project Settings”对话框中的【Save】按钮保存设置，单击【OK】按钮结束视频采集的设置。

⑤ 设置好采集视频的各种参数后，单击“Movie Capture”窗口中的【Record】录制按钮，开始视频的采集，在采集过程中按 ESC 键可以停止采集，停止采集后采集到的素材就会出现“Clip”窗口中，选择菜单【File】→【Save】(【文件】→【保存】) 命令，保存采集到的视频素材。

（2）数字视频数据的采集

Premiere 6.5 直接提供了对 IEEE1394 端口的支持，只需使用硬件上的 DV 接口（IEEE1394 标准）和 DV 摄像机相连就可随时采集到数字视频。Premiere 6.5 为各种 DV 设备提供内置支持，无论是家用的还是专业的摄像机，都可以通过一个 DV 设备与计算机上的 IEEE 1394 端口连接，进行数字视频的采集。

① 选择菜单【File】→【Capture】→【Movie Capture】(【文件】→【采集】→【采集影片】) 命令，打开“Movie Capture”窗口，单击【Edit】编辑按钮，打开【Project Settings】→【Capture】设置对话框，如图 4.8 所示。在“Capture Format”（采集格式）框中单击向下按钮拉出列表，在这里要选择 DV/IEEE1394 Capture 采集格式。

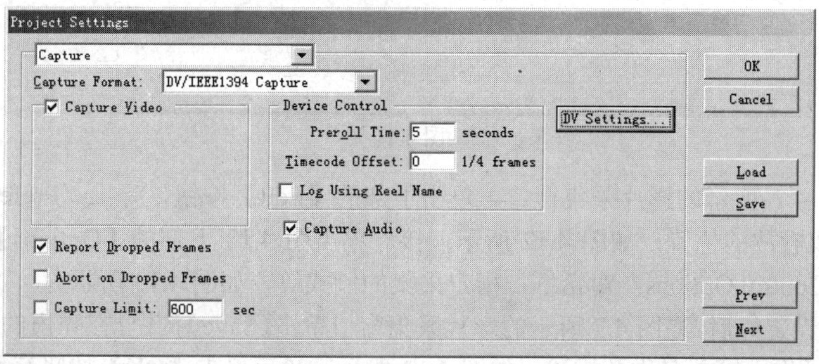

图 4.8

② 单击【DV Settings】按钮，在弹出的设置对话框中，选中全部复选框，如图 4.9 所示。

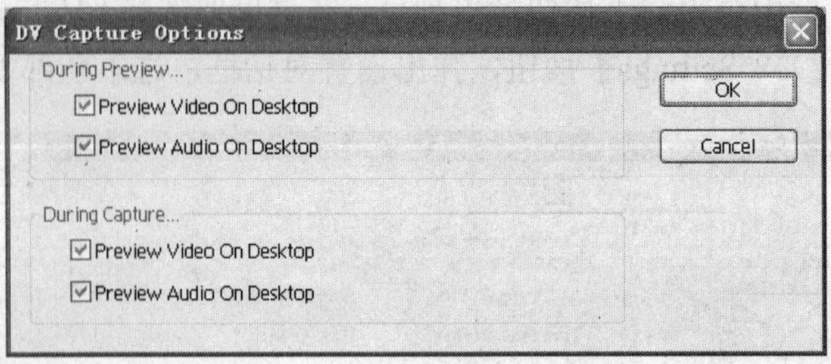

图 4.9

③ 在图 4.10 中反复单击【Prev】按钮，会依次弹出 4 个对话框，“Project Settings”→“Keyframe and Rendering”对话框，设置 Frame Size 320×240，如图 4.11 所示；“Project Settings”→“Video”对话框设置取默认值；“Project Settings”→“Video”对话框设置取默认值；“Project Settings”→“General”对话框设置取默认值。

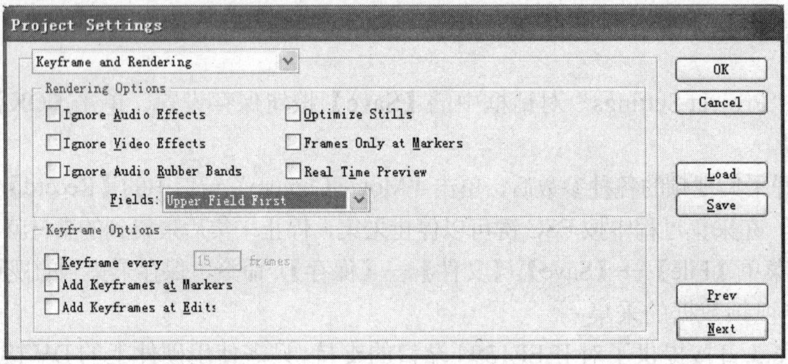

图 4.10

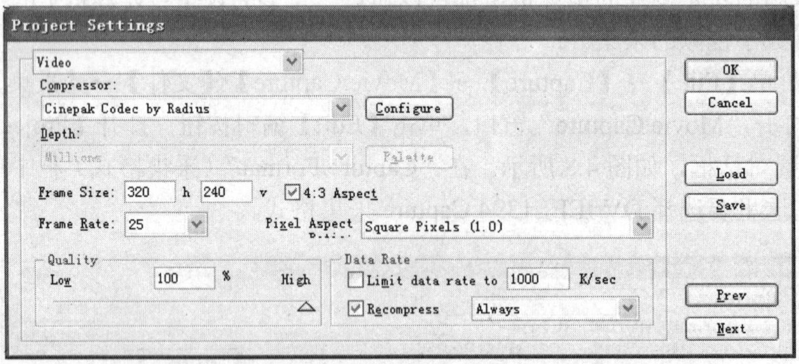

图 4.11

④ 在图 4.7 所示的影片采集窗口，单击下部的【Edit】按钮，弹出“Preferences”对话框，指定采集存放的位置，如图 4.12 所示；接着单击图 4.12 下部的【Options】按钮，弹出“DV Device Control Options”对话框，指定采集的制式等，如图 4.13 所示。

⑤ 全部设置好后，在图 4.7 所示的影片采集窗口单击【Save】按钮，在弹出的“Save Project Settings”对话框中输入名称及描述，如图 4.14 所示，最后单击【OK】按钮存盘，设置结果

从制式对话框中显示，如图 4.15 所示。

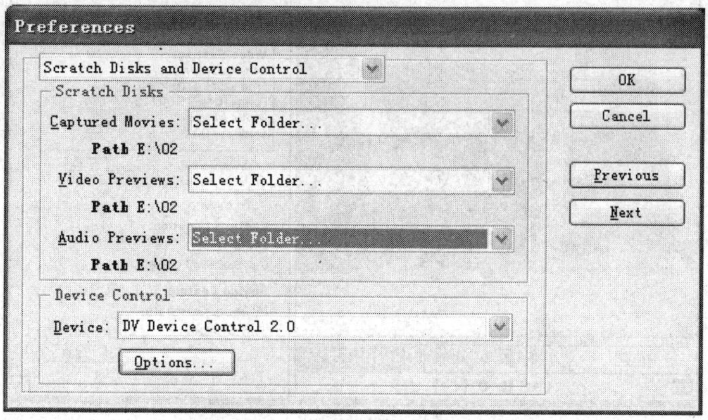

图 4.12

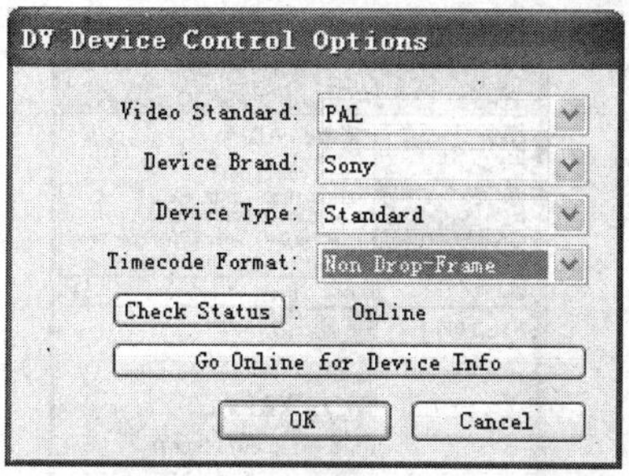

图 4.13

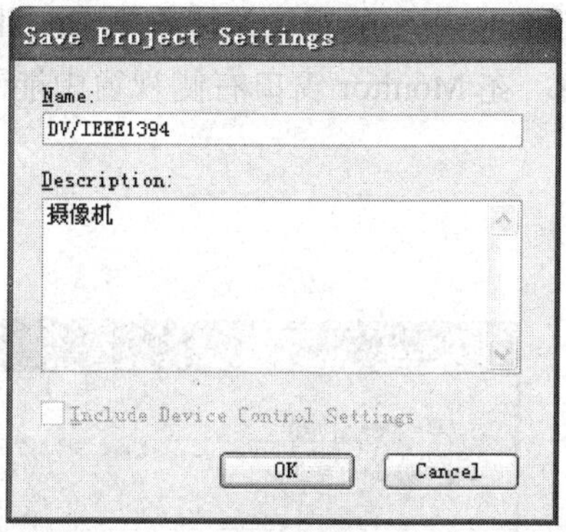

图 4.14

⑥ 单击【OK】按钮弹出“Movie Capture”采集窗口，如图 4.16 所示。单击▶按钮开始播放摄像机中的磁带，单击◀| |▶按钮可以向前或向后倒带，单击◀ ▶按钮可以向前或向后播放，单击◀◀ ▶▶ ‖ ○ |◀◀ ▶▶| 红色按钮进行录制，单击暂停按钮弹出采集视频后需保存的对话框，如图 4.17 所示。

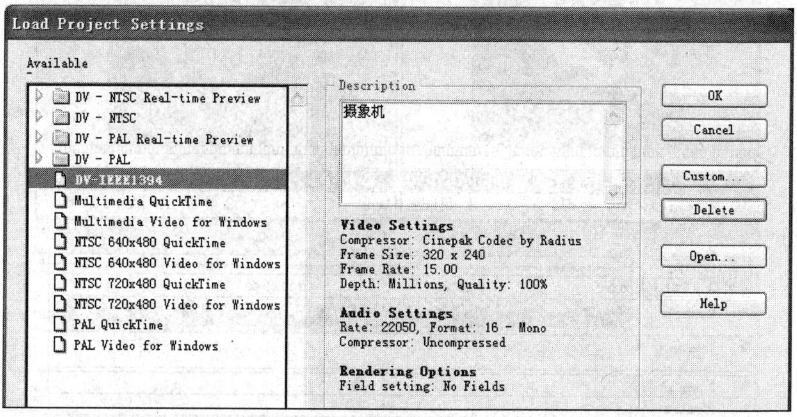

图 4.15

⑦ Premiere 6.5 会自动将采集成功的视频片段放入项目窗口，如图 4.18 所示。

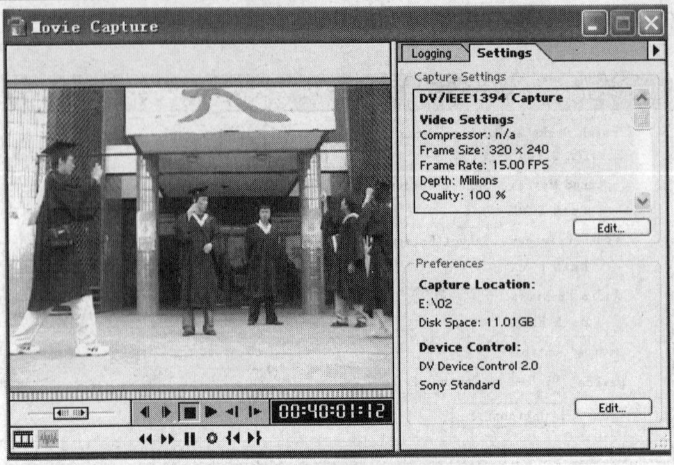

图 4.16

⑧ 继续将采集的视频片段拖至 Timeline 窗口的视频 2 轨道，按住【Alt】键同时拖动播放头预演，在 Monitor 窗口右侧视窗中能看到采集视频片段的效果，如图 4.19 所示。

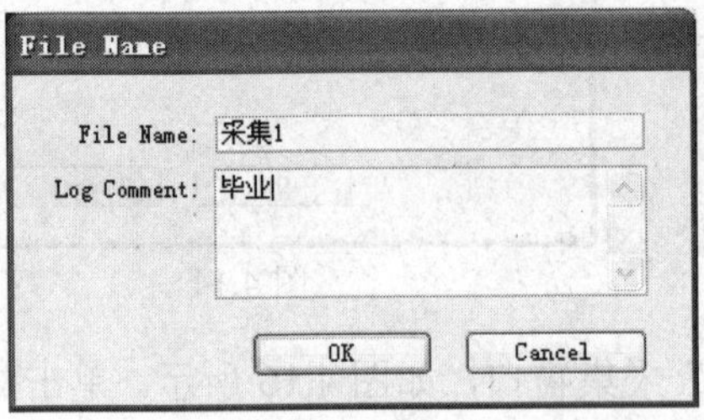

图 4.17

图 4.18

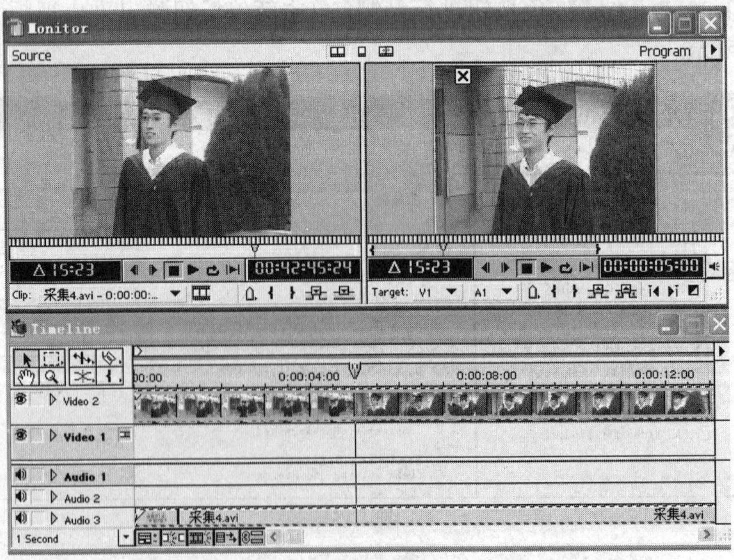

图 4.19

4.3　Premiere 6.5 基本操作

Premiere 6.5 是 Adobe 公司开发的一种专业化视频非线性编辑软件。它能配合多种硬件进行视频捕获和输出，并提供各种精确的视频编辑工具，在多媒体制作领域中，Premiere 6.5 起着举足轻重的作用，能制作广播级质量的视频文件。能轻松地导入 3ds max、Animator Studio 制作的动态视频或者用 Photoshop 制作的静态图像文件，并可以对截取的实物影像进行剪辑和特技制作。能轻易地采集面向 Web 的数码视频（DV），能将各种各样的工具制作出的视频作品输出成最先进的 Web 流视频格式或者其他媒体格式。Premiere 在网页开发方面已成为主要的素材制作工具之一。

4.3.1　启动并选择一个项目预设

启动并选择一个项目预设的具体操作步骤如下。

① 单击【开始】→【程序】→【Adobe】→【Premiere 6.5】命令，启动 Premiere 6.5。

② 首先弹出“Load Project Settings”（装载项目参数设置）对话框，如图 4.20 所示。

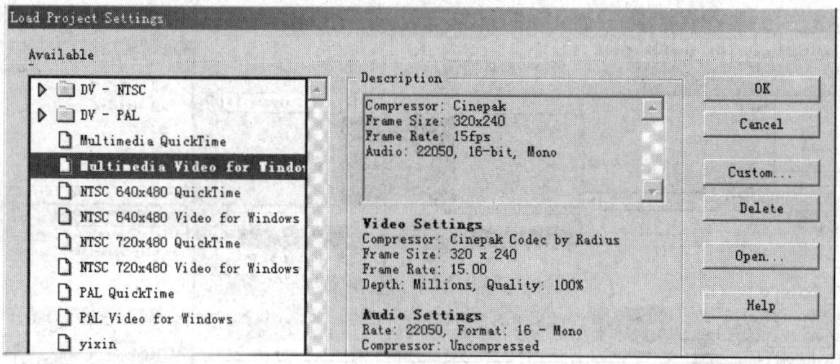

图 4.20

③ 在项目选择窗口中，选择“Multimedia Video for Windows”（制作的是 avi 文件），这是下面将要介绍的制作各种案例作品的必选项。还可以更细地选择制作视频的规格，单击【Custom】按钮，弹出“NewProject Settings”对话框，如图 4.21 所示，在该对话框中，可以进行一般设置、视频设置、音频设置、关键帧与渲染的预设。

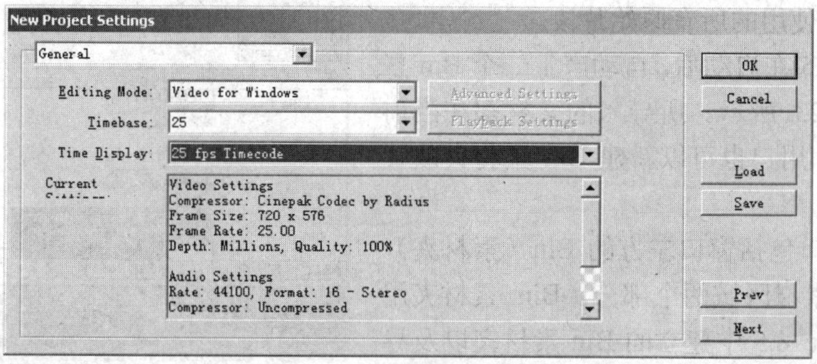

图 4.21

一般设置（General）包括：Editing Mode（编辑模式）决定在素材窗口中使用何种数字视频格式播放视频，在其下拉列表中有 DV Playback、Video for Windows 和 Quick Time 三种视频格式供选择。如果安装了视频卡，还会出现第三方的数字视频格式。Timebase（时基）决定素材窗口计算片段时间位置的基准，也就是将 1 秒钟分成多少个时间段。通常编辑电影胶片选 24，编辑 PAL 或 SECAM 制视频选 25，编辑 NTSC 制视频选 29.97，其他可选 30。Time Display（时间显示）指定素材窗口中时间的显示方式，通常应与时基中的设置一致。Video（视频设置）、Audio（音频设置）、Keyframe and Rendering（关键帧与渲染），按默认值设置。

④ 如果用户在运行 Premiere 6.5 的过程中需要改变项目设置，选择【Project】→【Project Settings】级联菜单的各命令。

⑤ 将在编辑过程中最后一次所做的编辑细节进行存储，选择菜单【File】→【save】命令，在弹出的“Save File”对话框中，指定存储路径，为文件起名，单击【保存】按钮。

4.3.2 熟悉制作环境

选择一个项目预设后，进入 Premiere 工作窗口。Premiere 工作窗口是由标题栏、菜单栏、项目窗口、素材窗口、监控窗口、活动面板等几部分组成的，如图 4.22 所示。

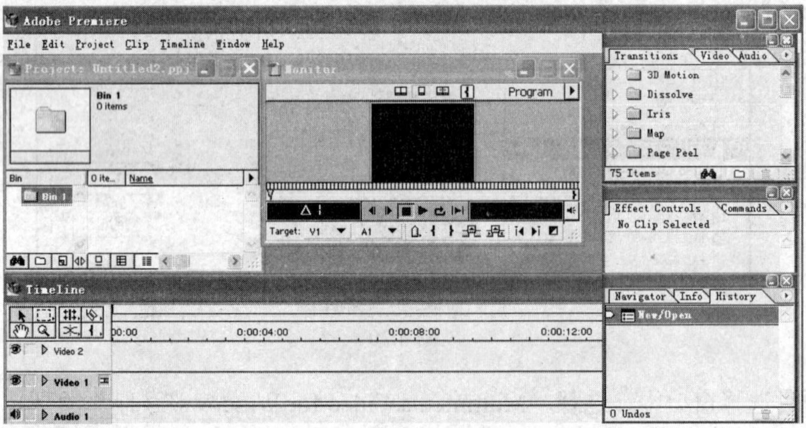

图 4.22

（1）Project 窗口

Project（项目）窗口用于组织和管理本节目（项目文件）所使用的所有原始片段。

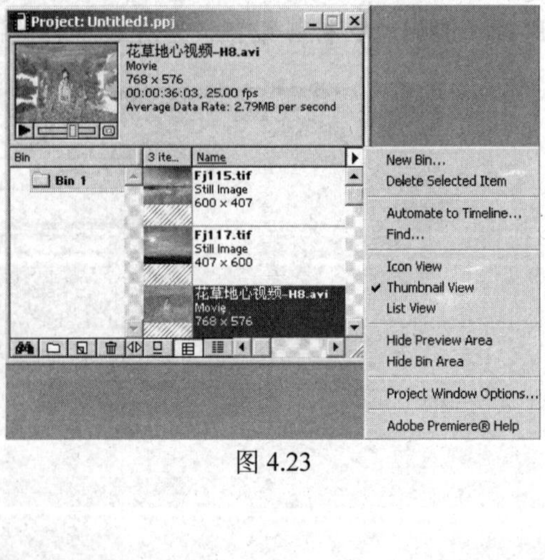

图 4.23

Premiere 6.5 在启动后，自动产生一个 Bin 素材夹，如图 4.23 所示。所导入的素材都在当前 Bin 素材夹中。用户也可以新建 Bin 素材夹放置素材。

Project 窗口包括窗口左方的 Bin（素材夹）区域和右方的素材区域两个部分。Bin 素材夹用于放置 Premiere 6.5 中建立的 Bin 素材夹以及导入 Premiere 6.5 的文件夹，素材区域用于放置素材以及导入的文件夹。

在 Project 窗口空白区域单击鼠标右键，在弹出的快捷菜单中选择【Hide Bin Area】命令，可以隐藏 Bin 区域。隐藏 Bin 区域后，在 Project 窗口空白区域单击鼠标右键，在弹出的菜单中选择【Show Bin Area】命令，可以恢复显示 Bin 区域。也可以单击▶按钮，在弹出的快捷菜单中选择所需的命令。

Premiere 6.5 提供了三种 Project 窗口的显示方式，分别为 Icon View（图标显示）、Thumbnail View（略图显示）和 List View（列表显示）。根据工作需要，可以随时在三种显示方式间进行切换，如图 4.23 右边菜单所示。

Project 窗口上方为素材预览面板，该面板显示素材的基础内容，如图 4.23 左边所示。预览面板左方小窗口显示素材内容，单击▶按钮或拖动滑块，可播放动画或音频素材。面板右方显示素材基本属性，如素材名称、媒体格式、视音频信息、数据量等。

在预览面板空白处单击鼠标右键，在弹出的菜单中选择【Hide Preview Area】命令。可以隐藏预览面板。在隐藏预览面板的状态下，在 Project 窗口空白处单击鼠标右键，在弹出的菜单中选择【Show Preview Area】命令，可以恢复显示预览面板。

（2）Timeline 窗口

Timeline（时间线）窗口用于组合项目窗口的各种片段，是制作影视节目、按时间线排列的编辑窗口。Timeline 窗口由顶部黄色的合成条、其下的时间标尺、视频轨道、转换轨道、音频轨道、左上角的工具栏、左下角时间缩放标准列表框及工具栏内的 8 类工具按钮（分为选择工具、范围选择工具、拉伸工具、剪切工具、平移工具、缩放工具、音频淡化调节工具和开始点与结束点工具）组成。

（3）监控视窗

监控视窗包括两个视窗及相应的工具条。左边的视窗用于编辑和播放单独的原始片段；右边的视窗用于素材窗口的节目内容预演。

（4）活动面板

活动面板用来显示信息或控制有关窗口的操作。它包括“Transitions”/“Video”/“Audio”（“转场”/“视频”/“音频”）面板，“Navigator”/“History”/“Commands”（“导航”/“历史”/“命令”）面板，“Effect Controls”/“Info”（“效果控制”/“信息”）面板，分别单击相应的选项卡，就可以在该面板之间进行切换。

4.3.3　导入与删除素材

素材是指制作节目的原始视频及音频资料，Premiere 利用 Project 窗口来存放素材。通常，只有输入到此窗口的片段，才能在后期编辑或制作过程中使用。每个片段都包括缩图、名称、注释说明、标签、引用状态等属性。将素材导入 Project 窗口中后，将会在其中显示文件的详细信息，如名称、属性、大小、持续时间、文件路径、备注等。Premiere 支持 Windows 的标准操作，按住【Shift】键可以首尾选取文件，按住【Ctrl】可以跳选文件。

在 Project 项目窗口中导入素材有 3 种方式——文件\文件夹\项目文件，在当前项目中，可以导入 Premiere 的另一个项目文件。在导入的项目文件中，包含了该文件的素材文件、文件夹等，它保留有该项目的所有设置。导入项目文件在制作大型影片时尤其有用。

导入文件和文件夹素材的操作步骤如下。

① 选择菜单“File”→“Import”→“File（Folder）”命令或双击 Project 项目窗口的空白处，在弹出的“Import”（导入）对话框中选择所需的图像、视频或音频文件素材或文件夹。

② 单击【打开】按钮，选中的素材被导入到了 Project 窗口中。

导入项目文件的操作步骤如下。

① 选择菜单“File”→“Import”→“Project”或在 Project 窗口中的空白区域单击鼠标右键选择该命令，弹出“Import Project”（导入项目）对话框。

② 在对话框中选中要导入的项目，单击【打开】按钮，弹出 2 级“Import Project”对话框，有 3 个单选按钮。选择“Beginning”（开始处）单选钮，导入的项目会在 Time1ine 开始处插入，该位置的原始片段向后顺延。选择“Edit Line”（编辑线）单选钮，导入的项目会在编辑线处插入。如果编辑线处有片段，该片段在编辑线处被裁剪为两段。选择“End”（结束处）单选钮，新项目片段会在当前片段结尾处导入。

从 Project 窗口中删除一个或多个素材或文件夹的方法如下。

（1）从 Project 窗口选中要删除的素材或文件夹，选择菜单【Edit】→【C1ear】命令。

（2）从 Project 窗口选中要删除的素材或文件夹，单击【Delete】键。

（3）从 Project 窗口选中要删除的素材或文件夹，单击 Project 窗口下方图标删除素材。如果用户试图删除一个 Time1ine（时间线）窗口正在使用的素材，一个警告将会提示该素材将从 Project 窗口和 Timeline 窗口中被删去。

删除当前不用的所有素材，可在 Project 窗口空白区域单击鼠标右键，在弹出的菜单中选择【Remove Unused Clip】命令，即可将 Project 窗口中的未使用素材全部删除。

4.3.4 装配视频素材

Premiere 对影片的装配编辑大半在 Timeline 窗口中进行。为了在窗口中编辑影片，用户必须从 Project 窗口、Clip 窗口或 Monitior 窗口中拖动需要使用的每一个素材缩图到 Timeline 窗口的视频轨道中。

1. 两种编辑模式

第一次运行 Premiere 6.5 时，系统会提示用户选择“Single—Track Editing”（单一轨道编辑）或“A/B Editing”（A/B 编辑）中的一种编辑模式。其中 Single—Track Editing 为默认设置。

“A/B Editing”模式下，时间线 Video 1 分为 Video 1A 与 Video 1B，用户可以在 A、B 轨道上进行影片软切换，如图 4.24 所示。Single—Track Editing 模式下，时间线为 Video1，如图 4.25 所示。

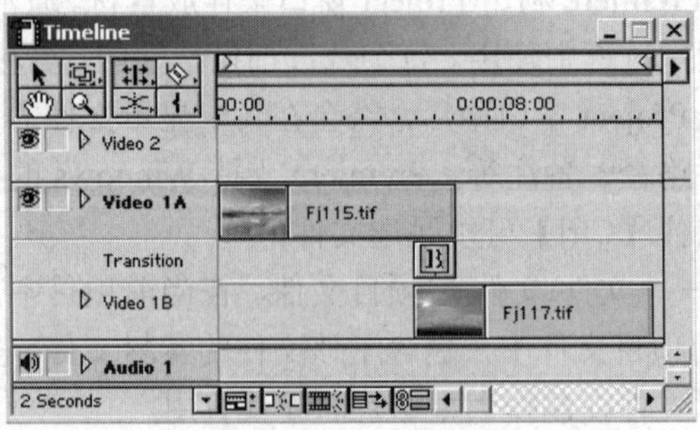

图 4.24

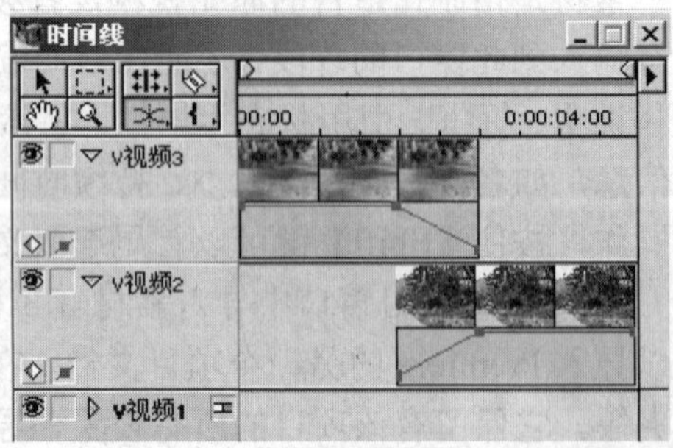

图 4.25

“Single—Track Editing”模式下，Video 1 轨道上不允许素材的重叠发生。如果需要对影片设置软切换，只需单击 Video 1 轨道属性面板上的按钮，使其变为将 Video 1 轨道展开。

单击 Timeline 窗口右上角的▶按钮，在弹出的快捷菜单中可以随时在“A/B Editing”和“Single—Track Editing”间选择，进行切换。

2. 改变 Timeline 窗口的轨道数

Timeline 窗口最多可以打开 99 条视频轨道和 99 条音频轨道。用户可以为视频和音频轨道指定不同的轨道数，默认设置是每一种类型的轨道都有不少于三条轨道。添加轨道的操作步骤如下。

① 单击 Timeline 窗口下方按钮或单击 Timeline 窗口右上角的▶按钮，在弹出的菜单中选择【轨道选项】(Track Options）命令，如图 4.26 所示。

② 在弹出的“Track Options”(轨道选项）对话框，如图 4.27 所示，单击【Add】按钮，在弹出的“Add Tracks”对话框中，输入添加的轨道数目。

③ 单击【OK】按钮完成添加。

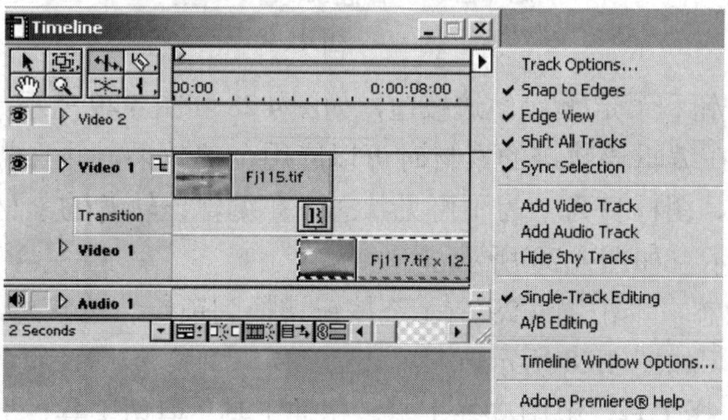

图 4.26

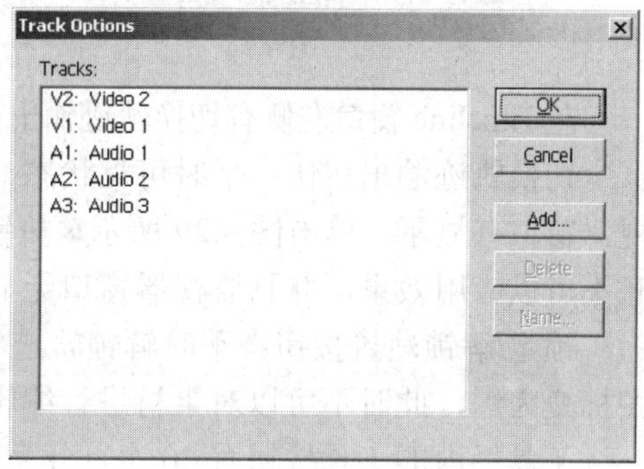

图 4.27

3. 删除 Timeline 窗口的轨道

① 单击 Timeline 窗口下方按钮或单击 Timeline 窗口右上角的▶按钮，在弹出的菜单中选择【Track Options】命令，在弹出的“Track Options”对话框中，选中要删除的轨道。

② 单击【Delete】按钮，并单击【OK】按钮退出，完成删除。

4.4　编辑影片

Premiere 中的编辑过程是非线性的，可以在任何时候插入、复制、替换、传递和删除多余的片段。并进行各种各样的顺序和效果实验，在预演满意后合成最终影片。

Timeline 窗口主要用于素材的安排、分离、插入、处理、混合音频素材等。

4.4.1　调整素材

Timeline 窗口由顶部黄色的合成条、其下的时间标尺、视频轨道、转换轨道、音频轨道、左上角的工具栏、左下角时间缩放标准列表框及一排快捷按钮等组成。

合成条由一条两端带滑块的黄色线条和一条红色线条组成。红色线条给出了电影的长度，黄色线条给出了工作区的范围，用鼠标拖曳黄色线条两端的滑块，可以调整工作区的范围，如图 4.28 所示。

时间标尺给出了时间线的时间刻度，刻度的单位可从 1 帧到 8 分钟之间进行调整。它可以指示出电影的播放时间、电影中素材的播放时间长度、播放的起点时间和中止时间、电影播放头的位置等。还可以指示开始点与结束点标记的位置。在时间标尺上有一个可以用鼠标拖曳的播放头，它的下边引出一条垂直的细线，指示出当前播放的位置，这个垂直的细线叫编辑线，如图 4.29 所示。

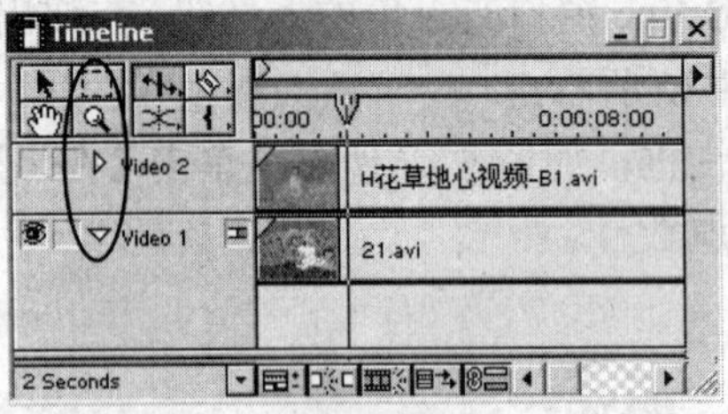

图 4.28

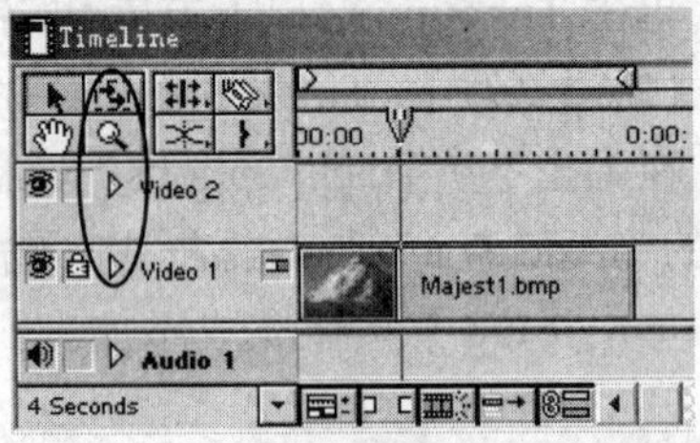

图 4.29

在 Timeline 窗口左侧有切换轨迹输出按钮和锁定/解锁轨迹按钮，如图 4.28 和图 4.29 所示。

切换轨迹输出按钮：平时可见状态，在编辑该轨迹的素材时可以应用全部效果，并且监视器窗口有显示。单击图 4.29 所示按钮，图标变为为不可见状态，在编辑该轨迹的素材时不可以应用效果，并且监视器窗口无显示，如图 4.28 所示。

锁定/解锁轨迹按钮：平时解锁轨迹状态，单击图 4.29 所示按钮切换到锁定轨迹状态，图标变为，此时不可以对素材进行编辑，如图 4.28 所示。

工具栏内的工具按钮有 20 个，分为选择工具、范围选择工具、拉伸工具、剪切工具、平移工具、缩放工具、音频淡化调节工具和开始点与结束点工具等 8 类。其中一些工具按钮的右下角有一个小黑色箭头，表示此类工具有多个，将鼠标移到工具按钮之上后，单击按下按钮，即可展开此类的所有工具。将鼠标指针移到工具按钮之上时，会显示出按钮的名称。单击按下按钮之后，即可使用该工具。

（1）选取工具类。单击后，用于选择对象、移动对象，调节对象关键帧、淡化器，为对象设置新入点、出点等基础操作。按住【Ctrl】键单击目标对象可以进行加选，按住【Shift】键单击目标对象可以选定所有对象。

（2）范围选择工具类。它有 4 个工具按钮，单击按下它们的作用分别如下。

范围选取工具：以拖动方式在 Timeline 窗口中选择多个素材。

块选取工具：用鼠标拖曳多个轨迹的素材，能选择一个相同长度的段。用于制作虚拟剪辑。

轨道选取工具：单击某轨道的一个素材，则选择被单击的素材和它右边所有素材。按住【Shift】键，同时分别单击不同轨迹的多个素材，可以选择不同轨迹上被单击的素材和它右边所有素材。

多重轨道选取工具：单击某一个素材，可以选择被单击的素材和它右边所有轨道上的素材。

（3）拉伸工具类。它有 5 个工具按钮，单击它们的作用分别如下。

滚动编辑工具：将鼠标指针移到素材的边缘处，当光标呈现箭头按钮后，向左或向右拖曳鼠标，即可将素材调长或调短，与其相邻的素材长度会相应地改变，以保证该轨道中素材的总长度不变。

波浪编辑工具：将鼠标指针移到素材的边缘处，向左或向右拖曳鼠标，即可将素材调长或调短，与其相邻的素材长度不会改变。

速度调制工具：将鼠标指针移到素材的边缘处，拖曳素材的长度从而调整了素材的播放速度。

滑动编辑工具：将鼠标指针移到要编辑的素材之上，向左或向右拖曳鼠标，即可改变该素材的入点与出点，其他素材的入点与出点不变。此时，在“监视器”窗口内的该素材和邻近的素材之上会显示数字，正数表示鼠标向右拖曳，负数表示鼠标向左拖曳。

幻灯编辑工具：将鼠标指针移到素材的边缘处，向左或向右拖曳鼠标，保持要剪辑片段的入点与出点不变；通过其相邻片段入点和出点的改变，改变其时间线上的位置并保持节目总长度不变。

（4）剪切工具类。它有 3 个工具按钮，单击它们的作用分别如下。

刀片工具：将鼠标指针移到要裁剪的素材之上，单击鼠标左键，即可在单击处将素材分为两部分。

多重刀片工具：在裁剪的素材之上，单击鼠标左键，将处于分割位置所有轨道上的对象剪为两段。

剪刀工具：在附加素材或音频素材的淡化控制区两边产生两个相邻的句柄。利用句柄，可以在一个点调节透明度或声音电平的增强和减小变化。

（5）平移工具类。单击按钮后，以拖动的方式滚动窗口中的内容，以显示影片中的不同区域。

（6）缩放工具类。单击按钮后，再单击 Timeline 窗口内部，可以放大素材；按住【Alt】键，单击 Timeline 窗口内部，可以缩小素材，还可以使用该工具画一个方框，并将方框内的区域填满 Timeline 窗口，时间单位也相应变化。

（7）音频淡化调节工具。它有 3 个工具按钮，单击它们的作用分别如下。

叠化工具：在两个素材之间自动产生叠化效果。

淡化器调节工具：单击按钮，再用鼠标拖曳视频和音频的红线，可调整视频图像的明暗程度和音频的音量大小，调整的曲线是弯曲渐变的。

链接/解开工具：在独立的影像和声音片段间建立链接，使其成为一个整体。也可以将影片的影像和声音链接断开，使其各自独立。

（8）开始点与结束点工具。它有两个工具按钮，单击它们的作用分别如下。

入点工具：单击素材或转换上的一点，为当前对象设置入点，即播放的入点。

出点工具：单击素材或转换上的一点，为当前对象设置出点，即播放的出点。

4.4.2　剪辑影片

以光盘中的“多媒体技术与应用作业\2-Premiere 作业\Premiere 作业 1 剪辑”文件夹中的三个视频文件为例，介绍剪辑合成影片的操作步骤。

① 选择菜单【File】→【Import】→【File】命令或双击 Project 项目窗口的空白处，在弹出的“Import”对话框中选择“Boys.avi”和“Cyclers.avi”文件，单击【打开】按钮将其导入到 Project 窗口中。

图 4.30

② 在项目窗口双击“Boys.avi”素材，使其加入到素材视窗，按【Home】键再按【I】键设置入点，按【空格】键播放到所需位置，按【空格】键停止再按【O】键设置出点，如图 4.30 所示。

③ 将视频素材的剪裁结果拖动到 Timeline 窗口 Video 1 轨道中。

④ 在项目窗口双击“Cyclers.avi”素材，使其加入到素材视窗，按【Home】键再按【I】键设置入点，按【空格】键播放到所需位置，按【空格】键停止再按【O】键设置出点，如图 4.31 所示。

⑤ 将视频素材的剪裁结果拖动到 Timeline 窗口 Video 1 轨道“Boys.avi”素材后。

⑥ 在项目窗口双击“Finale.avi”素材，使其加入到素材视窗，按【Home】键再按【I】键设置入点，按【空格】键播放到所需位置，按【空格】键停止再按【O】键设置出点，如图 4.32 所示。

图 4.31

图 4.32

⑦ 在 Timeline 窗口，用鼠标拖曳播放头到“Cyclers.avi”素材的 3/4 处，然后单击素材视窗下面的插入按钮，即将剪裁后的“Finale.avi”素材结果自动插入到“Cyclers.avi”素材的播放头处，将剪裁后的“Cyclers.avi”素材一分为二，整个剪裁结果如图 4.33 所示。

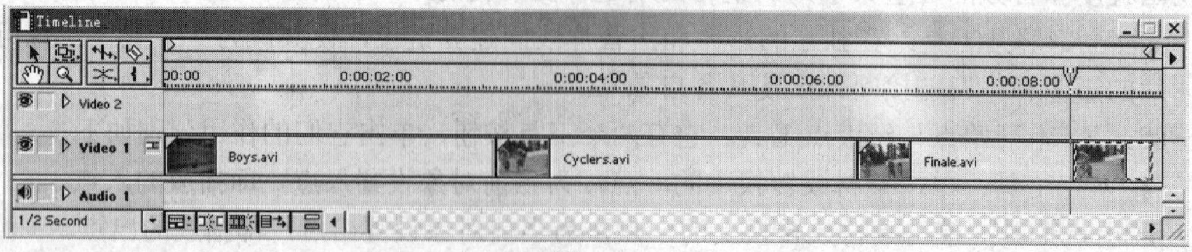

图 4.33

⑧ 选择【File】→【Export Timeline】→【Movie】(【文件】→【输出时间标尺】→【影片】)菜单命令，打开“Export Movie”对话框，在对话框中选择要存入节目的路径并输入节目的文件名，单击【Save】按钮开始渲染直至完成。在弹出的播放器中单击播放按钮，就可

以观看制作的剪裁合成节目的效果了。

4.5　运动效果的使用

Premiere 6.5 的运动（Motion）设置，可以在影片和静止图像中产生运动效果，并通过为对象建立运动，改变对象在影片中的空间位置、状态等。

4.5.1　运动效果的设置

制作运动效果，自然要设置出运动路径、运动速度以及运动状况等，而 Premiere 6.5 是通过“Motion Settings”对话框实现为对象设定运动效果的。

① 右键选中对象，在弹出的快捷菜单中选择【Video Options】→【Motion】命令，弹出“Motion Settings”对话框，左上角是预览窗口，如图 4.34 所示。在它的右边有一个▶（播放按钮）和一个⏸（暂停按钮），它们分别用来对视频素材进行播放和暂停操作。下方是 Alpha 的“Use Clip”（用户片段）单选钮和“Create New”（建立新片段）单选钮。

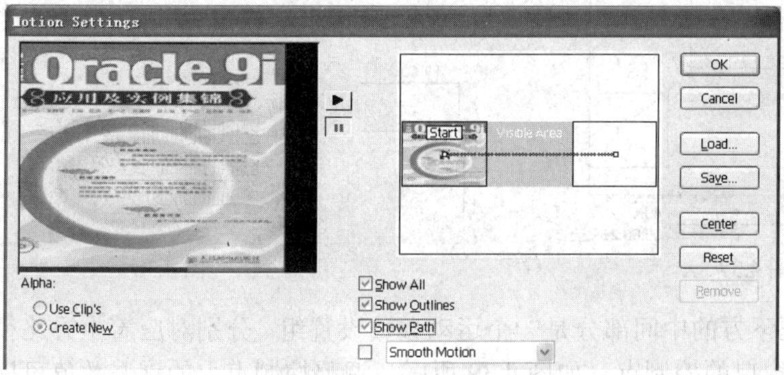

图 4.34

② 右上角是路径运动显示窗口，Start 是运动的开始点，End 是运动的结束点。将鼠标放在运动路径的任何位置上，光标变成小手的形状后，单击路径，这样路径上就会增加控制点。拖动控制点，可以改变路径，如图 4.35 所示。如果要删除某个控制点，则要在路径上选择该控制点，按【Delete】键。

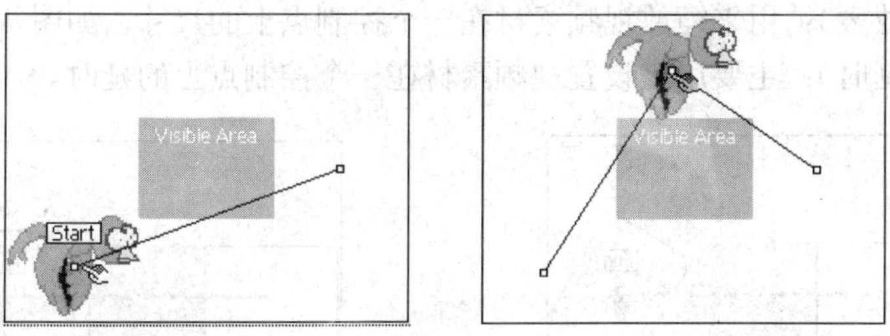

图 4.35

③ 在中心的地方还有“Show All”复选框：表示在预览窗口中预览调整后结果，包括转场、滤镜、叠加等设置。“Show Outlines”复选框：仅仅播放运动设置。“Show Path”复选框：

显示控制路径点小点越密，速度越慢；小点越疏，速度越快。"Smooth Motion"（平滑运动）下拉列表框：平滑运动使运动较为柔和。从"Smooth Motion"、"Smooth More"、"Averaging-Low"、"Averaging-Med"到"Averaging-High"，平滑程度逐渐提高。

④ 在运动设置对话框中间部位有一个路径时间标尺，它也可以设置运动控制点，如图 4.36 所示。标尺上向下的黑色箭头表示被选中的控制点。在右下角上有一个时间码，显示出当前运动控制点的时间，在时基码的右边有一个时间显示方式的标志。如果两个箭头相对说明时间的显示是从视频素材当前控制点开始的，如果两个箭头分开说明时间显示是从视频素材的起点开始的。

图 4.36

⑤ 在时间标尺上，第一点是路径的起点，最后一点是路径的终点。在起点和终点之间可以增加任意控制点，选择时间标尺上的控制点，被选择控制点上方会出现一个向下的箭头，控制点越多，运动速度就会减慢，如图 4.37 所示。

⑥ 对话框左下角有一个"Fill Color"（填充颜色）选项组，如图 4.38 所示。双击色彩框，在弹出的颜色的对话框中选择一种颜色，可以指定运动视频素材的背景色。

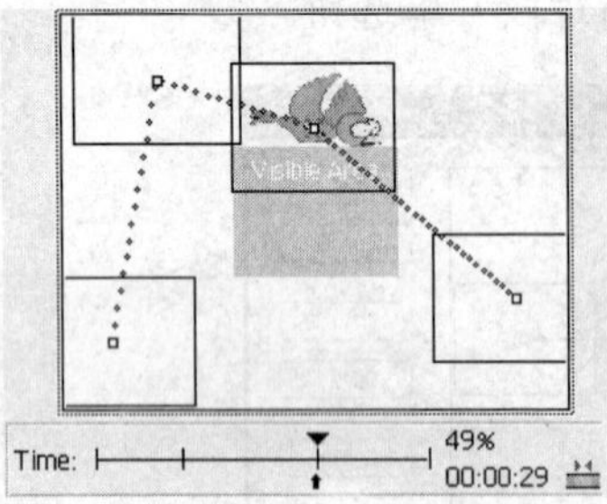

图 4.37

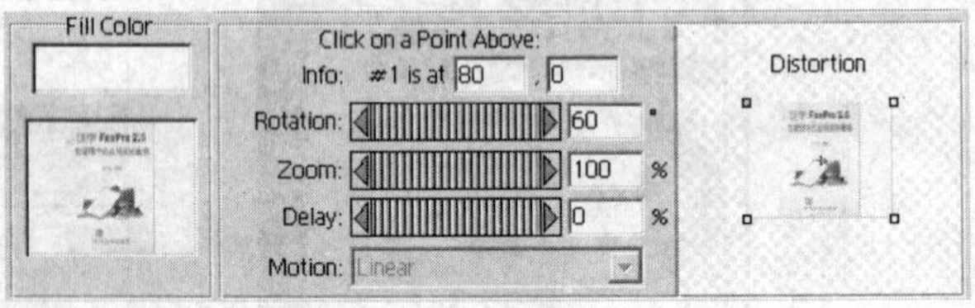

图 4.38

⑦ 对话框下方的中间部分是一个运动参数设置组，分别对应着上方路径时间标尺右和路径运动显示窗口的控制点，如图 4.39 所示。调整控制点上的这些数值可以起到控制素材的作用。

- 默认#0 和#1：是开始和结束两个键，分别对应着片段的入点和出点。
- Rotation（旋转）：用来设置视频素材段在一个位置控制点的旋转度。角度值可以是 -144° ～144° 的任意值。素材从运动路径的前一个控制点开始到当前选中的控制点停止，如图 4.39 所示。
- Zoom（放大）：用来缩放视频素材在一个控制点上的尺寸，如图 4.40 所示。
- Delay（延时）：主要用来设置视频素材在一个控制点上的延时。

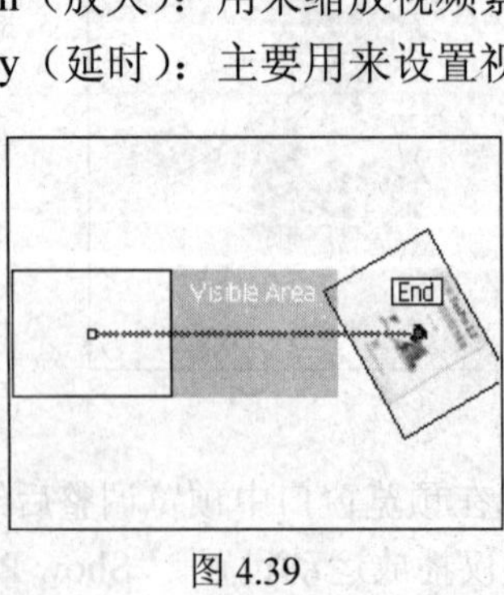

图 4.39

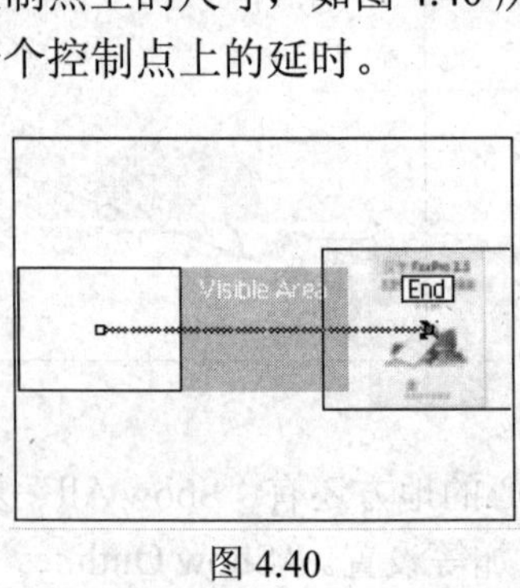

图 4.40

⑧ 在对话框的右下角是一个扭曲的窗口，将视频素材缩略图四个角上的扭曲控制点拖放到所需的位置，会出现不同的扭曲效果，实现片段变形如图 4.41 所示。通过按住【Alt】键，将鼠标移动到控制点上旋转视频素材，实现片段旋转效果，如图 4.42 所示。

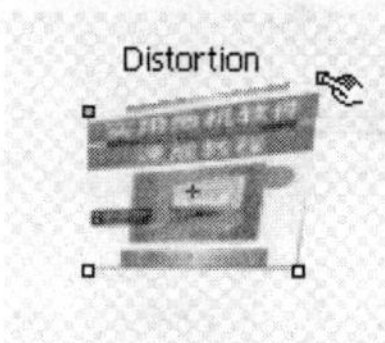

图 4.41

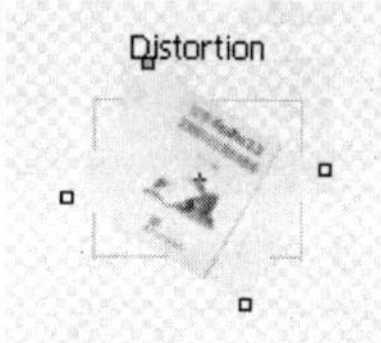

图 4.42

4.5.2　动态影视之窗制作

下面介绍中国名胜——动态影视之窗视频节目的制作，本实例中主要用了 Timeline 窗口的属性，装配图片素材，设置图片不同的运动效果，并使用字幕设计窗口添加标题字幕。主要操作要点如下。

① 设置一个项目窗口，导入 5 幅图像素材。

② 在 Timeline 窗口装配图片素材，设定蓝色背景。

③ 应用运动设置，使天坛图像在蓝色背景之上，徐徐升起。

④ 应用运动设置，设置 4 幅图片不同的运动效果。

⑤ 启动字幕设计窗口，创建字幕效果。

⑥ 保存项目并输出编辑的视频片段。

最后播放的效果是一幅天坛图像在蓝色背景之上，从下向上推出显示，接着 4 幅图像和“祖国万岁”字幕依次以各种不同的方式从画面之外移到画面中，再移出画面，多幅动态画面效果如图 4.43 所示。

图 4.43

装配视频素材的具体操作步骤如下。

① 创建一个新的项目，选择“Multimedia Video for Windows”项进入后，双击 Project 项目窗口的空白处，在弹出的“Import”对话框中选择“故宫-5.jpg”、“故宫-2.jpg”、“天坛.jpg”、“长城-1.jpg”、“颐和园.jpg”图像文件，单击【打开】按钮将其导入到 Project 窗口中。

② 用鼠标将项目窗口中的天坛图像拖曳到 Timeline 窗口的视频 1A 轨道中，将鼠标指针移到视频 1A 轨道上的天坛图像之上，单击鼠标右键，在拉出的快捷菜单中选择【Timeline Windows Options】命令，在弹出的相应对话框中选择第 1 种模式，如图 4.44 所示。

③ 单击 Timeline 窗口中的按钮后，再按住【Alt】键，单击 Timeline 窗口内部缩小素材，调整视频 1A 轨道上只呈现 4 幅天坛图像。按【Ctrl+C】键复制，然后再将天坛图像在视频 1A 轨道上粘贴 3 次。

④ 将鼠标指针移到视频 1A 轨道上左边的天坛图像之上，单击鼠标右键，在弹出的快捷菜单中选择【Video Options】→【Motion】命令，弹出“Motion Settings”对话框。双击“Fill Color”框设置背景色为浅蓝色，设置天坛图像从下向上垂直移动到屏幕的正中间的运动参数，如图 4.45 所示，单击【OK】按钮退出对话框。

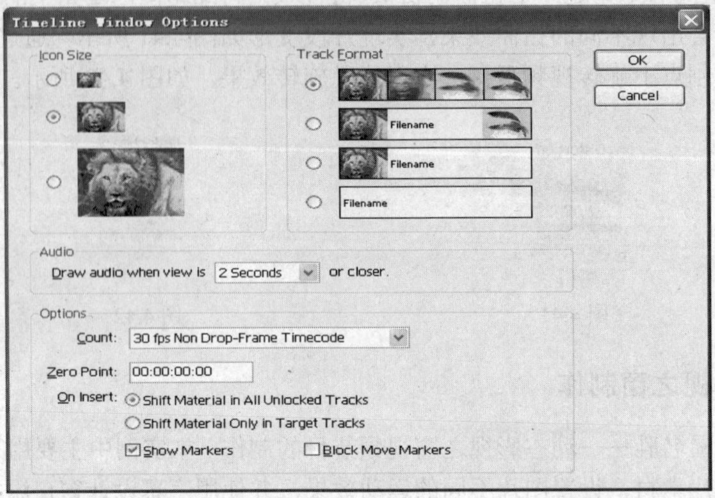

图 4.44

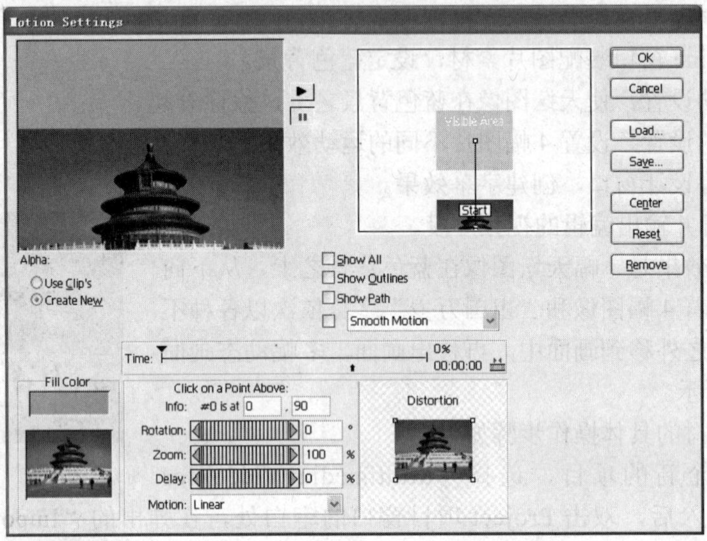

图 4.45

当视频素材装配完成后，接着进行其他运动特技效果设置，具体操作步骤如下。

① 用鼠标将项目窗口中的故宫-3 图像拖曳到 Timeline 窗口的视频 2 轨道中，置于视频 1A 轨道上第 2 个素材的上面，再用速度调制工具，将鼠标指针移到故宫-3 图像素材的右边缘处，向左拖曳使它只呈现 4 幅图像，如图 4.46 所示。

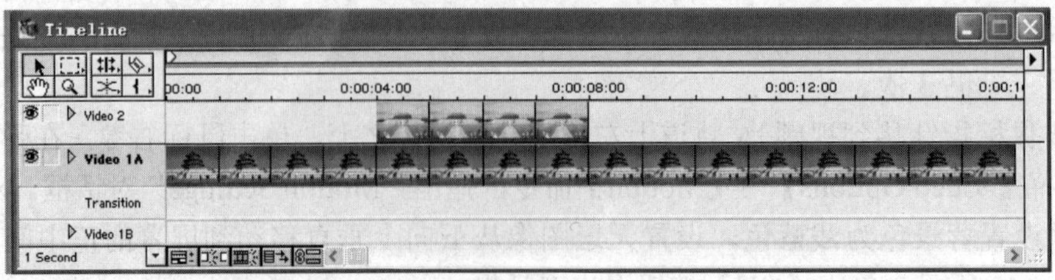

图 4.46

② 选中视频 2 轨道上的故宫-3 图像，单击鼠标右键，在弹出的快捷菜单中选择【Video Options】→【Motion】命令，在弹出“Motion Settings”对话框中单击路径时间标尺中点处，在显示窗口的正中间增加一个控制点。

③ 将启动控制点移到显示窗口的左边，并将故宫-3 画面进行扭曲，再旋转 90°，如图 4.47 所示。单击中间控制点，设置它的＃1 坐标位置为（-6，0），不进行扭曲和旋转，在 Delay（延时）文本框内输入 17，表示在该位置延时 17%的时间。将结束控制点移到显示窗口的左上边，调整它的位置、扭曲和旋转度，如图 4.48 所示。最后单击【OK】按钮退出对话框。从而完成 3 个控制点的路径设置。

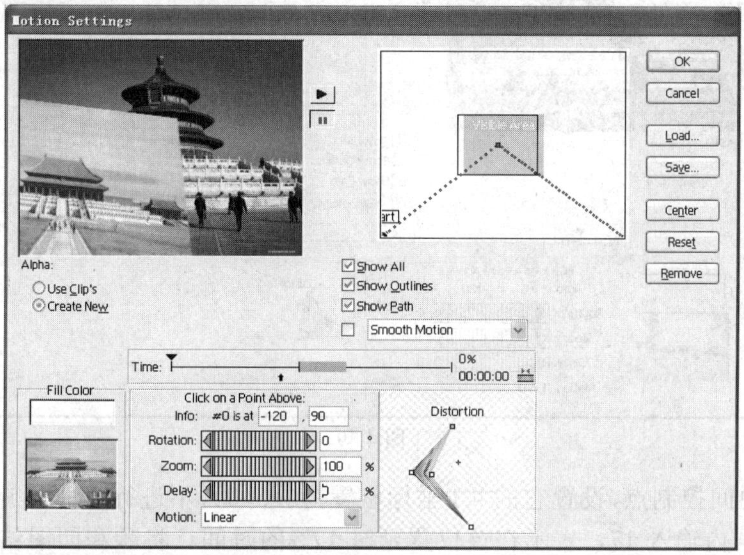

图 4.47

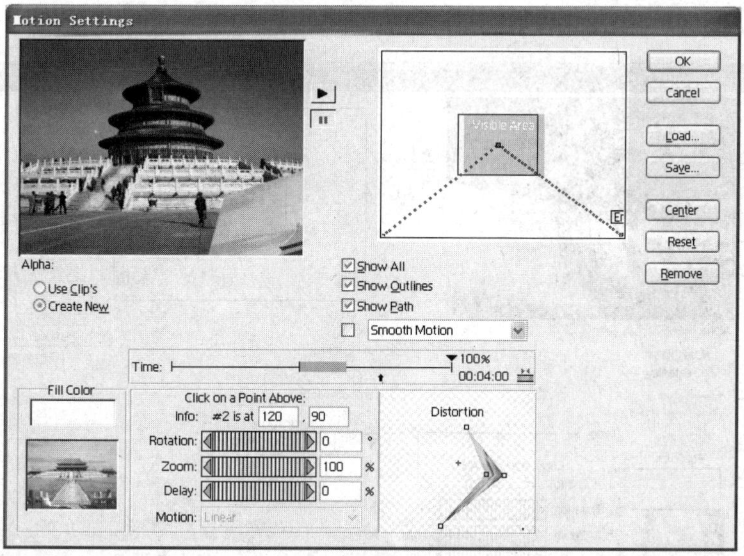

图 4.48

④ 继续将颐和园图像导入到 Timeline 窗口的视频 2 轨道的原素材的右边，长度也调为 4

个画面。

⑤ 鼠标右键选中颐和园，在弹出的快捷菜单中选择【Video Options】→【Motion】命令，在弹出“Motion Settings”对话框中单击路径时间标尺中点处，在显示窗口的正中间增加一个控制点。将颐和园图启动控制点移到显示窗口的右上角扭曲和旋转，如图4.49所示。

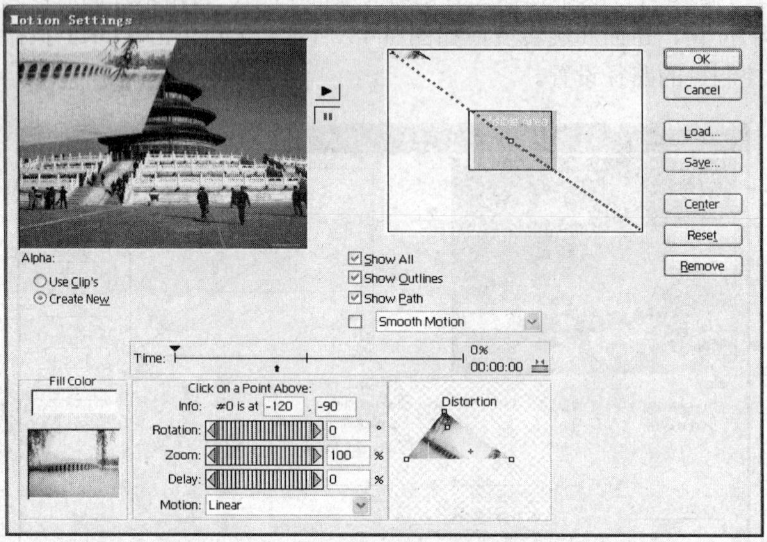

图 4.49

⑥ 单击中间控制点，设置它的＃1坐标位置为(-5,0)，不进行扭曲和旋转，在“Delay”（延时）文本框内输入17，表示在该位置延时17%的时间。将颐和园图结束控制点移到显示窗口的右下边，调整它的位置、扭曲和旋转度，如图4.50所示。最后单击【OK】按钮。

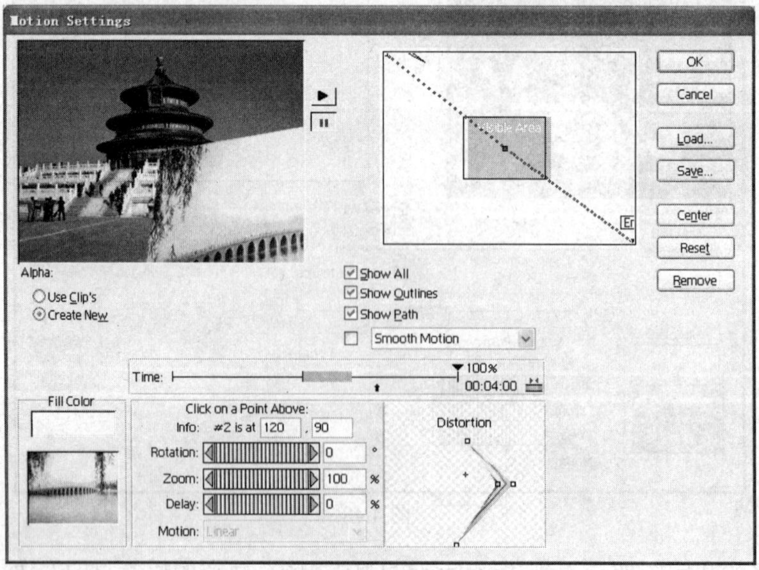

图 4.50

⑦ 按照上述方法，将长城-1 图像导入到 Timeline 窗口的视频 2 轨道的原素材的右边，长度也调为 4 个画面。长城-1 图像的启动控制点的设置如图 4.51 所示，启动控制点布局设置如图 4.52 所示。

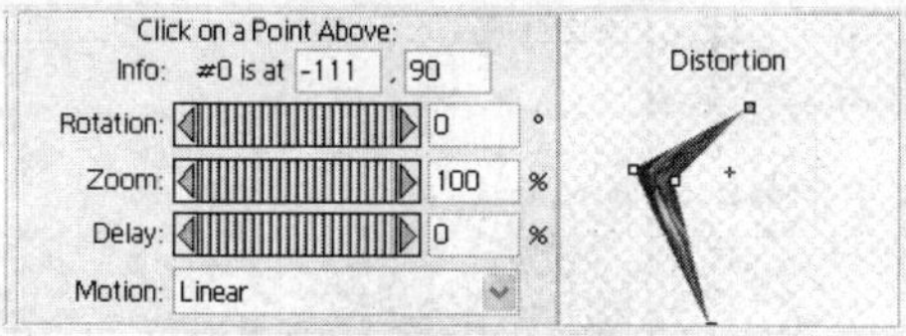

图 4.51

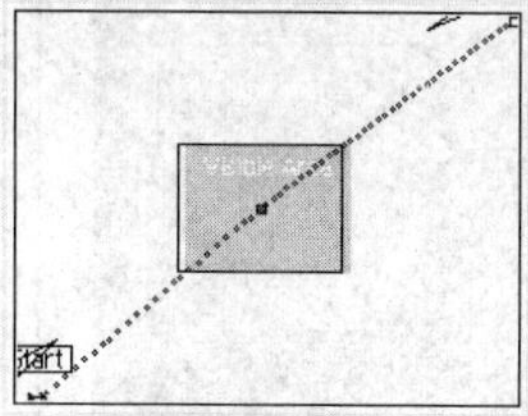

图 4.52

⑧ 长城-1 图像的结束控制点的设置如图 4.53 所示，结束控制点布局如图 4.54 所示。

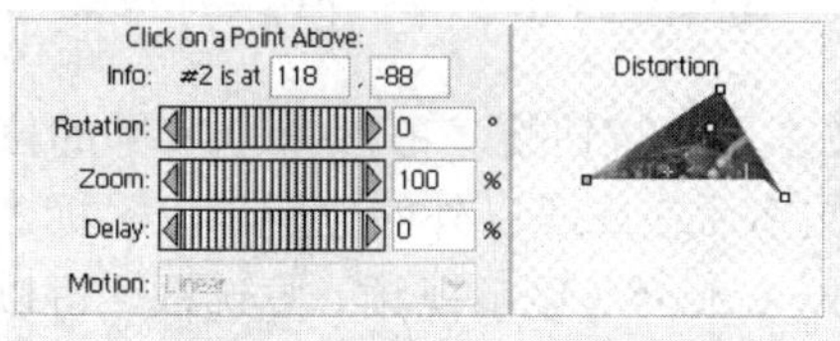

图 4.53

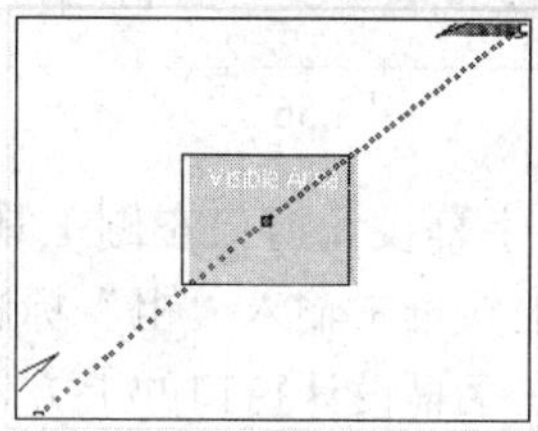

图 4.54

⑨ 选择【File】→【Save】命令，在弹出的“Save File”对话框中指定存入节目的路径、文件名，单击【保存】按钮将编辑好的文件进行存储。

⑩ 选择【File】→【Export Timeline】→【Movie】(【文件】→【输出时间标尺】→【影片】) 菜单命令，打开“Export Movie”对话框，指定存入节目的路径、文件名为“祖国”，单击【Save】按钮完成节目的渲染。

4.5.3　添加字幕效果

字幕是影片中不可缺少的一个重要组成部分，比较复杂的字幕效果可以通过其他软件制作成指定格式的文件后，再导入到 Premiere 中进行编辑，而简单的字幕效果则可以通过 Premiere 的字幕设计窗口直接制作。下面详细介绍字幕的制作方法。

① 选择菜单【Project】→【New Project】命令，在弹出的“Load Project Settings”(装载项目参数设置) 对话框中选择“Multimedia Video for Windows”项，单击【OK】按钮。

② 在 Project 项目窗口导入“祖国.avi”文件，继续单击按钮，弹出“Create”对话框，在“Object Type”下拉列表框中选择“Title”，如图 4.55 所示。

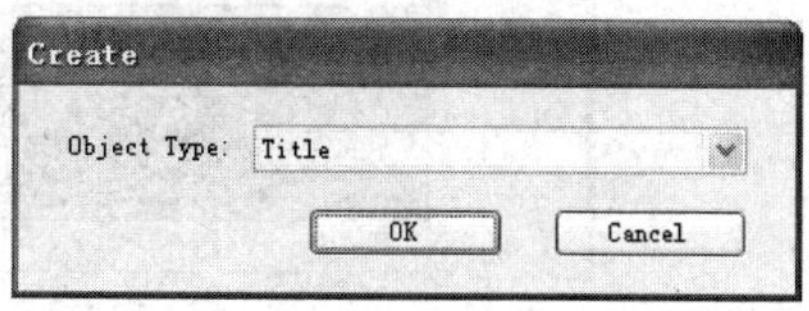

图 4.55

③ 单击【OK】按钮，或直接选择【File】→【New】→【Title】(【文件】→【新建】→【标题】) 菜单命令，弹出字幕设计窗口，如图 4.56 所示。

④ 展开字幕设计窗口右侧的“Proper”项，单击“Font”旁的向下箭头弹出字体列表，选择 STXinwei 字体；继续展开“Fill”项，双击“Color”旁的按钮，弹出的颜色设置对话框，如图 4.57 所示，设置字体的颜色为红色，单击【OK】按钮退出。

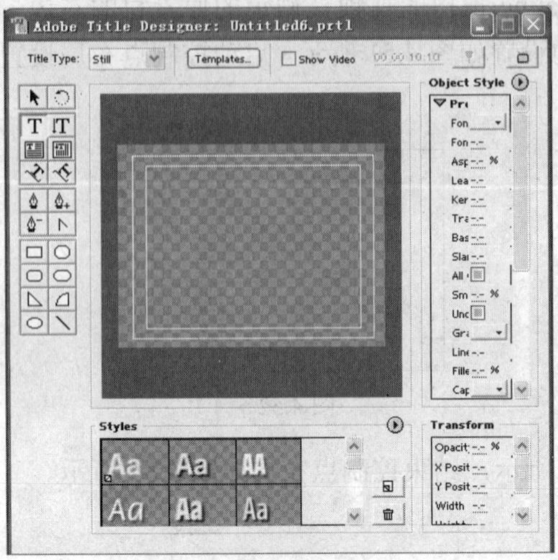

图 4.56

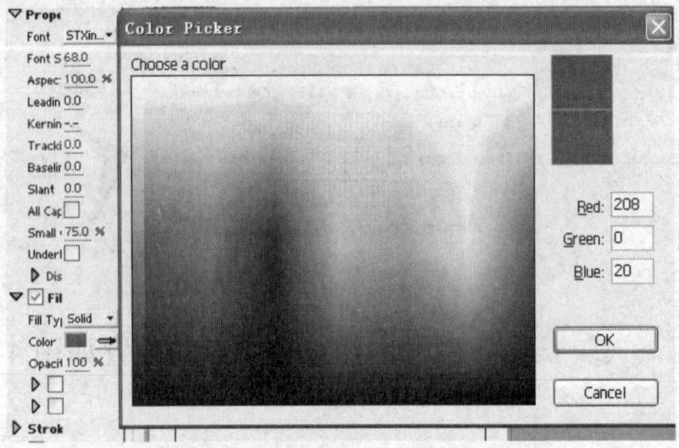

图 4.57

⑤ 单击字幕设计窗口左侧工具栏中的文本工具按钮，在要加入文字的位置单击，在出现的矩形虚线框中输入“祖”标题，输入文字后在虚线以外的位置单击鼠标，缺省的文字建立完成。在字幕设计窗口的上方勾选“Show video”（显示视频）复选框，可以以时间轨道上的目前画面为背景，便于为字幕文件定位及填色，如图 4.58 所示。

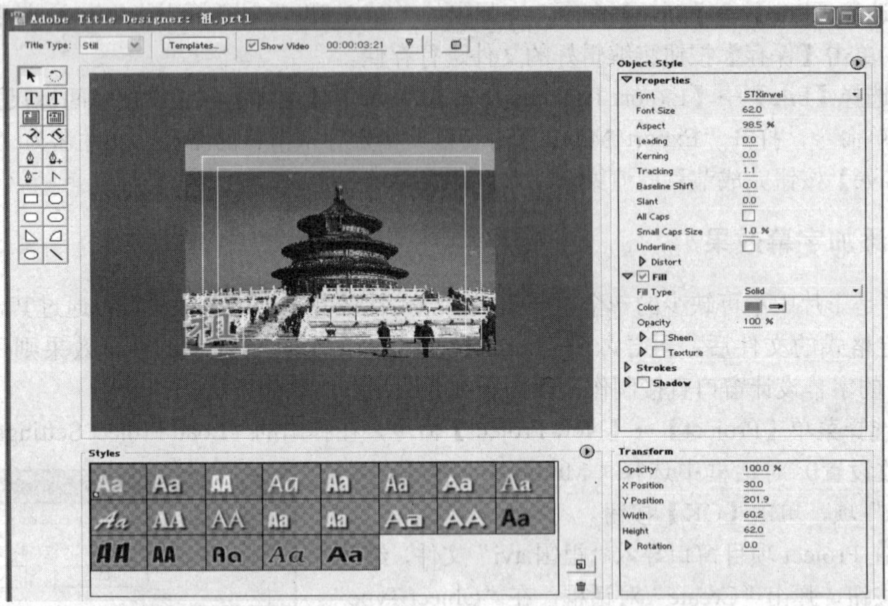

图 4.58

⑥ 选择字幕设计窗口左侧的移动工具，单击输入的字，可以拖动 8 个控制点调整字体的大小及移动字体的位置，如图 4.59 所示。

⑦ 从字幕设计窗口的下方字幕风格窗口中，选择一种合适的样式，字幕风格的默认样式为第 1 排最左边的样式。目前选中的样式缩略图左下角会出现一个带红斜线的小方格，如图 4.59 所示。

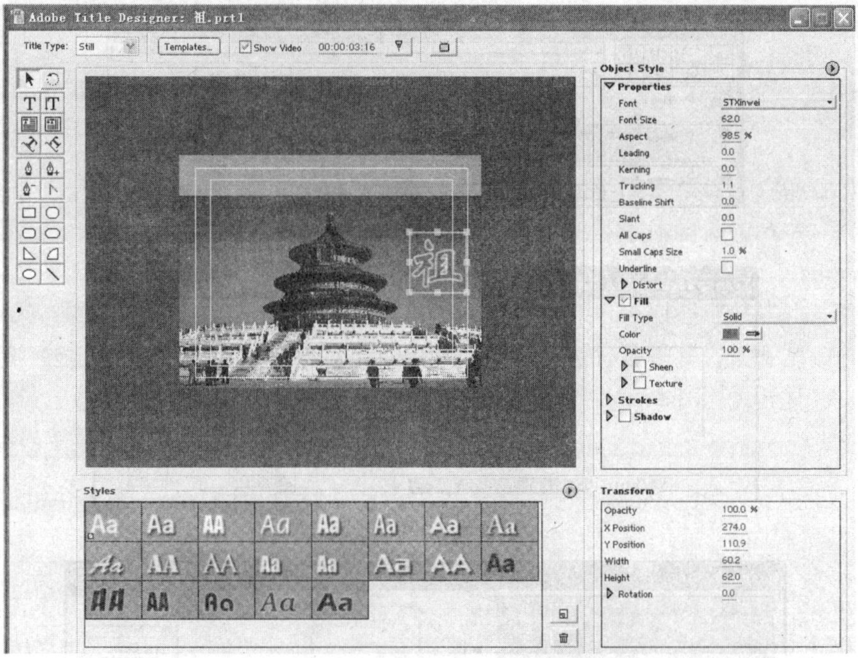

图 4.59

⑧ 完成字幕文件的编辑后，选择【File】→【Save As】菜单命令，在弹出的“Save As”对话框中将标题字幕存储为“祖.ptl”后缀的文件，单击【OK】按钮确定。在保存文件的同时 Project 窗口中会自动插入祖.ptl 的文件，按照④至⑦的步骤完成“国.ptl”、“万.ptl”、“岁.ptl”文件的设计。这时在项目窗口能够看见标题的 4 个文件，如图 4.60 所示。

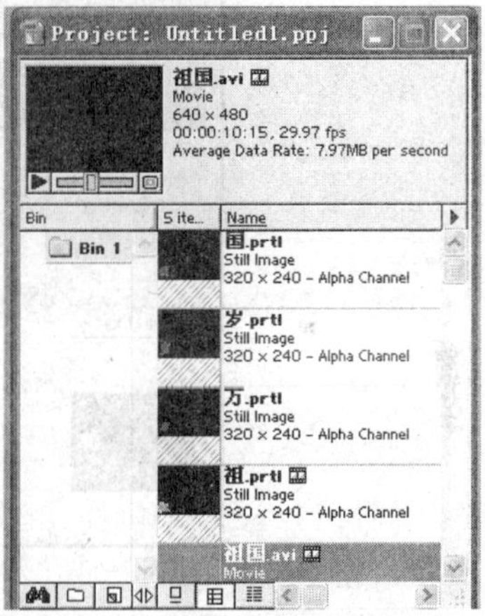

图 4.60

⑨ 字幕制作完成后，在项目窗口或 Timeline 窗口中双击标题文件，会自动打开其标题窗口允许进行修改。

4.5.4　设置字幕的运动效果

接上例，在“祖国.avi”视频文件基础上设置字幕的运动效果的操作步骤如下。

① 将“祖国.avi”文件放入 Timeline 窗口 Video 1 轨道中，将“祖.ptl”、“国.ptl”、“万.ptl”、“岁.ptl”文件放入 Timeline 窗口 Video 2 轨道中（字幕只有放在可以叠加的轨道中才有效），并调整好 4 个字幕排列的位置，如图 4.61 所示。

② 右击“祖”字幕素材弹出快捷菜单，选择【Video Options】→【Transparency】菜单命令，弹出“Transparency Settings”对话框，Premiere 6.5 将字幕的 Keytype 自动设为“White Alpha Matte”选项。一个简单的字幕叠加制作完成了，如图 4.62 所示。

③ 鼠标右键选中“祖”字，在拉出的快捷菜单中选择【Video Options】→【Motion】命令，在弹出的“Motion Settings”对话框中单击路径时间标尺中点处，在显示窗口的正中间增加一个控制点。将字体启动控制点移到显示窗口的右下角，将字体结束控制点移到显示窗口的左边，其字体运动设置如图 4.63 所示。

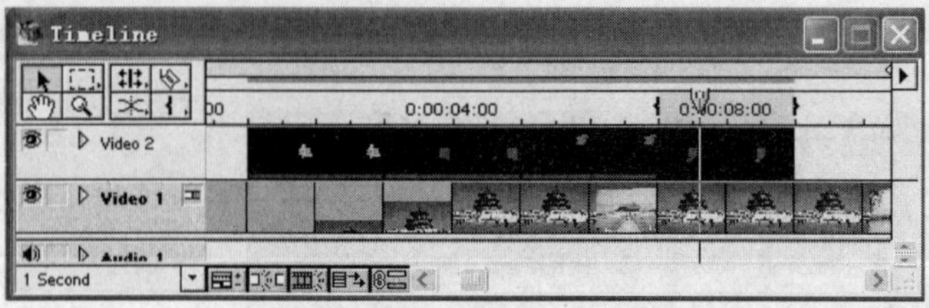

图 4.61

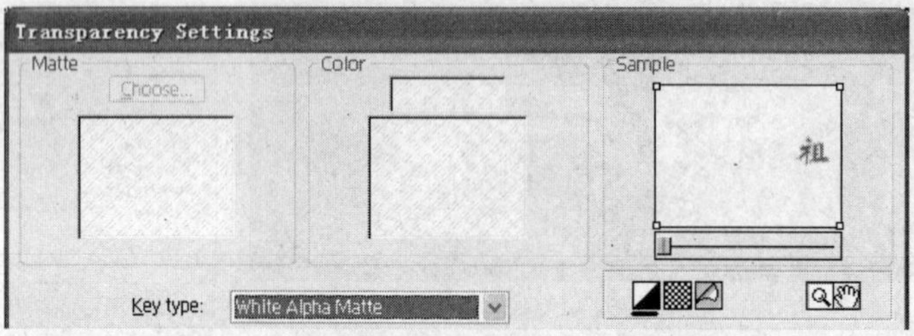

图 4.62

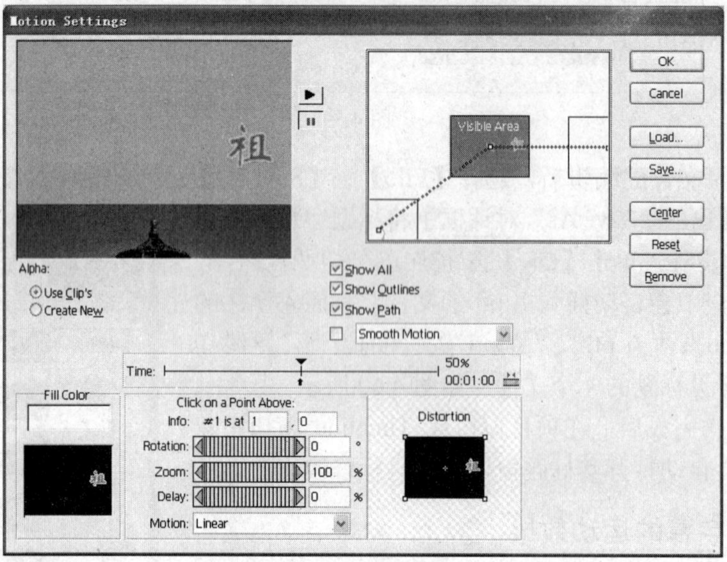

图 4.63

④ 在“Motion Settings”对话框中，单击【Save】按钮，打开“Save Motion Settings”对话框，将文件命名为字.pmt（参数设置文件），单击【保存】按钮返回“Motion Settings”对话框，单击【OK】按钮保存运动参数设置文件。

⑤ 在 Timeline 窗口中，用鼠标右键选择“国”字，在打开的快捷菜单中选择【Video Options】→【Motion】命令，弹出“Motion Settings”对话框。在对话框中，单击【Load】按钮，打开“Load Motion Settings”对话框，选择刚保存的字.pmt 文件，单击【打开】按钮，装载参数设置文件。将“祖”字素材的运动设置赋予“国”字，效果如图 4.64 所示，单击【OK】按钮退出。

⑥ 在 Timeline 窗口中，用鼠标右键分别选择“万”字、“岁”字，在弹出的快捷菜单中选择【Video Options】→【Motion】命令，在弹出的“Motion Settings”对话框对话框中，单击【Load】按钮，载入字.pmt，依次将“祖”字素材的运动设置分别赋予“万”字、“岁”字，完成动态效果的设置。

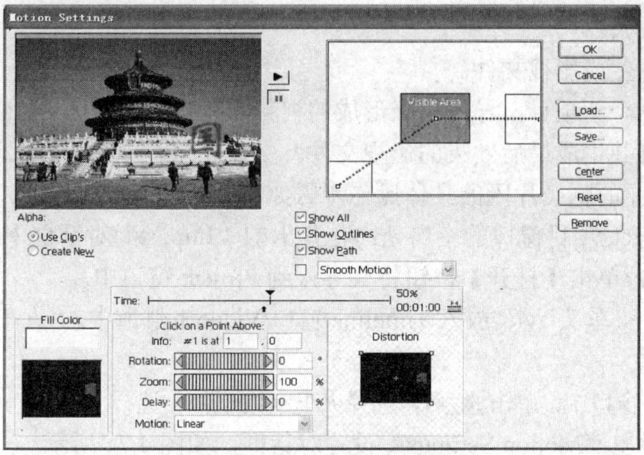

图 4.64

⑦ 选择【File】→【Save】命令，保存“字祖国.ppj”项目文件。

⑧ 选择【File】→【Export Timeline】→【Movie】(【文件】→【输出时间标尺】→【影片】) 菜单命令，生成“字祖国作品.avi”视频文件。

4.6　虚拟剪辑制作的飘飞片段

Premiere 允许将 Timeline 窗口轨道上的任何片段当作独立的素材，被称为“虚拟素材”。一个虚拟素材是 Timeline 窗口中所选择时间区域内所有素材的连接。用户对虚拟素材中任何一个源素材进行修改，都会影响到虚拟素材，而对虚拟素材的修改则不会影响到其源素材。使用虚拟剪辑可以完成普通剪辑无法完成的工作，并且可以在很大程度上提高工作效率。

4.6.1　虚拟剪辑制作

建立虚拟素材的方法同建立素材独立的块相同。一旦建立了一个虚拟素材，就可以将其放到 Timeline 窗口中任何视频和音频轨道上。虚拟素材可以被当作其他虚拟素材的源素材。可以为虚拟素材应用大部分普通素材可以使用的操作，例如滤镜效果，运动设定、透明度设置等。但是用户不能复制和粘贴虚拟素材，并且不能改变其速度。

图 4.65

建立虚拟剪辑的疾驶火车的效果是在疾驶火车的主画面上，一个片段逐渐飘出，其形状还产生了三维变换，画面效果如图 4.65 所示。

本案例 2 利用火车和火车头两个视频片段，配合虚拟剪辑的制作方法，重点介绍了运动效果的设置和一个片段逐渐飘出产生的三维变换，主要操作要点如下。

① 设置一个项目窗口，导入素材。

② 制作虚拟剪辑。

③ 设置运动效果。

④ 保存项目并生成影视文件。

⑤ 再次建立一个新项目，导入初级形成的视频影片，设置入点和出点进行影片剪辑。

⑥ 保存新项目并生成最后效果的影视文件。

用虚拟剪辑制作的飘飞片段的具体操作步骤如下。

① 双击 Project 项目窗口的空白处，在弹出的“Import”对话框中选择“火车.avi”和“火车头.avi”文件，单击【打开】按钮将其导入到 Project 窗口中。

② 将导入的“火车头.avi”放入 Timeline 窗口 Video 1 轨道中，“火车.avi”放入 Timeline 窗口 Video 2 轨道中。

③ 在 Timeline 窗口中，单击后，选择火车.avi 文件， 选择【Clip】→【Video Options】→【Motion】命令，弹出“Motion Settings”设置对话框，如图 4.71 所示。

④ 在“Motion Settings”对话框使用缺省设置，键 0 的坐标为-80 和 0，键 1 的坐标为 80 和 0，单击【OK】按钮退出。

⑤ 在 Timeline 窗口中，单击按下后，拖动“火车头.avi”的位置，使它的入点与“火车.avi”的出点对齐，参看图 4.66 所示。

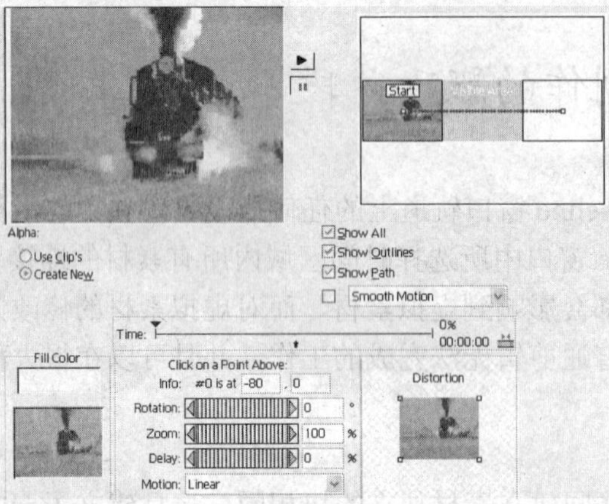

图 4.66

⑥ 在 Timeline 窗口中，选择块选取工具，以火车.avi 的时间长度为准拉出一个方框，确定虚拟片段的范围，将块选取工具移动到被框选区域的任意处，光标变为，按下【Shift】键拖动鼠标，将产生的虚拟片段放到 Video 2 轨道，其在 Video 2 轨道建立的虚拟片段如图 4.67 所示。

⑦ 在 Timeline 窗口中，单击工具选择虚拟片段，选择【Clip】→【Set Clip Name Alias】命令，打开“Set Clip Name Alias”对话框，在“Name”栏输入“合成 1”，如图 4.68 所示，单击【OK】按钮完成为虚拟片段起名。

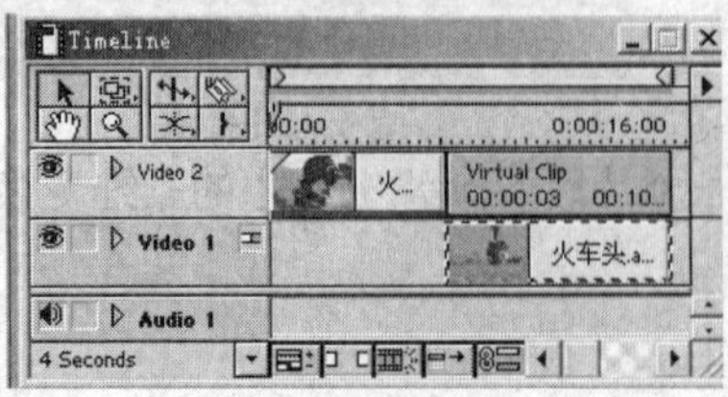

图 4.67

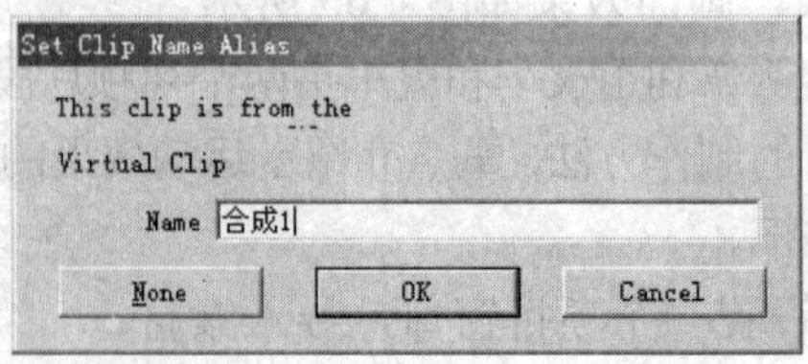

图 4.68

⑧ 右键选择“合成 1”，在打开的快捷菜单中选择【Video Options】→【Motion】命令，弹出“Motion Settings”对话框，在“Motion Settings”对话框中，将键 0 的坐标设为 0 和 0，Zoom 设置为 30，将键 1 坐标设为 0 和 0，“Zoom”设置为 70，“Delay”设置为 25，选中“Use Clip's”单选钮，如图 4.69 所示。

⑨ 选择【Clip】→【Video Options】→【Transparency】命令，弹出“Transparency Settings”对话框，在“Key type”下拉列表中选择“Alpha Channel”项，如图 4.70 所示。

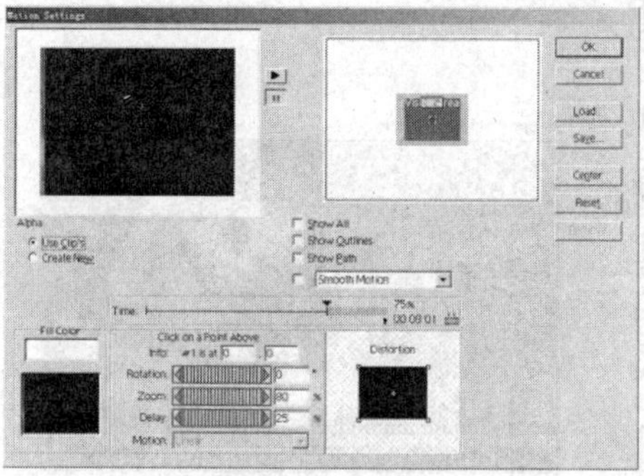

图 4.69

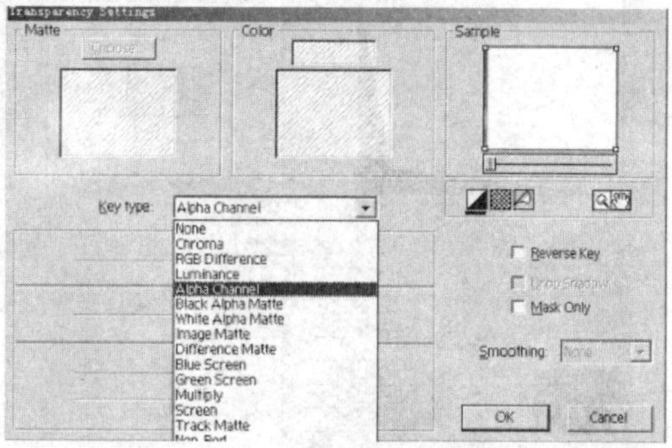

图 4.70

4.6.2　疾驰火车的运动设置

接上例，进行疾驰火车的运动设置如下。

① 在 Timeline 窗口中，再次调整“火车头.avi”片段的位置，使它的入点与“合成 1”片段的出点对齐。

② Timeline 窗口中，单击工具，以“合成 1”片段的时间长度为准拉出一个方框，确定虚拟片段的范围，按【Shift】键拖动鼠标光标，将产生的虚拟片段放到 Video 2 轨道，如图 4.71 所示。

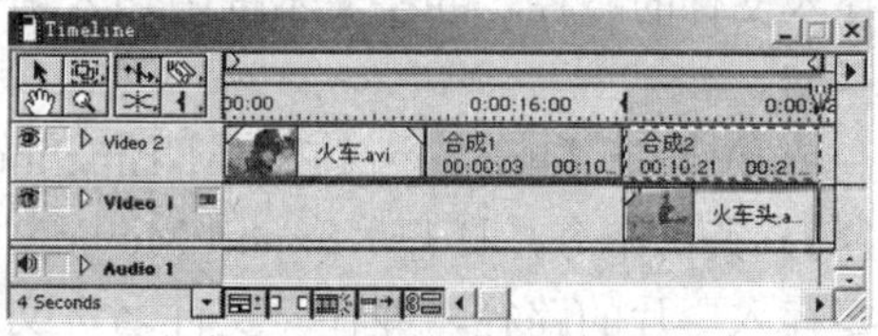

图 4.71

③ 在 Timeline 窗口中，单击工具选择虚拟片段，选择选择【Clip】→【Set Clip Name Alias】命令，打开“Set Clip Name Alias”对话框，在“Name”栏输入“合成 2”，单击【OK】按钮退出。

④ 选择【Clip】→【Video Options】→【Motion】命令，弹出“Motion Settings”对话框。在“Motion Settings”对话框中，将键 0 的坐标设为 0 和 0，“Rotation”设为−90，其他参数为默认值，调整 Distortion 区域中的片段变形，如图 4.72 所示。

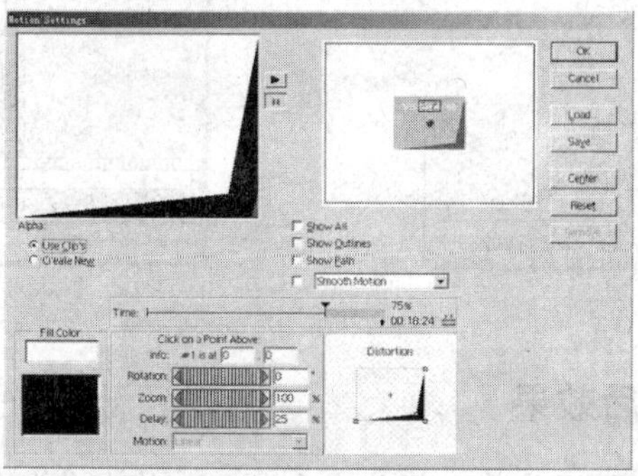

图 4.72

⑤ 在“Motion Settings”对话框中，将键 1 的坐标设为 0 和 0，“Rotation”设为 0，“Delay”设置为 25，在“Alpha”中选择“Use Clip's”选项，调整“Distortion”区域中的片段变形，如图 4.73 所示。单击【OK】按钮退出。

⑥ 在 Timeline 窗口中，按【Alt】键同时在时间标尺上用鼠标拖动滑块播放头进行预演，可以看到“火车.avi”片段的显示区域不断地变化，图 4.74 是虚拟剪辑的疾驶火车。

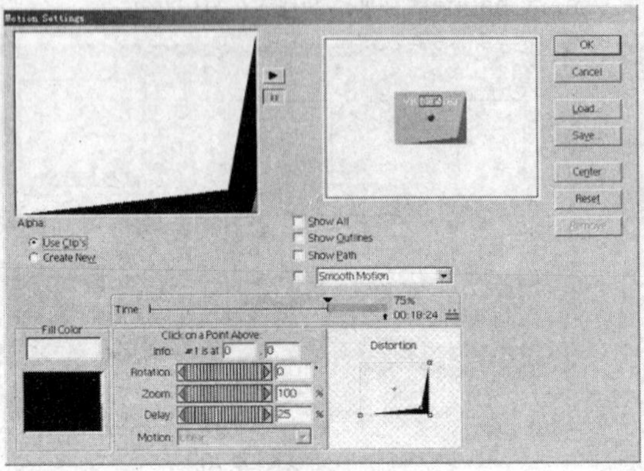

图 4.73

图 4.74

4.6.3 保存项目和生成影视文件

火车的运动效果设置完成后，一方面需要保存项目以备今后随时更改，另一方面还要输出视频影片生成作品，具体操作步骤如下。

① 选择【File】→【Save】命令，在弹出的“Save File”对话框中的下拉列表中选择要存入文件的路径，并在文本框中输入项目的文件名，单击【保存】按钮将编辑好的文件进行存储。

② 选择【File】→【Export Timeline】→【Movie 】(【文件】→【输出时间标尺】→【影片】) 菜单命令，打开“Export Movie”对话框，在对话框中的“保存在”下拉列表框中选择要存入影片的路径，并在“文件名”文本框中输入节目的文件名，单击【Save】按钮弹出渲染提示框，如图 4.75 所示。

③ 生成后会出现一个播放器如图 4.76 所示。单击播放按钮，就可以观看制作的影片的效果了。

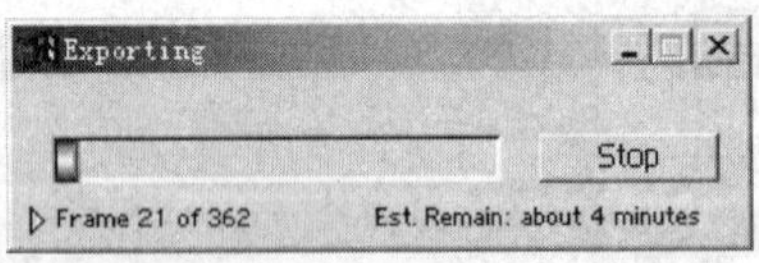

图 4.75

图 4.76

4.6.4 剪辑影片保存最后效果

火车视频节目完成后，需要裁剪，新建一个项目，将制作的初级火车视频节目导入素材视窗进行影片剪辑，具体操作步骤如下：

① 选择菜单【Project】→【New Project】命令，在弹出的“Load Project Settings”装载项目参数设置对话框中选择“Multimedia Video for Windows”项，单击【OK】按钮。

② 选择菜单【File→【Import】→【File】命令或双击 Project 项目窗口的空白处，在弹出的“Import”对话框中选择火车文件，单击【打开】按钮将其导入到 Project 窗口中。

③ 在项目窗口双击“火车.avi”素材，将其在素材视窗中打开。

④ 在素材视窗中拖动滑块或单击▶（播放）按钮或按【空格】键播放，找到使用片段的开始位置。然后按■（暂停）按钮或按【空格】键停止。

⑤ 单击素材视窗下方的 { （入点）按钮或按【I】键，素材视窗中显示当前素材入点画面，素材视窗右上方显示入点标记，如图 4.77 所示。

⑥ 继续播放视频，找到使用片段的结束位置后停止。

⑦ 单击素材视窗下方的 } （出点）按钮或按【O】键，素材视窗中显示当前素材出点。入点和出点间显示为黄色。

⑧ 将视频素材的剪裁结果拖动到 Timeline 窗口 Video 2 轨道中，就仅保留了设置的入点和出点间的素材。如图 4.78 所示。

图 4.77

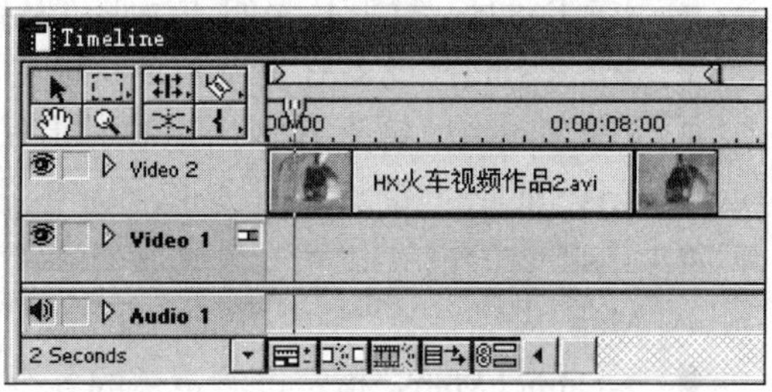

图 4.78

⑨ 在 Timeline 窗口，按住【Alt】键用鼠标拖曳滑块浏览剪裁结果，若满意则需要再次保存最终效果。

⑩ 选择【File】→【Export Timeline】→【Movie】(【文件】→【输出时间标尺】→【影片】) 菜单命令，打开“Export Movie”对话框，在对话框中选择要存入影片的路径和输入影片的文件名，单击【Save】按钮开始渲染直至完成。在弹出的播放器中单击播放按钮，就可以观看制作的剪裁合成影片的效果了。

4.7　场景转换效果的制作

在视频的制作过程中，一个镜头和另一个镜头之间的衔接需要自然流畅。在上一个镜头和下一个镜头之间虽然有时间、地点或者情节上的差异，但仍然有着动作、运动和内容上的连续性，如果使用生硬的手法剪接就会使影片显得转折唐突，破坏了影片的完整性。选用合适的转场方式才会使影片显得流畅和谐、完整统一。

4.7.1 各种转场效果说明

Premiere 6.5 提供了多种预定义的转场效果，下面分别介绍一下常用的各种转场效果项目中的转场效果。

1. 3D Motion

- CubeSpin：镜头 A 和镜头 B 贴在立方体的两个面上，由立方体的旋转完成。
- Curtain：镜头 A 像窗帘一样从两边被卷起，露出镜头 B。
- Doors：镜头 B 像关门一样从两边出现，取代镜头 A。
- Flip Over：镜头 A 被分裂成几条带后各自反转，出现镜头 B。
- Spin：镜头 B 以画面中线为轴旋转出现。
- Spiral Away：镜头 B 以画面中线为轴旋转出现，但有立体效果。

2. DissoIve

- Additive DissoIve：镜头 A 淡化为镜 B。
- Cross DissoIve：镜头 A 淡化到镜头 B。
- Dither DissoIve：镜头 A 以极小的网格逐渐被镜头 B 取代。

3. Iris

- Iris Cross：镜头 A 被一个十字分为 4 份，各自缩向 4 个角。
- Iris Points：镜头 B 呈斜十字形，从镜头 A 的中间展现。
- Iris Round：镜头 B 呈圆形，从镜头 A 的中间展现。
- Iris Shapes：镜头 B 按指定的形状分块扩展出现。
- Iris Square：镜头 B 呈方形，从镜头 A 的中间展现。
- Iris Star：镜头 B 呈五角星形，从镜头 A 的中间展现。

4. Map

- Channel Map：指定过渡镜头的各个轨道由镜头 A 或镜头 B 的哪条轨道代替。

5. PagePeel

- Center Peel：镜头 A 被一个十字分为 4 份，分别向 4 个角卷起，露出镜头 B。
- Page Peel：镜头 A 被翻卷向一个角，背面带阴影，露出镜头 B。
- Page Turn：镜头 A 被翻卷向一个角，背面透明，露出镜头 B。

6. Slide

- Center Split：镜头 A 被一个十字分为 4 份，分别向 4 个角缩去，露出镜头 B。
- Sliding Bands：镜头 B 在从小变大的竖条中逐渐出现。
- Sliding Boxes：镜头 B 在竖条中逐渐出现，整条从一侧依次进入。
- Split：镜头 A 被从中间向两边拉开，露出镜头 B。

7. Special Effect

- Direct：镜头 B 直接取代镜头 A。
- Image Mask：由用户指定遮盖图像，作屏蔽过渡。

8. Stretch

- Funnel：镜头 A 像漏斗一样从画面一边退出，露出镜头 B。
- Stretch：镜头 B 从一个角或一条边向中间伸展。

- Stretch Over：镜头 B 从中间放大进入，镜头 A 淡出。

9. Wipe

- Barn Doors：镜头 B 从中间向两边覆盖镜头 A，类似于开门的动作。
- Clock Wipe：以时钟方式扫描出镜头 B。
- Venctian Blinds：百叶窗式过渡。

10. Zoom

- Zoom：镜头 B 从中心逐渐放大出现。
- Zoom Boxes：镜头 B 被分成多个小块，从各自的中心放大出现。

4.7.2　为素材添加转场效果

Premiere 6.5 提供了“Single—Track Editing”和“A/B Editing”两种编辑模式，转场效果只有在“A/B Editing”模式下才能装配。单击 Timeline 窗口右上角的▸按钮，在弹出的快捷菜单中可以随时在“A/B Editing”和“Single—Track Editing”间，进行切换。

Premiere 6.5 提供了 10 种转场效果，下面介绍其中两种典型的转场效果。

1. Pinwheel 转场效果

Pinwheel（风车旋转）转场效果制作的操作步骤如下。

① 从 Project 窗口将素材 1 拖动到 Video 1A 轨道中，将素材 2 拖动到 Video 1B 轨道中。

② 拖动 Wipe 转场效果项目下面的 Pinwheel 转场效果到 Transition 轨道上的两段视频重叠处，双击 Pinwheel 转场效果图标，打开设置对话框，选中“Show Actual Source”复选框，调节“Border”滑块，使“Color”为红色。在右下角的演示屏处单击 F 按钮，使其变为 R 按钮，这样风车旋转的方向就变成了反方向，如图 4.79 所示。

③ 单击“Pinwheel Settings”对话框上的【Custom】按钮，打开相应对话框，在“Number of wedges”文本框中输入一个数值就可以改变风车的叶片数（缺省值为 8），如图 4.80 所示。

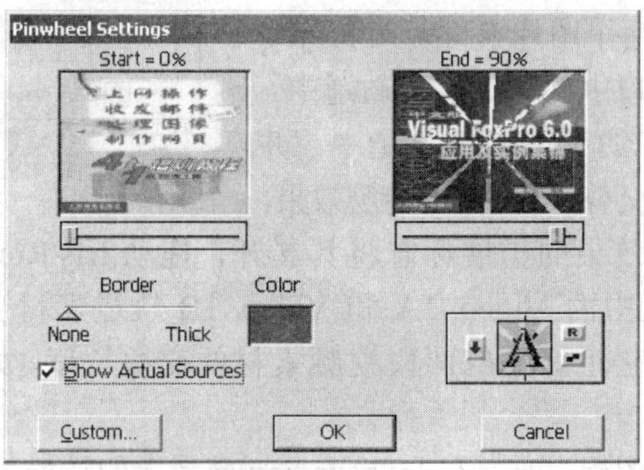

图 4.79

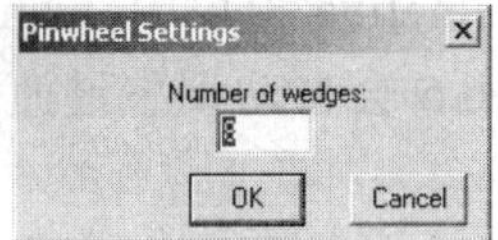

图 4.80

2. Doors 转场效果

Doors（开门）转场效果是模仿一扇门，这扇门可以是打开或是关上的。设计 Doors 转场效果的操作步骤如下。

①从 Project 窗口将两段视频分别导入到 Video lA 和 Video 1B 轨道中，并使之重叠，单击 Transition 面板中的 3D Motion 转场效果项目上的扩展标志，拖动 Doors 转场效果到 Transition 两段视频的重叠处，调节其长度并双击转场效果图标，打开“Doors Settings”对话框，选中“Show Actual Source”复选框，如图 4.81 所示。

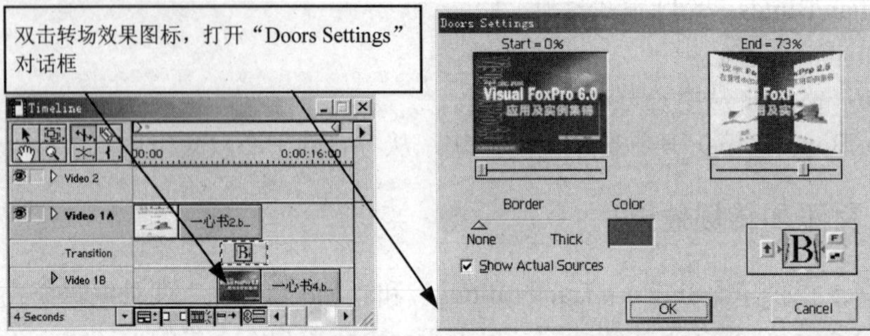

图 4.81

② 调节“Border”滑块。单击“Color”色样框，打开“Color Picker”对话框，选择红色后，单击【OK】按钮，返回到“Doors Settings”对话框。

③ 单击【OK】按钮确定，完成转场效果设置。在 Monitor 窗口的右侧视窗中看到开门的动态效果。

4.7.3 引入转场效果

启动 Premiere 6.5 后，选择【Window】→【ShowTransitions】命令，在转场面板窗口中单击“Transitions”选项卡。在“Transitions“选项卡页面中选择所需转场效果的图标，如图 4.82 所示。在 Timeline 窗口中，Video lA 轨道和 Video 1B 轨道之间的 Transition 区就是专为转场效果提供的轨道。

下面通过制作一个简单的转场效果，说明一个在作品中引入预定义转场的方法。

① 选择菜单【File】→【Import】→【File】命令，打开素材选择对话框，按下键盘上的【Ctrl】键，选择两个图片素材调入 Project 窗口，拖动其中的一个素材到 Timeline 窗口中的 Video lA 轨道中。

图 4.82

② 将另一个素材拖动到 Timeline 窗口的 Video 1B 轨道中，并使之和 Video lA 轨道中的素材在时间上有交叠，以便做出转场效果。

③ 单击 Transitions 面板中 Iris 转场效果的扩展标志将其展开，拖动 Iris Round 转场效果到 Timeline 窗口中 Transitions 轨道中的 Video 1A 和 Video 1B 轨道素材交叠处。Premiere 6.5 会自动调整过渡的时间，使它正好适应两段视频素材的交叠长度，如图 4.83 所示。

④ 双击 Transition 轨道上的转场效果图标，或是右击 Transition 轨道上的转场效果图标，选择“Transition Setting”来打开转场效果设置对话框，通过该窗口右下角的小窗口来观察这个转场效果提供的示例。在这个窗口里还可以设置过渡的各种属性（下面将详细介绍）。看完效果后，单击【OK】按钮确定。这样，转场引入就完成了。单击 Monitor 窗口的播放工具可以预览转场效果，如图 4.84 所示。

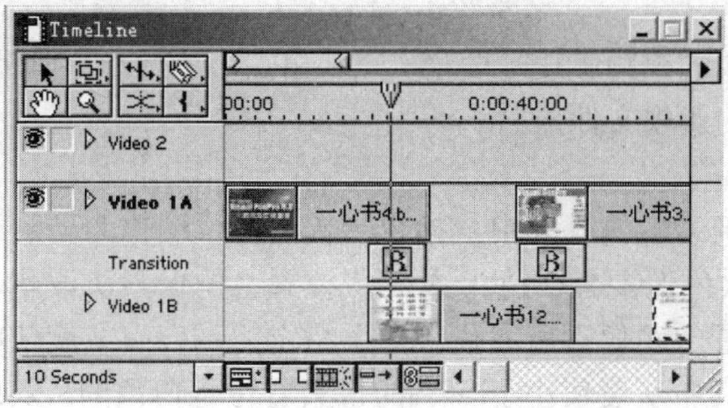

图 4.83

图 4.84

4.7.4 转场效果设置窗口的使用

除了直接使用 Premiere 6.5 预定义的转场效果外，还可以使用“Transition Setting”对话框来设置转场效果的参数，以便更好地控制转场效果。双击转场效果图标，打开转场设置对话框。在左边标有 Start 的预览窗口中显示出转场效果的开始镜头，如图 4.85 所示。

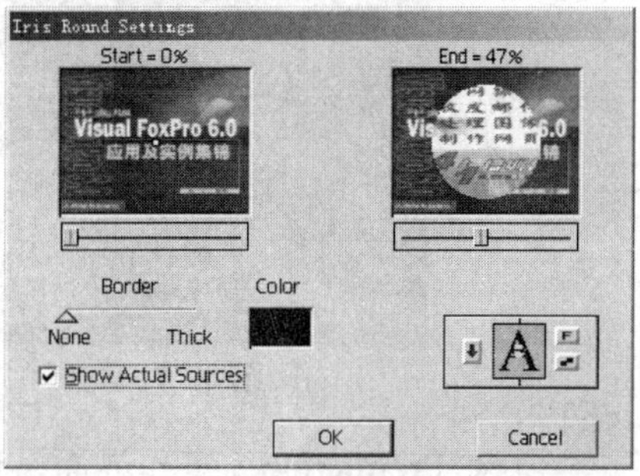

图 4.85

右边标有 End 的预览窗口中显示的是转场效果的结束镜头。左下角的“Show Actual Sources”复选框用来决定预览窗口是否以真实的镜头显示。Start 预览窗口下边的滑块用来控制转场效果的起始位置。拖动滑块 B，镜头会在 A 镜头中出现转场效果，单击并拖动滑块 B，即可设定转场效果的起始位置。

End 预览窗口下边的滑块用来控制转场效果结束时的位置。如果开始/结束滑块的位置不在 0%或 100%的位置上时，屏幕上的转场效果也会发生变化。

在设置对话框的右下角 Track（轨）按钮是转场效果的演示屏，这个按钮是调整镜的前后顺序的。位于演示屏的右上方 Forward/Reverse（前进/倒退）按钮，用来控制转场过程中转场的方向。当按钮显示 F 时，转场过程是从镜头 A 转场到镜头 B；当按钮显示 R 时，转场过程是从镜头 B 转场到镜头 A。

4.7.5 制作图像遮罩透视的转场效果

在人与草地融合在一起回归大自然的背景中，一个视频片段在运动中产生了绕入绕出的透视变化，效果画面如图 4.86 所示。这一特殊效果的制作，首先用了 Timeline 窗口的属性，设置装配的图片素材不同的特效。其次应用虚拟剪辑制作，并在虚拟剪辑片断上添加 Lens Distortion 透视特效。主要操作要点如下。

① 用 Photoshop 制作一个遮罩图像文件“mask.jpg”。

② 新建一个项目窗口，导入 1 幅遮罩图像、4 幅花的素材和一段草地视频素材。

③ 在 Timeline 窗口装配好图片素材的顺序，并设置图片素材的不同特效。

④ 制作虚拟片段，并在虚拟片段上添加 Lens Distortion 透视特效，产生透视变化。

⑤ 利用叠加，产生正确的遮挡关系。

⑥ 保存项目，输出编辑的视频片段。

⑦ 再次建立一个新项目，导入刚完成的视频影片，设置入点和出点，进行影片剪辑。

⑧ 再次保存新项目并生成最后效果的影视文件。

1. 编辑图片素材

首先需要为在 Image Mask（图像屏蔽）转场效果中，指定一幅黑白位图作为转场的屏蔽图像。在转场过程中，屏蔽图像中的黑色像素会被镜头 A 相应位置上的像素所取代，屏蔽图像中的白色像素会被镜头 B 相应位置上的像素所取代。如果指定的是含有灰度值的灰度图像作为屏蔽图像，Premiere 6.5 会将其中灰度值小于 50%的像素看作是白色的，灰度值等于或大于 50%的像素看作是黑色的。下面介绍制作图像遮罩透视的转场效果的具体操作步骤。

① 首先用 Photoshop CS 软件制作一个如图 4.87 所示的遮罩图像文件，命名为 mask.jpg 并保存。

图 4.86

图 4.87

② 在 Premiere 6.5 工作界面，选择菜单【File】→【Import】→【File】命令，输入“背景视频.avi”、“牡丹花 1-2.jpg”、“叶-3.bmp”和“花-4.bmp”文件。

③ 将“牡丹花 1.jpg”放入 Timeline 窗口中的 Video 2 视轨最前端。将鼠标指针移到“牡丹花 1.jpg”图像之上，单击鼠标右键，在拉出的快捷菜单中选择【Timeline Windows Options】命令，在弹出的相应对话框中选择第 3 种模式（缩图\文件名）。

④ 选择【Timeline Add Video Track】命令，增加 Video 3、Video 4 和 Video 5 轨道。

⑤ 将“牡丹花 2.jpg”放入 Timeline 窗口中 Video 3 轨道，其入点对应在“牡丹花 1.jpg”缩图的右边缘处。

⑥ 将“叶-3.bmp”放入 Timeline 窗口中 Video 4 轨道，其入点对应在“牡丹花 2.jpg”缩图的右边缘处。

⑦ 将“花-4.bmp”放入 Timeline 窗口中的 Video 5 轨道，其入点对应在“叶-3.bmp”缩图的右边缘处。这时整个 Timeline 窗口如图 4.88 所示。

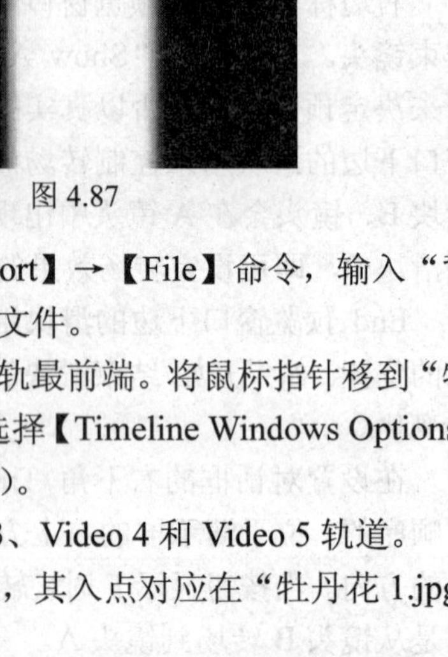

图 4.88

⑧ 右键选择 Video 2 轨道的“牡丹花 1.jpg”，在打开的快捷菜单中选择【Video Options】→【Motion】命令，弹出“Motion Settings”对话框。在对话框中，将#0 的坐标值设为-60 和 0，“Zoom”值设为 50，完成的 0 键设置如图 4.89 所示。

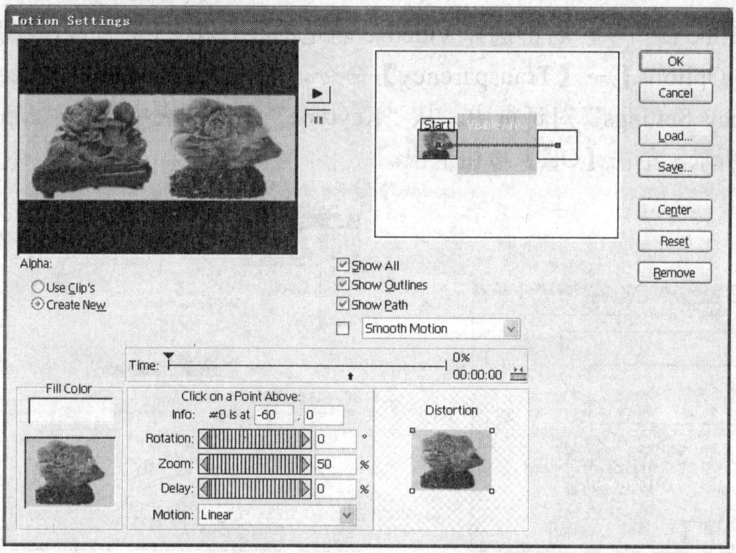

图 4.89

⑨ 在"Motion Settings"对话框中，将#1 的坐标值设为 60 和 0，Zoom 值设为 50，完成的 1 键设置如图 4.90 所示。按【OK】按钮退出。

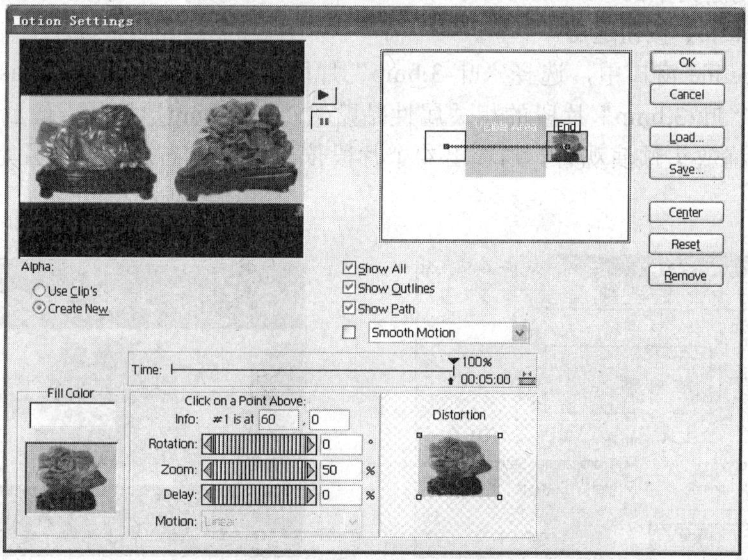

图 4.90

2. 添加视频特效

接上例，下面要给花敷上特效属性和制作虚拟片段，并在虚拟片断上添加 Lens Distortion 透视特效，产生透视变化，具体操作步骤如下。

① 在 Timeline 窗口中，按【Ctrl+C】键复制"牡丹花 1.jpg"片段，选择"牡丹花 2.jpg"片段，选择【Edit】→【Paste Attributes】命令，弹出"Paste Attributes"对话框，选择"Settings"单选钮，并仅选中其下的"Motion Settings"复选框，如图 4.91 所示。单击【Paste】按钮

退出。

② 在 Timeline 窗口中，右键选择 Video 3 轨道的牡丹花 2.jpg 片段，在弹出的快捷菜单中选择【Video Options】→【Transparency】命令，弹出"Transparency Settings"对话框。在"Transparency Settings"对话框中，从"Keytype"下拉列表中选择"Alpha Channel"选项，如图 4.92 所示。单击【OK】按钮退出。

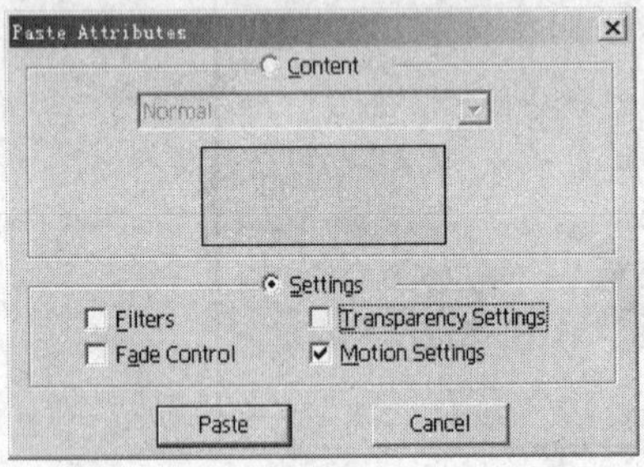

图 4.91

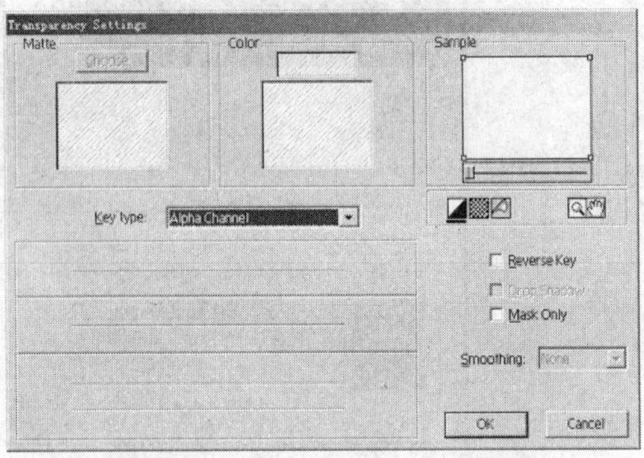

图 4.92

③ 在 Timeline 窗口中，按【Ctrl+C】键复制"牡丹花 2.jpg"片段，选择"叶-3.bmp"片段，选择【Edi】→【Paste Attributes】命令，弹出"Paste Attributes"对话框，选择"Settings"单选钮，并仅勾选其下的"Motion Settings"和"Transparency Settings"复选框，如图 4.93 所示。单击【Paste】按钮退出。

④ 在 Timeline 窗口中，选择"叶-3.bmp"片段，选择【Edit】→【Paste Attributes】命令，再次将"叶-3.bmp"片段的相关属性粘贴给"花 4.bmp"片段。最后按住【Alt】键同时拖曳滑块播放头预演观看，则看出 4 个片段依次由左向右运动，并且是无缝连接，如图 4.94 所示。

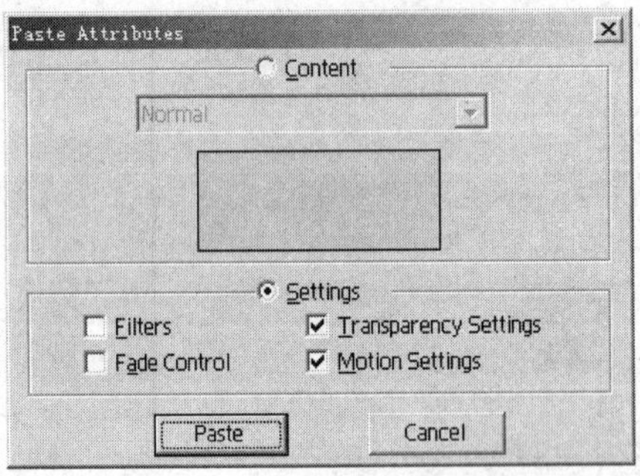

图 4.93

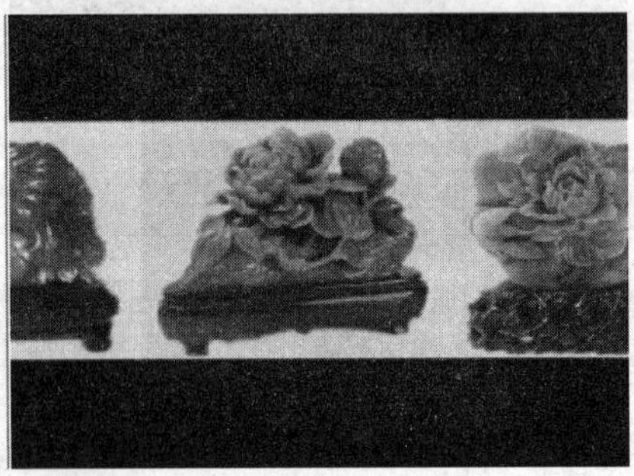

图 4.94

⑤ 在 Timeline 窗口中，将"背景视频.avi"文件放入 Video 1 视轨，其入点的位置与"花-4.bmp"片段的出点位置一致。

⑥ 在 Timeline 窗口中，选择工具，以 4 个花片段的总时间长度为准拉出一个方框，按【Shift】键拖出一个虚拟片段，放到 Video 2 轨道。在 Timeline 窗口中，单击工具选择虚拟片段，选择【Clip】→【Set Clip Name Alias】命令，打开"Set Clip Name Alias"对话框，在"Name"栏输入"片段"，单击【OK】按钮退出。

⑦ 选择【Window】→【Show Video Effects】命令，打开 Video 窗口，选择 Distort 分类夹下的 Lens Distortion 特效，将其赋予“片段”名称的片段，同时打开了 Effect Controls 窗口。

⑧ 在“Effect Controls”窗口中，单击 Lens Distortion 特效右侧的【Setup】按钮，打开“Lens Distortion Settings”对话框，将“Curvature”数值设为-40，取消勾选“Fill Alpha Channel”复选框，如图 4.95 所示。单击【OK】按钮退出。

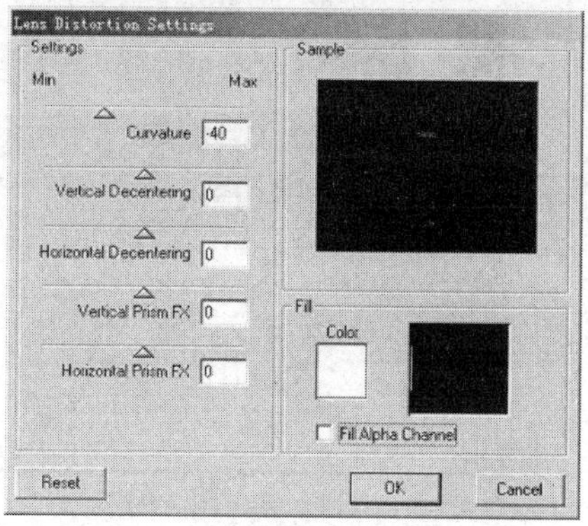

图 4.95

⑨ 在 Timeline 窗口中，右键选择 Video 3 视轨的虚拟片段，在拉出的快捷菜单中选择【Video Options】→【Transparency】命令，打开“Transparency Settings”对话框，从“Keytype”下拉菜单中选择“Alpha Channel”选项，按【OK】按钮退出。

⑩ 在 Timeline 窗口中，再将“背景视频.avi”文件放入 Video 3 轨道，其入点出点的位置与 Video 1 轨道上的“背景视频.avi”片段相一致，如图 4.96 所示。

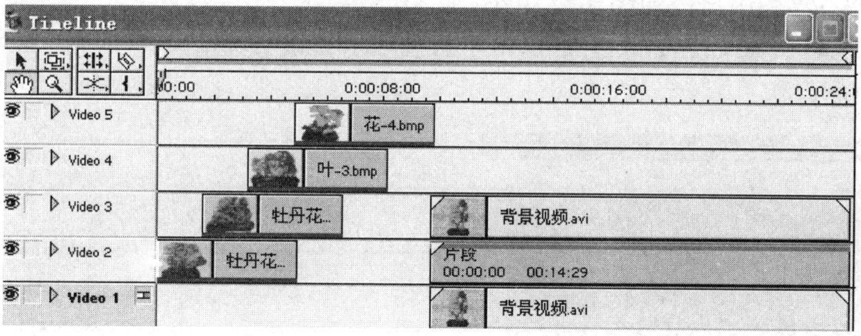

图 4.96

3. 添加 Image Mask 转场效果

接上例，按住【Alt】键同时拖曳滑块播放头预演观看，当看到 4 个片段在运动过程中产生了透视变形时，就具备了添加 Image Mask 的转场效果，具体操作步骤如下。

① 在 Timeline 窗口中，右键选择 Video 3 视轨的“背景视频.avi”片段，在拉出的快捷菜单中选择【Video Options】→【Transparency】命令，弹出“Transparency Settings”对话框。

② 在“Transparency Settings”对话框中，从“Key type”下拉列表中选“Image Matte”选项，在 MaRe 视窗中按【Choose】按钮，选择“mask-1.bmp”文件，如图 4.97 所示。单击【OK】按钮退出。

③ 调整工作条上“背景视频.avi“片段与虚拟片段对齐，按【Enter】键合成帧。

④ 按住【Alt】键同时拖曳滑块播放头预演观看，效果如图 4.98 所示。

⑤ 若感觉效果理想，则选择【File】→【Export Timeline】→【Movie】(【文件】→【输出时间标尺】→【影片】）菜单命令，打开“Export Movie“对话框，指定存入节目的路径、文件名“环绕 1”，单击【Save】按钮完成渲染。

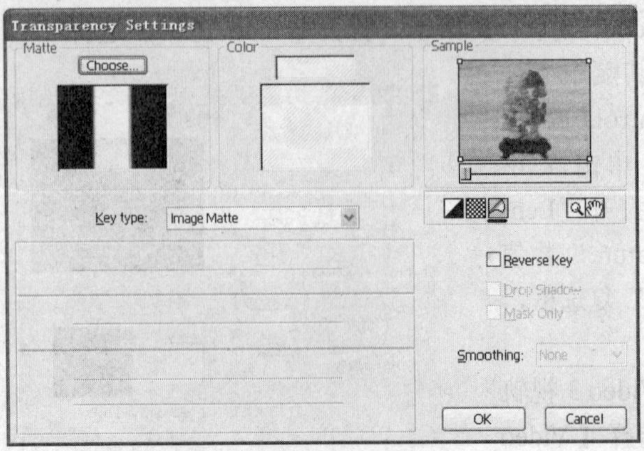

图 4.97

图 4.98

4. 剪辑影片完成最终效果

节目完成后，需要剪辑完成影片的最终效果，下面介绍另一种在剪裁 Timeline 窗口的素材的方法。

① 在 Timeline 窗口中双击要剪裁的素材，使素材显示在素材视窗中，在素材视窗中为素材设置新的入点和出点，如图 4.99 所示。

② 单击素材视窗上方【Apply】按钮，剪裁结果会自动应用到 Timeline 窗口的素材上，如图 4.100 所示。

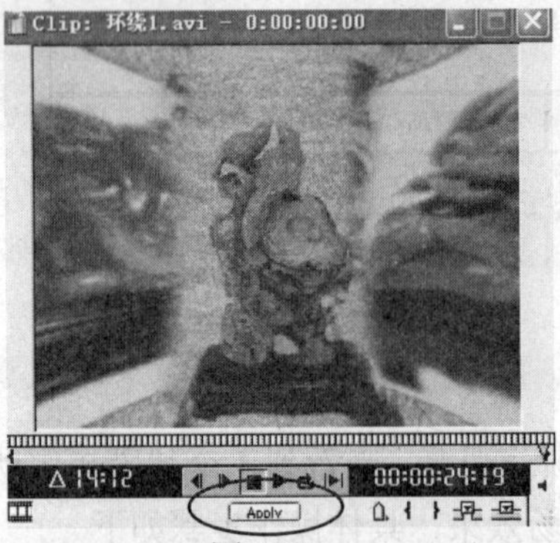

图 4.99

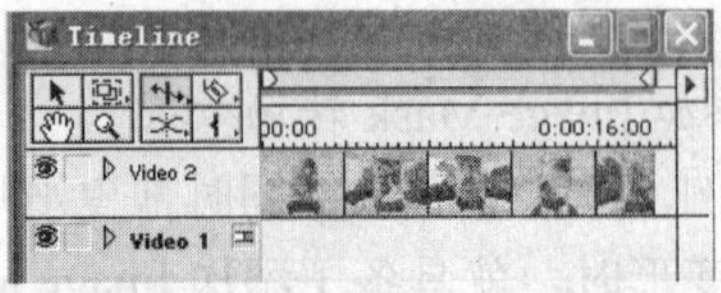

图 4.100

③ 在播放视窗中将合成片段的开始处设置入点，将合成片段的结尾处设置出点，然后将视频素材的剪裁结果拖动到 Timeline 窗口。

④ 再次选择【File】→【Export Timeline】→【Movie】(【文件】→【输出时间标尺】→【影片】) 菜单命令，保存最终效果。

4.8 制作缩放淡入淡出效果

4.8.1 缩放淡入淡出效果——"北京欢迎您"

缩放淡入淡出效果是以主题 "北京欢迎您" 的视频片段，在大红灯笼门框里由小变大先后跳出 5 个喜娃，随后在天坛会标图片上以大门为导引文件，“开始-1”图片为背景，淡入淡出地在门框里展开“2 大门后开始”和“祖国字”视频片段文件，效果画面如图 4.101 所示。

图 4.101

缩放淡入淡出效果是利用淡入淡出的特效在天坛图片上以大门为导引文件渐显“北京欢迎您”镂空图形字幕；随后配合大门打开和两视频片段，在故宫门框中播放，主要操作要点如下。

① 建立项目窗口，导入素材。

② 应用缩放的运动效果设置。

③ 应用淡入淡出的特效制作。

④ 设置“北京欢迎您”镂空图形字幕。

⑤ 保存项目并生成最后效果的影视文件。

4.8.2　装配视频素材

下面介绍北京欢迎您——制作喜娃缩放运动效果的操作步骤。

① 启动 Premiere 6.5，选择“Multimedia Video for Windows“项进入系统后，双击 Project 项目窗口的空白处，在弹出的”Import“对话框中，选择光盘“4 章 Premiere 案例\案例 5 欢迎视频”文件夹下的“人-1.jpg”～“人-5.jpg”喜娃文件、“灯笼门框.BMP”、“开始-1.jpg”、“天坛.jpg”、“2 大门后开始.avi”、“门框.bmp”、“29.jpg”等素材文件，将其导入到 Project 窗口中，如图 4.102 所示。

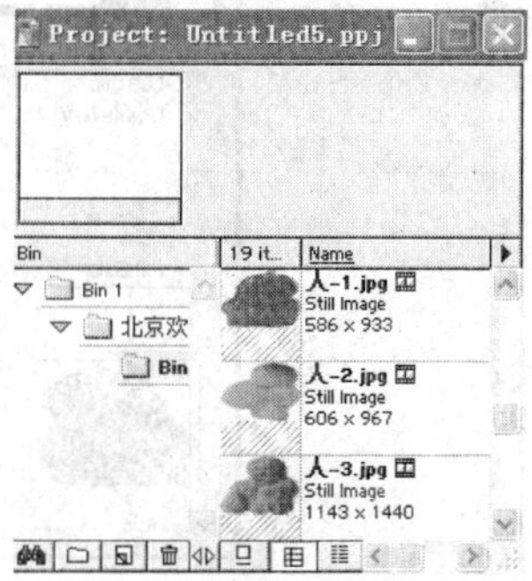

图 4.102

② 用鼠标将项目窗口中的“人-1.jpg”～“人-5.jpg”喜娃文件，依次拖曳到 Timeline 窗口的视频 Video 2 轨道中。

③ 用速度调制工具，将鼠标指针移到 Video 2 轨道上“人-1.jpg”图像素材的右边缘处，向左拖曳使它只呈现 3 幅图像，再单击鼠标右键，在弹出的快捷菜单中选择【Timeline Windows Options】命令，在弹出的相应对话框中选择第 1 种缩略图模式。

④ 继续用速度调制工具，依次将鼠标指针移到 Video 2 轨道上“人-2.jpg”～“人-5.jpg”喜娃图像素材的右边缘处，向左拖曳，使它只呈现 3 幅图像。

⑤ 用鼠标将项目窗口中的“灯笼门框.jpg”图片，拖曳到 Timeline 窗口的视频 lA 轨道中，设置“灯笼门框.jpg”图片的出点与“人-5.jpg”图片的出点对齐，效果如图 4.103 所示。

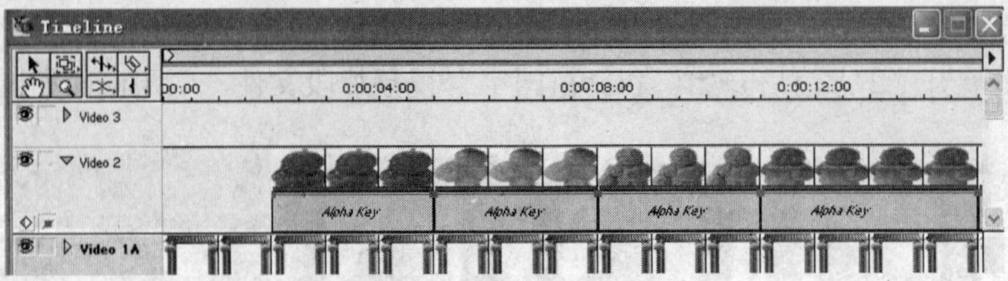

图 4.103

4.8.3 设置缩放运动效果

接上例，继续设置喜娃的缩放运动效果，操作步骤如下。

① 将鼠标指针移到视频 Video 2 轨道上左边的“人-1.jpg”图像之上，单击鼠标右键，在拉出的快捷菜单中选择【Video Options】→【Motion】命令，弹出“Motion Settings”对话框。

② 在弹出的“Motion Settings”对话框中，设置它的＃0 坐标位置为（0，14），在“Rotation”（旋转）文本框内输入 0，在“Zoom”（缩放）文本框内输入 20，在“Delay”（延时）文本框内输入 0。

③ 在“Motion Settings”对话框中部，单击路径时间标尺终点处，设置＃1 坐标位置为（0，14），“Rotation”（旋转）值为 0，“Zoom”（缩放）值为 50，“Delay”（延时）值为 0，如图 4.104 所示。最后单击【OK】按钮退出对话框。从而完成“人-1.jpg”喜娃图片缩放效果的设置。

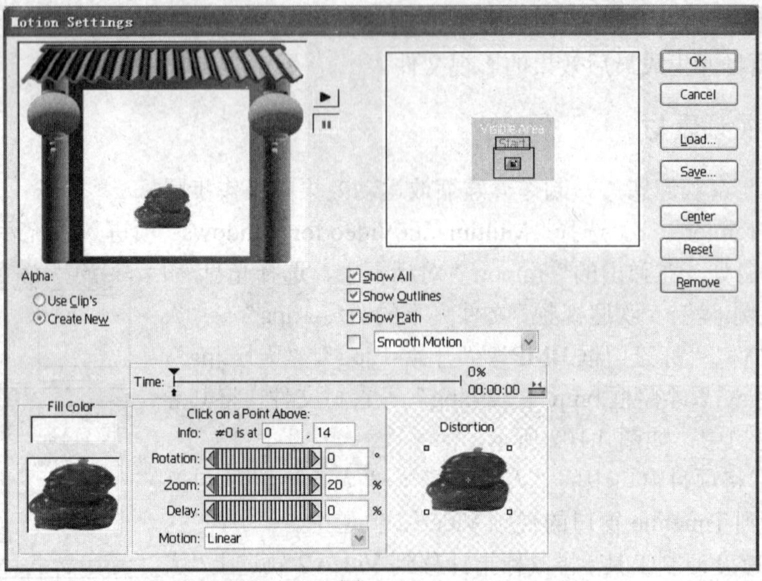

图 4.104

④ 在图 4.104 Motion Settings 对话框中，单击【Save】按钮，打开“Save Motion Settings”对话框，将文件命名为“喜娃参数.pmt”，如图 4.105 所示，单击【保存】按钮返回到“Motion Settings”对话框。再单击【OK】按钮退出运动设置。

⑤ 在 Timeline 窗口中，用鼠标右键选择“02.jpg”图像，在打开的快捷菜单中选择【Video Options】→【Motion】命令，弹出“Motion Settings”对话框。

⑥ 在“Motion Settings”对话框中，单击【Load】按钮，打开“Load Motion Settings”

对话框，选择刚保存的“喜娃参数.pmt”文件，如图 4.106 所示，单击【打开】按钮。将“人-1.jpg”喜娃图片的运动设置赋予“人-5.jpg”喜娃图片，单击【OK】按钮退出。

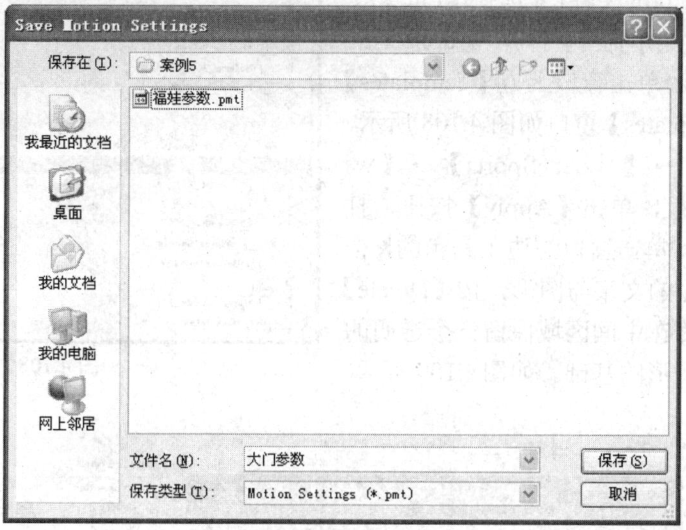

图 4.105

⑦ 按照步骤⑧，依次将“人-2.jpg”～“人-4.jpg”喜娃文件分别载入“喜娃.pmt”参数文件，完成缩放效果的制作。

⑧ 按住【Alt】键同时拖曳滑块播放头预演观看，在 Monitor 窗口的右侧视窗中看到喜娃和会标文件在灯笼门框里由小变大跳出的动态效果，如图 4.107 所示。

图 4.106

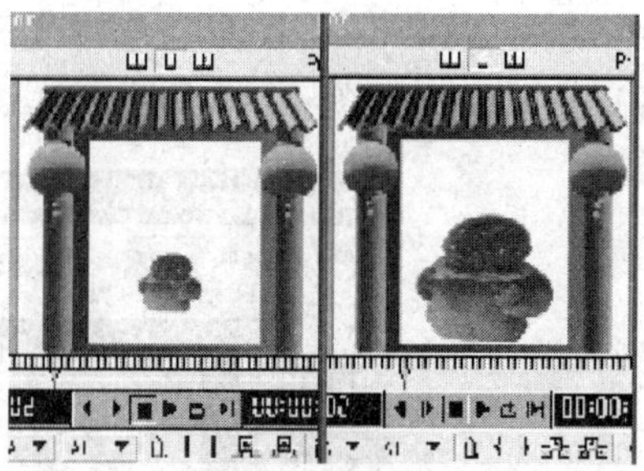

图 4.107

4.8.4　设置“北京欢迎您”镂空图形字幕

接上例，设置“北京欢迎您”镂空图形字幕，具体操作步骤如下。

① 新建一个项目文件，在项目窗口导入“GUGON9.BMP”故宫背景文件，然后将其拖曳到 Timeline 窗口的视频 2 轨道中。选择【File】→【Open】菜单命令，在弹出的打开对话

框中选择光盘\4章Premiere案例\案例5欢迎视频\透空H1. proj项目文件。或在Premiere 7.0窗口制作透空H1. proj文件，（选择【File】→【Open】→【Title】菜单命令，打开“Adobe Title Designer”对话框。单击窗口上方【Templates】按钮，打开【Templates】窗口如图4.108所示，选择【Sports_7】→【Water Sports】→【ws frame_7】一个模板，单击【Apply】按钮，打开frame_7模板。单击窗口左边工具箱的按钮，分别选择可见的文字与图形，按【Delete】键将其删除，最终在中间区域保留一个透明的长方形作为透空图形的基础。）如图4.109所示。

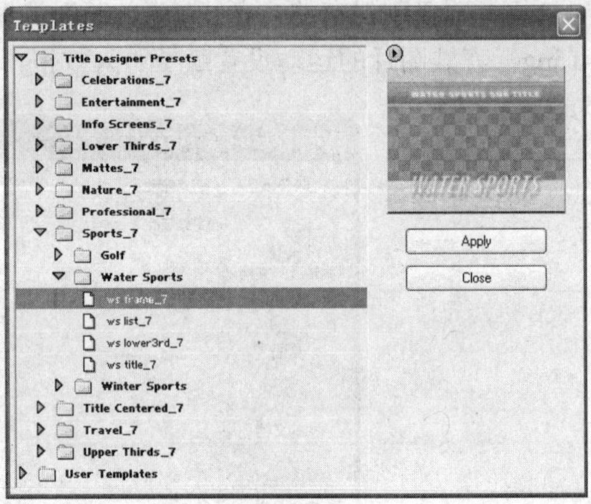

图4.108

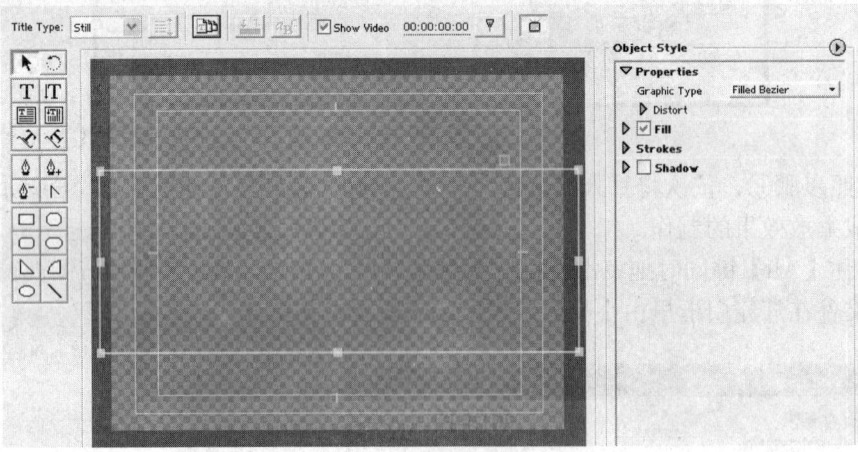

图4.109

② 从【Adobe Title Designer】窗口右边【Properties】参数夹的“Graphic Type”下拉列表中选择“Ellipse”图形，选中【Fill】复选框并将其展开，确认“Opacity”为0%，使其出现透空效果，如图4.110所示。

图4.110

③ 展开“Stroke”，单击“Inner Strokes”选项右边的【Add】按钮，弹出内轮廓设置列表，将“Size”设为 22.0，在“Fill Type”旁的下拉列表中选择“Bevel”倒角，“Highlight Color”设为亮灰色以决定倒角内部边的色彩，【Shadow Color】设为暗黄色以决定倒角外部边的色彩，如图 4.111 所示。

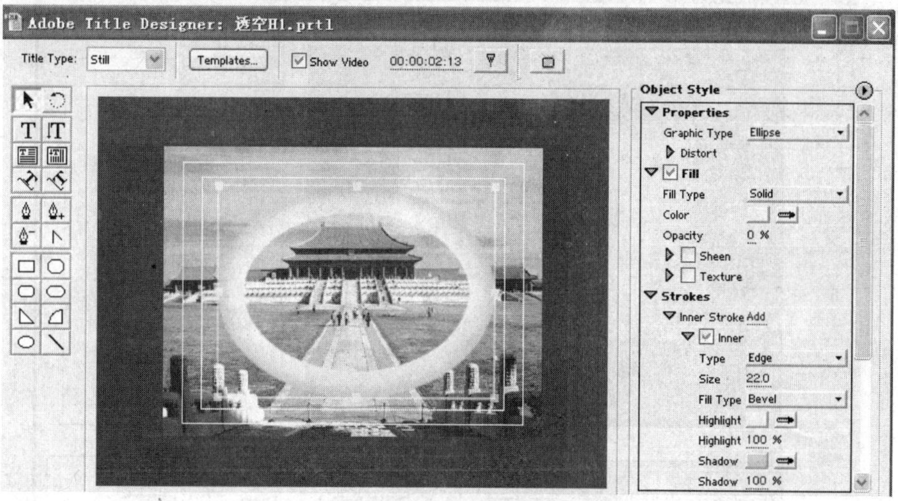

图 4.111

④ 在“Adobe Title Designer”窗口右下方“Transform”栏中，将“X Position”和“Y Position”分别设置为 174.0、126.0，宽和高均设置为 234.0。

⑤ 单击窗口左边工具箱的矩形工具按钮，从左上角向右下角拖画出一个矩形，在窗口右下方“Transform”栏中，将“Width”和“Height”设为 185.0，如图 4.112 所示。

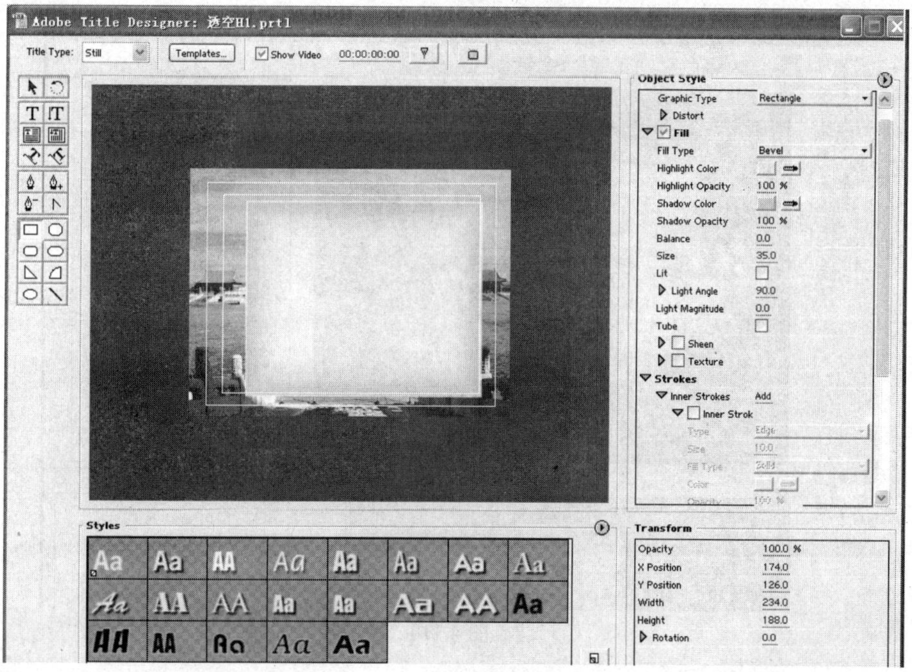

图 4.112

⑥ 在“Fill”的“Fill Type”旁的下拉列表中选择“Bevel”倒角，将“Highlight Opacity”和“Shadow Opacity”均设为100%，“Highlight Color”设为亮黄色，“Shadow Color”设为暗黄色，“Size”设为35.0，在“Strokes”参数夹下，取消勾选“Inner Strokes”，如图4.113所示。

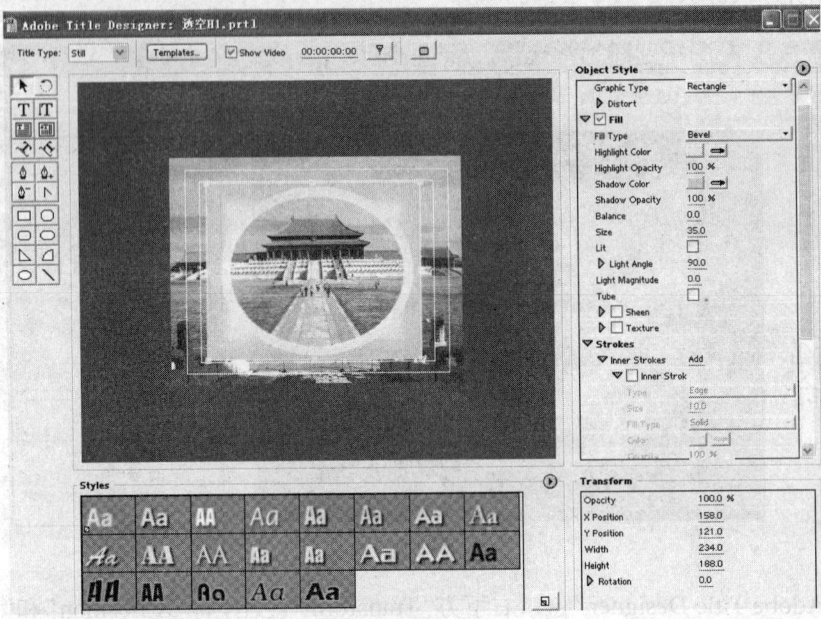

图 4.113

⑦ 选择【Title】→【Arrange】→【Send to back】菜单命令，使新画的矩形位于透空图形的后面，呈现透空效果，如图4.114所示。

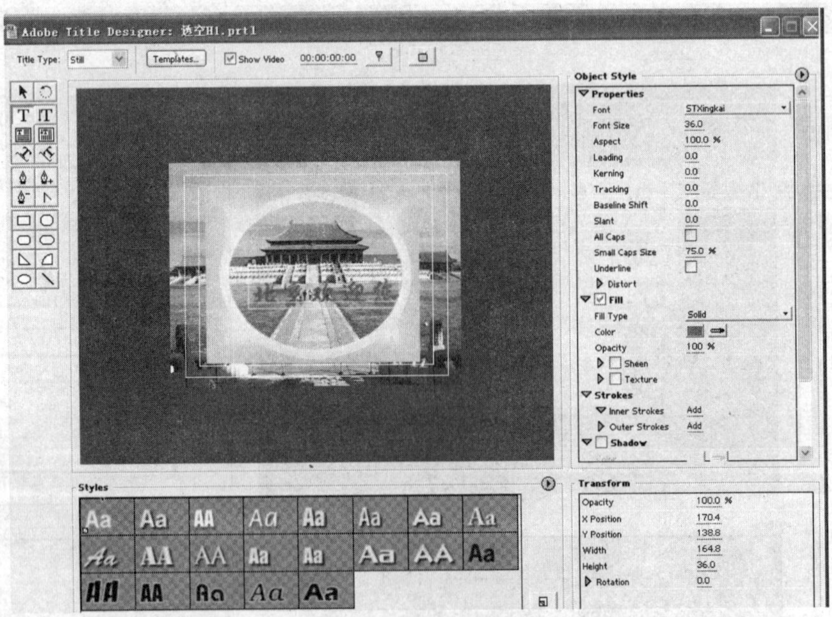

图 4.114

⑧ 单击窗口左边工具箱的T按钮，首先在字幕显示区单击鼠标左键，然后在“Properties”

参数夹中的“Font”下拉列表中选择“Stxingkai”，将“Font Size”设为 36.0，“Slant”设为 0.0。“Fill Type”旁的下拉列表中选择“Solid”，“Color”选红色，输入文字“北京欢迎您”，如图 4.114 所示。

⑨ 选择【File】→【Save】命令，在弹出“Save File”对话框中输入项目的路径、文件名，单击【保存】按钮，生成一个项目文件。

⑩ 选择【File】→【Export Timeline】→【Movie 】(【文件】→【输出时间标尺】→【影片】）菜单命令，在弹出的“Export Movie”对话框中输入节目的路径、文件名，单击【Save】按钮，生成视频文件。在播放器窗口，单击播放按钮观看节目的制作效果。

4.8.5　设置淡入淡出效果

接上例，利用交叉淡化工具快速为镂空图形继续建立淡入淡出效果，操作步骤如下。

① 首先将“透空 H2 作品.avi”素材从项目（Project）窗口拖曳到 Timeline 窗口 Video 3 轨道上，并用速度调制工具，将鼠标指针移到图像素材的右边缘处，向左拖曳，使它只呈现 3 幅图像。

② 将“天坛.bmp”素材拖曳到 Video 2 轨道上。并用速度调制工具，将鼠标指针移到图像素材的右边缘处，向左拖曳使它只呈现 1 幅图像。将“开始-1.jpg”素材拖曳到 Video 2 轨道上，并用速度调制工具，在图像素材的右边缘处，向左拖曳使它只呈现 1 幅图像，并将“开始-1.jpg”素材的入点与“透空 H2 作品.avi”第 2 幅图像出点对齐。

③ 单击 Video 2 和 Video 3 左侧的卷展控制，使其变为，展开视频轨道。在视频轨道控制面板单击，切换为淡化器编辑模式。

④ 在 Timeline 窗口工具栏选择交叉淡化工具，单击选择 Video 3 轨道上“透空 H2 作品.avi”素材，把鼠标放置在 Video 2 轨道上“天坛.bmp”素材上，光标变为时单击，系统自动为两个素材建立淡入淡出效果；继续选择交叉淡化工具，单击选择 Video 3 轨道上“透空 H2 作品.avi”素材，把鼠标放置在 Video 2 轨道上“开始-1.jpg”素材上，光标变为时单击，系统自动为两个素材建立淡入淡出效果，结果如图 4.115 所示。

⑤ 将“门框.bmp”素材拖曳到 Video 1A 轨道紧邻“开始-1.jpg”素材右边。并用速度调制工具，在图像素材的右边缘处，向左拖曳使它只呈现 1 幅图像。将“2 大门后开始.avi”素材拖曳到 Video 1B 轨道上，并用速度调制工具，在图像素材的右边缘处，向左拖曳使它只呈现 2 幅图像；将“祖国字.avi”素材拖曳到 Video 2 轨道上，其入点与 2 大门后“开始.avi”素材的出点对齐，如图 4.116 所示。

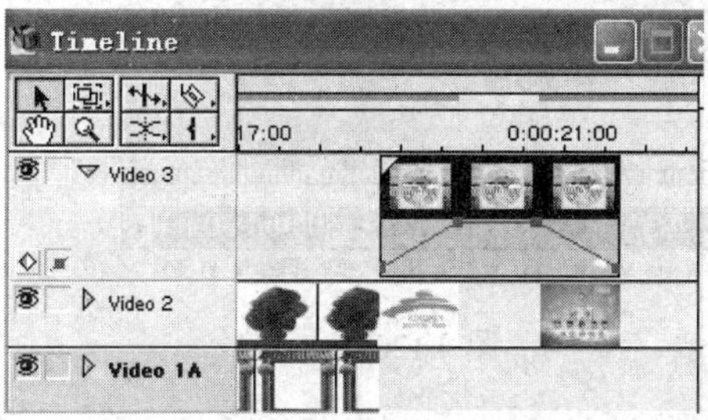

图 4.115

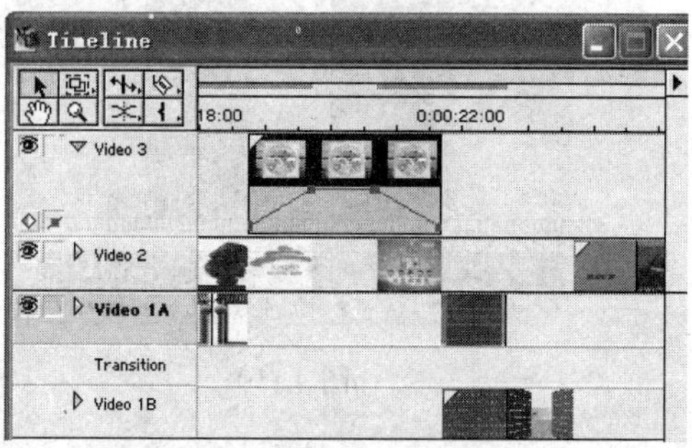

图 4.116

⑥ 单击 Transition 面板中的 Wipe 转场效果项目上的扩展标志，如图 4.117 所示。拖动 Barn Doors 转场效果到 Transition 两段素材的重叠处，设置开门的转场效果，如图 4.118 所示。

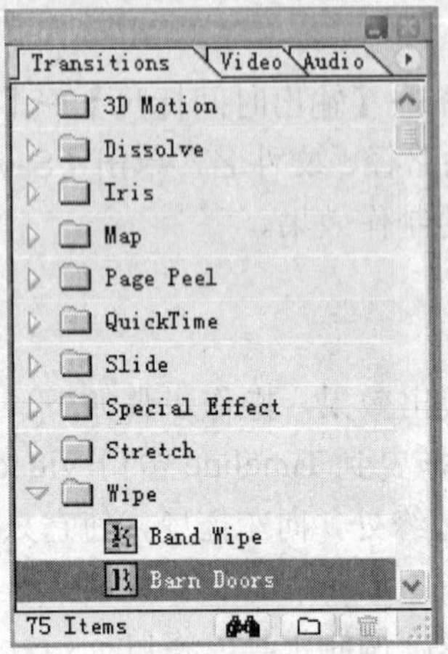

图 4.117

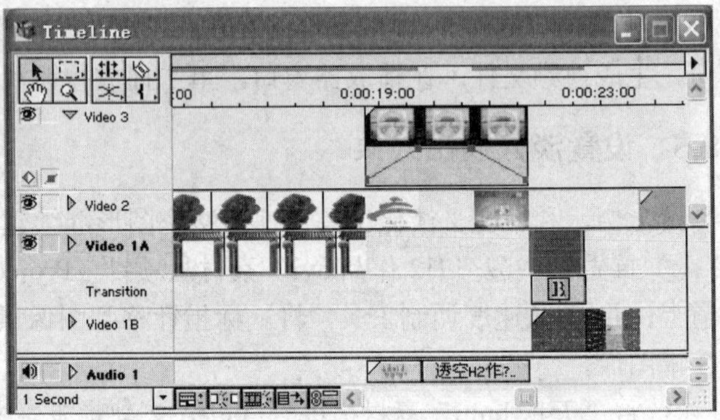

图 4.118

⑦ 按住【Alt】键同时拖曳滑块预演观看，在 Monitor 窗口的右侧视窗中看到在天坛图片上渐显“北京欢迎您”镂空图形字幕。

⑧ 继续按住【Alt】键同时拖曳滑块预演观看，在 Monitor 窗口的右侧视窗中看到以“北京欢迎您”镂空图形字幕为背景。继续预演观看，在 Monitor 窗口的右侧视窗中，逐渐显示开门的动态效果，如图 4.119 所示。接着显示“祖国字.avi”片段的动态效果，如图 4.120 所示。

⑨ 选择【File】→【Save】命令，在弹出“Save File”对话框中输入项目的路径、文件名，单击【保存】按钮。

⑩ 选择【File】→【Export Timeline】→【Movie】(【文件】→【输出时间标尺】→【影片】) 菜单命令，在弹出的“Export Movie”对话框中输入节目的路径、文件名，单击【Save】按钮，生成视频文件。

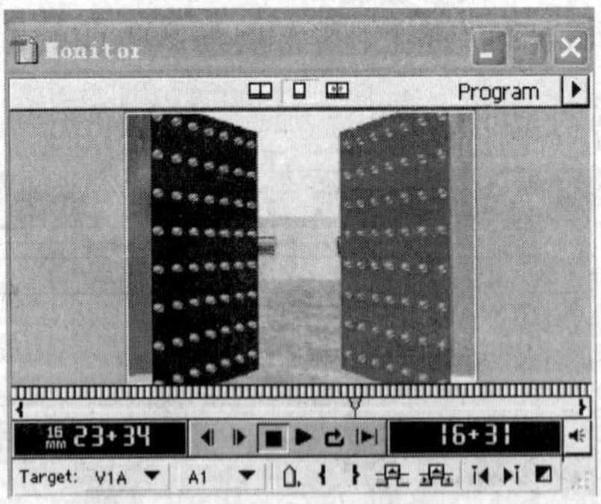

图 4.119

图 4.120

⑪ 在播放器窗口，单击播放按钮观看节目的制作效果。

习　题

一、选择题

1. 下列说法不正确的是（　　）。

（A）预测编码是一种只能针对空间冗余进行压缩的方法

（B）预测编码是根据某一模型进行的

（C）预测编码需将预测的误差进行存储或传输

（D）预测编码中典型的压缩方法有 DPCM，ADPCM

2. 在我国，汽车的车轮有四个，方向盘在前排的左座前，换档的装置在座位的右侧，这种规律性的结构称为（　　）。

（A）结构冗余　（B）知识冗余　（C）视觉冗余　（D）空间冗余

3. 下列说法正确的是（　　）。

① 冗余压缩法不会减少信息量，可以原样恢复原始数据

② 冗余压缩法减少了冗余，不能原样恢复原始数据

③ 冗余压缩法是有损压缩法

④ 冗余压缩的压缩比一般都比较小

（A）①③　（B）①④　（C）①③④　（D）③

4. 在 MPEG 中为了提高数据压缩比，采用的方法是（　　）。

（A）运动补偿与运动估计　（B）减少时域冗余与空间冗余

（C）帧内图像数据与帧间图像数据压缩　（D）向前预测与向后预测

5. 在 JPEG 中使用的两种熵编码方法为（　　）。

（A）统计编码和算术编码　（B）PCM 编码和 DPCM 编码

（C）预测编码和变换编码　（D）哈夫曼编码和自适应二进制算术编码

6. 下列说法正确的是（　　）。

（A）信息量等于数据量与冗余量之和　（B）信息量等于信息熵与数据量之差

（C）信息量等于数据量与冗余量之差　（D）信息量等于信息熵与冗余量之和

7. 图像序列中的两幅相邻图像，后一幅图像与前一幅图像之间有较大的相关，这是（　　）。

（A）空间冗余　（B）时间冗余　（C）信息熵冗余　（D）视觉冗余

8. 衡量数据压缩技术性能的重要指标是（　　）。

① 压缩比　② 算法复杂度　③ 恢复效果　④ 标准化

（A）①③　（B）①②③　（C）①③④　（D）全部

9. 预测编码方法可分为（　　）两类。

（A）DPCM 编码和 PCM 编码　（B）线性预测编码和非线性预测编码

（C）PCM 编码和 DPCM 编码　（D）算术编码和哈夫曼编码

10. 一般说来，要求声音的质量越高，则（　　）。

（A）量化级数越低和采样频率越低　（B）量化级数越高和采样频率越高

（C）量化级数越低和采样频率越高　　（D）量化级数越高和采样频率越低

11．频率为25帧/秒的制式为（　　）。

（A）PAL　　（B）SECAM　　（C） NTSC　　（D）YUV

12．在JPEG中使用了哪两种熵编码方法（　　）。

（A）统计编码和算术编码　　（B）PCM编码和DPCM编码

（C）预测编码和变换编码　　（D）哈夫曼编码和自适应二进制算术编码

13．关于动态图像，下列说法错误的是（　　）。

（A）动态图像具有时间连续性，故非常适合于表示“过程”

（B）动态图像的数据量都比较大，所以必须选择合适压缩方法才能便于计算机存储和处理

（C）常说的动态图像是指通过实时获取的自然景物，而由计算机或人工制作的则不属于该范畴

（D）动态图像对实时性要求很高，必须在规定时间内完成更换画面播放的过程

14．在视频系统中视频扫描分为（　　）。

A．隔行扫描和逐行扫描　　B．隔行扫描和隔页扫描

C．逐行扫描和逐页扫描　　D．隔页扫描和逐页扫描

15．下列数字视频中哪个质量最好（　　）。

A．240×180分辨率、24位真彩色、15帧/秒的帧率

B．320×240分辨率、30位真彩色、25帧/秒的帧率

C．320×240分辨率、30位真彩色、30帧/秒的帧率

D．640×480分辨率、16位真彩色、15帧/秒的帧率

16．下列关于Premiere软件的描述，（　　）是不正确的。

A．Premiere是一个专业的动画与数字视频处理软件

B．Premiere可以将多媒体数据综合集成为一个是视频文件

C．Premiere具有多种活动图像的特技处理能力

D．Premiere软件与Authorware软件是一家公司的产品

二、填空题

1．JPEG建议使用两种熵编码方法：________，________。

2．衡量数据压缩技术性能的重要指标是：________，________，________。

3．多媒体数据压缩编码方法可分为两大类：________，________。

4．JPEG标准采用的哪些混合编码方法是：________，________，________。

5．目前较常用的静态和动态图像格式有：________，________，________，________，________，________。

6．多媒体数据通常存在大量的冗余数据，主要有________，________，________，________，________等。

7．在多媒体数据量化中存在二种量化方式：________，________，而标量量化又可分为________，________，________。

8．JPEG编码原理简化框图如图4.121所示，①为__________，②为__________，③为__________。

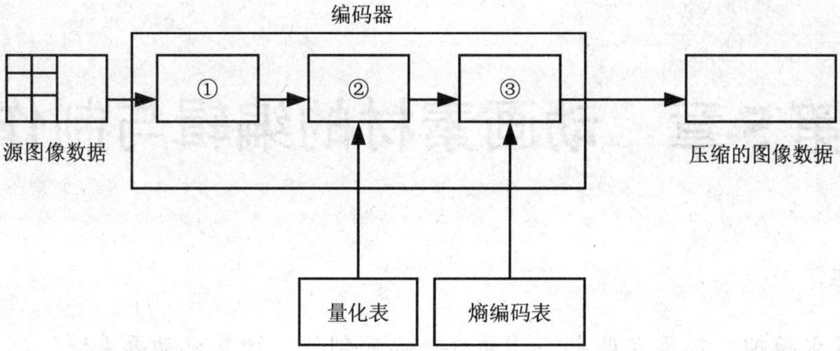

图 4.121

9．静态图像压缩编码国际标准中________的编码过程如下：首先把静态图像分割为________的图像子块，然后对每一块子块进行________，根据________进行________处理，最后对 DC 码和 AC 行程编码的码字再作基于统计特性的________，得到压缩后的图像数据。

10．JPEG 算法具有四种操作方式：顺序编码，________，________，________。

11．当动态图像的每一帧图像都是人工或者计算机产生的时候，被称为________；当每一帧图像都是实时获取的自然景物时，被称为________。

三、问答题

1．国际标准 MPEG-2 采用了分层的编码体系，提供的四种工具是什么？

2．多媒体数据压缩方法根据不同的依据有不同的分类，试举例说明。

3．在 MPEG 视频压缩中，为了提高压缩比，主要使用了哪两种技术？

4．在自适应预测编码中，ADPCM 系统主要包括哪两部分内容？

5．MPEG 在视频压缩中，采用了哪三种图像？

6．什么是 MPEG 标准？它与 JPEG 和 H.261 有何相似之处？

四、论述题

1．论述 JPEG 静态图像压缩编码的主要原理及其实现技术。

2．什么是预测编码？

3．什么是 H.261 标准？它主要用于哪些领域？它采用了什么压缩编码方法？

第 5 章　动画素材的编辑与制作

内容提要：

动画的基本原理、动画发展史、计算机动画的制作、计算机动画系统、网页动画。

5.1　动画的基本原理

5.1.1　动画的基本概念

“动画”顾名思义，是“动着的图画”。其实动画的定义是一组连续的画面，它的每一张画面都有一些非常细微的差别，但是连续播放起来使人们感觉到是一个连续的动作。动画具有“运动”、“连续”以及“由多个运动单位组成”等特点

人们常以为动画就是影视上所播放的各种动画片，比如非常著名的动画片“米老鼠和唐老鸭”、“狮子王”、“花木兰”等。实际上应该认识到动画片不过是动画的一种。动画的范围已经远远地超过动画片，正逐渐成为一门学问。

5.1.2　动画的定义

动画在英文里是 animation。著名的动画艺术家、英国人约翰汉斯曾指出：“运动是动画的本质”，也有人说：“动画是运动的艺术”。总之动画与运动分不开。

下列两种定义是公认的。

（1）动画是一门通过在连续多格的胶片上拍摄一系列单个画面，从而产生运动视觉的技术，这种视觉是通过将胶片以一定的速率放映的形式而体现出来的。

（2）动画是一种动态生成一系列相关画面的处理方法，其中的每一帧与前一帧略有不同。

除以上这些定义外，还需要补充和修改新的概念：动画不单是记录在胶片上，而且还记录在磁带、磁盘、光盘上；放映的方法不单是使用灯光投影到银幕上，还使用电视屏幕、计算机显示器、投影仪等进行显示；动画中不单是实体在运动，而且颜色、纹理、灯光也可以在不断改变。

5.1.3　动画的原理

动画的基本原理是基于视觉原理。就是利用当人的眼睛看一样事物时，这个事物会暂时停留在视觉里。当制作出一组只有细小差别的连续的图画时，第一个画面还没有从视觉里消失，马上显示下一个画面，给人的感觉就是连续变化的动作。

有这样一个实验，当两个小灯在黑暗的房间里，相距 2 米远，让这两个小灯以 25ms 到 400ms

的时间间隔交替点亮和熄灭。观察者看到的是一个小灯在两个位置之间跳来跳去，而不是两个灯分别点亮和熄灭的情形。这是由于一个灯点亮时在人的视觉中保留一段短暂的时间，还未消失时另一个灯又点亮，观察者在视觉上将两个灯混合为一个灯，感觉到只有一个灯跳来跳去，这就是视觉残留的原理。大型文艺晚会上使用的彩灯产生流水似的视觉效果也是利用了这个原理。

5.2　动画发展史

动画的发展大致分为三个阶段：原始动画时代、传统动画时代和计算机动画时代。每个阶段的动画都有其不同的风格及特点。

5.2.1　原始动画时代

究竟最早的动画出现在什么年代、哪个地方，恐怕没人能够说清楚。但是据考古学家介绍，在出土的几万年前的壁画上能够看到一系列原始人祭神、跳舞的图画。可见那个时代的“画家”已经注意到了动画的基本规则，从而创作出了那些极富有动感的动画图案。

在我国汉代时，民间中出现了类似于现在的“皮影戏”的艺术，可以说这时动画技术已经向前迈进了一大步。19 世纪末，一位法国人发明了幻灯机，从这时起才有了电影艺术，在这段很长的时间里，动画始终发展得非常缓慢，称为原始动画时代。

5.2.2　传统动画时代

19 世纪末，法国有一对名为卢米尔的兄弟发明了电影摄影机，从此以后，陆陆续续地，一部一部的动画片诞生了，先是“受训的恐龙哥提”，其后，著名的动画制作公司沃特 • 迪斯尼最先制作了至今仍为儿童津津乐道的动画片“米老鼠和唐老鸭”和“白雪公主”。

这个阶段动画全部都是由手工绘制的，因此称作传统动画时代。

1. 动画片的生产过程

动画片的生产过程分为剧本、设计稿、声音节拍、关键帧、中间画、测试、描线上墨、上色、检查、拍摄、后期制作等几个制作环节。

2. 格、幅、关键帧和中间画

动画片的最小长度单位是格，在卡通片中，常常两格拍摄同一幅画面（叫一拍二）或三格拍摄同一幅画面（叫一拍三）。这样，同样长度的动画片所需的幅数减少为原来的 1/2 或 1/3，但拍摄的格数总和不变，因此实际放映的时间不变。

关键帧往往是表示动作的极限位置、一个角色的特征表达或其他重要内容。

一旦关键帧确定之后，就可以画出中间画，顾名思义，中间画就是位于关键帧之间的过渡画，不止有一张，可能有若干张，使动作流畅自然。

3. 摄影特技

在传统动画中，常常用到一些摄影特技，如摇移、推拉、翻转、渐显、渐隐、淡入淡出、划入划出等。

5.2.3 计算机动画时代

20世纪60年代，著名的贝尔实验室制作了第一部计算机动画片。直至现在，计算机动画已经成为影视领域里面不可缺少的一部分了。“空中大灌篮”、“真实的谎言”等影片已经把计算机动画完美地与影视结合在一起，使观众充分体会到有计算机动画参与其中的影视的神奇。现在，计算机动画已不仅仅用于影视制作，它无与伦比的作用被用于各个领域，如航空、军事、科研、医疗、教育、娱乐等。这个阶段的动画以计算机制作为主，称为计算机动画时代。

5.3 计算机动画的制作

随着计算机图形技术的迅速发展，计算机在动画中的应用也不断扩大，计算机动画的内涵也在不断扩大。计算机动画发展到今天，主要分为二维动画和三维动画两大类，这就是计算机辅助动画和计算机生成动画。计算机辅助动画（Computer-Assistedanimation）也叫“二维动画”，计算机生成动画（Computer-Generatedanimation）也叫“三维动画”。

5.3.1 二维动画

在传统卡通动画中的很多中间画的制作现在可以由计算机来完成。给出关键帧之间的插值规则，计算机就能进行中间画的计算，不过这需要动画制作人员仔细规划，“帮助”计算机进行插值计算。在两个关键帧中，隐含着很多的信息，不能很好地提供这些信息，计算机就不能正确地进行计算。实际上是，你希望计算机为你做点什么，首先应教会计算机怎样按你的要求做，这就是通常说的计算机辅助动画。

二维动画是对手工传统动画的一个改进，它与手工动画相比，有许多优越性。使用计算机，描线上色工作非常方便，操作简单，颜色一致，绝对没有颜料的开裂、明片闪光等问题。而且界线非常准确，不需晾干，不会窜色，改色方便，不因层数加多而影响下层的颜色。从成本上说，价格便宜。从技术方面说，由于工艺环节少，不需通过胶片拍摄和冲印就能预演结果，发现问题可随时在计算机上改正，既方便又节省时间。

二维动画，不仅具有模拟传统动画的制作功能，而且可以借助计算机将生成的图像拷贝、粘贴、翻转、放大、缩小、任意移位以及自动计算背景移动等特点，具有检查方便、质量保证、简化管理、生产效率高、能够有效地缩短制作周期等优点。

二维电脑动画的制作分为制作关键画、制作中间画、制作背景、着色、预演和后期处理6个步骤。

5.3.2 三维动画

如果说二维动画对应于传统卡通动画的话，那么三维动画则对应于木偶动画。如同木偶动画中首先制作木偶、道具和景物一样，三维动画首先建立角色、实物和景物的三维数据。接着，让这些角色和实物在三维空间里动起来，或者接近，或者远离；或者旋转，或者移动；或者变形，或者变色。再在计算机内部“架上”虚拟摄影机，调整好镜头，“打上”灯光，“贴上”材料，最后形成一系列栩栩如生的画面。三维动画之所以叫做计算机生成动画，是因为参加动画的对象不是简单的由外部输入的，而是根据三维数据在计算机内部生成的，运动轨迹和动作的设计也是在三维空间中考虑的。

三维动画与二维动画相比，有一定的真实性，同时与真实物体相比又是虚拟的，即处于似与不似和像与不像之间，这两者构成了三维动画所特有的特性："虚拟真实性"。

三维动画的制作相对来说比较复杂，分为造型、材质编辑、动画设计、成像、图像编辑和后期处理 6 个步骤。

5.4　计算机动画系统

计算机动画系统是指用于制作动画的由计算机硬件、软件组成的系统。它是在交互式计算机图形系统上配备相应的动画设备和动画软件形成的。所谓交互式，是指人和计算机之间的信息交换是有来有往的，操作者敲入一个命令或输入一些数据，计算机马上做出反应，或显示相应的图形，或做出肯定或否定的回答，并等待下一个操作，直至用户满意为止。

主机无疑是动画系统中最重要的部件，目前用作动画系统主机的有工作站和微机两种。工作站是一个性能优良、功能完备的计算机设备，通常个人使用的工作站设计为桌面型机器。一个工作站可能是一个大型计算机的终端，也可能与其他工作站连网使用，或者是具有局部处理能力的单一设备。目前国内用于动画制作的工作站主要是美国 SGI 公司的产品，如 4D 系列和 Indigo 系列。SGI 工作站是一个三维的工作站，有专用硬件支持图形功能，有不少性能卓越的动画软件与之相配。

计算机动画系统上使用的软件分为系统软件和应用软件两大类，系统软件是随主机一起配置的，一般包括操作系统、高级语言、诊断程序、使用环境、开发工具、网络通信等。应用软件主要指绘画、二维动画、三维动画、画面合成等软件。

计算机动画制作的软件很多目前最流行的二维动画制作软件为 Animator Pro 和 Flash，三维动画制作软件有 3D Studio。

5.5　网页动画

网页动画具有短小、精巧的特点，受网络传输速度的限制，网页动画必须应用专门的格式，以便于浏览者快速地观看到，并且不能失真，这就要求有专门的网页动画制作软件和文件格式。

5.5.1　网页动画的格式

1. GIF 格式

GIF 格式是一种流行的网页动画格式。GIF 动画由服务器一次传输给客户，在客户端打开，运行速度快，一般用户都可以使用，还支持离线浏览。

利用一些工具能制作出精美的 GIF 动画，它既可以存储静态图画，又可以存储动态画面。

大多数浏览器都支持 GIF 格式的动画，如 Netscape 和 IE。

2. Java 格式

这是一种新兴的格式，它能被任何用户使用。运行速度特别快，还具有一些 GIF 格式不具备的功能。但是缺点也很明显，就是制作者必须懂得 Java 编程语言。

5.5.2 制作网页动画的常用软件

（1）制作三维动态文字的软件 Ulead COOL 3D

友立（Ulead）公司开发的 Ulead COOL 3D 是制作动态三维立体字的一条捷径，它体贴的设计和直观的操作界面给使用者带来了极大的便利。整个操作过程完全可视，简单易用。适用于制做网页、文件、报告中需要的精巧美观的 3D 标题。

（2）制作 GIF 动画的软件 Microsoft GIF Animator

Microsoft GIF Animator 是一款 GIF 动画制作软件。精巧美丽的 GIF 动画点缀在访问的网页上使人们耳目一新。

（3）制作 Flash 动画的软件 Flash MX

Flash MX Professional 2004 是流行的交互式矢量动画制作工具，是 Web 设计人员和交互式媒体专业人员开发多媒体主题的理想工具，主要应用在网站设计、网络广告方面。用 Flash 制作的文件很小，由于采用了流技术，非常便于在 Internet 上传输。正是因为具有这些优点，Flash 才会成为网络动画、网络多媒体制作的主流软件。

5.6 Flash 的工作环境以及基本操作

Flash MX Professional 2004 提供了对由设计人员和开发人员组成的 Web 团队成员之间的工作流程进行优化的项目管理工具，该工具具有外部脚本撰写和处理数据库中动态数据的能力及其他功能，并提供了用于增强应用程序开发和设计的多种新功能。这些功能包括基于屏幕的可视化开发环境，以及用于以交互方式管理数据和提高团队生产力的工具。

当第一次打开 Flash MX Professional 2004 时，显示“开始”页，如图 5.1 所示。

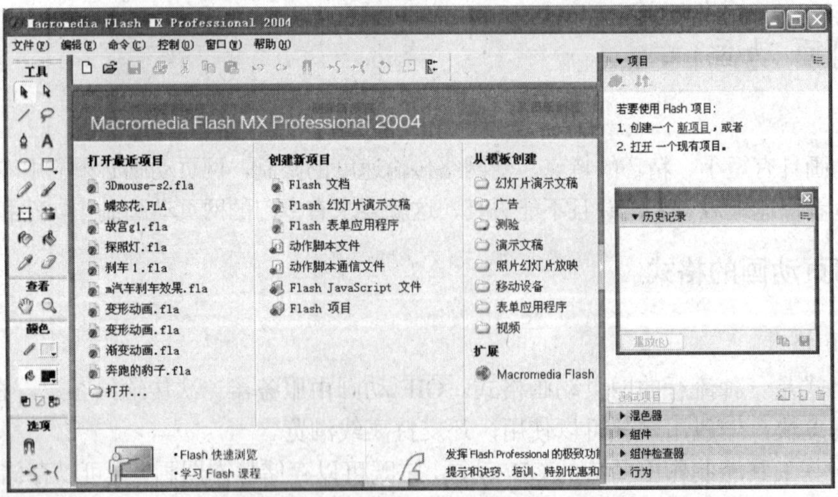

图 5.1

选中“不再显示此对话框”复选框，将隐藏“开始”页。若再次显示“开始”页，选择 Flash 菜单【编辑】→【首选参数】命令，在弹出的相应对话框中单击“常规”选项卡并选择其中的“显示开始页”单选钮。

选择“Flash 文档”即进入编辑窗口，Flash MX Professional 2004 的工作区由时间线窗口、放置媒体内容的舞台工作区、包含菜单和命令的主工具栏、多个面板和一个修改媒体资源的属性面板，以及工具箱组成，如图 5.2 所示。

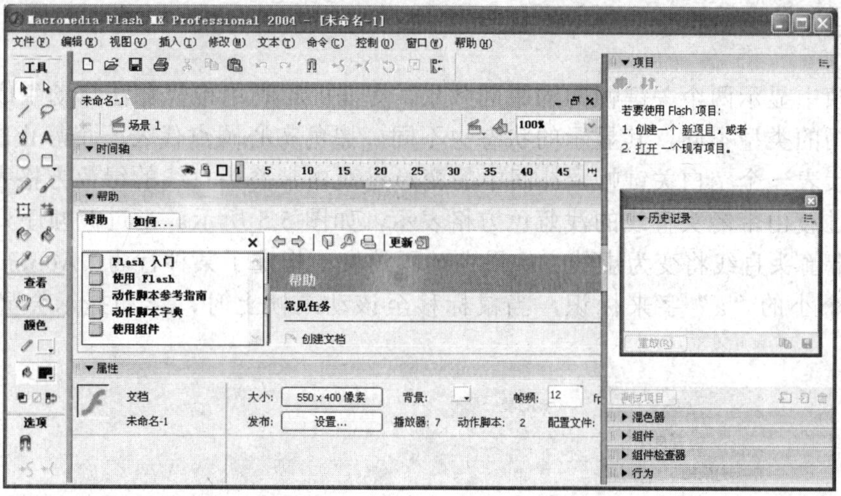

图 5.2

5.6.1　矢量图形及帧

1. 矢量图形

矢量图形（Vector Image）是在进行图形处理时只记录图形的轮廓，而不把图形的每一点的数据都进行存储的图形，这一点有别于如 BMP、GIF、JPG 这些以像素为基础的点阵图形文件。并且矢量文件可以实现真正的无级放大，因此可以做一个尺寸比较小的 Flash 图形文件，而在网页中进行放大。这样即节省了存储空间，又大大加快了传输速度。

2. 帧

帧（Frame）是组成 Flash 动画的最小单位。在 Flash 的时间线上的一个个方块就代表不同的帧，帧连续播放便构成了动画。帧中的内容可以是图像、音频、视频等，如图 5.3 所示。

每秒钟播放帧的数量被称为帧的播放速率。帧的播放速率决定动画播放的效果，也就是说，动画中每秒钟播放的帧数越多，动画的效果就越好。但并不是说帧的播放速率设置得越高越好，而是应根据动画使用的不同媒体设置不同的播放速率。

根据用途的不同，可以将帧分为关键帧和过渡帧两种类型，关键帧是指决定动画内容的帧，是在舞台上直接编辑的帧，其他的帧都是关键帧的延续或是变化。另外还有一个空白关键帧的概念。空白关键帧事实上是一个在舞台上没有内容的关键帧，但可以包含单独的动作脚本。关键帧的延续（叫静止帧）以灰色方格表示，空白关键帧的延续空白方格表示，如图 5.4 所示。在每个关键帧的最后静止帧上有一个小矩形，表示关键帧延续的结束。关键帧一般通过在同一层中给定开始和结束时的两帧，使中间的每一帧都会根据不同情况而自动生成两个关键帧间过渡画面从而得到一个完整的动画过程。

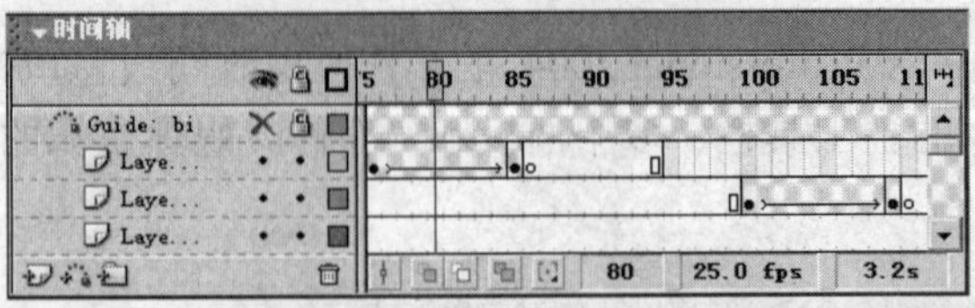

图 5.3

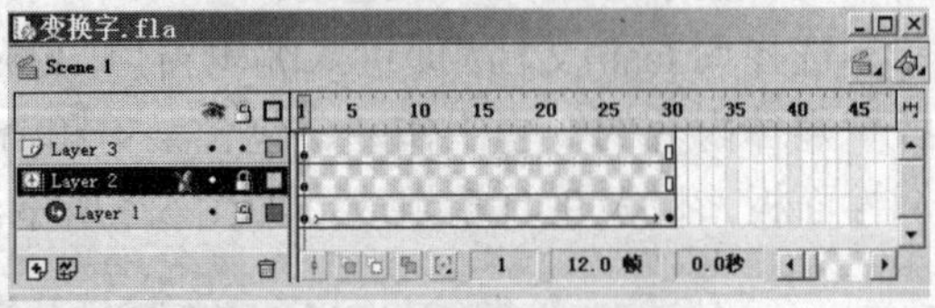

图 5.4

过渡帧中显示两个关键帧间的中间效果，是 Flash 利用推算算法自动生成的。过渡帧根据动画的类型不同，其显示的状态也不同。黑色实心圆点代表一个静止的关键帧，空心圆点代表一个空白关键帧，补间中的变形过渡由带箭头直线的绿色方格表示；补间中的运动过渡由带箭头直线的浅蓝色方格表示，如图 5.5 所示。当过渡帧序列出现错误的时候，带箭头直线将变为虚线。如果在动画的帧中指定了某种行为（Action），该帧上就会有一个小的“a”字来标识，当鼠标移至该动画帧上时，浮动提示会显示其中的内容。

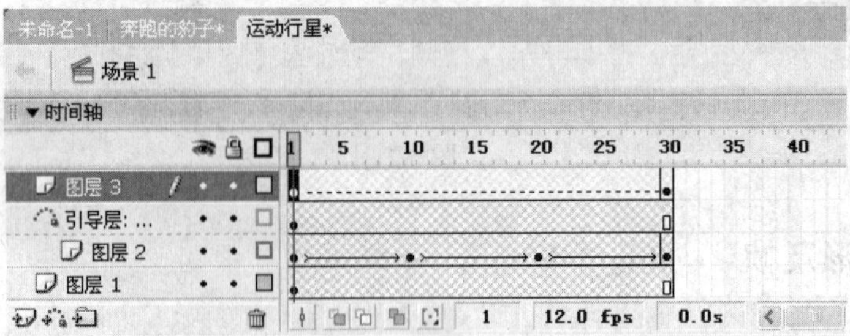

图 5.5

5.6.2 库

Flash 动画中的对象被做成了一个个的元件，而库（Library）就是用来存放这些元件的。库给了用户一个存储素材的地方，除了存储内部创建的元件，还存储外部导入的声音、位图和视频（Video）等素材，用户可以对素材库中的素材重复使用。这样将大大节省调用、重建素材的时间，并将减少 Flash 动画文件的大小。如果素材库中存有许多素材，用户寻找一个素材就很不方便。为了能够方便快捷地找到一个图形对象，用户可以在素材库中建立文件夹，然后按照一定的规律将不同的素材放置在不同的文件夹中，例如将图形对象放置在一个文件夹中，将声音文件放置在一个文件中。具体操作步骤如下。

① 单击素材库左下方的添加文件夹按钮，便可以添加一个新的文件夹，如图 5.6 左图所示。

② 接着将素材拖放到文夹中完成将图形对象放置在一个文件夹中的操作，如图 5.6 右图所示。

在 Flash 中调用库的方法有以下 2 种。

① 单击菜单【窗口】→【库】命令，即调出 Flash 工程文件中的库。

② 按【F11】或【Ctrl+L】快捷键，即调出 Flash 工程文件中的库。再次按【F11】或【Ctrl+L】键将关闭库。

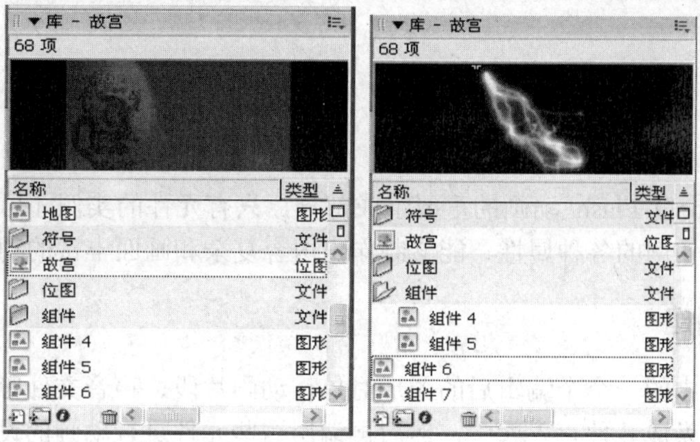

图 5.6

5.6.3　层

由于动画中往往有多个对象，而不同对象的出场时间和停留时间不同，为了更好地对每个对象进行管理，就要用到层（Layer）。当在各图层上添上内容后，最上面图层里的内容会挡住下面图层的内容，合理地使用图层能更好地布置舞台，使动画层次结构更清晰明了。

5.6.4　场景

将库中的元件拖曳到工作区后，就会变成场景（Scenes）。当制作的动画需要多个场景时，每一个场景都会连接一个元件，而其属性也从该元件获得，不过每一个场景都拥有各自的图层和属性，并且可以独自编辑。在动画中可以用场景安排舞台内容，使动画效果更丰富。

当新建一个文件后，Flash 会自动创建一个场景，若增加新的场景，其操作步骤是如下。

① 单击菜单【插入】→【场景】命令，即新建一个场景 2，如图 5.7 所示。

② 若要添加或删除场景，则单击菜单【修改】→【场景】命令，弹出场景面板，如图 5.8 所示。

③ 单击对话框底部的 ➕（添加场景）按钮或选择菜单【插入】→【场景】命令，能继续添加一个新场景。

④ 若复制一个场景，则单击对话框底部的（复制场景）按钮，新的场景即出现在场景面板中，它的名字后面被加上拷贝两字。

⑤ 若删除一个场景，则先选中要删除的场景，然后单击对话框中下边的（删除）按钮，Flash 即弹出一个信息对话框，提示将永久删除场景，该场景无法恢复。如果确实要删除，单击【确定】按钮即可，反之则单击【取消】按钮。

⑥ 若查看场景，则选择菜单【查看】→【转到】命令，如图 5.9 所示。

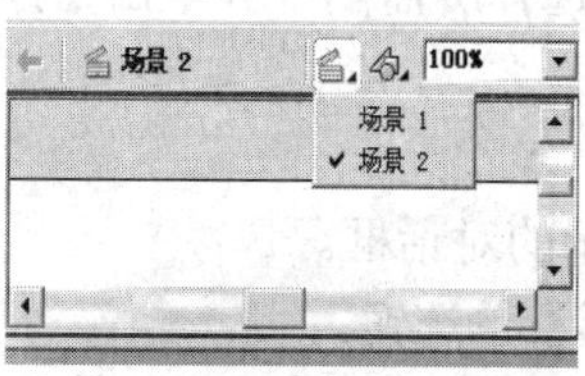

图 5.7

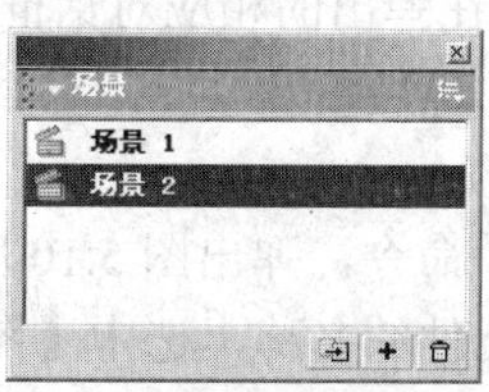

图 5.8

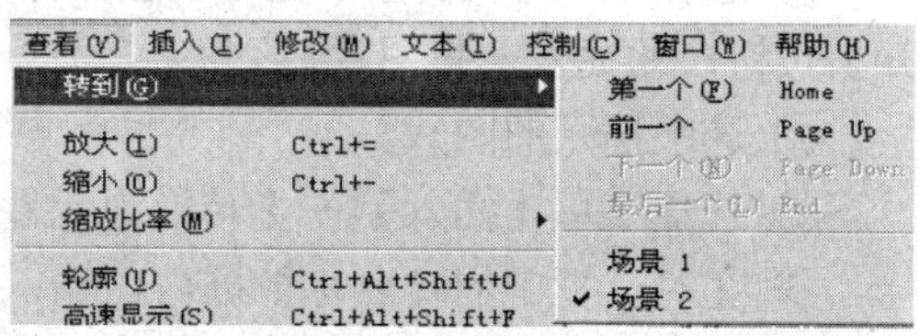

图 5.9

5.7 元件与实例

元件是（Symbol）Flash 动画的重要组成部分，只有元件的实例才可以用来制作补间动画。通过设置元件实例的各种属性，能够制作出内容复杂和画面丰富的动画。

5.7.1 元件与创建

元件就是动画中的一个个编辑后的图形对象、动画片段、声音文件等。在 Flash 中可以把所编辑的对象都做成元件存入库中，然后再调用这些元件进行动画的设计，从而最终完成一个完整的动画。放置在素材库中的元件可以被重复使用，因为在一部动画中经常要多次使用同一元件，而动画在发布输出时，被多次使用的元件将只保存一次，这样动画只占用极少的硬盘空间并能够以较高的速度传输数据。

Flash 的元件有图形（Graphic）元件、按钮（Button）元件和影片剪辑（Movie Clip）元件 3 种类型。

5.7.2 元件

在 Flash MX 中可以将物件直接建立成元件，也可以将舞台中的对象转换为图形元件。其方法是单击菜单【插入】→【新建元件】命令或按【Ctrl+F8】快捷键，进入创建元件窗口进行元件的创建和编辑。或在舞台上利用菜单【插入】→【转换为元件】命令把该对象定义成一个元件。创建元件的操作步骤如下。

① 选择菜单【插入】→【新建元件】命令，弹出如图 5.10 所示的对话框。

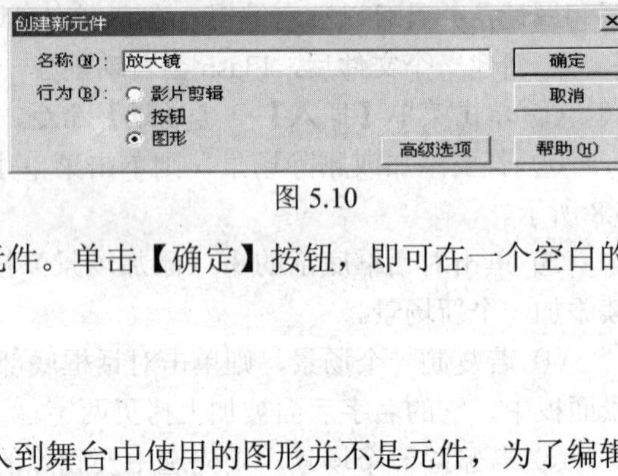

图 5.10

② 在对话框中的【名称】框内，输入元件名称，选中【图形】单选钮将元件定义为图形元件。单击【确定】按钮，即可在一个空白的元件编辑模式中开始建立。

5.7.3 将舞台中的对象转换为图形元件

用户在舞台中绘制的图像和一些由外部导入到舞台中使用的图形并不是元件，为了编辑和修改的需要，可以将其转换为元件。具体操作步骤如下。

① 选择菜单【文件】→【新建】命令。

② 选择菜单【窗口】→【库】命令，打开元件资料库。

③ 选择菜单【文件】→【导入】命令，在弹出的相应对话框中选择所需图片并单击【打开】按钮，即插入一张图片。

④ 选中插入的图片。

⑤ 选择菜单【插入】→【转换为元件】命令，弹出图 5.10 所示的对话框。

⑥ 在对话框中的【名称】框内，输入元件的名称，选中【图形】单选钮。

⑦ 单击【OK】按钮确定后，舞台中的目标对象即被转换为图形元件，转换后可以将原

来非元件的目标对象删除。然后在素材库中将转换为元件的对象拖动到舞台中，Flash 将自动为该元件建立一个实例。

5.7.4　实例

在 Flash 中，元件是可以重复利用的图像、按钮或动画。元件从素材库拖曳到舞台中后，该元件将自动生成一个实例。实例是元件在场景上的具体体现。用户可在舞台中的任意位置重复地使用同一元件的实例，这样将会减少文件存储所占用的空间，因为无论用户为同一元件建立多少实例，Flash 将只存储元件，而对于该元件的实例将只记录它的位置、大小、颜色等与元件不同的信息，因此，Flash 文件会变得非常小，Flash 动画在网络中下载的时间也会大大缩短。当用户在舞台内修改实例时，并不能对素材库中这一实例的元件产生影响。相反，如果修改素材库中的元件，其结果将直接影响舞台中该元件的每一个实例。所以在 Flash 中修改同一元件的多个实例是十分方便的。

5.7.5　元件与实例的区别

元件是在 Flash 动画中使用最为广泛的素材之一，元件可以是图形、音频或独立的电影，在动画中使用元件将大大减小动画在输出时的文件大小。

将元件从素材库中拖动到舞台上，Flash 将自动生成该元件的一个实例。该实例具有其原元件的一切特性，但是元件与自动生成的实例具有本质上的区别。

1. 使用的范围不同

元件使用的范围只是在动画的幕后区，在素材库中叫元件，如将其从素材库中拖曳到舞台上后，舞台中显现的只是该元件的实例。任何在舞台中引用的元件都被称为实例。

元件的实例具有元件的一切特性，但在舞台中元件实例的大小是不相同的，如图 5.11 左图所示，将元件从素材库中拖曳到舞台上，这些实例大小相同、位置不同。另外，对元件的实例的任意调整不影响素材库中的元件，如图 5.11 右图所示。

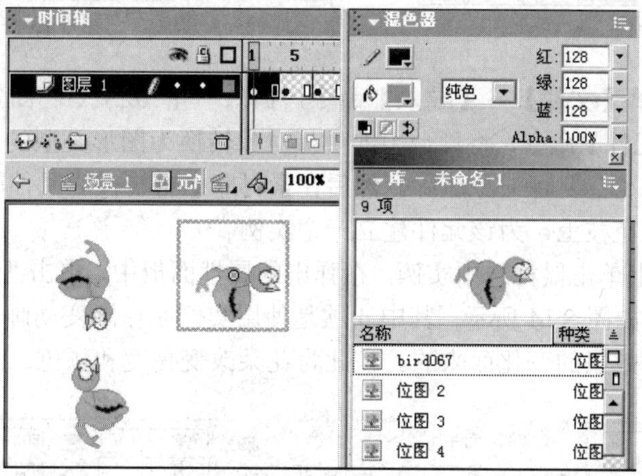

图 5.11

2. 使用目的不同

元件的使用是为了减少动画在输入或发布后的文件大小，是为了方便舞台中其实例的修改。用户可以在打开的素材库中编辑元件，同时也可以调整元件的大小和旋转角度。修改完毕并返回场景后，就会发现舞台上与该元件对应的所有实例都随着元件的改变而发生了相应的变化，参看下面实例分析。

3. 实例分析

下面通过花园中花朵颜色与形状的变化具体理解元件与实例的区别和联系。

① 单击菜单【文件】→【导入】命令，在弹出的导入对话框中选择“底图.JPG”，并单击【打开】按钮，插入花园底图，如图 5.12 所示；再次单击菜单【文件】→【导入】命令，在弹出的导入对话框中选择“花 01.JPG”，并单击【打开】按钮。

② 单击菜单【窗口】→【库】命令或按【F11】快捷键，调出素材库。选择菜单【插入】→【转换为元件】命令，在弹出的对话框中单击【图形】单选钮并单击【确定】按钮后，将舞台中的目标对象转换为图形元件。

③ 转换后将舞台中的原来非元件的“花 01.JPG”目标对象删除。然后在素材库中将转换为元件的“花 01.JPG”对象拖动到舞台中，连续拖几朵花放到花枝上，Flash 将自动为该元件建立实例，如图 5.13 所示。

图 5.12

图 5.13

④ 继续单击菜单【文件】→【导入】命令，插入“花 02.JPG”图像文件，并选择菜单【插入】→【转换为元件】命令，将舞台中的目标对象转换为图形类型的元件。将舞台中的原来非元件的“花 02.JPG”目标对象删除。然后在素材库中将转换为元件的“花开 02.JPG”对象拖动到舞台中放到花枝上，为该元件建立一个实例。

⑤ 在花朵实例上单击鼠标选中实例，在弹出的属性面板中，单击“颜色”栏后面的小三角形按钮弹出列表，如图 5.14 所示，其中 4 项是使用实例制作渐变动画的基础，许多眩目的动画都是通过这 4 种效果的变化而来的。在此为花朵改变亮度和颜色。

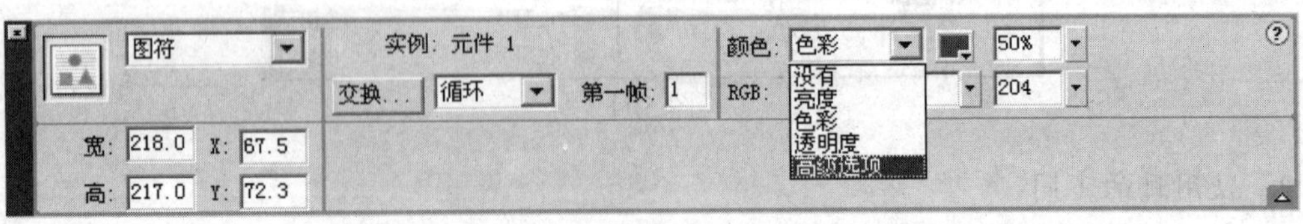

图 5.14

⑥ 选择"亮度" 项后，后面将再出现一个表示亮度百分比的选项，直接填写百分数或单击数字后面的小三角按钮打开一个竖形滑块，通过拖动滑动指针来调整亮度（向上滑动增大亮度，反之减小）。选择"色彩"项用于给实例加入一种颜色的色调。单击后面的【颜色选择】按钮，在弹出的颜色面板中选择需要加入的色调，分别在颜色选择框中将原来红黄相间颜色的花朵元件改为蓝花朵、黄花朵，如图 5.15 所示。花园中的花朵实例被设置为各种颜色，但是实例的改变并不对元件造成影响，并且各个实例之间也没有影响。

⑦ 下面的"透明度"项用以改变透明度。透明度项和"亮度"一样，也有一个百分比数值选项，它的设置方法也和"亮度"一样，只不过范围不同，这里是 0%～100%。常常通过设置透明度来制作若隐若现或淡进淡出的动画效果。这两项下面是所选择颜色对应的 RGB 值，用户也可以直接在这里输入 RGB 值选择颜色。和"亮度"项一样，这些数值除了直接输入外，也可以单击后面的小三角形按钮打开滑块，通过滑动指针来调整。

⑧ 选择"高级"项时，后面会出现一个设置按钮，单击该按钮，将会弹出如图 5.16 所示的对话框。该对话框有 8 个小项供用户调整，也是使用直接输入或滑动指针的方法。

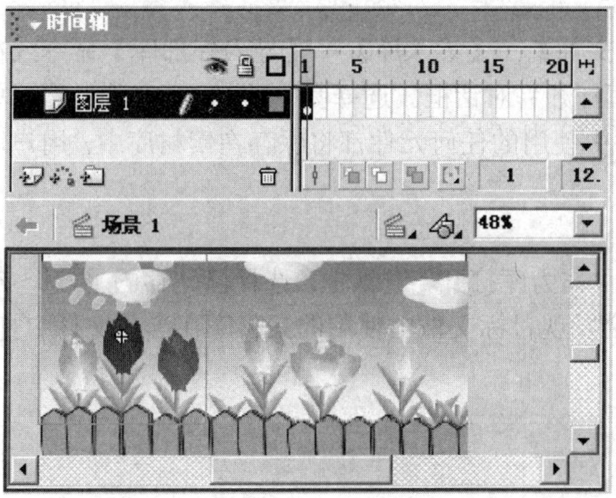

图 5.15

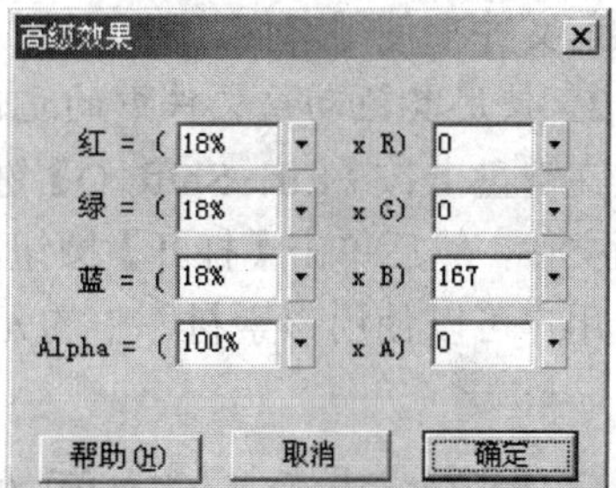

图 5.16

"高级"选项的作用是用来精确调节实例的 RGB 值和透明度值。其中左侧的项目用以按指定的百分比降低实例原本颜色或透明度的值，这几项的变化范围为-100%～100%，而右侧的项目用以按常数值降低或增大实例原来颜色或透明度的值，这几项的变化范围为-255～255。对于在诸如位图这样的对象上创建和制作具有微妙色彩效果的动画时，该选项非常有用。

⑨ 在舞台上选中一个花朵，单击鼠标右键，在弹出的快捷菜单中选择【Edit】命令，进入该元件的幕后编辑区，如图 5.17 所示。

⑩ 选择花开 02 图像并将之拖到舞台上，将花 01 删除，选择新添加的花开 02 图像，并移动到原来花 01 的位置。单击"场景 1"返回场景，可以看到花园中原来没有开的花全盛开了。这是因为元件的改变导致场景中所有相关实例都发生相应变化，如图 5.18 所示。

通过上面的例子，可以知道舞台中的元件与实例的关系既独立又相互关联，更改原元件，其实例将随之更改，但改变实例的属性却不会影响原元件和该元件的其他实例。

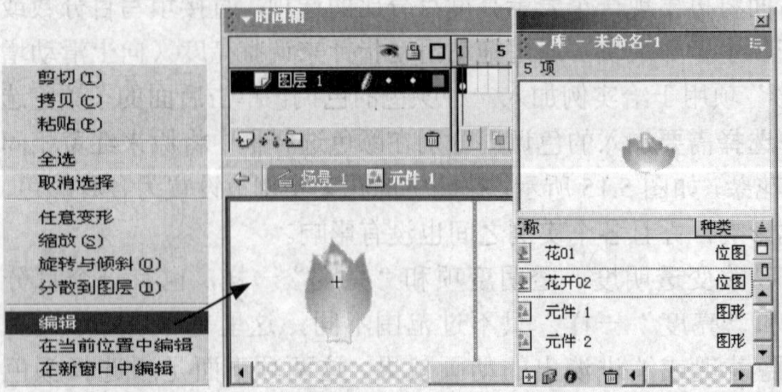

图 5.17

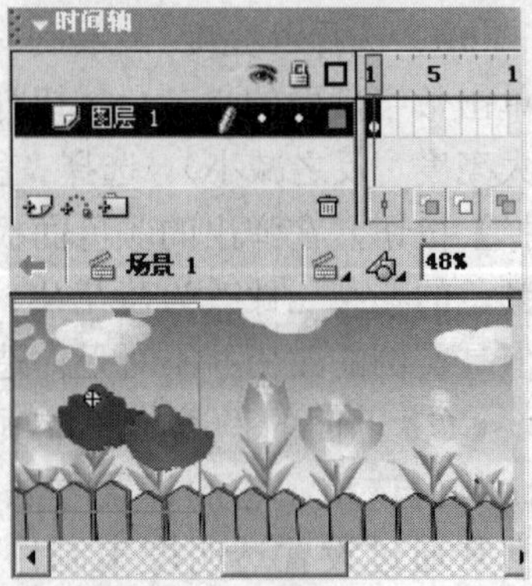

图 5.18

5.7.6 调用其他动画中的元件

用户除了可以在动画中使用建立的元件外，还可以从其他的 Flash 动画中将已存在的元件调入到当前动画中使用。

1. 将已存在的元件调入到当前动画中

打开其他动画的素材库，单击菜单【文件】→【导入库】→【导入外部库】命令或在键盘上按【Ctrl+Shift+O】键，弹出“作为库打开”对话框。选择其中的.FLA 文件，然后单击【打开】按钮，便可以打开素材库，该文件中使用的任何元件都将保存在素材库中，用户可以在当前文件中使用它们。

2. 使用其他动画文件中的元件

在键盘上按【Ctrl+Shift+O】键，打开“作为库打开”对话框，选择已储存的另一个 Flash 动画文件，然后单击【打开】按钮，用户会发现目标文件中使用的素材库在当前文件中打开，并且用户可以使用该素材库中的元件。

5.8 制作动画的时间轴

5.8.1 制作动画的时间轴

用 Flash 制作动画是从时间轴上进行的，时间轴的预设位置在标准工具栏的下方。在预设的状态下，时间轴面板呈显示状态，但可以选中菜单【查看】→【时间轴】命令来隐藏时间轴面板。再次选中菜单【查看】→【时间轴】命令使其左侧为“√”，即可恢复显示状态。时间轴面板分为 3 部分：场景名称、场景管理和时间轴。

在时间轴上帧的控制区中可以看到帧的状态，新添加的标签、备注或交互等信息。在时间轴上还提供了对时间轴中帧显示外观进行控制的按钮，使用该按钮可以改变时间轴上帧的显示状态。在时间轴的最右端单击 ⊶ 按钮，将会弹出帧显示状态控制菜单，在其中提供 9 条控制帧显示状态的命令，如图 5.19 所示。

时间轴大小是可以任意编辑的，可以按工作的需要自由地更改其大小。

实例设计：利用将鼠标移动至时间轴与层区的交界线，鼠标变成左右箭头，如图 5.20 所示。左右移动可以改变时间轴的宽度。图 5.21 所示是加宽时间轴。

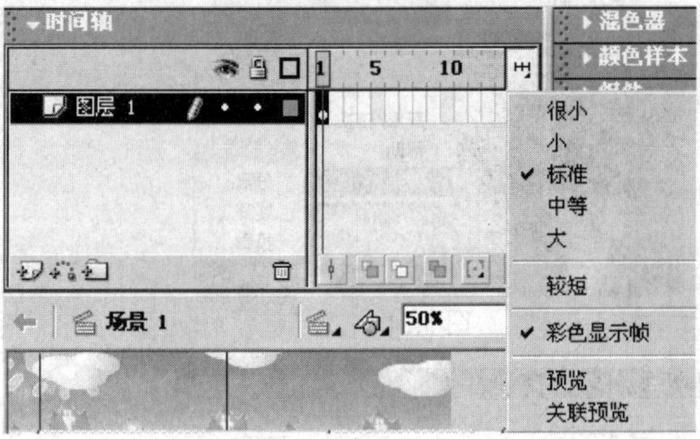

图 5.19

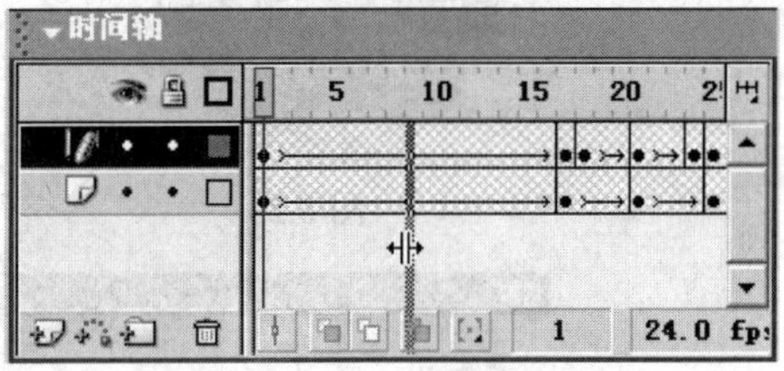

图 5.20

将鼠标移动至时间轴与工作区窗口的分界线，鼠标变成上下箭头，如图 5.22 所示。拖动鼠标即可以调整时间轴大小。

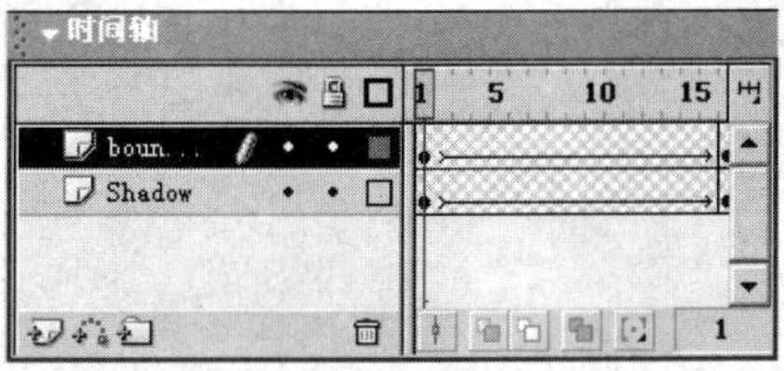

图 5.21

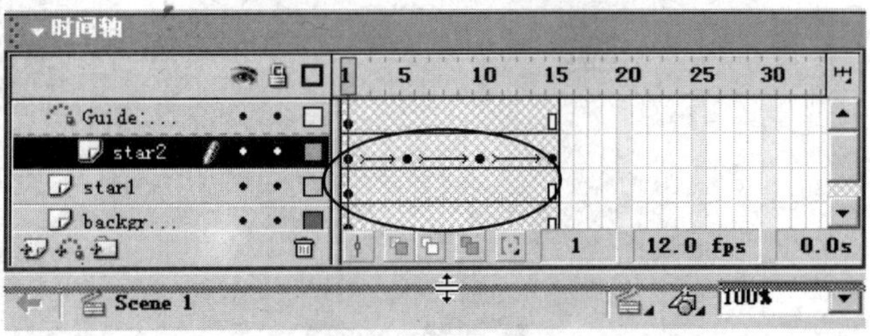

图 5.22

在时间轴下方有 3 个数字显示框。左边第一框显示播放指针所在位置的帧编号；中间的框显示运动的播放速度；右边的框显示该运动到播放指针所在位置所用的时间。

5.8.2　用时间轴特效——制作鲜花的旋晕效果实例

本实例将在导入一幅鲜花位图的基础上，利用时间轴特效设计模糊旋晕效果，它有很强的视觉冲击力。

其具体操作步骤如下。

① 选择【文件】→【导入】→【导入到舞台】菜单命令，将一幅鲜花位图导入到舞台上，如图 5.23 所示。

② 右键单击鲜花图案，弹出快捷菜单，选择【转换为元件】命令，在弹出的相应对话框中选择“图形”单选钮，单击【确定】按钮，即加入到库中。

③ 右键单击鲜花图案，弹出快捷菜单，选择【时间轴特效】→【效果】→【模糊】命令，如图 5.24 所示。

④ 在打开的相应对话框中设置“效果持续时间”为 16 帧；“分辨率”为 15；选中“允许水平模糊”和“允许垂直模糊”复选框；“移动方向”为从中心；“缩放比例”为 0.25。如图 5.25 所示。

⑤ 设置完成之后，单击右上角的【更新预览】按钮，若查看该特效情况满意，则单击左下角的【确定】按钮，关闭该对话框。

图 5.23

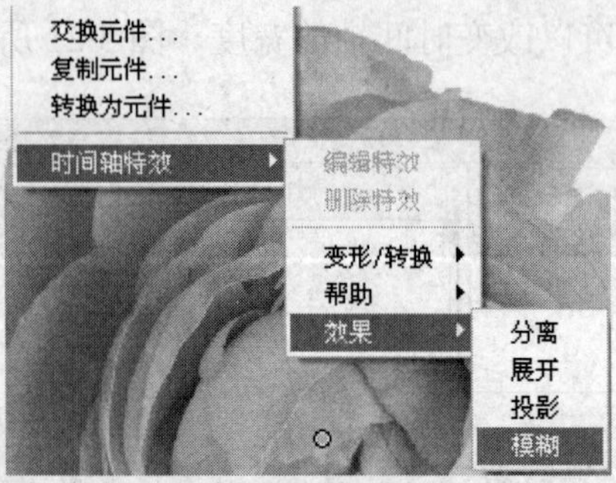

图 5.24

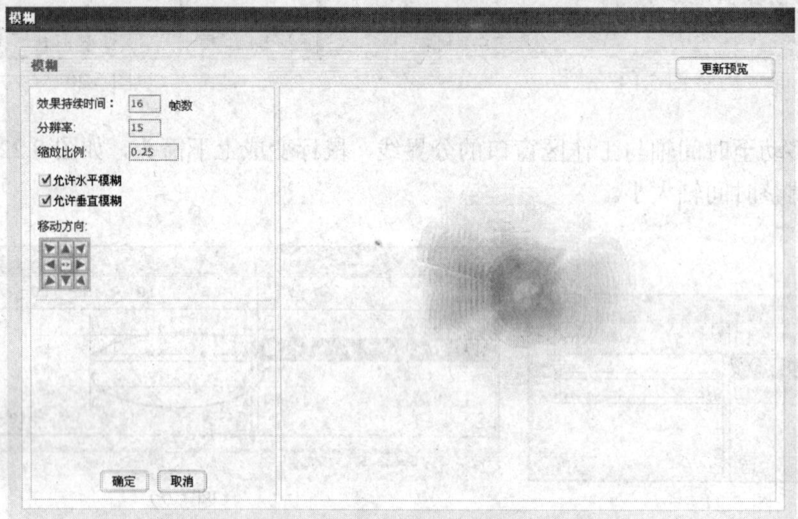

图 5.25

⑥ 在当前场景中，选择【控制】→【播放】菜单命令，即可看到如图 5.26 所示鲜花的旋晕效果。

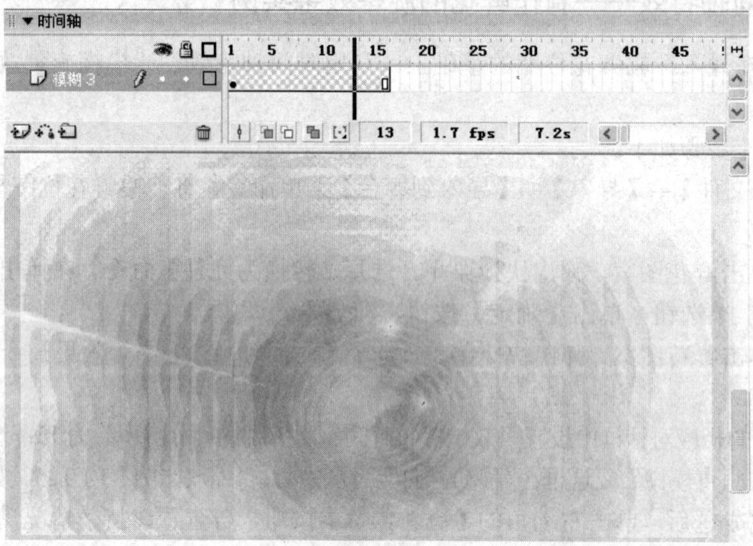

图 5.26

5.8.3 用时间轴变形特效——制作玩偶动画实例

Flash 提供的每种时间轴特效都以一种特定方式处理图形或元件，同时允许用户更改所需特效的个别参数，并可以随时查看所做的修改。本实例制作的玩偶动画，使用的是时间轴特效中的一种——变形特效。利用变形特效可以调整选定元素的位置、缩放比例、旋转、Alpha 和色调。并可将选定对象应用单一特效或特效组合，从而产生淡入淡出、放大缩小以及左旋右旋的特效。制作玩偶动画——时间轴变形特效的具体步骤如下。

① 选择【文件】→【导入】→【导入到舞台】菜单命令，将一玩偶的位图导入到舞台上，如图 5.27 所示。

② 右键单击玩偶图案，弹出快捷菜单，选择【转换为元件】命令，在弹出的对话框中选择【图形】单选钮。

③ 右键单击玩偶图案，在弹出的快捷菜单中选择【时间轴特效】→【变形/转换】→【变形】命令，如图 5.28 所示。

④ 在弹出的相应对话框中设置“特效持续时间”取默认值为 30 帧；设 x，y 偏移量的移动位置为 x=y=50，并选择“移动位置”；“缩放比例”设置为 50%；“旋转”（以度数为单位）设置为 360；旋转（以次数为定位）设置为 1；旋转方向（逆时针和顺时针）设置为顺时针；选中“更改颜色”复选框，用于变形过程中的颜色修改为不选中；最终颜色设为红；最终的 Alpha（以百分比为单位），设置为 0；移动减慢设置为 45。

⑤ 设置完成之后，单击对话框右上角的【更新预览】按钮，发现该玩偶特效是向左上翻转，若感觉满意则单击左下角的【确定】按钮，关闭该对话框。

⑥ 继续从库面板中将玩偶图案拖动到舞台上，并调整好位置，如图 5.29 所示。

图 5.27

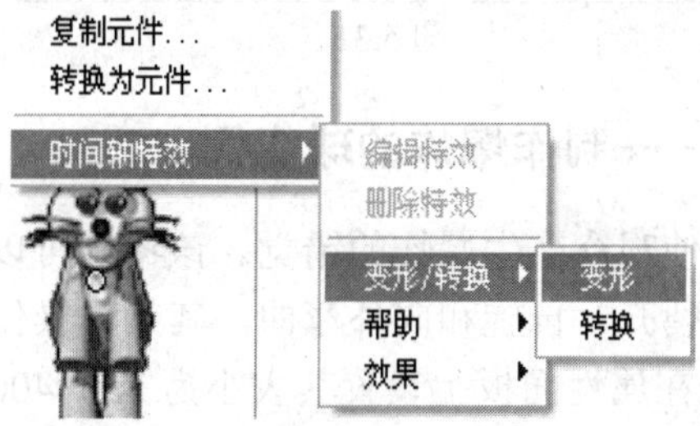

图 5.28

图 5.29

⑦ 右键单击玩偶图案，在弹出的快捷菜单中选择【时间轴特效】→【变形/转换】→【变形】命令。在弹出的相应对话框中进行设置“特效持续时间”取默认值为 30 帧；设 x，y 偏移量的移动位置为 x=y=50，并选择“更改位置方式”；“缩放比例”设置为 40%；“旋转”（以度数为单位）设置为 360；“旋转”（以次数为定位）设置为 1； 旋转方向（逆时针和顺时针）设置为顺时针；选中“更改颜色”复选框，用于变形过程中的颜色修改为不选中；“最终颜色”设为黑；“最终的 Alpha”（以百分比为单位）设置为 5‰；“移动减慢”设置为 40。具体设置如图 5.30 所示。

⑧ 设置完成之后，单击对话框右上角的【更新预览】按钮，发现该玩偶特效是向右下翻转，若感觉满意则单击左下角的【确定】按钮，关闭该对话框。

⑨ 选择【控制】→【播放】菜单命令，即看到如图 5.31 所示的玩偶运动情况。

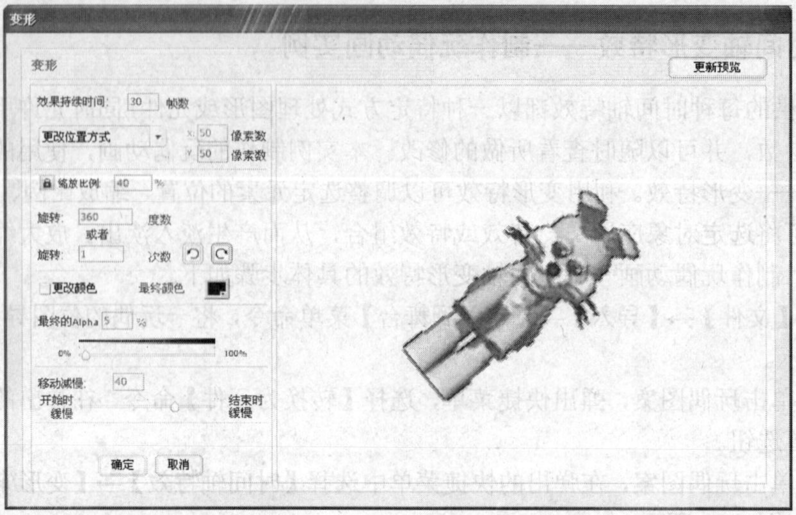

图 5.30

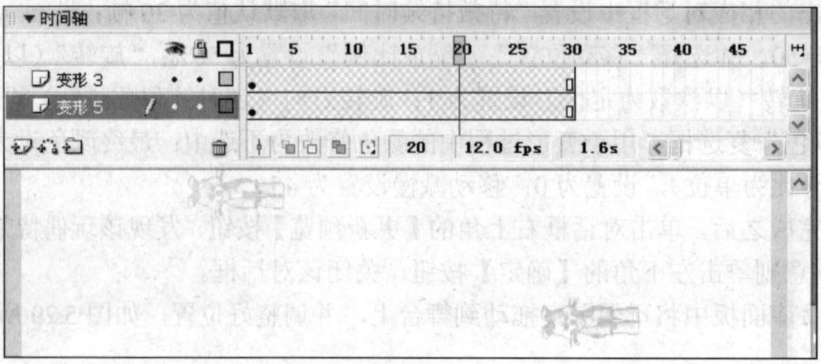

图 5.31

5.8.4 用时间轴分离特效——制作爆炸的球实例

采用时间轴分离特效可以使观众产生爆炸的错觉。该特效可以使文本或复杂对象组（元件、形状或视频片断）的元素裂开、自旋和向外弯曲。其具体操作步骤如下。

① 新建一 Flash 文档，并在属性面板上设置其大小为 550×400 像素，背景色为黑色。

② 选择【文件】→【导入】→【导入到舞台】菜单命令，将球的位图导入到舞台上，如图 5.32 所示。

③ 右键选择球图案，弹出快捷菜单，选择【转换为元件】命令。

④ 右键单击球图案，在弹出的快捷菜单中选择【时间轴特效】→【变形/转换】→【分离】命令，如图 5.33 所示。

图 5.32

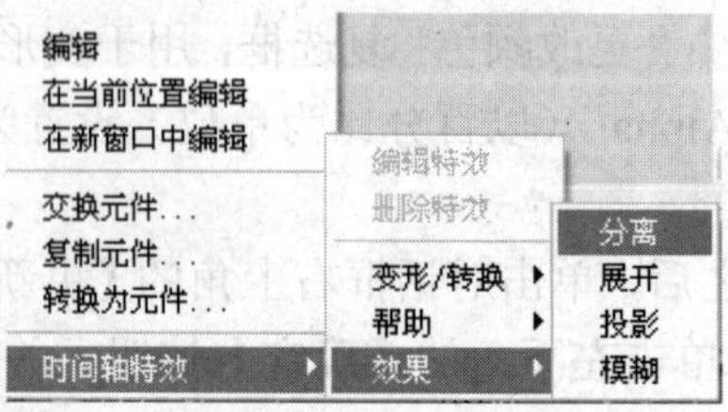

图 5.33

⑤ 在弹出的相应对话框中进行设置"特效持续时间"（以帧为单位）为 30 帧；"分离方向"为上方；"弧线大小"（以像素为单位的 x，y 偏移量）设置为 x=y=100；"碎片旋转量"（以度数为单位）设置为 60；"碎片大小更改量"（以像素为单位）设置为 x=y=50；"最终的 Alpha"（以百分比为单位）设置为 0。如图 5.34 所示。

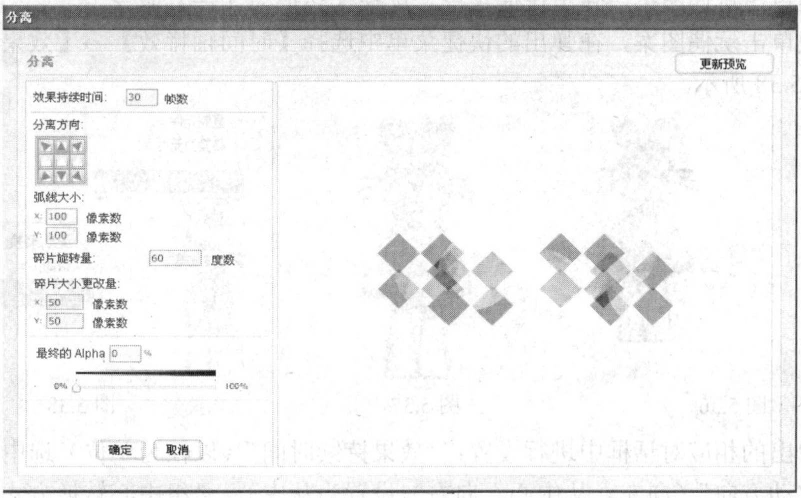

图 5.34

⑥ 设置完成之后，单击对话框右上角的【更新预览】按钮，查看球爆炸特效，若感觉满意则单击左下角的【确定】按钮，关闭该对话框。

⑦ 选择【控制】→【播放】菜单命令，即看到如图 5.35 所示的球形爆炸效果。

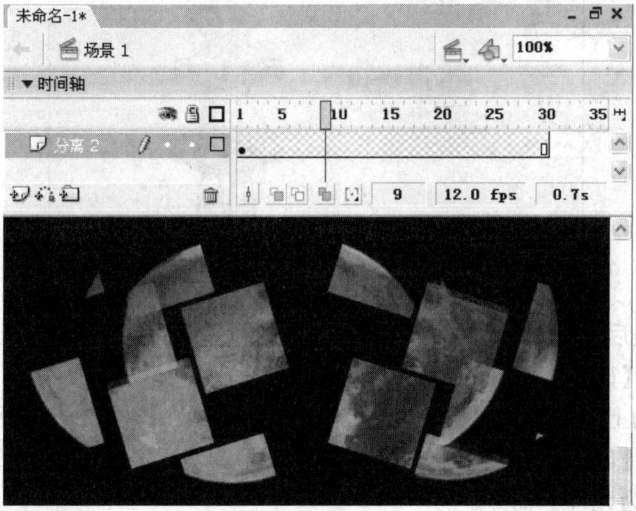

图 5.35

5.8.5　用时间轴展开特效——制作弹性玩偶实例

本实例是一个利用时间轴展开特效制作弹性玩偶的例子，如图 5.36 所示，在动画中，手抓住红色的绳子并牵引着玩偶移动，类似于弹性的皮筋。其中玩偶的动画效果是使用时间轴的展开特效来完成的，而手的动作以及红色绳子的弹性功能则由补间动画来完成。

其具体操作步骤如下。

① 选择【文件】→【导入】→【导入到舞台】菜单命令，将一玩偶的位图导入到舞台上，如图 5.37 所示。

② 右键单击玩偶图案，弹出快捷菜单，选择【转换为元件】命令。

③ 右键单击玩偶图案，在弹出的快捷菜单中选择【时间轴特效】→【效果】→【展开】命令，如图 5.38 所示。

图 5.36

图 5.37

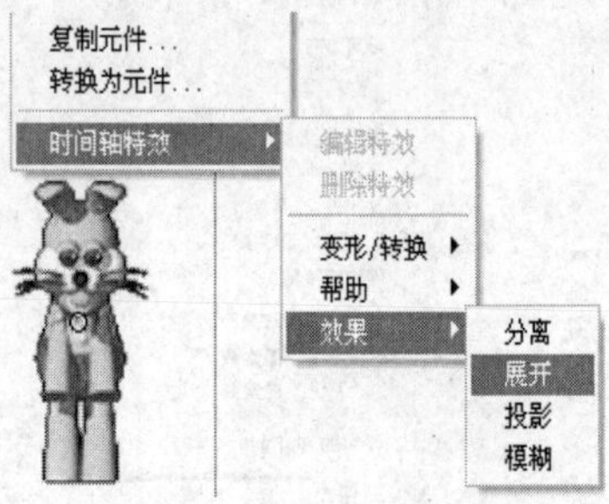

图 5.38

④ 在弹出的相应对话框中进行设置：“效果持续时间”（以帧为单位）选中“两者皆是”单选钮；“移动方向”（向左、从中心、向右）设置为从中心；“组中心转换方式”（以像素为单位）设置为 x=y=50；“碎片偏移”（以像素为单位）设置为 20；“碎片大小更改量”（以像素为单位）设置为高度 50，宽度 50。具体设置如图 5.39 所示。

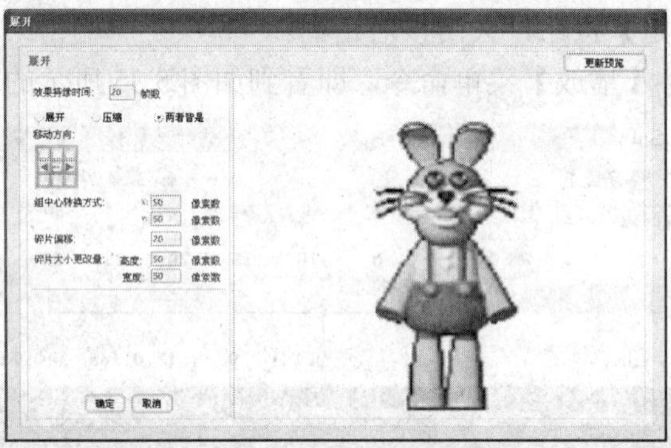

图 5.39

⑤ 设置完成之后，单击对话框右上角的【更新预览】按钮，查看该玩偶特效，若感觉满意则单击左下角的【确定】按钮，关闭该对话框。

⑥ 单击时间轴上的【新建图层】按钮，在时间轴特效上添加一个新图层，然后选择【文件】→【导入】→【导入到舞台】菜单命令，将手型图案导入。右键选择手型图案弹出快捷菜单，选择【转换为元件】命令。

⑦ 在新建图层的第 10 帧上按下【F6】键添加一关键帧，使用任意变形工具将手型图案顺时针旋转一适当角度；在第 20 帧上按下【F6】键添加一关键帧，使用任意变形工具将手型图案逆时针旋转同一角度，如图 5.40 所示。

⑧ 右键单击第 1 帧，在弹出的快捷菜单中选择【添加补间动作】命令，继续右键单击第 10 帧，在弹出的快捷菜单中选择【添加补间动作】命令。

⑨ 单击时间轴上的【新建图层】按钮，在时间轴特效上添加一个新图层，然后使用（直线）工具在手型位图和玩偶之间画一直线。在该图层的第 10 帧上按下【F6】键添加一关键帧，使用任意变形工具适当调整直线的形状和大小，使之始终保持手型位图与玩偶之间的联系；在第 20 帧上按下【F6】键添加一关键帧，使用任意变形工具适当调整直线的形状和大小，使之始终保持手型位图与玩偶之间的联系。如图 5.41 所示。

图 5.40

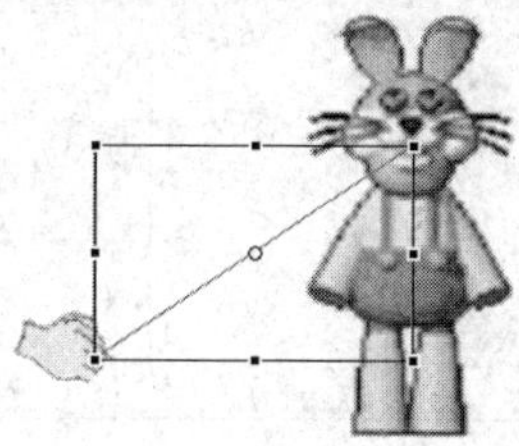

图 5.41

⑩ 右键单击第 20 帧，在弹出的快捷菜单中选择【添加补间动作】命令，继续右键单击第 10 帧，在弹出的快捷菜单中选择【添加补间动作】命令，继续右键单击第 1 帧，在弹出的快捷菜单中选择【添加补间动作】命令，完成动画制作，布局如图 5.42 所示。

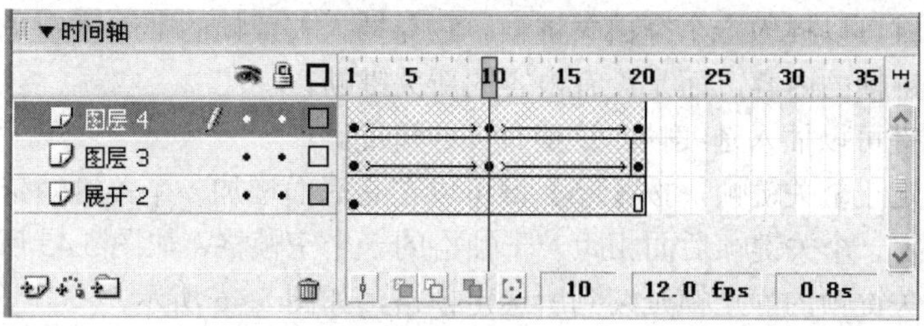

图 5.42

5.9　帧的操作与实例

对帧的操作，可以在时间轴中选中某一帧，然后单击鼠标右键，在弹出的快捷菜单中选择相应的命令来完成，但对于常用的操作，建议使用快捷键操作。

5.9.1　帧的插入

插入帧和关键帧可以在时间线的任何位置进行。帧是延续静止帧，帧和关键帧的差别是：帧是一个静态的动画，若是要让动画产生变化或增加对象时，就要插入关键帧。例如：第 1 帧到第 10 帧小狗在原地不动，到了第 11 帧要改变小狗的位置时，就要在第 11 帧插入一个关键帧，其操作步骤如下。

① 选中需要插入关键帧的第 11 帧，然后按快捷键【F6】插入关键帧，如图 5.43 所示。插入后的关键帧里的内容自动继承它前一个关键帧的内容。

② 选中第 11 帧，用鼠标将小狗对象拖动到右边，如图 5.44 所示。

图 5.43

图 5.44

③ 单击控制工具栏中的▶（播放）按钮，小狗在第 1 帧到第 10 帧没有任何变化，但到第 11 帧产生了动作。

如果所插入的关键帧与前一个关键帧不是相邻的两个帧，那么 Flash 会在两个关键帧之间自动生成前一个关键帧的静止帧延续。

使用【F7】键可以插入一个空白关键帧。它与插入关键帧的唯一区别是插入的关键帧不会继承前一个关键帧的内容，而是没有内容的新关键帧。

使用【F5】键可以插入延续帧，这里有 3 种情况。

（1）首先选定一个关键帧，按【F5】键可以在它后面增加一个关键帧延续。

（2）首先选定一个关键帧后面相距若干帧格的一个空帧格，如图 5.45 所示，按【F5】键静止帧可以将该关键帧的静止帧延续到所选定帧格，如图 5.46 所示。

（3）首先选定一个关键帧的若干个延续静止帧，如图 5.47 所示，按【F5】快捷键可以添加前面选定个数的延续静止帧，如图 5.48 所示。

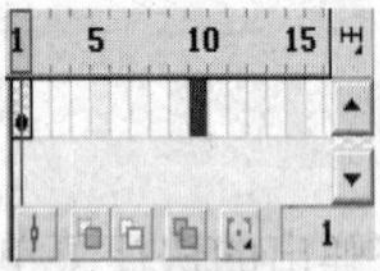

图 5.45

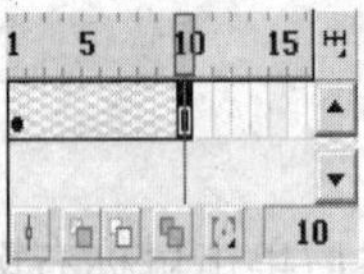

图 5.46

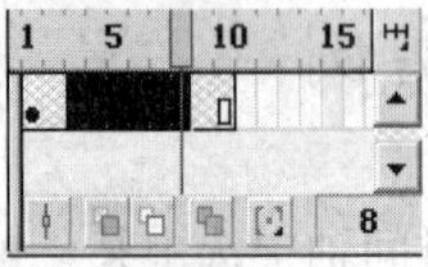

图 5.47

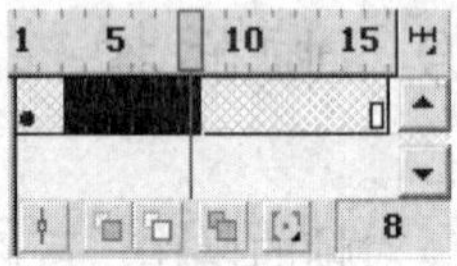

图 5.48

5.9.2 帧的删除、复制、移动、翻转

1. 帧的删除

使用【Shift+F6】键能删除关键帧，删除后的关键帧以及它的延续静止帧变为前一关键帧的延续静止帧，而总帧数不变。

使用【Shift+F5】键对帧进行彻底删除，这种方法使总帧数将减少。

使用【Alt+BackSpace】键进行对任一帧的清除，不管它是不是关键帧，效果都一样。

2. 关键帧的移动及复制

首先选中目标帧，按【Ctrl+Alt+C】键复制或【Ctrl+Alt+X】键剪切，在时间线上选中目标帧格，按【Ctrl+Alt+V】键将目标帧复制或移动到新的位置。

3. 其他帧的移动及复制

先选中某一帧，将鼠标再次移动到所选帧上面，此时鼠标下面出现一个虚线方框，表示此时可以移动该帧。拖动该帧至目标帧格完成移动，若拖动过程中同时按下【Alt】键，则将复制该帧，此时鼠标上部出现一个小“+”号，如图 5.49 所示。

4. 帧的翻转

首先选中所有需要翻转的帧，如图 5.50 所示。单击鼠标右键，在弹出的菜单中选择【翻转帧】命令，这时标签、锚记及动作都会随帧一起被翻转，如图 5.51 示。由此看出翻转帧是把选取帧的顺序翻转过来。

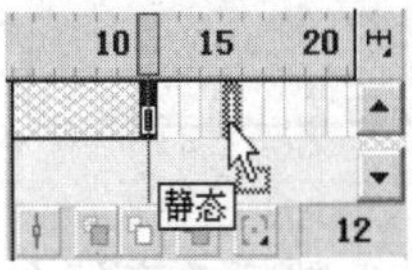

图 5.49

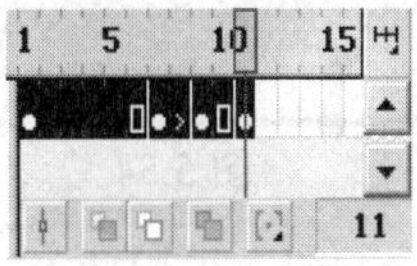

图 5.50

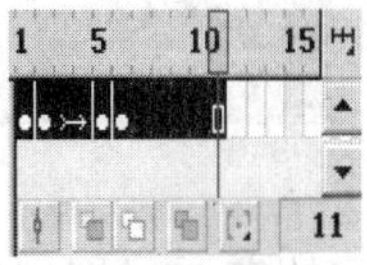

图 5.51

5.9.3 制作光斑动画效果实例

在影视剧中经常会看到当摄像机的镜头对准光源时会产生一种很漂亮的光斑效果，该效果只需通过简单的补间动画和渐变填充就能实现，如图 5.52 所示。其具体的操作步骤如下。

① 选择【窗口】→【设计面板】→【混色器】菜单命令，在弹出的混色器面板中选择“放射状”模式，在颜色滑块中添加三个颜色块，并按下面的数值设置各滑块的 RGB 值，如图 5.53 所示。

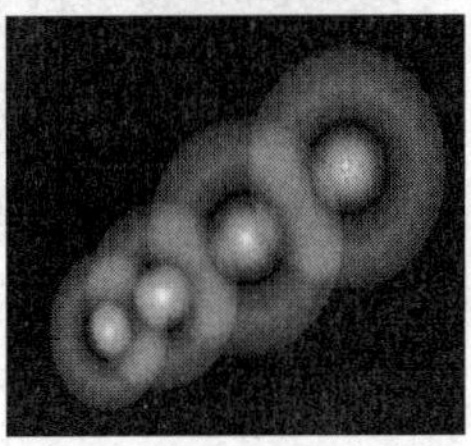
图 5.52

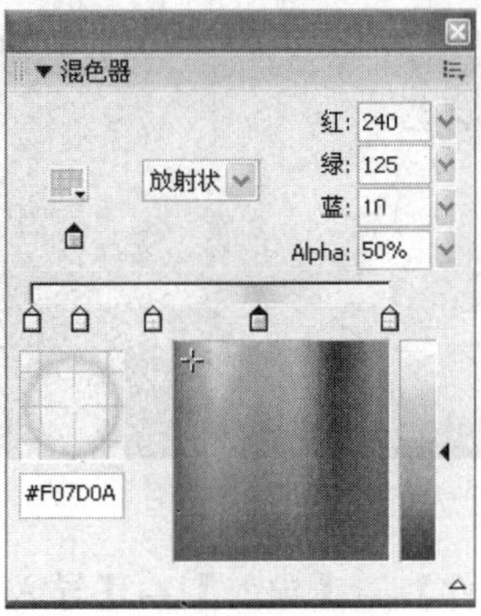

图 5.53

第一个滑块：RGB（255,255,255）Alpha 100%；
第二个滑块：RGB（255,245,210）Alpha 50%；
第三个滑块：RGB（255,255,255）Alpha 0%；
第四个滑块：RGB（240,125,10）Alpha 50%；
第五个滑块：RGB（255,255,255）Alpha 0%。

② 新建一 Flash 文档，并设置其背景色为黑色。在舞台中，使用椭圆工具绘制一圆形，并在其属性面板中设置笔触颜色为无，填充颜色使用混色器中自定义的填充色。

③ 右键单击圆形图案弹出快捷菜单，选择【转换为元件】命令，在弹出的对话框中选择

【影片剪辑】单选钮，完成元件 1 在库中的创建。

④ 选取当前圆形按下【Delete】键将其删除。然后从库面板中将元件 1 拖动到当前舞台上。

⑤ 单击时间轴上的【新建图层】按钮，新建 4 个图层。而且在每个图层的第 1 个关键帧中将元件 1 拖动到当前舞台中，并调整各层的圆心重合，接着在各个图层的实例属性面板中设置“颜色”为 Alpha，“数量”为 10%，如图 5.54 所示。

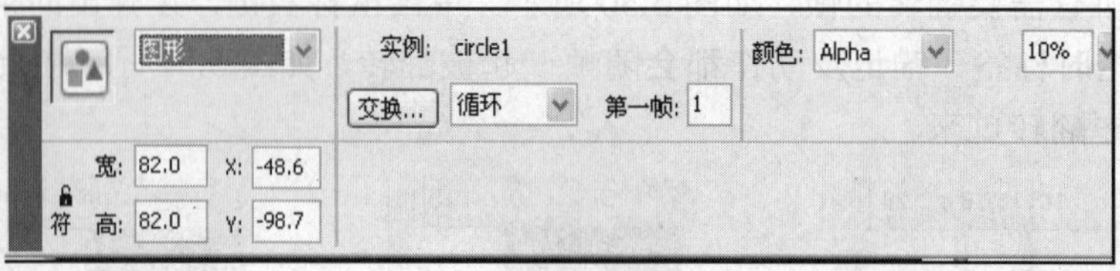

图 5.54

⑥ 在每层的第 20 帧处按下【F6】键，分别插入一关键帧。然后改变每个圆形的大小，并将其排列起来，如图 5.55 所示。

⑦ 分别用右键单击前 4 个图层的第 1 帧，在弹出的快捷菜单中，选择【创建补间动画】命令，并在帧属性面板上设置其补间动画类型为补间：动作，选中“缩放”复选框，时间轴补间动画设置如图 5.56 所示。

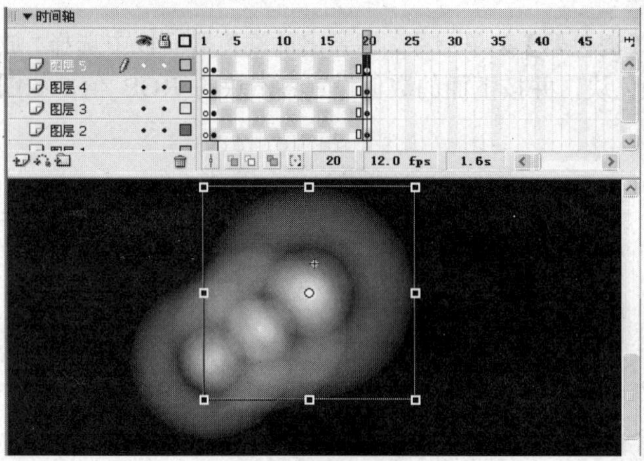

图 5.55

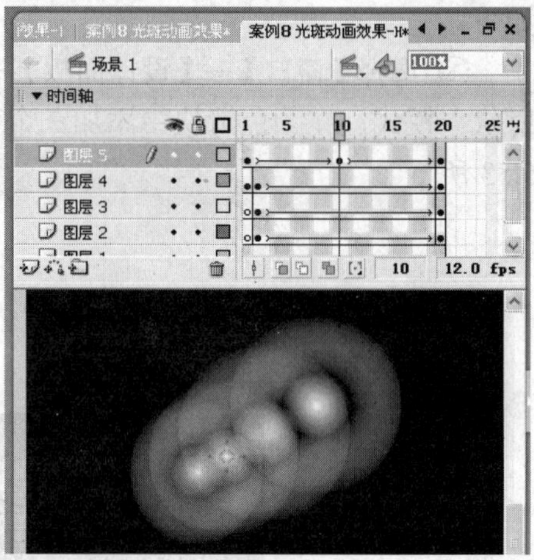

图 5.56

⑧ 选择【文件】→【导入】→【导入到库】菜单命令，将 star6 星图导入到库中。

⑨ 将图层 5 设为当前图层，在这个图层的第 1 帧按下【F6】快捷键，插入关键帧，从库面板中将 star6 元件拖动到这个图层上，使其中心与第一个拖动到舞台上的元件 1 实例的中心重合；接着继续在这个图层的第 10 帧按下【F6】快捷键，插入关键帧，从库面板中将 star6 元件拖动到这个图层上，使其中心与第二个拖动到舞台上的元件 1 实例的中心重合；最后继续在这个图层的第 20 帧按下【F6】快捷键，插入关键帧，从库面板中将 star6 元件拖动到这个图层上，使其中心与最后一个拖动到舞台上的元件 1 实例的中心重合。

⑩ 分别右键单击图层 5 的第 1 帧和第 10 帧，在弹出的快捷菜单中，选择【创建补间动画】命令，光环动画结果设置如图 5.56 所示。选择【控制】→【控制|测试影片】菜单命令，即可获得光斑的动画效果。

5.10　编辑图层与实例

5.10.1　创建图层

在时间轴面板的左方为图层编辑区，每一个图层的右方会对应一个独立的时间轴。虽然在同一个图层里可以放置很多对象，但是若有两个对象要同时出现，就要将这两个对象放在不同的图层上才能同时进行动画播放。在设计动画时经常需要将数个角色与背景个别制作，这时图层的功能就展现出来了。

首先，在时间轴上选中一个层，使其处于当前编辑状态。然后，单击图层编辑区左下方的【插入图层】按钮，就会在选中层的上方新建一个层。新建的层将由系统按照层创建的先后顺序自动排列。创建好图层后，要改变图层的名称时，在该名称上双击鼠标左键，再输入新的名称即可。

如果想改变图层的顺序，可以使用拖曳的方法来调整先后顺序。

在图层编辑区中可以发现一些代表图层状态的图标，这些图标代表的意义很多，如绘图状态、显示或隐藏、上锁或解锁以及线框模式等。

Flash 只能每一时刻在一个图层中工作。使用鼠标选取图层后，该图层会呈现黑底显示，并且在图层名称后会出现铅笔图示，表示该图层当前为绘图状态。

要删除图层，先选取要删除的图层，然后单击【删除图层】按钮即可。

5.10.2　制作遮罩层实例

遮罩层是 Flash 提供的另一种具有特殊作用的层。遮罩层区域中所有图形对象都是透明的，而其他区域将是不透明的。舞台中，与遮罩层图形对象大小相等的区域内将显示出被遮罩层中的图形对象。利用这一特点可以制作聚光灯或放大镜等特殊效果。

Flash 所提供的遮罩功能是将指定的图层改变成具有遮罩的属性，其方法是在背景的图层上方，新增一个图层并在新图层上绘制遮罩影像，再将该图层设定为 Mask 属性。其具体操作步骤如下。

① 选择菜单【文件】→【新建】命令，新建一个舞台。在图 5.57 所示的属性面板中将页面的背景颜色设置为蓝色，单击【大小】按钮，在弹出的对话框中设置页面尺寸，单击【确定】按钮。

② 单击工具箱中的文字工具A，然后在舞台中输入“遮罩”两个文字。

③ 选择菜单【文本】→【字体】→【华文新魏】命令，设置文字色彩为黑色。再选择菜单【文本】→【大小】→【120】命令，如图 5.58 所示；调整文字的结果如图 5.59 所示。

图 5.57

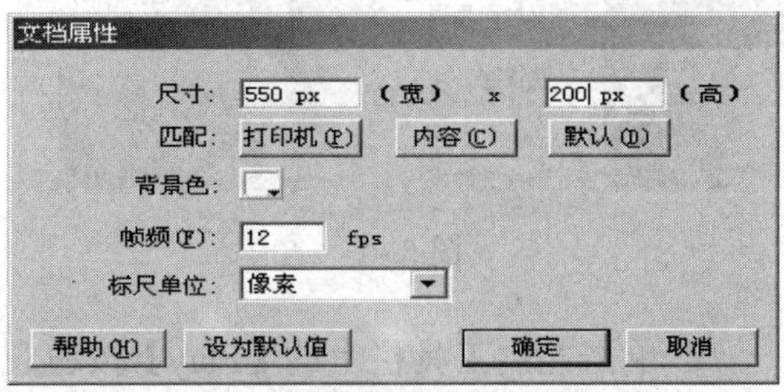

图 5.58

④ 接着单击插入图层按钮，新增一个图层2。

⑤ 选择菜单【文件】→【导入】命令，在对话框中选取“花海.jpg”图片文件，再单击【打开】按钮，使用工具箱中的箭头工具将置入后的图片调整分布到整个页面。

⑥ 将图层1拖动到图层2的上面，此时舞台中的文字出现在“花海.jpg”的上面。

⑦ 在图层2中的第20帧单击鼠标右键，在弹出的快捷菜单中选择【插入关键帧】命令，添加一个关键帧。这样图层1和图层2的长度都被延伸到20帧，如图5.60所示。

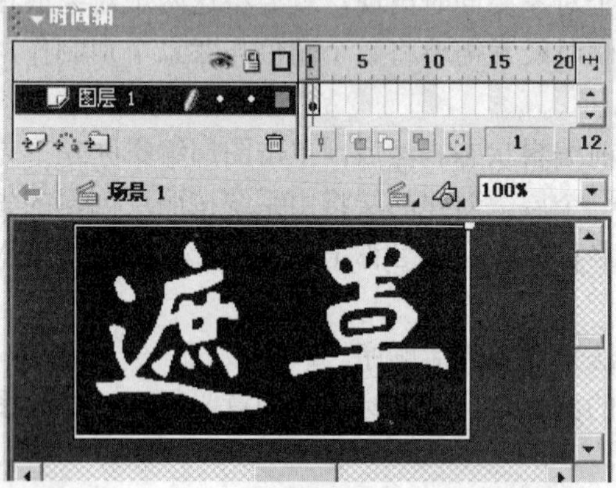

图5.59

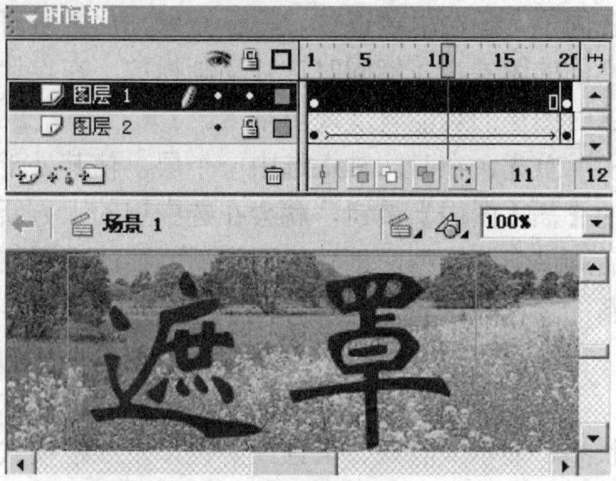

图5.60

⑧ 选图层2中的第1帧，将“花海.jpg”图片文件拖曳到舞台的左侧，选图层2中的第20帧，将“花海.jpg”图片文件拖曳到舞台的右侧。

⑨ 在Layer2图层中的第1帧上单击鼠标右键，在弹出的快捷菜单中选择【插入】→【创建补间动画】命令，在第1帧和第20帧间建立推算动画。最后在Layer1的层控制区中单击鼠标右键，在弹出的快捷菜单中选择【遮罩层】命令，如图5.61所示，将Layer2图层设定为遮罩图层，如图5.62所示。

图5.61

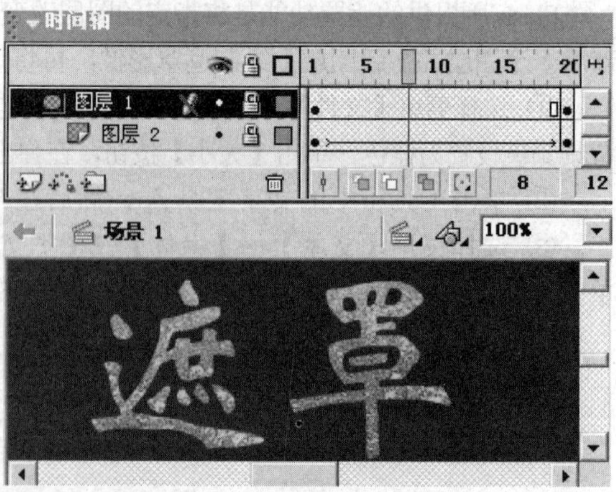

图5.62

⑩ 单击控制工具栏上的【Play】按钮观看整体的效果，这时候就可以从工作页面中看到遮罩的效果了。

5.11　动画实例

通过前面学习的帧及关键帧的知识，已经从帧这方面对动画有了一个初步的了解。Flash 最简单的动画就是逐帧动画了，它就像老式的动画片一样，每一帧的内容都完全由作者一笔一笔地绘制完成。由于每一帧都是单独制作，所以这些帧都是关键帧，把这些关键帧排列起来，依次播放也就是一段动画，这种逐帧动画使用 GIF 动画制作工具就能制作，显然 Flash 不会仅此而已。使用 Flash 制作“渐变动画”和“形变动画”，才能体现出 Flash 在动画制作方面的优越性。

5.11.1　渐变动画实例

渐变动画的操作对象是元件实例，也就是在前后两个帧放上同一元件的实例，通过改变前后两个帧实例的属性而生成的动画。下面以渐渐消失的飞鸟为例，介绍制作渐变动画的步骤。

① 选择菜单【文件】→【导入】命令，导入一幅飞鸟图像。

② 单击菜单【窗口】→【库】命令或按【F11】键，调出素材库。

③ 将飞鸟位图拖动到编辑区，如图 5.63 所示。

④ 选择菜单【插入】→【转换为元件】命令，将飞鸟图转换为元件。

⑤ 选择第 20 帧并按下【F6】键，将其设为关键帧，选择飞鸟元件并拖动到右上角。

⑥ 单击工具箱中按钮，再单击工具箱下方的缩放按钮，飞鸟元件周围出现 8 个黑色方块，当指针移到方块上出现双箭头图标时，拖动鼠标将元件缩小，如图 5.64 所示。

图 5.63

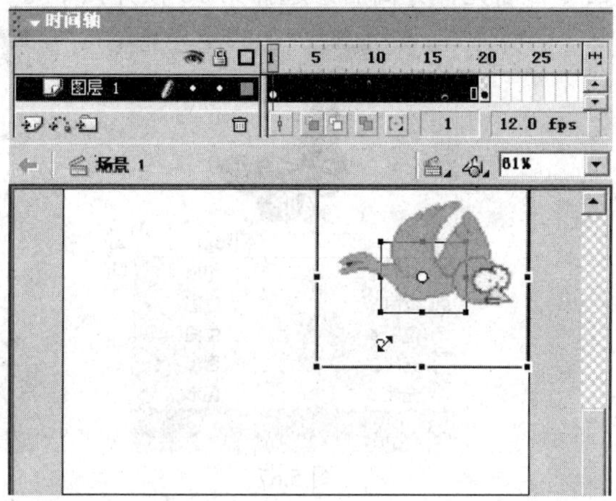

图 5.64

⑦ 打开属性面板，在“颜色”下拉菜单中选择“透明度”项，接着在右边空格中输入元件的透明度为 0%，如图 5.65 所示。

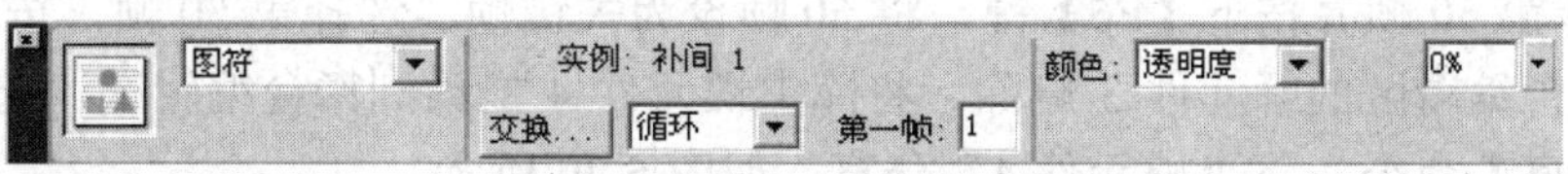

图 5.65

⑧ 选择第 1 帧，选择菜单【插入】→【创建补间动画】命令，单击（播放）按钮，

就会看到小鸟逐渐地移动缩小，最后消失不见，如图 5.66 所示。

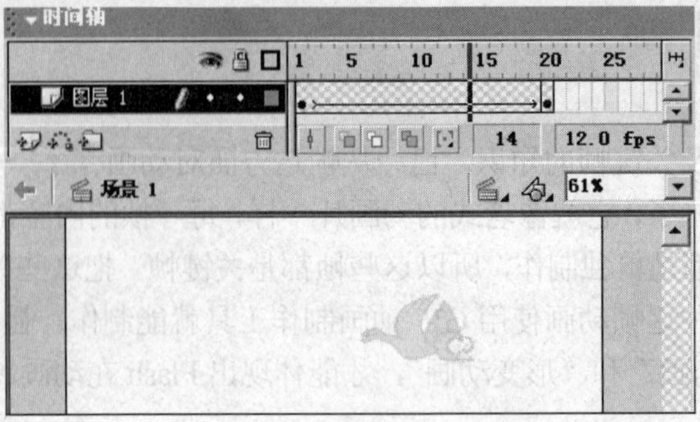

图 5.66

5.11.2 形变动画实例

逐帧动画必须逐帧绘制对象才能产生一连串的动作，而图形渐变动画只要在帧的头跟尾放置两种不同图形对象，中间的变形过程就能由 Flash 自动完成。

图形渐变特效除了可以控制两个不同对象的变换外，还可以在变换过程中，处理颜色的变化。下面以虫——蛹——蝶生物演化形变动画为例，介绍制作形变动画的操作步骤。

① 打开形变实例文件，单击菜单【窗口】→【库】命令或按【F11】快捷键，调出素材库，如图 5.67 所示。

② 新建一 Flash 文档，将库中虫元件 2 拖动到舞台编辑区，选择菜单【修改】→【分离】命令，将元件分离后，选择第 10 帧并按下【F6】键，将 10 帧设为关键帧，如图 5.68 所示。

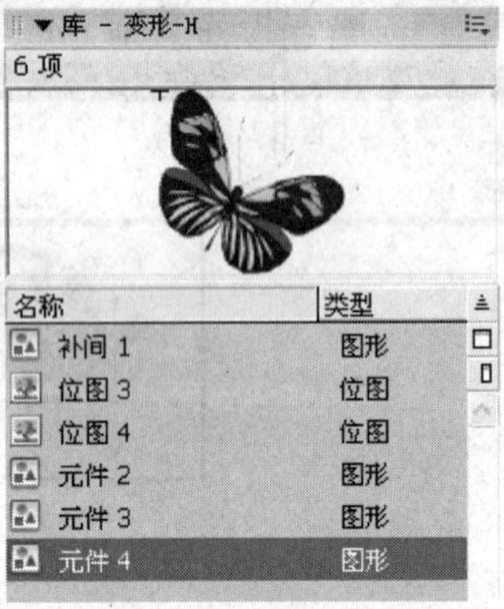

图 5.67

图 5.68

③ 选择第 30 帧并按下【F6】键，将 30 帧设为关键帧，选择第 30 帧，按下【Delete】键，将原舞台编辑区的虫元件 2 删除，将库中蛹元件 3 拖动到舞台编辑区，选择菜单【修改】→【分离】命令，将蛹元件 3 分离，如图 5.69 所示。

④ 选择第 50 帧并按下【F6】键，将 50 帧设为关键帧，选择第 50 帧，按下【Delete】键，将原舞台编辑区的蛹元件 3 删除，将库中蝶元件 4 拖动到舞台编辑区，选择菜单【修改】→【分离】命令，将“蝶元件 4”分离，如图 5.70 所示。

⑤ 选择第 65 帧并按下【F6】键，将 65 帧设为关键帧，选择第 65 帧，按下【Delete】键，将原舞台编辑区的蝶元件 4 删除，接着再一次将蝶元件 4 拖动到舞台编辑区并将其调大，

选择菜单【修改】→【分离】命令，将蝶元件 4 分离。

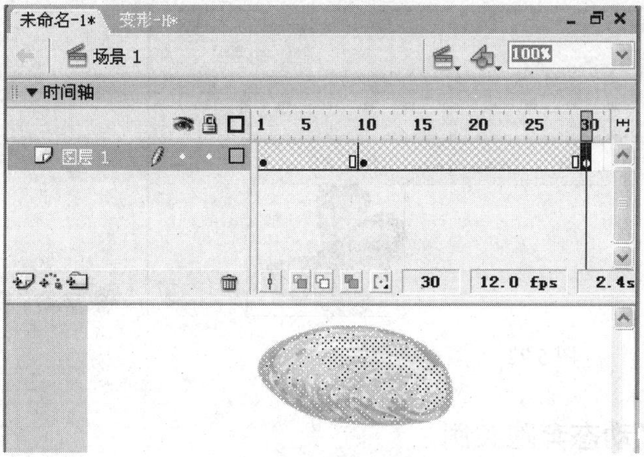

图 5.69

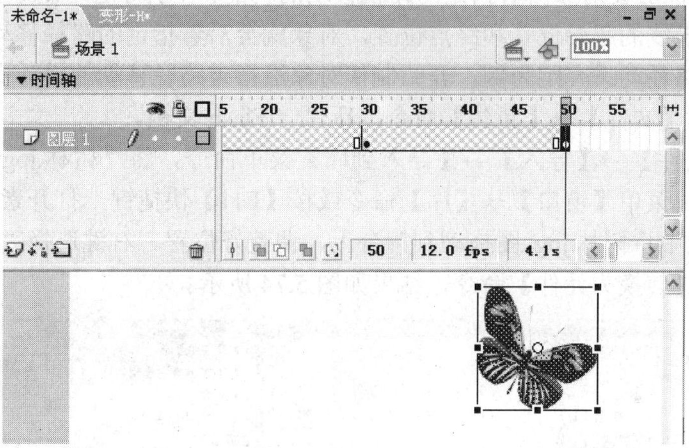

图 5.70

⑥ 选择第 75 帧并按下【F6】键，将 75 帧设为关键帧。选择第 75 帧，按下【Delete】键，将原舞台编辑区的蝶元件 4 删除，接着将位图 3（蝶 2）图像拖动到舞台编辑区，右键单击蝶 2 图像弹出快捷菜单，选择【转换为元件】命令，在弹出的对话框中选择“图形”单选钮，完成元件 5 在库中的创建，接着选择菜单【修改】→【分离】命令，将元件 5 分离。

⑦ 选择第 75 帧，连续按【F5】键，将时间延长到 80 帧。

⑧ 选择第 1 帧打开属性面板后，在“补间”下拉列表框中选择“形状”项，如图 5.71 所示。再依次选择第 30 帧、第 50 帧、第 65 帧，并在属性面板上的“补间”下拉列表框中选择“形变”选项。最终时间轴效果如图 5.72 所示。

图 5.71

⑨ 选择【控制】→【控制测试影片】菜单命令，虫——蛹——蝶形变动画效果如图 5.73 所示。

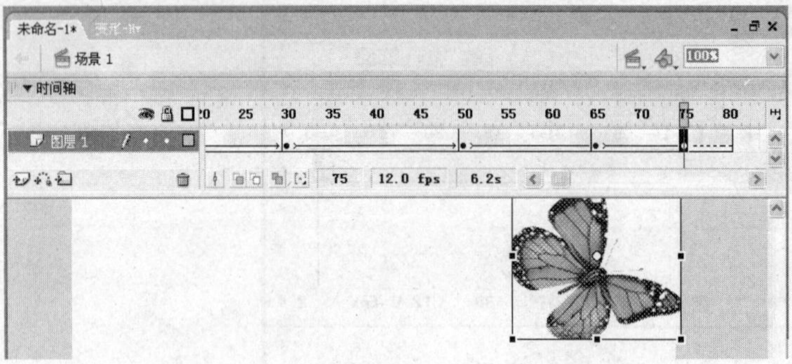

图 5.72

图 5.73

5.11.3 豹沿路径动态奔跑实例

Flash 还具有能够让对象沿着指定的路径移动的功能。在引导层绘制好移动路径后，只要把对象拖动到引导线的起始位置和终点位置，对象就会沿着指定的路径移动。

下面以豹沿路径动态奔跑为例，介绍制作对象沿指定路径移动的设计操作步骤。

① 选择菜单【文件】→【新建】命令，新建一 Flash 文档。

② 选择【文件】→【导入】→【导入到库】菜单命令，将“树林.jpg”和“cat.gif”图导入到库中，单击菜单【窗口】→【库】命令或按【F11】快捷键，打开素材库。

③ 从库面板中将树林.jpg 图拖动到舞台上，调整好位置。右键选择“树林.jpg”图弹出快捷菜单，选择【转换为元件】命令，结果如图 5.74 所示。

图 5.74

④ 单击图层 1 为当前图层，选择菜单【插入】→【运动引导层】命令，建立一个引导层，并在第 30 帧处按【F5】键增加一个普通帧。

⑤ 单击工具箱中铅笔工具，模式选为“平滑”，如图 5.75 所示。在引导层中画一条曲线。选择图层 1 为当前图层，单击 （插入图层）按钮插入图层 3，单击图层 3 上的时间轴的第 1 帧，按下【F6】键插入一个关键帧。

⑥ 选择工具箱中的箭头工具，将库中的“cat.gif”图像拖到导线的启始端。单击图层 3

上的时间轴的第 30 帧，按下【F6】键，插入一个关键帧。选择工具箱中的箭头工具，将豹沿曲线拖到导线的末端，如图 5.76 所示。

图 5.75

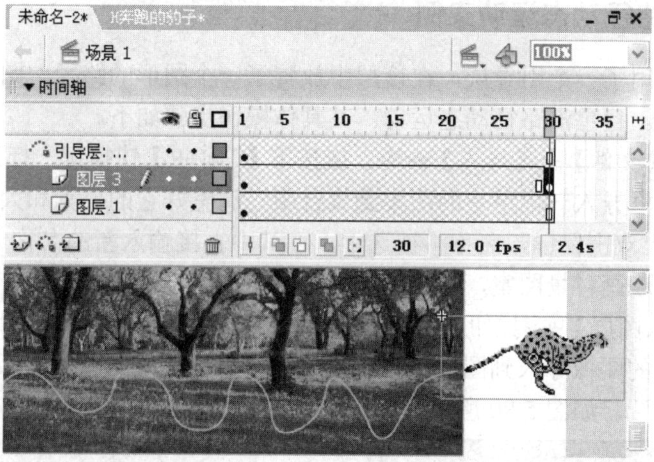

图 5.76

⑦ 右键单击第 1 帧，在弹出的快捷菜单中选择【创建补间动画】命令，如图 5.77 所示。

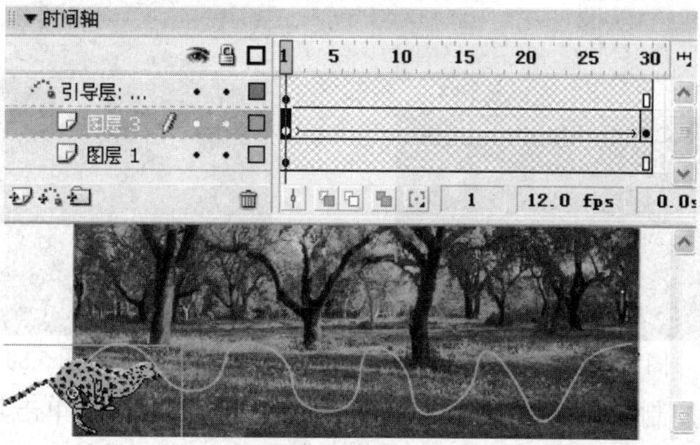

图 5.77

⑧ 按下【Ctrl+Enter】快捷键，测试效果，如图 5.78 所示。

图 5.78

⑨ 测试完毕，按下【Ctrl +W】快捷键返回编辑状态。

⑩ 按【Ctrl +Shift+S】快捷键保存文件为“H 奔跑的豹子.fla”文件。

5.11.4 行星沿路径动态运动实例

运动行星中使用了一个引导层，在该层中放置了一个圆形的路径，图形对象“行星”将沿着这条路径运动。行星沿路径动态运动。其具体操作步骤如下。

① 选择菜单【文件】→【导入】命令，或按下【Ctrl+R】快捷键，打开“导入”对话框。通过“导入”对话框导入一幅星空的图案到舞台中，调整好它的位置和大小。

② 在层名称上双击鼠标，名称将被选中，在其中直接输入新的名称“背景”。将导入的星空图形文件作为动画背景图案，如图 5.79 所示。

③ 单击【插入图层】按钮，插入图层 2 和图层 3 两个层。选择工具箱中的箭头工具，将“地球大”行星的图像导入到图层 2 中。将“地球小”行星的图像导入到图层 3 中。调整好它们的大小和位置，如图 5.80 所示。

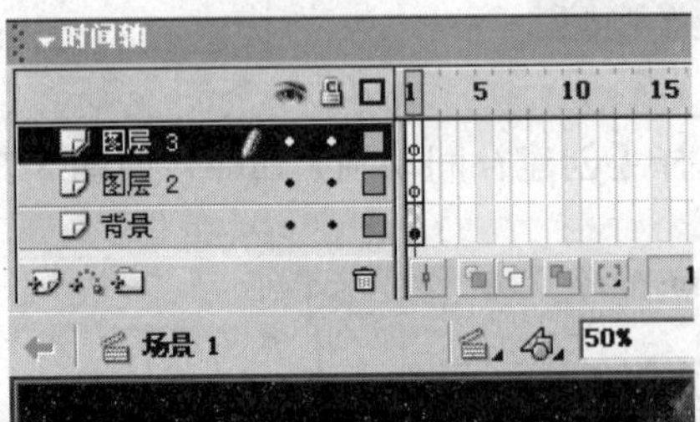

图 5.79

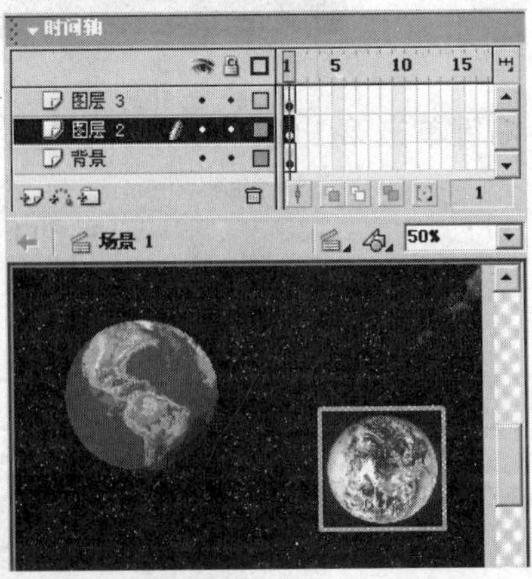

图 5.80

④ 在图层 2 的控制区中，单击鼠标右键弹出层控制快捷菜单，单击其中的【添加引导层】命令，在图层 2 上面添加一个运动引导层。在引导层中使用工具箱中的圆形工具绘制一条椭

圆形的矢量线，将其作为运动路径，如图 5.81 所示。

⑤ 选中背景层中的第 15 帧，然后按下【F5】键，将背景层延长到 15 帧。使用同样的方法将图层 2 和图层 3 的长度也都延长到 15 帧，如图 5.82 所示。

⑥ 因为图形对象不能完全沿着一个圆形路径运动，所以应将图形对象运动过程分为几段。选中图层 2 中的第 5 帧，然后按下【F6】键，将图层 2 的第 5 帧设为关键帧。选中第 1 帧中的图形对象，将其在运动路径上拖放一段。

⑦ 在图层 2 中的第 1 帧上单击，选择菜单【插入】→【创建补间动画】命令。在图层 2 中的第 1 帧到第 5 帧间创建了运动动画，如图 5.83 所示。

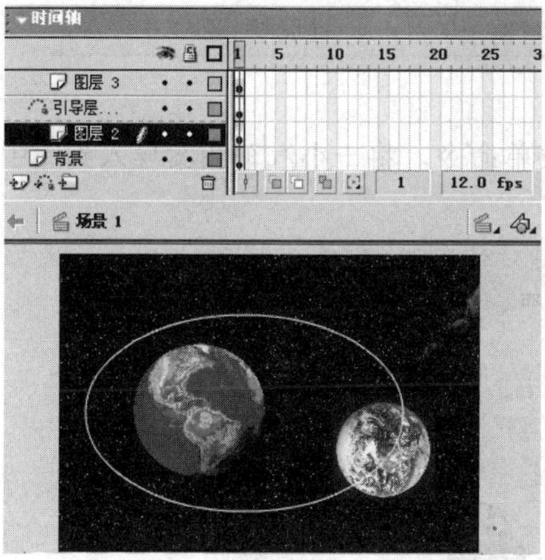

图 5.81

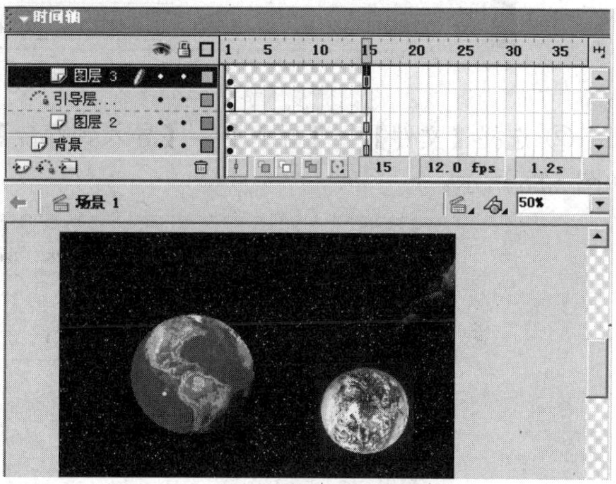

图 5.82

⑧ 在图层 2 中的第 5 帧上单击鼠标右键，在弹出的快捷菜单中单击【拷贝帧】命令，将其中的图形对象复制到剪贴板中。接着，在图层 2 的第 6 帧上单击鼠标右键，在弹出的快捷菜单中选择【粘贴帧】命令，将剪贴板中的图形对象复制到第 6 帧中，再将剪贴板中的内容复制到图层 2 的第 10 帧中。

⑨ 单击图层 2 的第 6 帧，选择菜单【插入】→【创建补间动画】命令。在第 6 帧到第 10 帧间建立运动动画。然后使用鼠标拖动第 10 帧中的图形对象，制作出行星继续向前运动的动画。如图 5.84 所示。

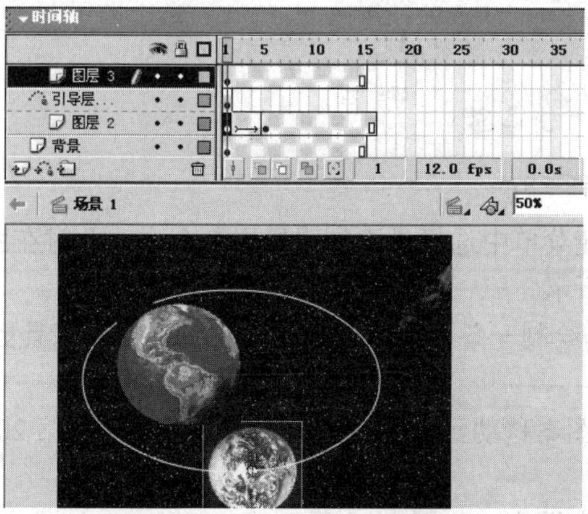

图 5.83

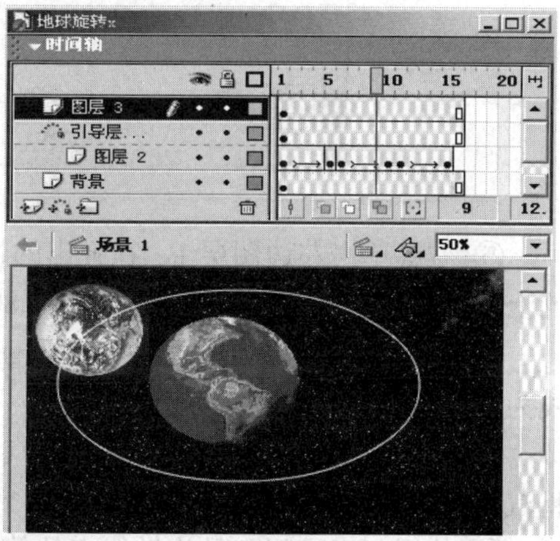

图 5.84

⑩ 使用同样的方法在第 10 帧到第 15 帧中建立运动动画，将行星以圆形路径运动的动画制作结束，单击▶按钮，小行星就会按轨道运转。

5.11.5 按指定路径移动汽车实例

按指定路径移动汽车的具体操作步骤如下。

① 新建一 Flash 文档，并在属性面板上设置其“大小”为 500×400 像素，“背景”为蓝色，如图 5.85 所示。

图 5.85

② 选择【文件】→【导入】→【导入到舞台】菜单命令，将一小汽车图案导入到库中，如图 5.86 所示。

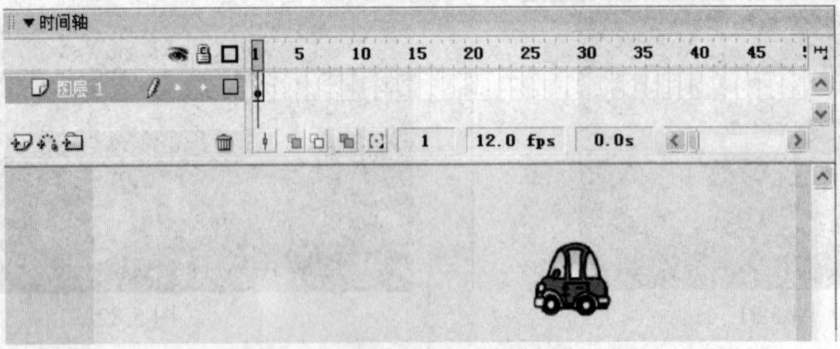

图 5.86

③ 右键选择小汽车图案弹出快捷菜单，选择【转换为元件】命令。

④ 在图层 1 的第 20 帧处按下【F6】键，添加一关键帧。然后选取第 1 帧，在帧属性面板中设置“补间”类型为“动作”，如图 5.87 所示。

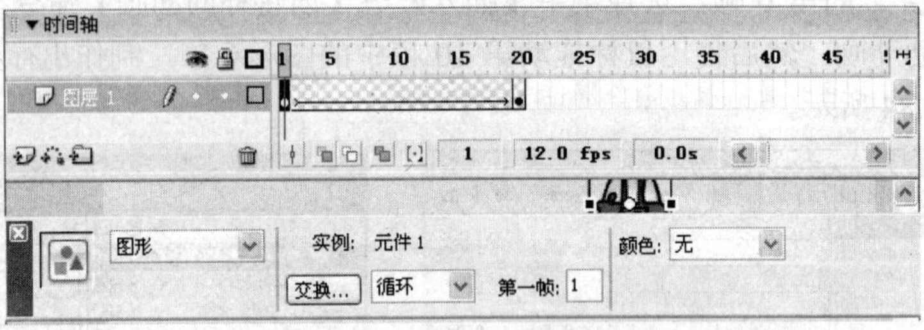

图 5.87

⑤ 右键单击左边图层 1，在弹出的快捷菜单中选择【添加引导层】命令，此时在图层 1 的上方将出现一个运动引导层，如图 5.88 所示。

⑥ 在运动引导层上，使用／直线工具绘制一条直线。然后使用↖（选择）工具更改直线为曲线类型，如图 5.89 所示。

⑦ 在图层 1 中选取第 1 帧，并将汽车图案移动到引导线的起始点，然后选取第 20 帧，将汽车图案移动到引导线的终点。

⑧ 使用任意变形工具旋转终点处的汽车图案，如图 5.90 所示。

⑨ 最后选择【控制】→【控制|播放】菜单命令，演示按指定轨迹移动的小汽车的动画制作效果，若不满意轨迹移动，可继续使用工具更改曲线形状，如图 5.91 所示。

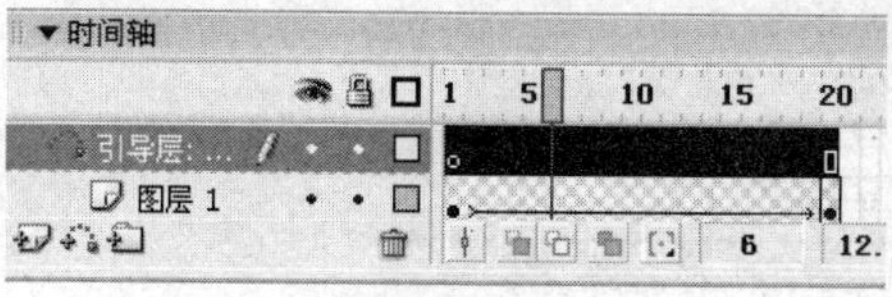

图 5.88

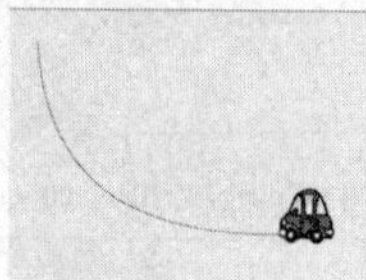
图 5.89

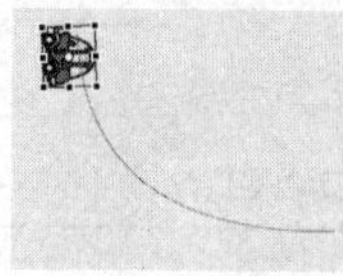
图 5.90

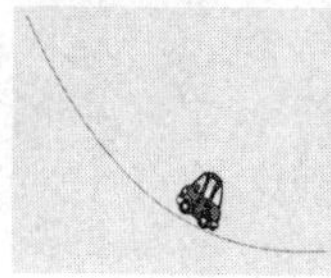
图 5.91

5.12　处理声音实例

音效在动画中具有画龙点睛的效果，可以使制作的网页给访问者留下深刻的印象。Flash MX Professional 2004 支持的声音文件格式有 WAV、AIFF 和 MP3。

5.12.1　制作正在刹车的小汽车实例

本例将制作正在刹车的小汽车的动画，它运用了补间动画和声音的音效效果实现小汽车刹车的效果。其具体操作步骤如下。

① 新建一 Flash 文档，并在属性面板上设置其“大小”为 400×200 像素，“背景”为黄色，如图 5.92 所示。

图 5.92

② 选择【文件】→【导入】→【导入到库】菜单命令，将一小汽车图案导入到库中，如图 5.93 所示。

③ 从库面板中将小汽车图案拖动到舞台上，调整好位置。右键选择小汽车图案拉出快捷菜单，选择【转换为元件】命令，如图 5.94 所示。

图 5.93

图 5.94

④ 在该图层的第 20 帧处按下【F6】键，插入一关键帧。并在该帧移动小汽车的位置，以便创建小汽车的行驶动画，如图 5.95 所示。

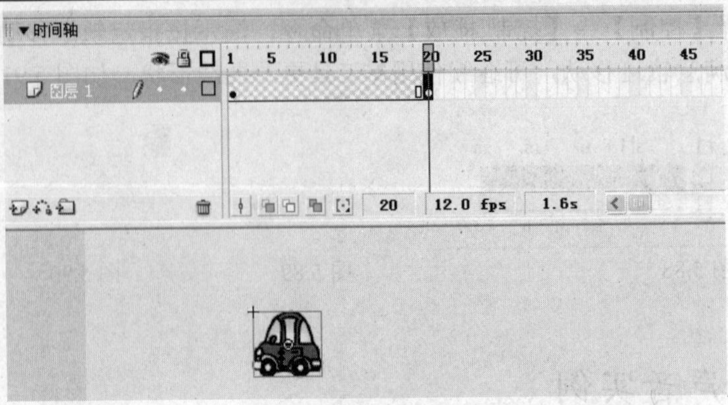

图 5.95

⑤ 右键选择第 1 帧拉出快捷菜单，选择【创建补间动画】命令，并在帧属性面板上设置其“补间”类型为“动作”，同时调整补间速度为 100，即朝着动画结束的方向减速补间，体现汽车刹车的效果。此时的属性面板如图 5.96 所示。

⑥ 选择【文件】→【导入】→【导入到库】菜单命令，在弹出的“导入”对话框中，选择所需的刹车声音，然后单击【打开】按钮，此时打开库面板即可看到已经导入的声音，如图 5.97 所示。

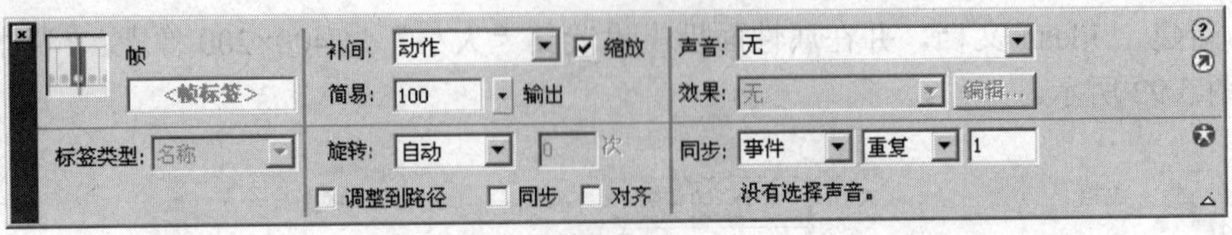

图 5.96

⑦ 单击时间轴上的【新建图层】按钮创建一新图层，并从库面板中将刹车声音元件拖动到舞台上创建一个实例，此时的时间轴如图 5.98 所示。

图 5.97

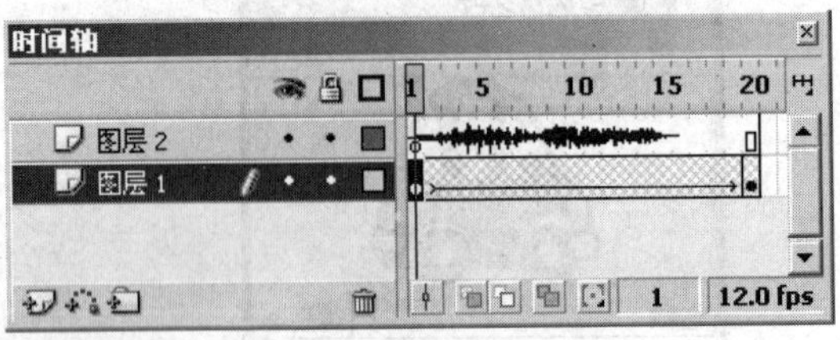

图 5.98

⑧ 选择【控制】→【控制|播放】菜单命令，演示刹车小汽车的制作效果。

5.12.2 伴奏飞舞的蝴蝶实例

制作伴奏飞舞的蝴蝶实例是在动画中添加声音文件的动画。其具体操作步骤如下。

① 选择菜单【文件】→【打开】命令，打开“飞舞蝴蝶”的动画文件。

② 单击菜单【窗口】→【库】命令或按【F11】键，打开素材库。

③ 单击菜单【文件】→【导入到库】命令，选择“10.wav”声音文件，导入后，可以单击库中的播放按钮测试一下声音，如图 5.99 所示；还可以双击“10.wav”声音文件，在打开的“声音属性”对话框中，重新导入、更新、测试声音文件，如图 5.100 所示。

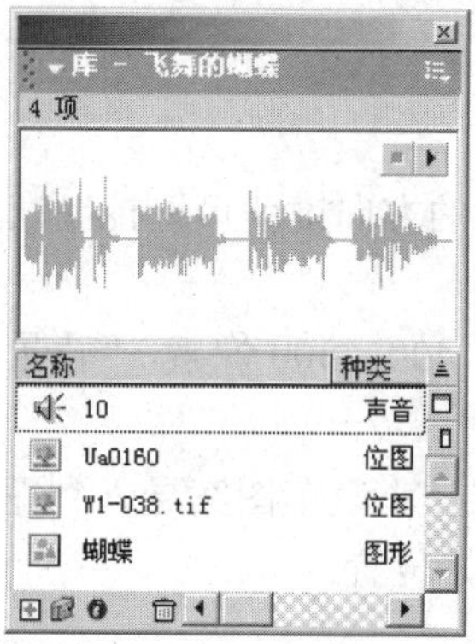

图 5.99

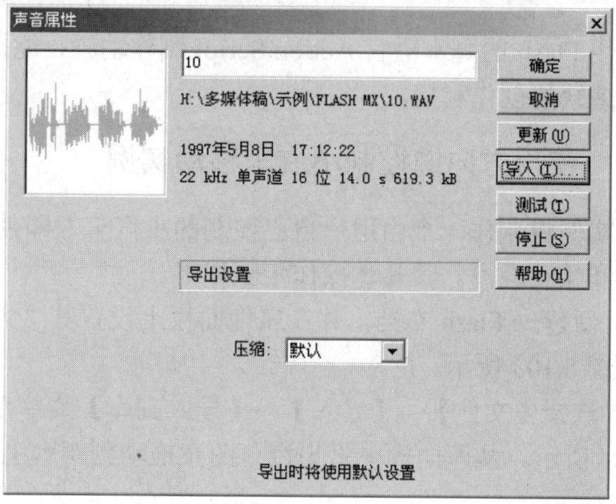

图 5.100

④ 单击（插入图层）按钮，插入 music 图层，单击 music 图层时间轴上的第 1 帧，选择工具箱中的箭头工具，将 10 声音文件拖到舞台上，如图 5.101 所示。

⑤ 单击声音属性面板上的【编辑】按钮，在弹出的对话框中可以对声音进行左、右声道等特效的设置，如图 5.102 所示。

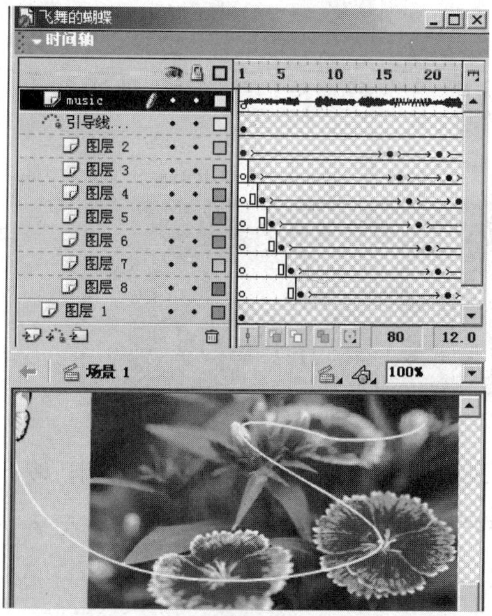

图 5.101

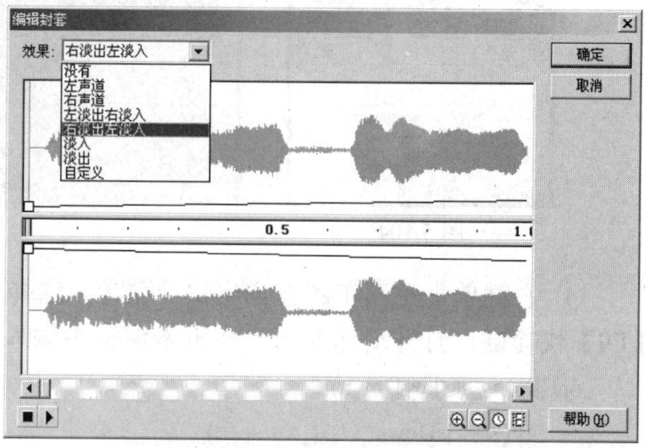

图 5.102

⑥ 在声音属性面板上还可以设置重复播放的次数和同步模式。

⑦ 制作完成后保存动画，按下【Ctrl+Enter】快捷键测试效果，不仅看到优美的蝴蝶在飞舞，还能听到悦耳的音乐。

5.13 应用动作脚本制作动画实例

使用 Flash 的脚本语言 Action Script 制作动画，能提高 Flash 的交互性，成为高级闪客手中不可或缺的创作利器。

5.13.1 使用方向键控制小汽车移动实例

本实例将制作一个由用户自己控制的小汽车，即使用键盘的方向键就可以控制汽车的移动方向和移动距离。其具体操作步骤如下。

① 新建一 Flash 文档，并在属性面板上设置其“大小”为 400×300 像素，“背景”为蓝色，如图 5.103 所示。

② 选择【文件】→【导入】→【导入到库】菜单命令，将一小汽车图案导入到库中，如图 5.104 所示。从库面板中将小汽车图案拖动到舞台上，调整好位置。

图 5.103

③ 选择工具箱中的文本按钮，在小汽车图案上方输入“使用键盘的方向键控制汽车的移动”，在属性面板上设置“字体”为“华文行楷”，“大小”为 20，结果如图 5.105 所示。

图 5.104

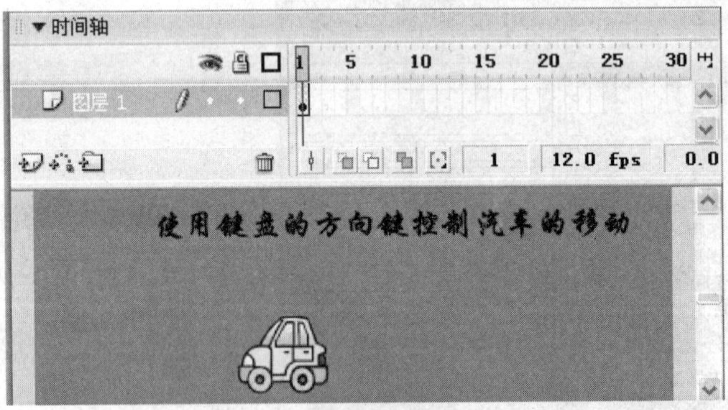

图 5.105

④ 右键单击小汽车图案弹出快捷菜单，选择【转换为元件】命令。再选择该实例，按下【F9】快捷键，打开动作面板。在脚本窗格中输入控制键盘动作的代码，如下所示。

```
onClipEvent (keyDown) {
    if (Key.isDown(37)){_x=_x-5;}
    else if (Key.isDown(39)) {_x=_x+5;}
    else if (Key.isDown(38)) {_y=_y-5;}
```

```
else if (Key.isDown(40)) {_y=_y+5;}
}
```

⑤ 关闭动作面板，选择【控制|测试影片】菜单命令，即可使用键盘方向键控制小汽车的行进，测试结果如图 5.106 所示。

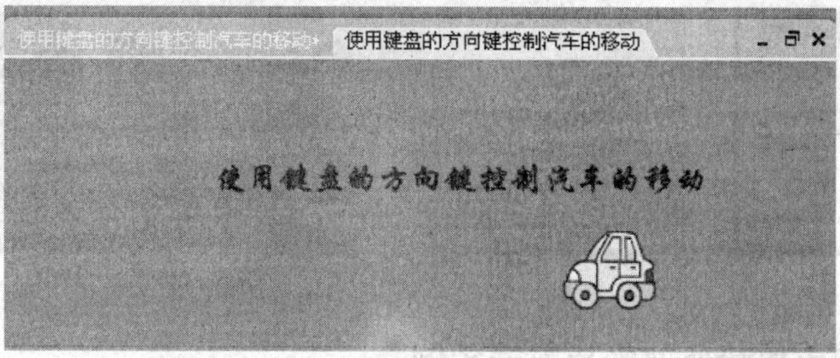

图 5.106

5.13.2　使用行为控制视频文件播放的实例

行为是 Flash 提供的内置脚本，使用行为，用户可控制视频剪辑的整个播放过程，而不需要在动作面板中手动输入相应的代码，如播放、停止、暂停、后退、快进、显示及隐藏视频剪辑等操作。本实例就是演示这个控制过程，其具体操作步骤如下。

① 新建一 Flash 文档，并在属性面板上设置其“大小”为 500×400 像素，“背景”为白色。

② 选择【文件】→【导入】→【导入到库】菜单命令，将“金色童年.avi 视频文件导入到库中，如图 5.107 所示。

③ 从库面板中将“金色童年.avi”视频文件拖动到舞台上，调整好位置。

④ 右键单击“金色童年.avi”视频，在弹出的快捷菜单中选择【转换为元件】命令，在弹出的相应对话框中选择影片剪辑单选钮，单击【确定】按钮，即将元件 1 加入到库中。

⑤ 按下【Shift＋F3】快捷键，打开行为面板。单击 添加行为按钮，并在下拉菜单中选择【嵌入视频】→【播放】命令，如图 5.108 所示。

⑥ 在弹出的“播放视频”对话框中，选择或输入要播放的视频实例，并在文本框输入“this.sp”代码，如图 5.109 所示，完成后单击【确定】按钮，关闭该对话框。

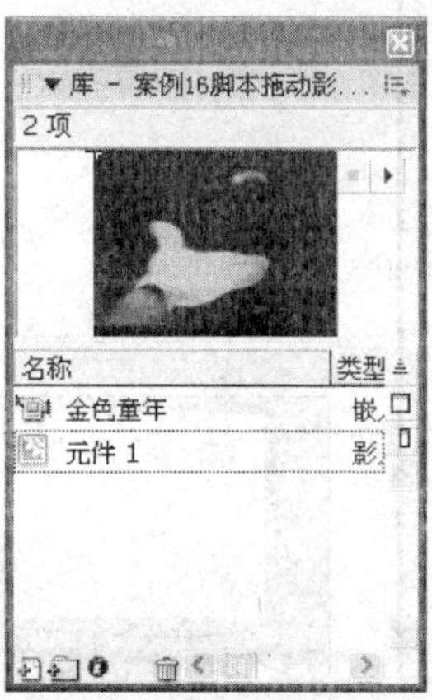

图 5.107

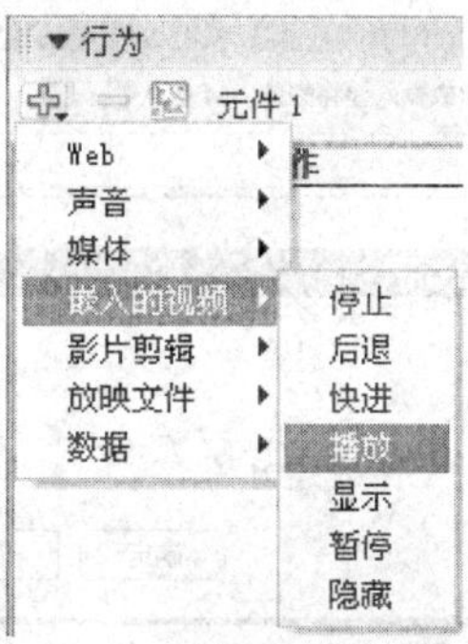

图 5.108

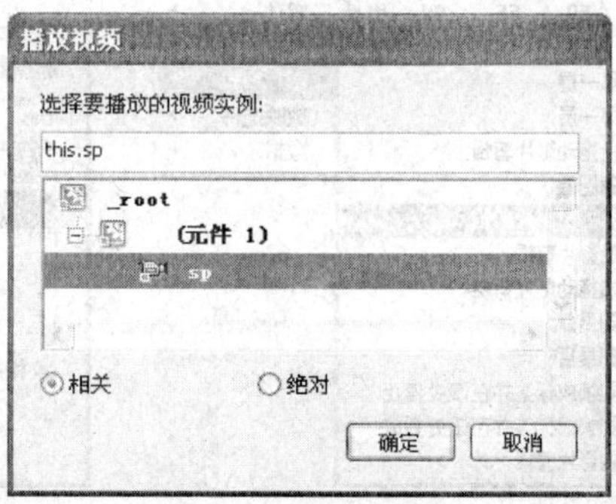

图 5.109

⑦ 依次选择舞台上的视频实例，并在行为面板中依次添加播放、暂停、停止的行为，如图 5.110 所示。

⑧ 最后选择【控制|测试影片】菜单命令，即可得到如图 5.111 所示的测试结果，用户可以单击视频文件来播放、暂停和停止。

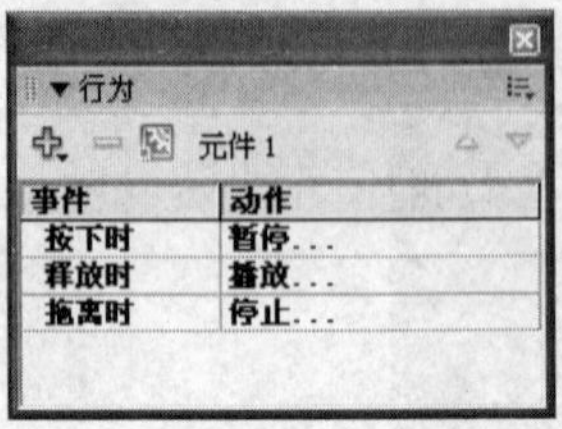

图 5.110

图 5.111

5.13.3 使用行为加载外部影片剪辑实例

使用行为加载外部影片，完成视频剪辑效果，其具体操作步骤如下。

① 新建一 Flash 文档，并在属性面板上设置其“大小”为 500×400 像素，“背景”为白色。

② 选择【文件】→【导入】→【导入到库】菜单命令，将 D094 画框导入到库中。

③ 从库面板中将 D094 画框拖曳到舞台上，调整好位置。

④ 右键单击 D094 画框弹出快捷菜单，选择【转换为元件】命令，在弹出的相应对话框中选择影片剪辑单选钮，单击【确定】按钮，将元件 1 加入到库中。

⑤ 选择【文件】→【导入】→【打开外部库】菜单命令，将 qt 视频文件加入到库中，并把它拖曳到舞台上。按下【Shift＋F3】快捷键，打开行为面板。单击添加行为按钮，并在下拉菜单中选择【影片剪辑】→【加载外部影片剪辑】命令，如图 5.112 所示。

⑥ 在弹出的加载外部影片剪辑对话框中，在“输入要加载的.swf 文件的 URL”文本框中输入要载入的影片剪辑文件的路径如“file:///D:/sp.swf”；在显示列表中选择图像载入的目标影片剪辑，如图 5.113 所示，完成后单击【确定】按钮，关闭该对话框。

⑦ 在行为面板中其事件触发为“无”，选择【控制|测试影片】菜单命令，得到如图 5.114 所示的效果，即用户单击 D094 画框后，屏幕显示载入的“sp.swf”视频文件。

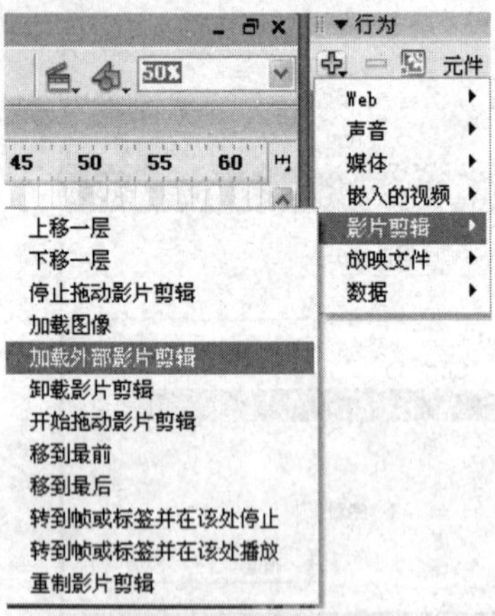

图 5.112

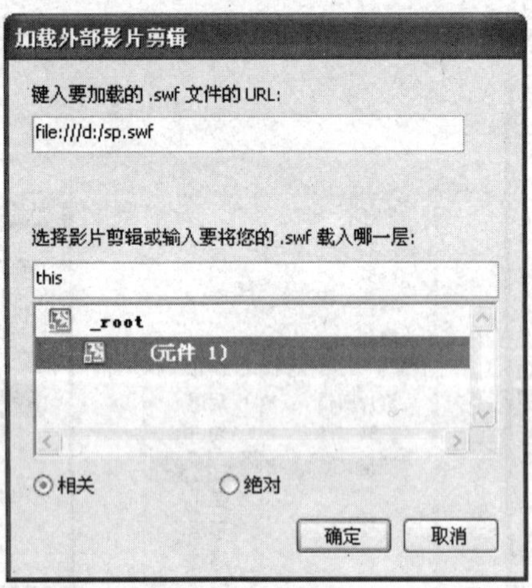

图 5.113

图 5.114

5.13.4　在运行期拖动影片剪辑实例

很多 Flash 交互中需要移动各种对象，包括影片剪辑。使用 Action Script 提供的全局 startDrag() 方法或 MovieClip.startDrag() 方法均可以完成拖动影片剪辑的功能。这一功能非常实用，可广泛用于游戏拖放功能、自定义界面以及滚动条和滑块制作等方面。用户在运行期可以拖动正在播放的影片剪辑，如图 5.115 所示。

制作在运行期拖动影片剪辑的操作步骤如下。

① 新建一 Flash 文档，并在属性面板上设置其"大小"为 500×400 像素，"背景"为白色。

② 选择【文件】→【导入】→【打开外部库】菜单命令，在弹出的"打开"对话框中选择"案例 16 脚本拖动影片剪辑效果" Flash 文件，从库中选择元件 1 并把它拖曳到舞台上创建其实例。

③ 右键单击元件 1，在弹出的快捷菜单中选择【转换为元件】命令，在弹出的相应对话框中选择"影片剪辑"单选钮，单击【确定】按钮。

④ 单击该实例，进入元件编辑模式，如图 5.116 所示。

图 5.115

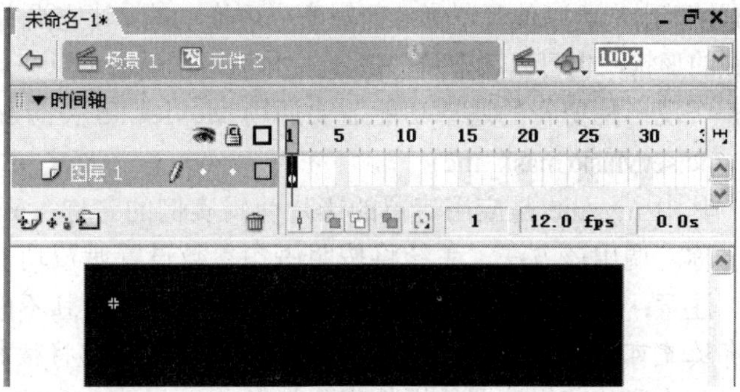

图 5.116

⑤ 展开动作面版或按下【F9】键，打开动作面板，并在其右侧脚本窗格中输入如下所示的语句。

```
on (press) {
    startDrag(this,true);
}
 on (release) {
     stopDrag();
}
```

startDrag() 方法的语法结构如下所示。

startDrag(target,[lock ,left , top , right, bottom]);

其中 target 表示要拖动的影片剪辑实例；lock 是一个布尔值，为可选参数，用于指定可拖动影片剪辑的锁定位置。left , top , right, bottom 也是可选参数，用于指定拖曳的约束区域。

stopDrag()用于停止应用 startDrag()方法拖曳的影片剪辑，它没有参数。

代码设置结果如图 5.117 所示。

⑥ 返回场景模式，选择【控制】→【测试影片】菜单命令，即可在用户按下鼠标时拖动影片剪辑，而放开鼠标时则停止拖动过程。测试结果如图 5.118 所示。

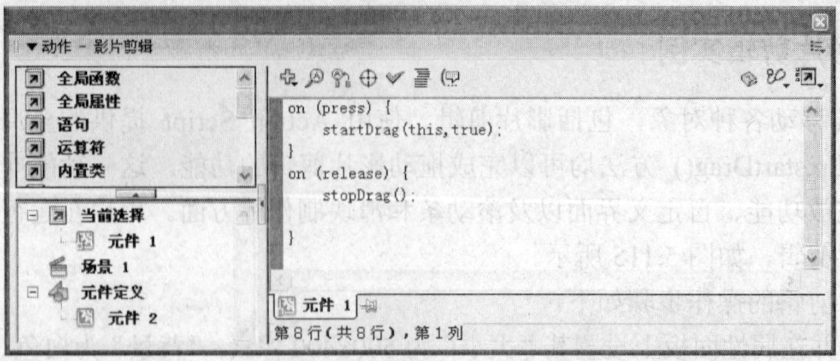

图 5.117

图 5.118

5.13.5 创建影片剪辑遮罩实例

以前提到的遮罩效果一般会选用图层来完成。实际上用户还可以使用影片剪辑作为遮罩，透过它可以看到另一个影片剪辑中的内容。遮罩影片剪辑和普通的影片剪辑一样，播放时间轴中的所有帧，用户可以使遮罩影片剪辑变成可拖动的、让它沿着运动引导层运动、在单个遮罩内使用单独的形状，也可以动态调整遮罩的大小。甚至还可以在运行期使用动作脚本打开和关闭遮罩。

实现影片剪辑的遮罩功能需要调用 MovieClip 类的 setMask()方法，该方法的语法结构为：
my_mc.setMask(mask_mc)

其中 my_mc 是应用遮罩的影片剪辑实例的名称；mask_mc 是成为遮罩的影片剪辑实例的名称。调用该方法，系统将按照语句参数设置遮罩功能。

注意：用户不能使用遮罩遮蔽另一个遮罩，而且不能设置遮罩影片剪辑的_Alpha 属性。只有填充可以用在作为遮罩的影片剪辑中，笔触都将被忽略。

制作影片剪辑遮罩的操作步骤如下。

① 新建一 Flash 文档，并在属性面板上设置其大小为 500×400 像素，背景色为白色。

② 选择【文件】→【导入】→【打开外部库】菜单命令，在弹出的“打开”对话框中选择“拖动影片剪辑效果”Flash 文件，从外部文件的库中选择影片剪辑元件 1 并把它拖曳到当前舞台上创建其实例。

③ 在属性面板中将影片剪辑实例命名为“sp”，如图 5.119 所示。

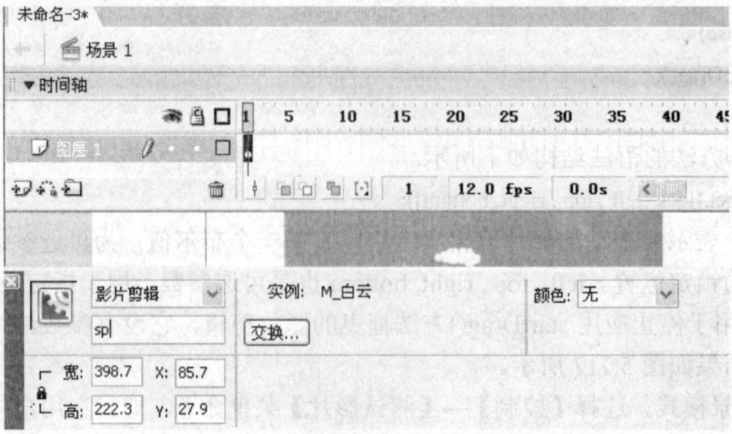

图 5.119

④ 新建一图层，用工具箱中的椭圆工具画一个黑色的圆，右键单击圆，在弹出的快捷菜单中选择【转换为元件】命令，在弹出的相应对话框中选择“影片剪辑”单选钮，单击【确定】按钮。此时新建 Flash 文档的库如图 5.120 所示。

⑤ 在属性面板中命名圆影片剪辑实例为“mask”，如图 5.121 所示。

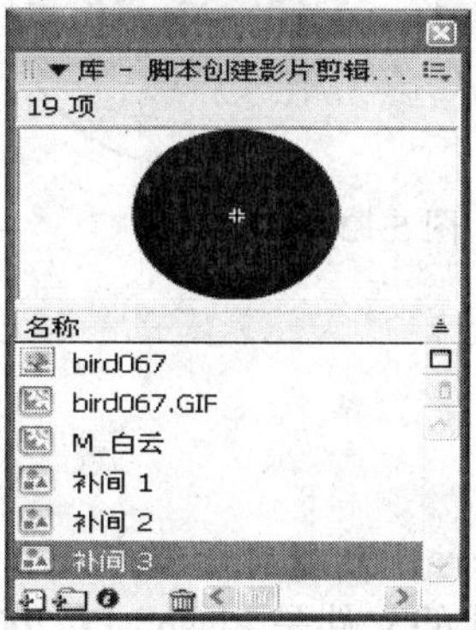

图 5.120

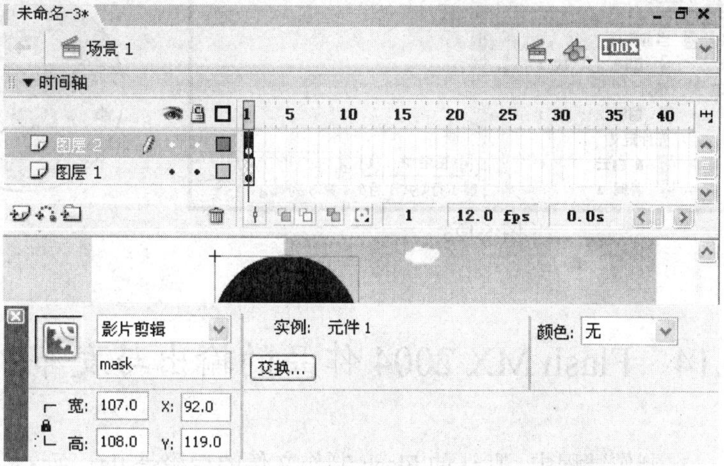

图 5.121

⑥ 选取第 1 帧，再选取工具箱中的缩放工具，调整圆的位置和大小；继续选取第 15 帧，用工具箱中的缩放工具，调整圆的位置和大小；继续选取第 30 帧，用工具箱中的缩放工具，调整圆的位置更远及大小更大些。分别右键选取第 1 帧、第 15 帧和第 30 帧，在弹出的快捷菜单中，选择【创建补间动画】命令，使用补间动画创作一不断变化大小的球体，如图 5.122 所示。

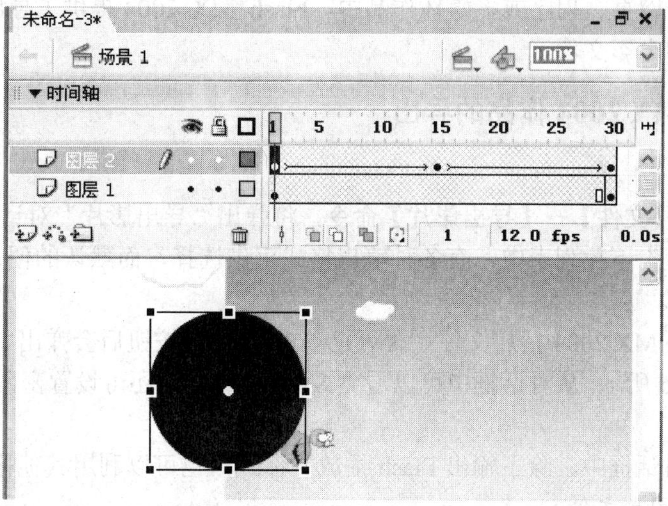

图 5.122

⑦ 选取圆实例的第 1 帧，按下【F9】键，打开动作面板，在其右侧脚本窗格中输入如下所示的语句：sp.setMask(mask);效果如图 5.123 所示。

⑧ 选择【控制】→【测试影片】菜单命令，得到如图 5.124 所示的遮罩效果。

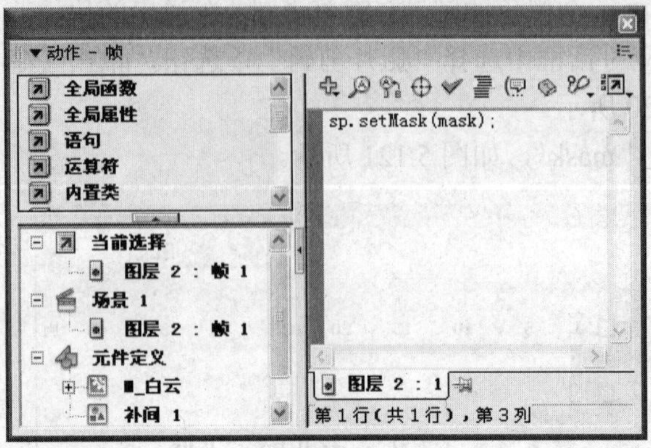

图 5.123

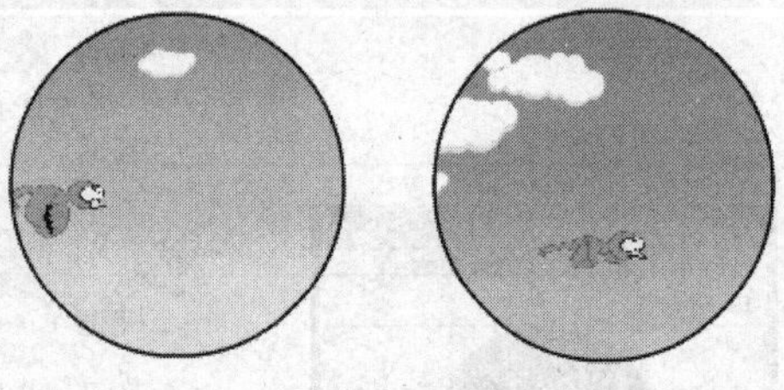
图 5.124

5.14 Flash MX 2004 作品的输出与发布

在制作过程中，默认的 Flash 制作文件的后缀是.fla。而这种格式的文件是 Flash MX 2004 的制作格式文件，往往不能直接应用于各种媒体上。

要得到欣赏格式文件最简单的方法便是按【Ctrl+Enter】键或者单击菜单【控制】→【测试影片】命令，在当前文件的保存目录下保存同名称的 SWF 格式文件。但是，这种方式并不能算严格意义上的输出与发布。它只是为了方便在制作过程中能快速得到电影文件进行观察的一种方法。每操作一次，得到的电影文件便会自动覆盖原来的文件。这就要求 Flash MX 2004 动画作品设计制作完成后，必须将其生成可脱离 Flash MX 2004 环境播放的动画文件。以便于直接应用于网页、程序或多媒体作品中。Flash MX 2004 提供了导出与发布两种方式生成动画文件，即电影文件。

5.14.1 Flash MX 2004 作品的导出

1. 导出影片

① 选择菜单【文件】→【导出影片】命令，将弹出“导出影片”对话框，如图 5.125 所示。在“保存类型”下拉列表中，有各种输出格式可供选择，而默认的便是 Flash MX 2004 播放文件（*.swf）。

② 选择 Flash MX 2004 播放文件（*.swf），单击【保存】按钮后会弹出“导出 Flash Player”对话框，如图 5.126 所示。从对话框中可以看到 SWF 格式文件还可设置密码保护及设置版本、加载顺序等功能。

在导出影片对话框中，除了输出 Flash 播放文件外，也可以利用其他格式文件输出。

2. 导出动态图形文件

① 在导出影片对话框中的“文件名”文本框中输入要输出的文件名称，从保存类型下拉列表中选择“位图序列文件（*.bmp）”后缀，单击【保存】按钮。

② 在弹出的“导出位图”对话框中，单击【确定】按钮，如图 5.127 所示。

③ 输出动态图形文件时，Flash MX 2004 会在输出文件名后面加上编序号码，如图 5.128

所示。有了这些连续的静态图形文件，就可以用 GIF Animator 等软件，制作成 GIF 动画图形文件。

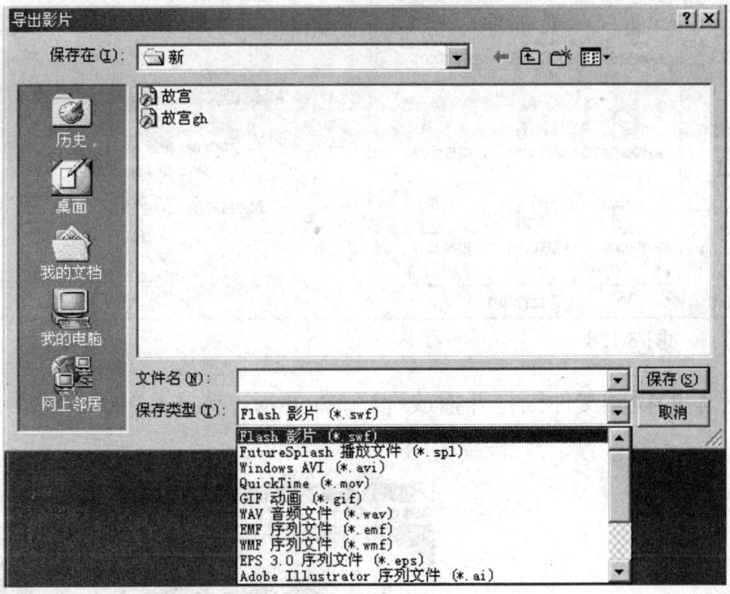

图 5.125

3. 导出视频影片文件

制作完成后的 Flash 动画，除了能够放在网络上供人欣赏，还可以输出成视频文件，将动画当影片一样来观赏。输出视频影片文件的具体操作步骤如下。

① 在“导出影片”对话框中的“文件名”文本框中输入要输出的文件名称，从“保存类型”下拉列表中选择“Windows AVI（*.avi）”后缀，单击【保存】按钮。

② 在弹出的导出“Windows AVI”对话框中，单击【确定】按钮，如图 5.129 所示。

③ 在弹出的“视频压缩”对话框中，单击【确定】按钮，如图 5.130 所示。

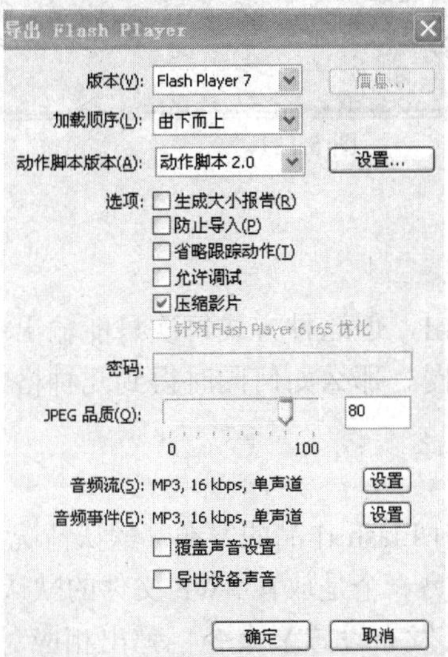

图 5.126

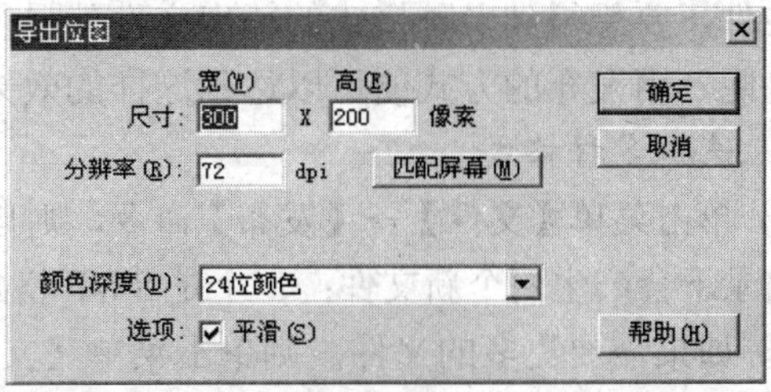

图 5.127

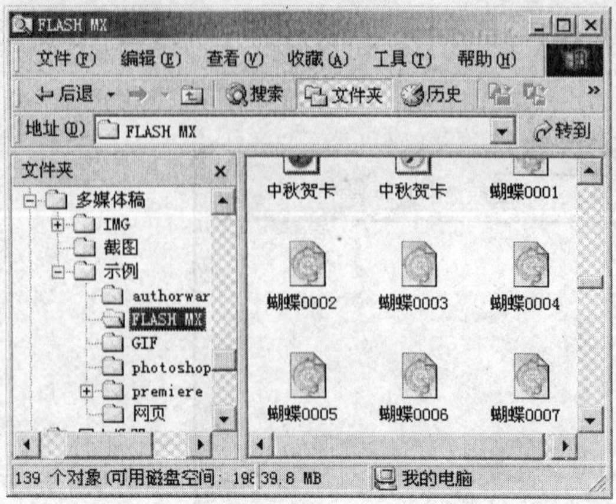

图 5.128

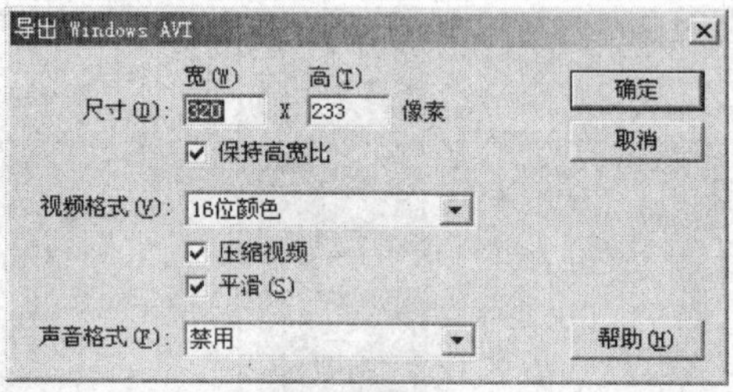

图 5.129

④ 双击输出后的视频文件则打开播放程序 Windows Media Player 播放这个影片，如图 5.131 所示。

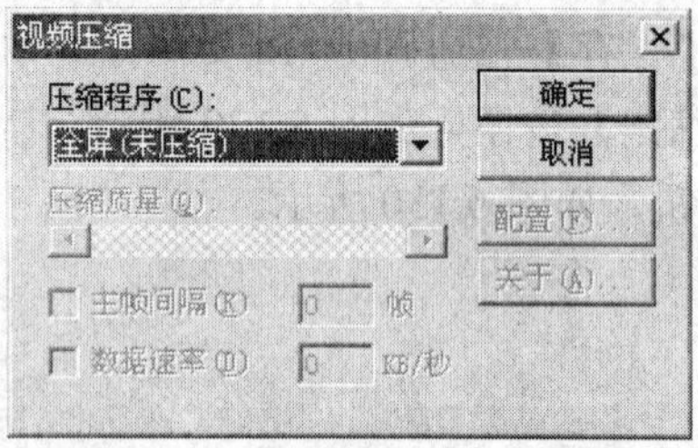

图 5.130

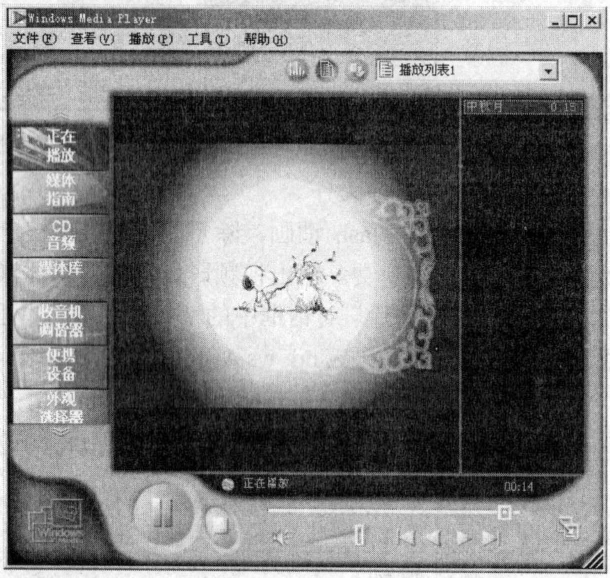

图 5.131

5.14.2 Flash 作品的发布

上节介绍了用导出影片命令完成对 Flash 作品的输出，但这种方式每次只能输出一种格式的文件，要想得到多种格式的输出文件就显得十分缓慢。那么如何同时得到几种格式的输出文件呢？用发布的方式便可以达到这样的效果。

1. 选择多种格式

① 单击菜单【文件】→【发布】命令，则自动完成对 Flash 作品的发布。默认情况下，在当前目录下会产生两个新文件：一个是 SWF 格式文件，另一个是放置 SWF 文件的默认网页。

② 如果需要更多的文件，则单击菜单【文件】→【发布设置】命令，弹出相应对话框，如图 5.132 所示。

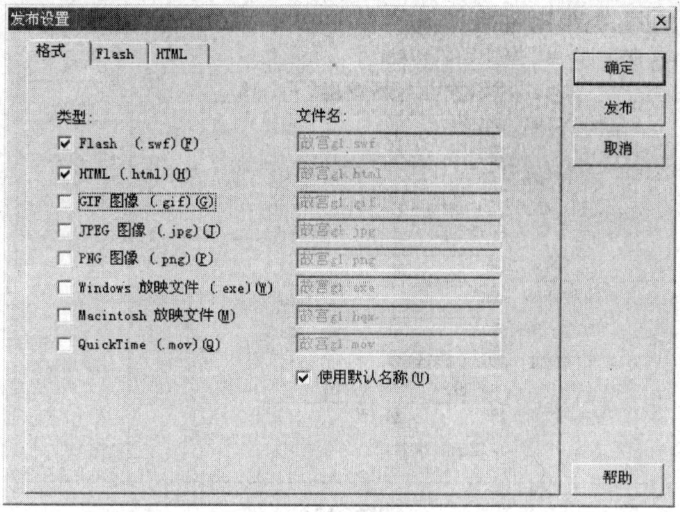

图 5.132

③ 从“发布设置”对话框中发现“Flash（.swf）”和“HTML（.html）”复选框都被选中，说明发布的就是这两种文件。如果需要其他格式的输出文件，只需要选中相应的复选框便可以了。一旦复选框被选中，在标题栏下便会出现相应的选项卡，单击该选项卡就可以对这种格式文件进行相关设置。例单击 GIF 选项卡，如图 5.133 所示，该选项卡用于设置发布 GIF 静态图片或 GIF 动画序列。

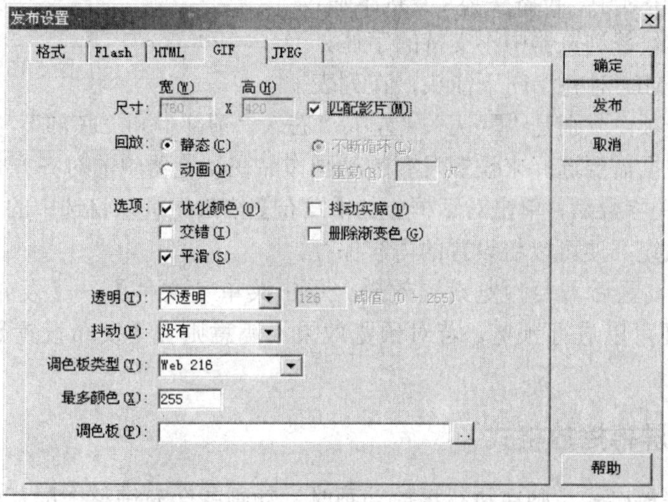

图 5.133

值得一提的是在图 5.132 中，复选框“Windows 放映文件”和“Macintosh 放映文件”都是“播放文件”，但前者是 Windows 系统的播放文件，后者是 Macintosh 系统的播放文件，两者不兼容。

2. 对 HTML 文件设置

① 单击 HTML 选项卡，如图 5.134 所示。

② 单击“模板”向下箭头，在列表中一共提供了 12 个预设模板，可根据需要选择。单击【信息】按钮可得到有关模板的信息，如图 5.135 所示。

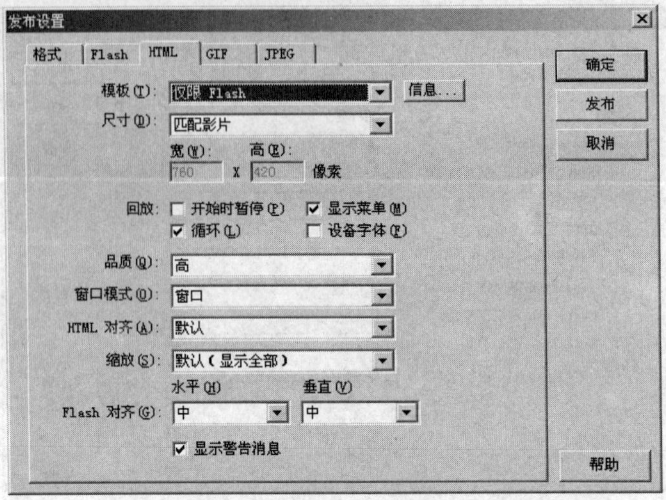

图 5.134

③ 单击“尺寸”向下箭头，在列表中有“匹配影片”、“像素”、“百分比”3 种选择用于设定作品在浏览器中按设置的尺寸进行播放或以像素和百分比为单位的尺寸进行设置播放。

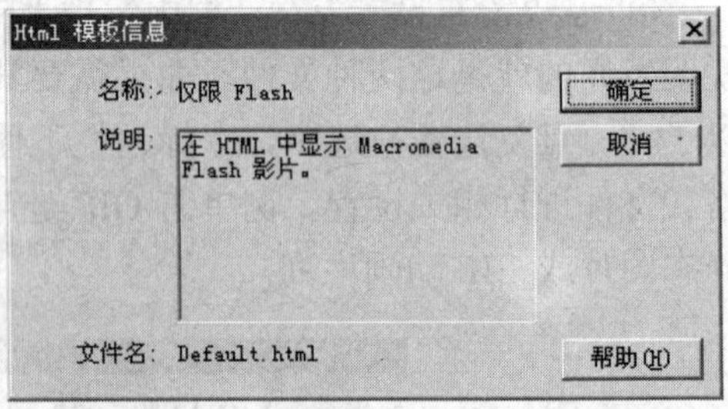

图 5.135

④ 设置“回放”的 4 个复选框，用于设置动画的播放方式，其中选中“设备字体”复选框后，自动使用系统字体代替浏览器中不支持的字体。

⑤ 单击“HTML 对齐”向下箭头，在列表中一共提供 5 个选项，分别是“默认”、“左”、“右”、“顶部”和“底部”。其中“默认”模式是居中模式，可根据需要选择来设置发布的动画作品在浏览器中的对齐方式和位置参数。

⑥ 设置好相关参数后，单击对话框中的【发布】按钮便可以将选中的文件格式输出。如果单击【确定】按钮，便可以将设置的内容保存。

⑦ 如果进行设置后需要预览设置效果。单击菜单【文件】→【发布预览】命令下的预览文件格式，便可以进行预览。若对预览效果不满意则在【发布设置】对话框中再进行设置。

5.14.3 设置全屏幕播放格式

设置全屏幕播放格式，则在执行播放动画时，动画就会充满整个屏幕放映。具体操作步骤如下。

① 选择菜单【文件】→【打开】命令，打开一幅 “x 中秋贺卡”的动画文件。

② 选择“mirror”图层的第 1 帧，单击鼠标右键，从弹出的快捷菜单中选择【动作】命令，在“动作”面板上双击【动作】→【浏览器/网络】→【fscommand】指令，接着在“命令”文本框中输入“FullScreen”，在“参数”文本框中输入“true”，如图 5.136 所示。

③ 选择菜单【文件】→【发布设置】命令，弹出“发布设置”对话框，选中“Flash（*.swf）”复选框，接着单击【发布】按钮。

④ 双击发布后的动画文件，动画以全屏幕形式显示，如图 5.137 所示。

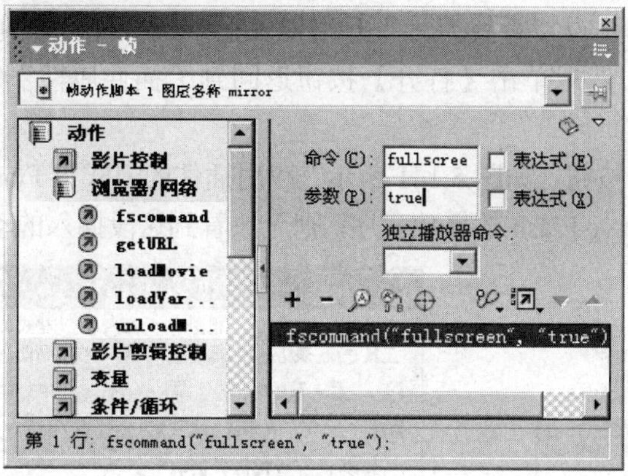

图 5.136

图 5.137

5.15　在网页中内嵌 Flash 动画文件

将动画制作好了以后，发布出去的都是独立动画文件，如何与 FrontPage 或 Dreamweaver 制作的网页结合呢？下面介绍将发布后的动画文件放到网页制作软件上，实现把动画文件发布到网页上的方法。

5.15.1　在 FrontPage 中加入 Flash 动画

利用 FrontPage 的内嵌 Plug-In 方式，就可以将动画插入到网页上，其操作步骤如下。

① 打开 FrontPage 中要编辑的网页，并将光标停在要插入动画的位置上，选择菜单【插入】→【Web 组件】命令，如图 5.138 所示。

② 在弹出的"插入 Web 组件"对话框中，从"组件类型"列表框中，选择"高级控件"选项，从"选择一个控件"列表框中选择"插件"选项，如图 5.139 所示，然后单击【完成】按钮。

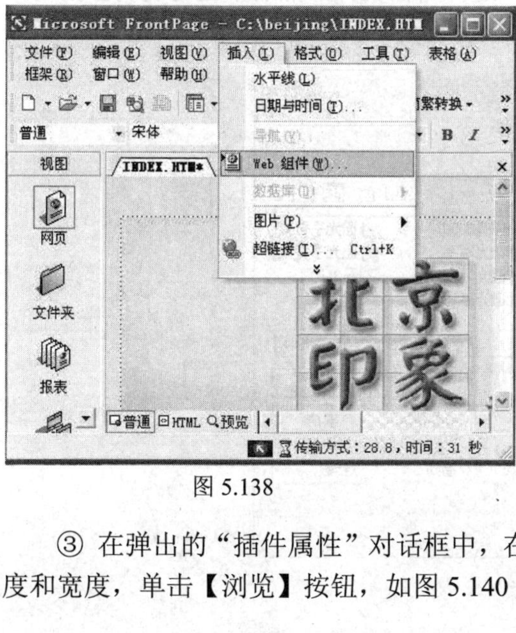

图 5.138

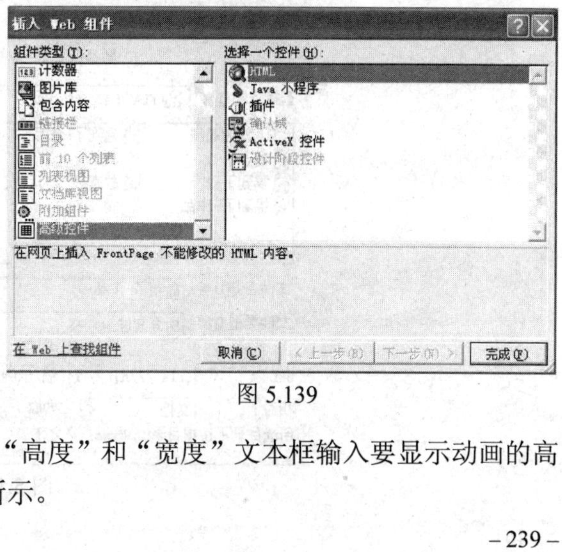

图 5.139

③ 在弹出的"插件属性"对话框中，在"高度"和"宽度"文本框输入要显示动画的高度和宽度，单击【浏览】按钮，如图 5.140 所示。

④ 打开“选择插件数据源”对话框，从“查找范围”下拉列表框中选择文件所在文件夹，接着从列表框中选择 SWF 文件名称，然后单击【打开】按钮返回到“插件属性”对话框，单击【确定】按钮。

⑤ 回到编辑画面后，单击【预览】按钮，如图 5.141 所示。应用插件的方式将 Flash 动画文件添加到网页中，若是没有安装 Shockwave Flash 的播放程序，则无法看到这段插入的动画文件。

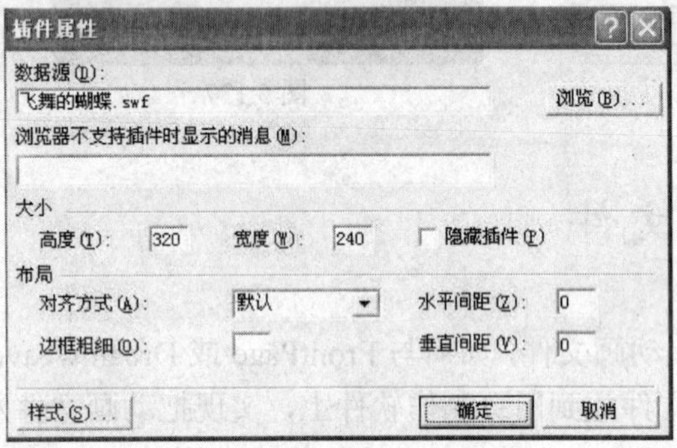

图 5.140

图 5.141

5.15.2 在 Dreamweaver 中加入 Flash 动画

Dreamweaver 和 Flash 是同一家公司所生产的软件，在使用风格上相似。

在 Dreamweaver 中加入 Flash 动画的操作步骤如下。

① 打开 Dreamweaver 中要编辑的网页，并将光标停在要插入动画的位置上，选择菜单【插入】→【媒体】→【Flash】命令，在弹出的“选择文件”对话框中，从“查找范围”下拉列表框中选择文件所在文件夹，接着从列表框中选择所需文件，然后单击【确认】按钮，如图 5.142 所示。

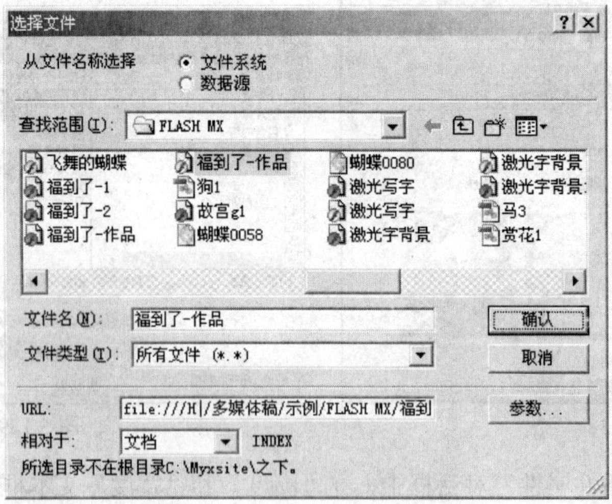

图 5.142

② 回到编辑画面后，编辑区中会出现一个插件占位符，表示已经插入 Flash 动画文件，接着在工具栏单击 （在浏览器中预览/调试）按钮，从拉出菜单中选择【预览在 iexplore】命令，如图 5.143 所示，打开浏览器观看插入动画后的网页效果。

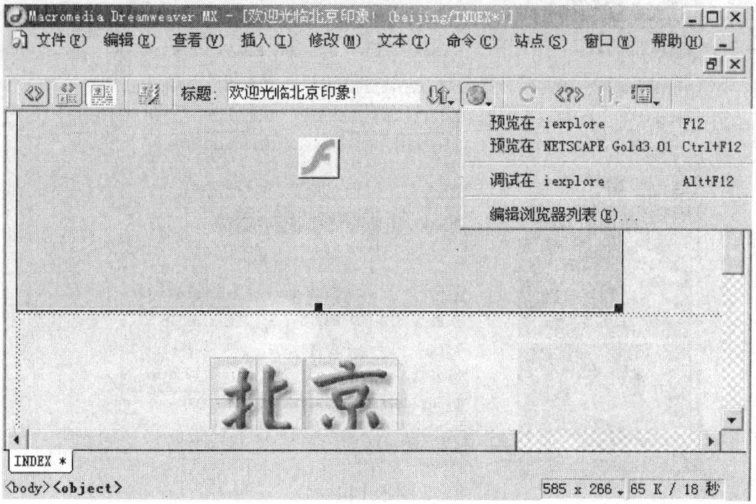

图 5.143

5.16　用 Ulead GIF Animator 制作网页动画

GIF Animator 一直是制作 GIF 动画的一个经典软件。使用 GIF Animator 可以制作很多动画效果，包括滚动文字、两个图像之间的切换特效、色彩效果等，还可以使用 Photoshop 外挂滤镜来制作很多特别的动画效果。

GIF Animator 支持绝大部分图像的格式以及一些视频文件的格式，它可以导入视频文件来制作动画，还可以输出 Windows AVI、QuickTime 影片、Autodesk 动画或图像序列等格式的文件。用户还可以生成适当的 HTML 代码，以便将动画嵌入到网页中，并且可以将动画制作成 EXE 文件。

Ulead GIF Animator 是一个很好的 GIF 动画构件工具，使用这个工具，不但可以从头创建 GIF 动画，也可以按向导，或从 AVI 视频文件生成 GIF 动画。

5.16.1　Ulead GIF Animator 主要工作界面

Ulead GIF Animator 主要工作界面如图 5.144 所示。

工作界面由 4 部分组成，最上面一个部分是菜单和工具栏按钮；下面的一部分是一些下拉框和复选框，用来设置选中元素的一些属性；再下面的一个部分左边显示动画的每一帧，右边显示选中的那一帧动画的画面；最下面的一部分是动画中用到的各种颜色的信息。显示动画画面的窗口上面有 4 个选项卡，各选项卡含义如下。

- Compose：显示动画画面。
- Edit：编辑动画画面。

- Optimize：动画输出时优化动画的各种设置。
- Preview：预览动画。

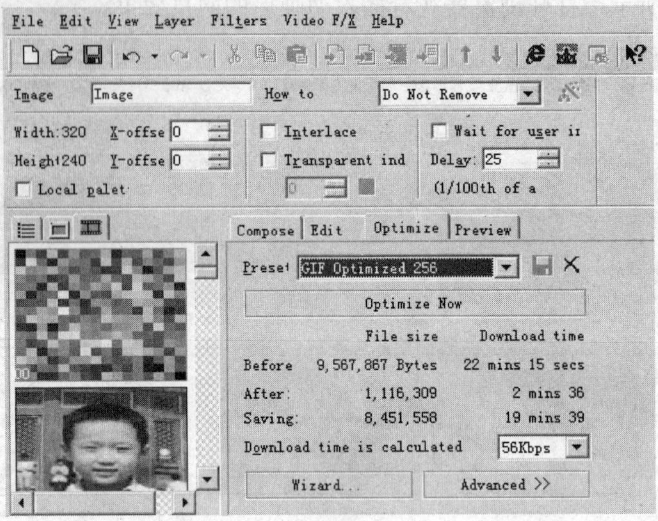

图 5.144

5.16.2 按向导创建 GIF 动画

使用 Ulead GIF Animator 的向导功能制作动画非常简单，其操作步骤如下。

① 启动 Ulead GIF Animator 后弹出“Startup Wizard”对话框，如图 5.145 所示，单击【Animation Wizard】按钮。

② 在弹出的对话框中单击【Add image】按钮添加图片，如图 5.146 所示。

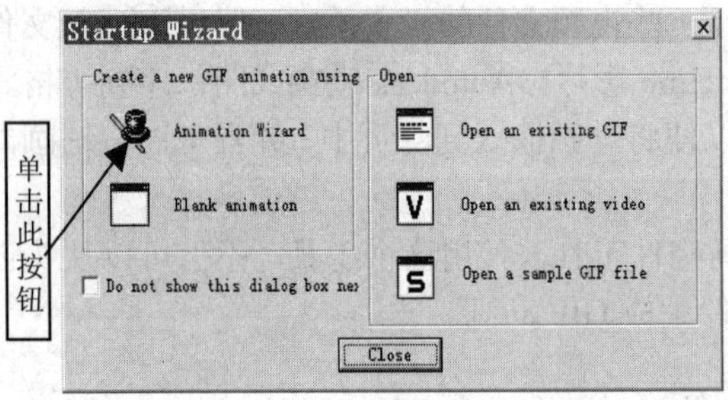

图 5.145

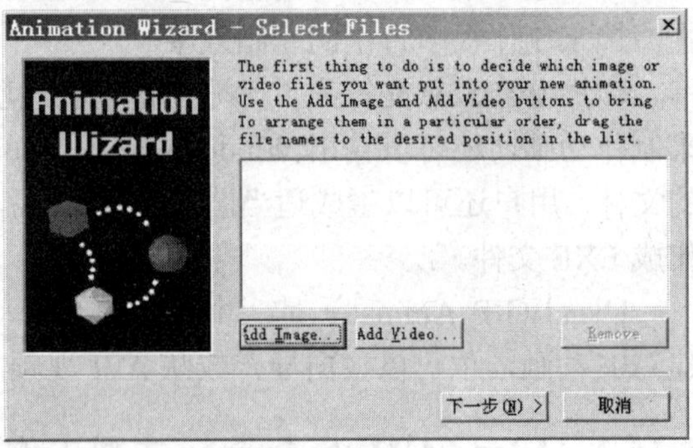

图 5.146

③ 选择想要加入的多个图片单击【打开】按钮，回到选择文件对话框。

④ 还可以选择【Add Video】按钮向动画中添加视频文件，添加完成后，单击【下一步】按钮。

⑤ 按步骤设置动画的调色板类型和播放速度后，单击【完成】按钮。

⑥ 单击图 5.144 编辑窗口上方的“Optimize”选项卡。

⑦ 单击【Wizard】按钮，在弹出的对话框中按需要设置，设置完成后将出现如图 5.147 所示的对话框。单击【Preview】按钮，弹出预览动画窗口，如图 5.148 所示。

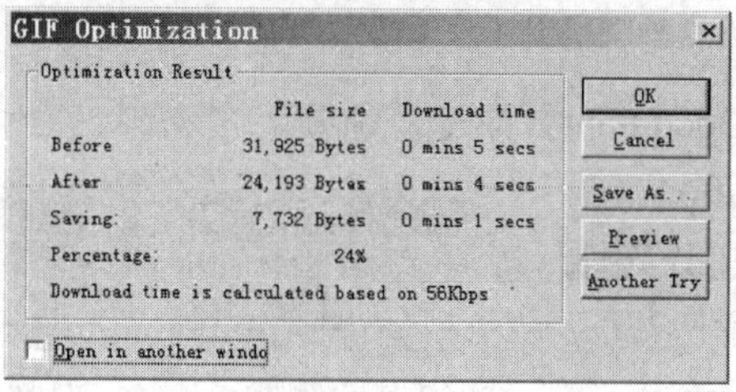

图 5.147

图 5.148

5.16.3　由视频文件生成 GIF 动画

Ulead GIF Animator 还可以将 AVI 文件转成 GIF 动画文件，操作步骤如下。

① 在图 5.145“Startup Wizard”窗口中选择【Open an existing video】按钮，弹出“Open Video File”对话框，在对话框中选择想要加入的视频文件，如图 5.149 所示。

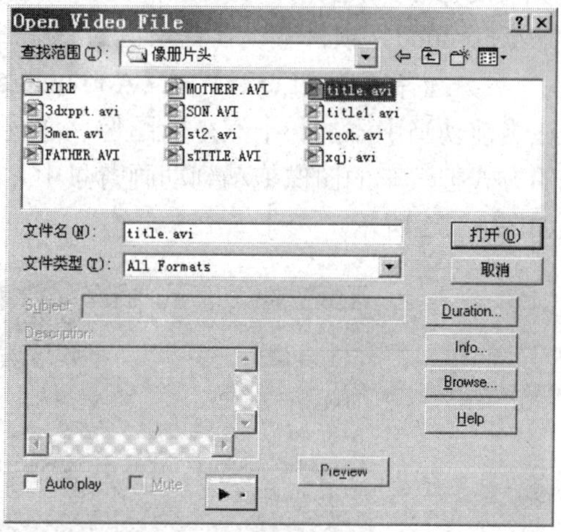

图 5.149

② 单击【Duration】按钮，弹出相应对话框，在“Duration”对话框中，设定输入视频文件的开始点和结束点。单击【OK】按钮，返回“Open Video Files”对话框。

③ 在“Open Video File”对话框中单击【打开】按钮。

④ 从左边的图片列表中用右键单击不想要的图片。

⑤ 选择【Delete】命令将其删除，如图 5.150 所示。

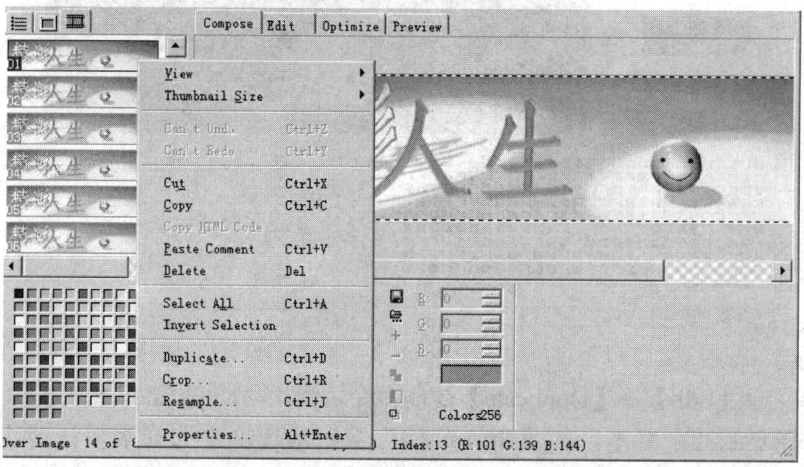

图 5.150

⑥ 使用【Move Layer down】按钮和【Move Layer up】按钮，调节图片的顺序。

⑦ 单击【Save】按钮保存动画。

5.16.4 制作实例

1. 奔驰的汽车

① 选择菜单【File】→【New】→【Document】命令，新建一个动画。

② 这时动画只有一帧 Global Lnformation，在播放动画时并不会播放这一帧，在这一帧中设定跟整个动画有关的一些信息，如图 5.151 所示。

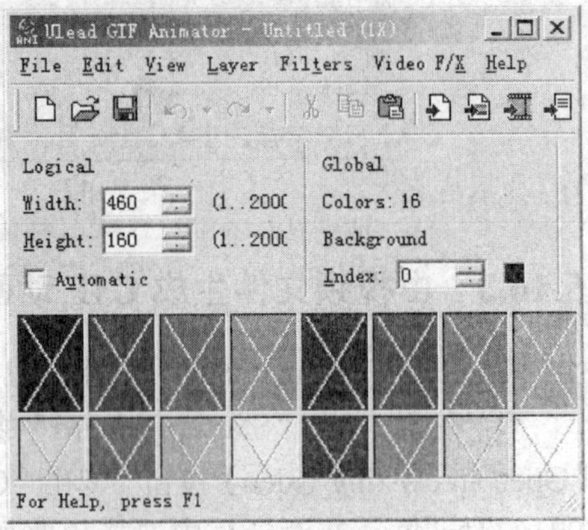

图 5.151

③ 默认情况下，属性设定部分中“Automatic”复选框是选定的，这时不能自定义动画的大小，动画的大小由 GIF Animator 自动设定。现在取消属性设定部分中“Automatic”复选框的选定，重新设定动画的大小为宽 460 像素，高度 160 像素。在“Background”项目中设置背景色为黑色。

④ 选择菜单【Layer】→【Add Images】命令，在当前动画中添加一个汽车的图像。通过鼠标拖动的方式把汽车的图像拖动到动画背景中靠左的位置，使动画增加一帧，用来容纳汽车的图像，如图 5.152 所示。

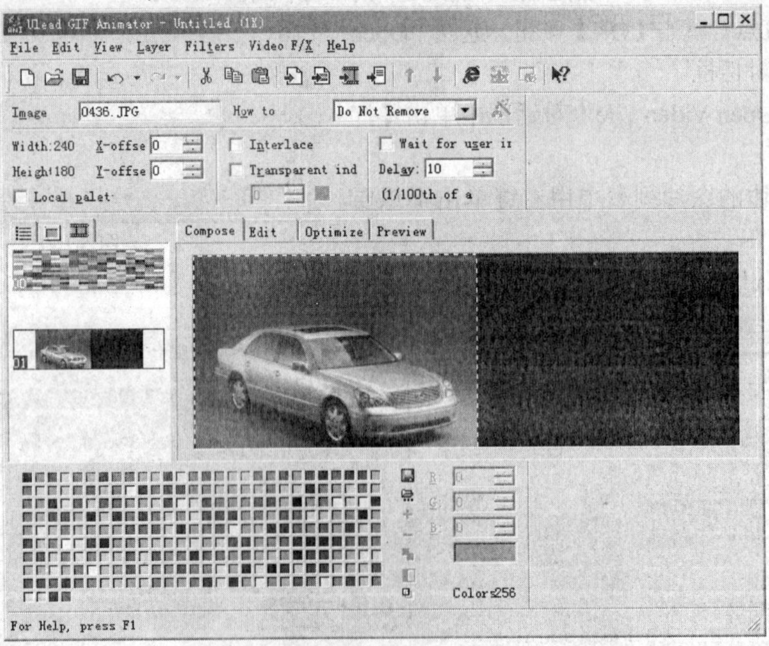

图 5.152

⑤ 选择菜单【Edit】→【Duplicate】复制命令，弹出“Duplicate”对话框。在“Copies”下拉框中选择复制几个复本，在“Horizontal”数字滚选框中选择水平移动几个像素，在“Vertical”数字滚选框中选择竖直移动几个像素。然后单击【OK】按钮。

⑥ 这时动画增加了 9 帧，编辑界面如图 5.153 所示。选中所有的 10 帧图像，在工具栏下方的“How to”下拉框中选择“To Background Color”（擦除到背景色）选项。这是设定图像转到下一帧时，如何擦除前面的一帧。

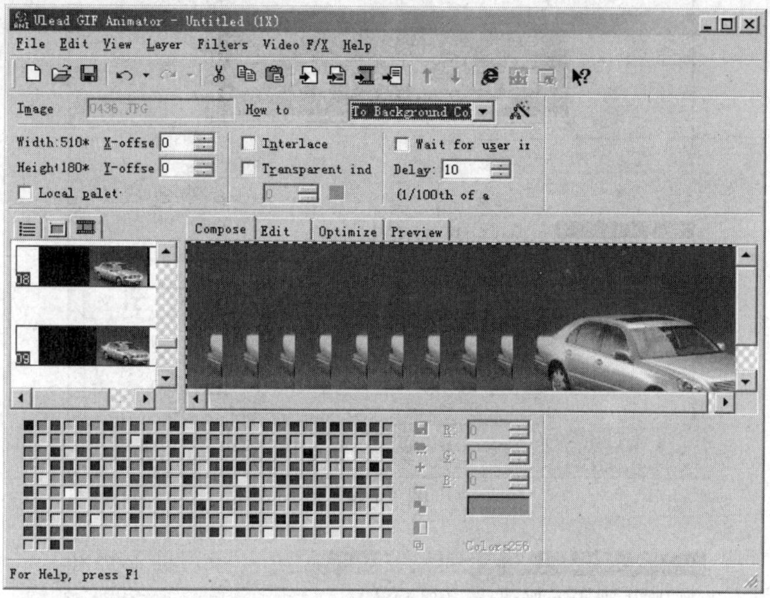

图 5.153

⑦ 单击“Preview”选项卡，就可以看到飞驰的汽车了。

2. 文本动画

① 选择菜单【File】→【New】→【Document】命令新建一个空白的动画。

② 选择菜单【Layer】→【Add Banner Text】→【Animation】命令，其中的每一个选项命令对应一种类型的文本动画。

③ 在弹出的对话框中设置动画效果，在“Text Style”选项卡中单击【Add】按钮添加用作动画的文字。在“Banner”文本框中输入使用的文字，在“Font”下拉框中选择字体，在“Size”下拉框中选择文字的大小。“B”、“I”两个按钮用来设置文字是否显示为粗体和斜体，在“Text”颜色选择框中选择文本的颜色，如图 5.154 所示。

④ 设置文字的背景，选中“Shadow”复选框，文字使用阴影效果，在右边的颜色选择框中选择文本阴影的颜色，在“X—offset”数字滚选框中选择阴影与文字在水平方向上的距离，在“Y—offset”数字滚选框中选择阴影与文字在竖直方向上的距离。

⑤ 单击【Remove】按钮移除一段文字。单击【Banner Settings】按钮弹出一个对话框。在其中可以设置文本动画每秒使用多少帧（帧数越多，动画的质量越好），动画边框的样式和动画的背景色。在此把边框设为红色，单击【OK】按钮返回图 5.154。

⑥ 在“Effect”选项卡中设定文字“Move in”（进入）和“Move out”（离开）的各种效果，如图 5.155 所示。包括文字沿着各个方向滚动（ScrollUp、ScrollDown、ScrollLeft、ScrollRight），文字变大变小（Zoom In、Zoom Out），文字透明度的改变（Fade），文字在水平方向或者竖直方向上合并等效果，单击【OK】按钮返回图 5.154。

⑦ 完成“TextStyle”选项卡和“Effect”选项卡中的设置以后，单击【Start Preview】按

钮预览动画的效果。如果对动画的效果满意，单击【OK】按钮即生成动画。

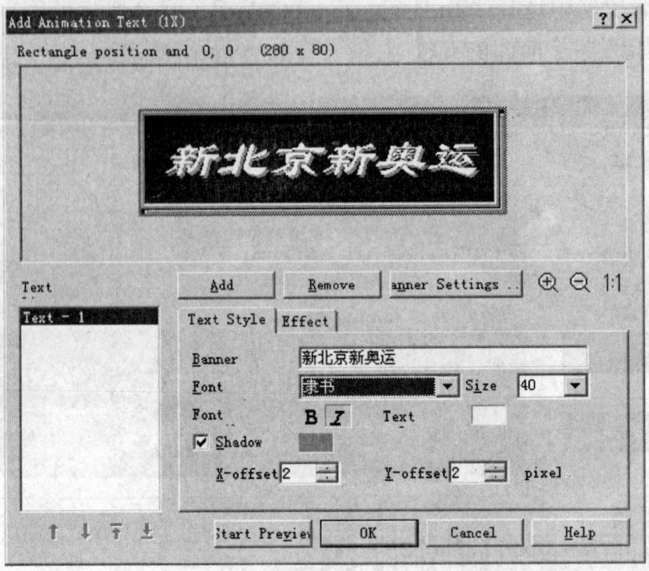

图 5.154

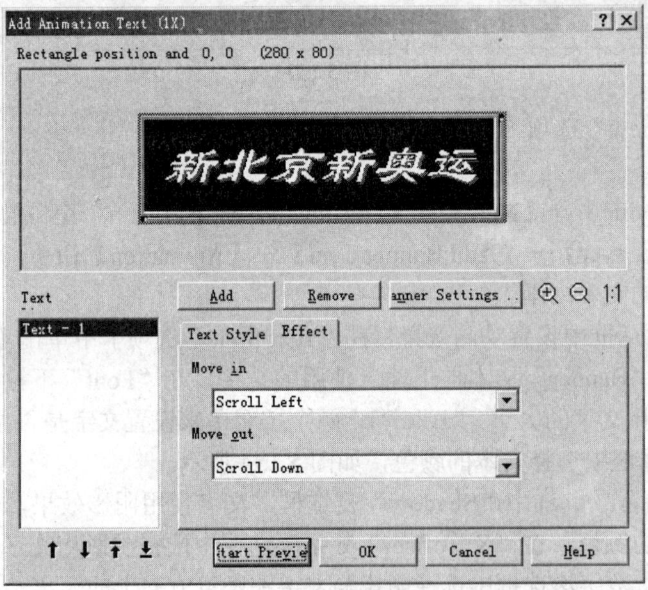

图 5.155

3. 使用滤镜来制作动画

① 选择菜单【File】→【New】→【Document】命令新建一个空白的动画。

② 选择菜单【Layer】→【Add Images】命令，在当前动画中同时添加 2 个图像。选中第一个图像，选择菜单【VideoF/X】→【Clock】→【Sweep Clock】命令，弹出相应对话框。设置“时钟转换”滤镜。

③ 在对话框中“X”数字滚选框和“Y”数字滚选框中以百分比为单位设置时钟的中心点。在“Soft”下拉框中选择“Large”属性值，使时钟的边界柔化。

④ 在“Border”项目中设置边框颜色和宽度，这里设置边框宽度为 2，如图 5.156 所示。

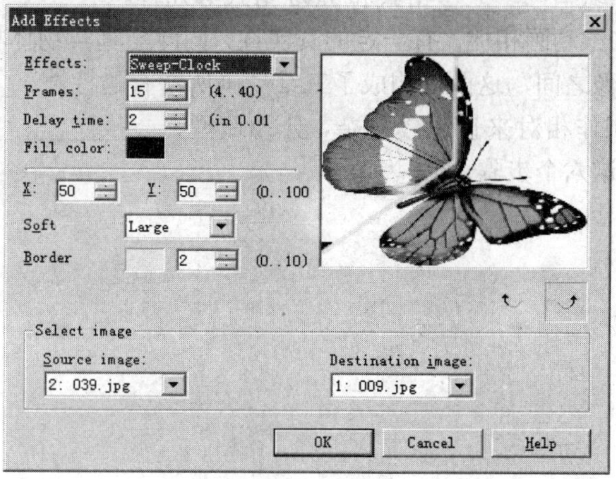

图 5.156

⑤ 在选择图像（Select image）项目中选择制作动画的图像，可以选择“Source image”（源图像）和“Destination image”（目标图像）。

习　　题

一、选择题

1．制作二维动画图像软件有（　　）。

（A）Flash MX　　（B）Gif Animator　　（C）3ds max　　（D）COOL 3D

2．动画的发展大致分为（　　）阶段。

（A）原始动画时代　　（B）传统动画时代

（C）电脑动画时代　　（D）三维动画时代

3．网页动画格式有（　　）。

（A）JPG　　（B）GIF　　（C）Java　　（D）BMP

4．动画的基本概念是（　　）。

（A）动着的图画　　（B）视觉原理　　（C）动的艺术　　（D）三维动画

二、填空题

1．在 Web 页中常用的图像格式中支持透明和动画格式的是________格式文件。

2．用 Flash 制作动画时，由一个关键帧过渡到另一个关键帧，有两种动画渐变方式，一种是________渐变，另一种是图形渐变。

3．动画的基本原理是基于________原理。

4．动画的发展大致分为三个阶段：原始动画时代、传统动画时代和________动画时代。

5．计算机动画主要分为二维动画和________动画两大类，这就是计算机辅助动画和__________动画。

6．目前最流行的二维动画制作软件是 Animator Pro 和________；三维动画制作软件是

3D Studio。

7．网页动画的格式有________格式和 Java 格式等几种。

8．三维动画与二维动画相比，有一定的真实性，同时与真实物体相比又是虚拟的，即处于似与不似和像与不像之间，这两者构成了三维动画所特有的特性：________。

9．三维动画的制作相对来说比较复杂，分为造型、________、________、________、________和后期处理这六个步骤。

第 6 章　多媒体程序设计与制作实例

内容提要：

CD-ROM、CD-R、CD-RW 与 DVD、将多媒体和通信功能集成到 CPU 芯片中的 MMX 技术；

多媒体著作工具、多媒体制作工具的分类、Authorware 7 基本操作。

6.1　多媒体计算机的必要设置

随着多媒体技术的飞速发展，计算机处理的媒体种类越来越多，数据量也越来越大，迫切需要存储技术和 CPU 技术的融入，正是光存储技术的飞速发展和日趋成熟及 CPU 速度的提高，使多媒体技术进入新时代。

6.1.1　CD-ROM、CD-R、CD-RW 与 DVD

光存储技术的主体是光盘和光盘驱动器。光盘驱动器是进行读/写数据的设备，而光盘是真正存储数据的介质。光盘不仅可存储文字、声音、图形和图像等多种媒体的数字化信息，而且便于快速检索，因此光盘是多媒体计算机中重要的存储介质。

CD-ROM（Compact Disc Read Only Memory）标准是由 Philips 和 Sony 公司于 1985 年共同制定的，也称黄皮书。自公布了在光盘上记录计算机数据的黄皮书以来，CD-ROM 驱动器便在计算机领域得到了广泛的应用。

CD-ROM 是只读式，只读的意思就是用户只能读不能写。当用户打算自己进行数据归档、交换和节目制作时，需要选择 CD-R，它的最大特点是与 CD-ROM 完全兼容。

CD-R（Compact Disc-Recordable）标准是由 Philips 公司于 1990 年制定的，也称橙皮书。它将逐步取代 CD-ROM 驱动器。

CD-RW（Compact Disc-ReWritable）由 Philips、Sony、HP、Mitsubishi 和 Ricoh 5 家公司于 1996 年 10 月共同制定的一种新的可擦写的 CD 格式。

V-CD（Video-CD）标准是由 Philps、Sony、Mitsubishi 和 JVC 公司共同制定的，也称白皮书。Video-CD 用于存放用 MPEG 压缩后的声、视频信号。如果想播放影视资料，CD-ROM 驱动器一定要支持 CD-I 或 V-CD 标准。

D-VD（Digital-Video-Disc 是一种新的光存储格式。实际上 DVD 不仅仅可以用来存放电视节目，同样可以用来存储其他类型的数据，因此又把 Digital-Video-Disc 更改为 Digital-Versatile-Disc，缩写仍然是 DVD（Versatile 是多才多艺的意思）。

MPEG-1 技术的成熟促成了 V-CD 的诞生，MPEG-2 技术的成熟促成了 DVD 的问世。

6.1.2 将多媒体和通信功能集成到 CPU 芯片中的 MMX 技术

随着多媒体和通信技术的飞跃发展，要求计算机具有综合处理声、文、图信息及通信功能，使其能够广泛地用于多媒体信息管理系统、多媒体信息点播系统、电子图书馆、视频会议系统、交互式电视系统、远程医疗诊断系统、虚拟教学的远程学习系统，以及计算机支持的协同工作系统等。为了满足上述系统的各种需求，则计算机在原有的硬件和软件支撑平台上考虑增加如下关键技术功能。

① 多媒体数据的获取技术。

② 多媒体数据的压缩和解压缩技术。

③ 多媒体数据的实时处理和特技技术。

④ 多媒体数据的输出和多媒体通信技术。

在原有的计算机体系结构中，如何增加上述新的功能，其设计原则如下。

① 采用国际标准的设计原则。

② 将多媒体和通信功能的单独解决变成集中解决。

③ 体系结构设计和算法相结合。

④ 把多媒体和通信技术做到 CPU 芯片中。

从目前的发展趋势看，可以把融合方案分成两类：一是以多媒体和通信功能为主，融合 CPU 芯片原有的计算功能。设计目标是用在多媒体专用设备、家电及宽带通信设备上；另一类是以通用 CPU 计算功能为主，融合多媒体和通信功能。设计目标是与现有计算机系列兼容，融合多媒体和通信的功能，主要用在多媒体计算机中，如 MMX 技术。

由于结构和生产工艺的变化，MMX CPU 不但具有更快的运算速度，而且具有崭新的多媒体功能。它的出现标志着 PC 系列中新一代微处理器芯片的诞生，它将显著地改变现有多媒体外围配套、板卡生产和销售的市场格局。

MMX CPU 具有三个显著的特点：一是拥有用于矢量计算和矩阵计算的积和运算功能；二是拥有面向像素与数据处理的饱和运算功能；三是采用 SIMD 型指令，8 个 8 位数据或 4 个 16 位数据或 2 个 32 位数据，可用一条指令处理。从目前数据通信和图形/图像处理、MPEG 活动影像、音乐/语音合成、语音压缩、语音识别软件的关键数学模型中所包含的大量矢量乘积、矩阵运算和多项式计算过程来看，MMX 迎合了多媒体功能的需求。而过去这些多媒工作均由多媒体卡如声卡、图形图像显示卡和解压卡等分别完成，MMX 的出现无疑是多媒体技术的福音。MMX 技术不但能满足用户的多媒体功能需要，而且将使系统性能提高 10%～20%。对于针对 MMX 指令集作了优化调整的应用软件来说，性能提高更大。

6.2 多媒体制作工具

多媒体制作工具是多媒体应用系统开发必不可少的工具，下面介绍多媒体制作工具的概念及功能。

6.2.1　什么是多媒体制作工具

多媒体制作工具是一种编辑、管理多媒体数据的多媒体应用开发平台。它一改以往的复杂编程方法，采用了框架流程，搭积木的方法编制多媒体课件。让没有编程经验的人也可以制作出具有菜单功能，显示图像、文本、动画的多媒体应用程序是“多媒体制作工具”的特点。

制作工具的主要特点是简洁易用，通常在几天，甚至几个小时之内，用户就可以学会使用它并进行基本创作了。多数制作工具都以图形界面的形式供用户使用的，这些图形界面为用户设想出程序的隐含分支流向，并自动处理许多具体的编程命令。制作工具的另一个优点是它通常都提供样板应用程序，对这些样板进行适当的改动就可以快速地拼装成一个满足用户基本要求的应用程序。

当然，制作工具也存在着一些明显的不足之处。比如，受制作工具功能框架的限制，应用程序不尽如人意；另外，用制作工具开发的应用程序要比用代码编写的应用程序的运行速度慢。

6.2.2　多媒体制作工具的分类

多媒体制作工具的种类多种多样，但归纳起来可分为下列 3 类：基于流程图、基于卡片、基于语言。

基于流程图的制作工具功能强大，例如 Authorware 和 IconAuthor，这些软件将程序的基本结构和多媒体信息的处理封装成一个个图符，用户将这些图符拖动到工作区建立流程图，流程图的建立过程就是应用程序设计的过程。

基于卡片的制作工具是按照超链接的结构设计的，超链接的节点由具有一定时空关系的多媒体数据构成，通常被看作卡片、页或场景。例如 Action、PowerPoint，其界面就是卡片编辑器，系统提供给用户添加多媒体数据的工具箱和编辑多媒体数据时序关系的时间轴，让用户直观地编辑卡片内的多媒体内容，操作直观而简便。

6.3　Authorware 7 基本操作实例

Authorware 7 具有图形化的用户界面、对话框式的功能设定以及各种媒体创建工具，简单直观、易学易用。

6.3.1　Authorware 7 具备的功能窗口简介

Authorware 7 由标题栏、菜单栏、工具栏、图标工具箱和程序设计窗口 5 部分组成。常用的工作窗口，如图 6.1 所示。各主要部分的功能简介如下。

1. 设计图标工具箱

设计图标工具箱是 Authorware 7 窗口左侧的一个条形图标组，如图 6.1 所示。它们是构成 Authorware 7 程序的基本要素，其中包含 13 个图标和两项与设计图标有关的辅助工具。这些图标的功能如下。

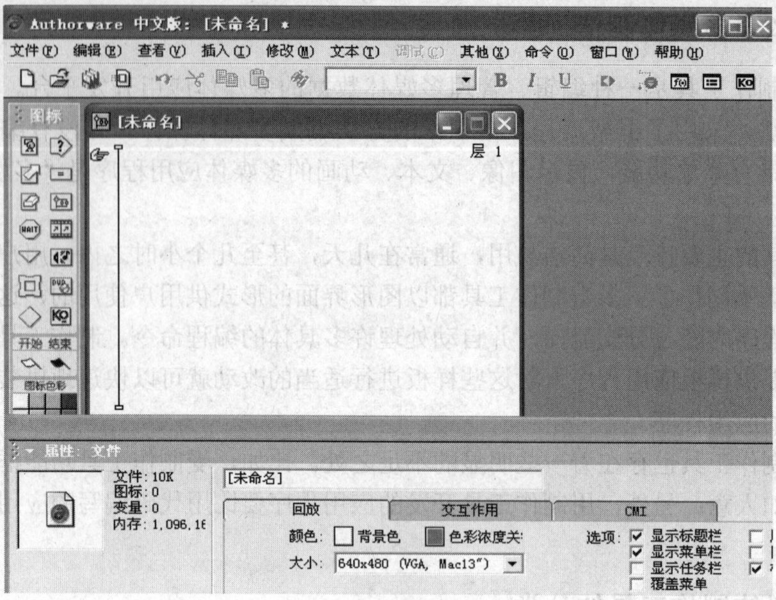

图 6.1

显示图标：在其展示窗口中输入正文或图片对象，及使用 Authorware 7 图形工具箱的工具创建正文或绘制图像。

移动图标：移动显示对象，生成动画效果。

擦除图标：擦除显示在展示窗口中的任何对象。

等待图标：设置一段等待的时间，等待用户响应。

导航图标：设置任何一个附属于框架的图标的链接。

框架图标：包含一组定向控制按钮，用于设计交互式的应用程序来正确访问指定的流程。

分支图标：设置一种判定逻辑结构，附属于该图标的其他图标称为路径。

交互图标：设置一种具有交互作用的分支结构，附属于交互作用按钮的其他按钮被称为反馈按钮或结果按钮。

运算图标：执行数学运算，特定控制函数和指定代码运算。

群组图标：将一组图标合成一个简单的群组图标，每一个群组图标都可以包含它自己的逻辑结构。

数字化电影图标：导入一个数字化电影文件，并进行控制播放。

声音图标：导入声音文件，为演示过程配备声音解说或背景音乐。

视频图标：导入视频信息数据，在视频播放器上播放。

/Start/Stop 旗帜：在程序调试中指定运行程序段的起始和结束位置。

图标调色板：为设计窗口中的设计图标着色，以标记图标的重要性、特殊性，对程序的运行没有影响。

2. 设计窗口

设计窗口最明显的特征是窗口中的一条竖直的流程线，设计 Authorware 程序的过程就是直观地在流程线上添加设计图标和设置图标属性的过程。流程线的上下两端各有一个小矩形标记，分别为程序流程的开始和结束标记。通常在流程线左侧有一个手形标记称为粘贴指针，用以指明当前操作的位置和表明将以何种流向放置下一个设计图标。

一个设计窗口容不下许多设计图标，可以群组图标形式分层嵌套。第 1 层设计窗口的标题是程序的文件名，其余设计窗口的标题是对应群组图标的名字，如图 6.2 所示。

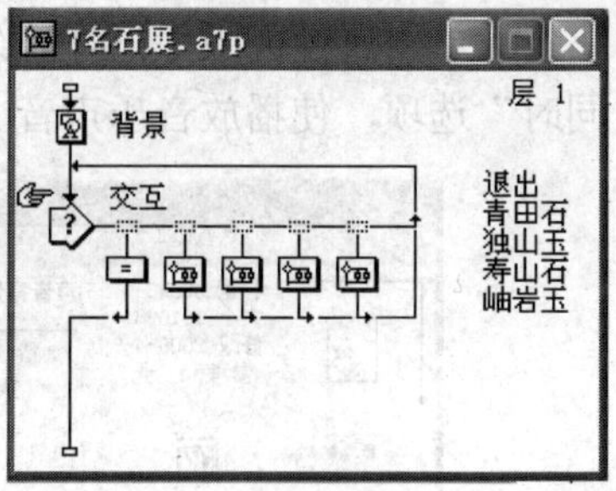

图 6.2

6.3.2　实例的创建、保存及运行

通过创建一个最简单的电子相册的多媒体程序说明在 Authorware 7 中创建、保存、打开和运行一个应用程序的基本操作。

1. 创建程序文件

① 选择菜单【开始】→【程序】→【Macromedia Authorware 7】→【Authorware 7】命令，在启动 Authorware 7 界面单击。在弹出的“New Project”对话框中，单击【Cancel】按钮，打开标题为“Untitled 未命名”的窗口。

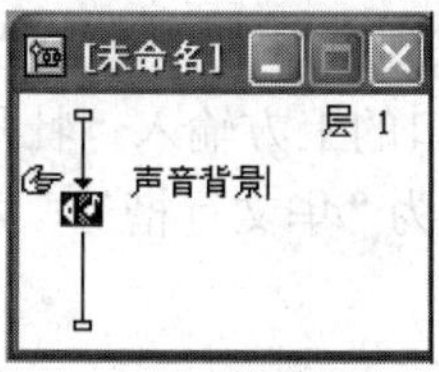

图 6.3

② 从图标工具箱中拖动一个声音图标到程序流程线上，并为该图标输入一个标题“声音背景”，如图 6.3 所示。

③ 按【Ctrl+I】键，打开声音背景的属性面版，如图 6.4 所示。单击属性面版左下角的【导入】按钮，在弹出的“导入哪个文件？”对话框中。选择“8.avi”声音文件作为背景音乐，单击【导入】按钮，如图 6.5 所示。

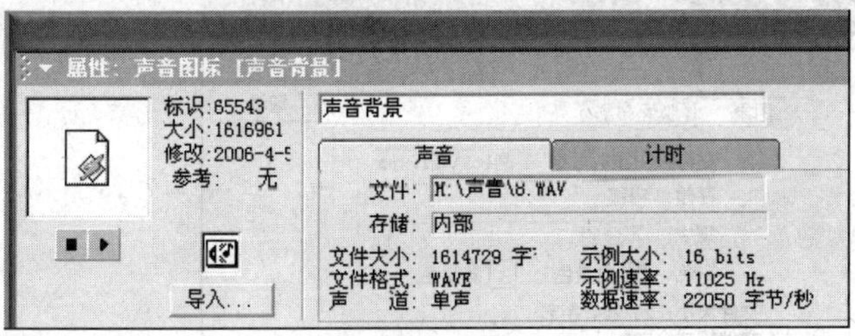

图 6.4

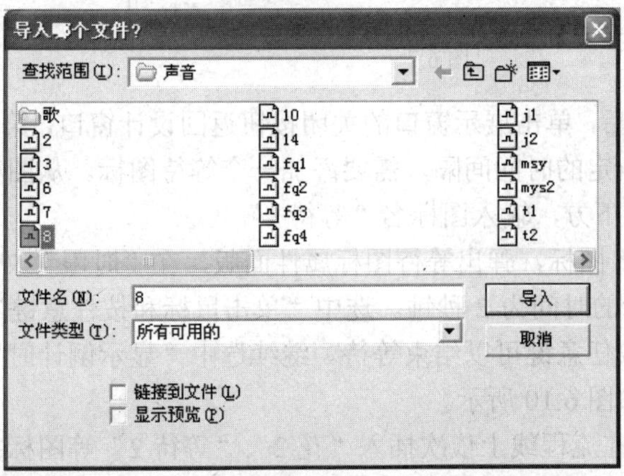

图 6.5

④ 单击属性面版【记时】选项卡，在显示的页面中，从“执行方式”下拉列表框中选择“同时”选项，使播放音乐声音文件的同时继续展示后续的内容，如图 6.6 所示。

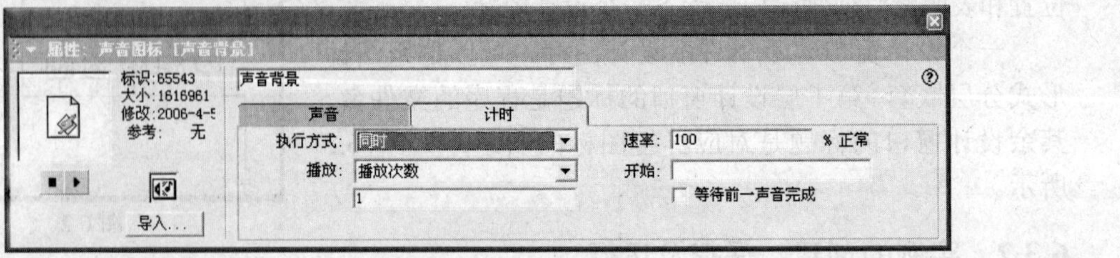

图 6.6

⑤ 从设计图标工具箱中拖放显示图标到流程线上，输入图标名称“花 1”，双击该显示图标打开“花 1”的展示窗口。

⑥ 选择【插入】→【图像】命令，在弹出的图像对话框中，单击左下角的【导入】按钮，在弹出的相应对话框中。选择花“1.jpg”文件，返回图像对话框，单击【确定】按钮，如图 6.7 所示。

⑦ 返回显示图标“花 1”的演示窗口，用鼠标拖动图片的 8 个控制点到窗口中合适位置；选择演示窗口旁的浮动工具箱中的文本工具，如图 6.8 所示，在演示窗口的上方输入“牡丹花”，并选择【文本】→【字体】命令，在弹出的相应对话框中，设置字体为“华文行楷”，如图 6.9 所示。继续选择【文本】→【大小】命令，设置字体大小为 28。

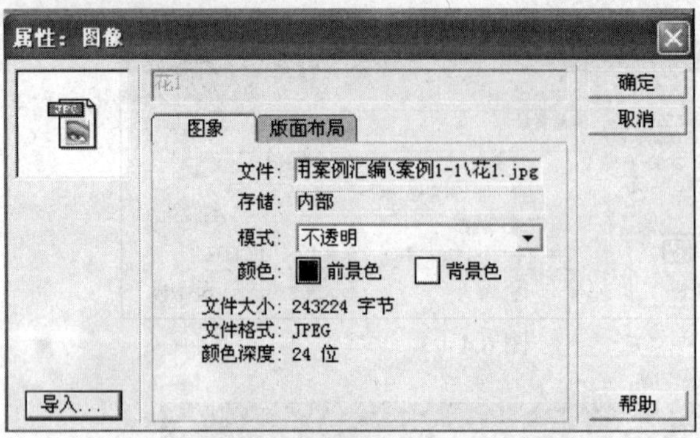

图 6.7

图 6.8

⑧ 添加文字信息后，单击展示窗口的关闭按钮返回设计窗口，第 1 张照片添加完毕。为保证相邻照片之间有一定的时间间隔，需要添加一个等待图标。从图标工具箱中拖动等待图标到流程线的“花 1”下方，输入图标名“等待 1”。

⑨ 双击“等待 1”图标，弹出等待图标属性面版，在“时限”文本框中输入数字 2，即设置“花 1”图标展示的时间为 2 秒钟。选中“单击鼠标和按任意键”复选框，使得在 2 秒的等待时间内单击或按任意键可以结束等待。继续选中“显示倒计时”复选框，使得在运行文件时，显示时钟，如图 6.10 所示。

⑩ 重复以上步骤在流程线上依次插入“花 2”、“等待 2”等图标并设定其内容和属性，完成后的设计窗口，如图 6.11 所示。至此，多媒体的“电子花集”程序制作完成。

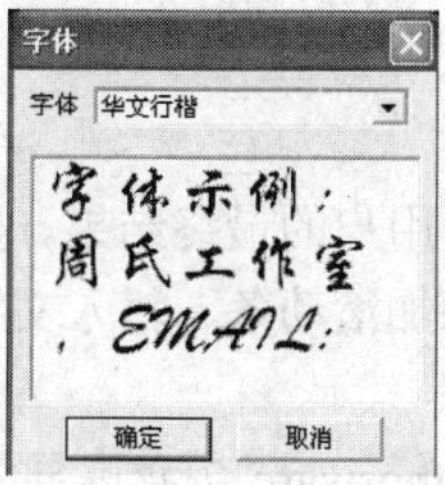

图 6.9

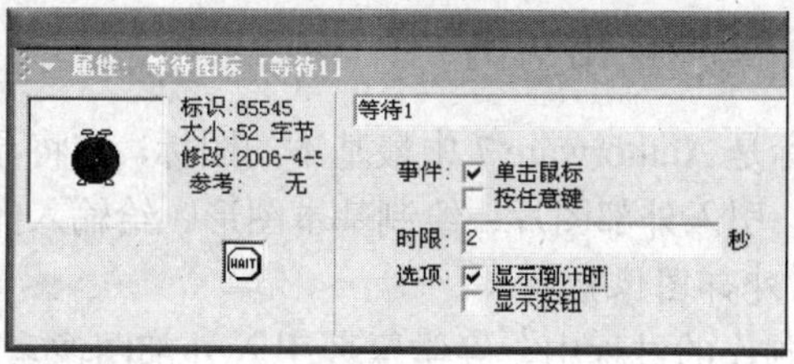

图 6.10

2. 保存程序文件

① 选择菜单栏中的【文件】→【保存】命令或【文件】→【另存为】命令。

② 对于尚未命名的程序文件，首次保存时 Authorware 7 弹出“另存为”对话框。在对话框中指定文件的保存位置，输入一个合适的文件名。然后单击【保存】按钮关闭对话框。

③ 对于已经命名并保存过的文件则选择【文件】→【保存】命令直接保存。也可以选择【文件】→【另存为】命令，在弹出的【另存为】对话框中，更改该文件的位置和文件名，保存一个该文件的备份。

3. 打开和运行程序文件

① 单击工具栏中【打开】按钮，弹出“选择文件”对话框。

② 在对话框中单击要打开的文件名，然后单击【打开】按钮。

③ 单击工具栏中的运行按钮，或选择菜单栏中的【调试】→【播放】命令或【调试】→【重新开始】命令即可运行“电子花集”程序，如图 6.12 所示。

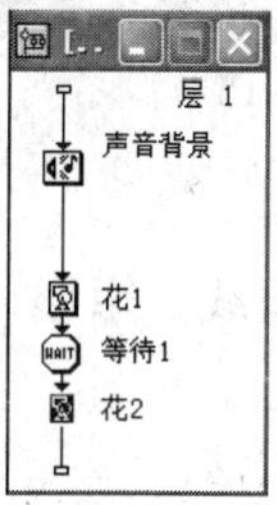

图 6.11

图 6.12

④ 假如看不到显示效果，可在属性面版的回放选项卡中选中【屏幕居中】复选框，如图 6.13 所示。

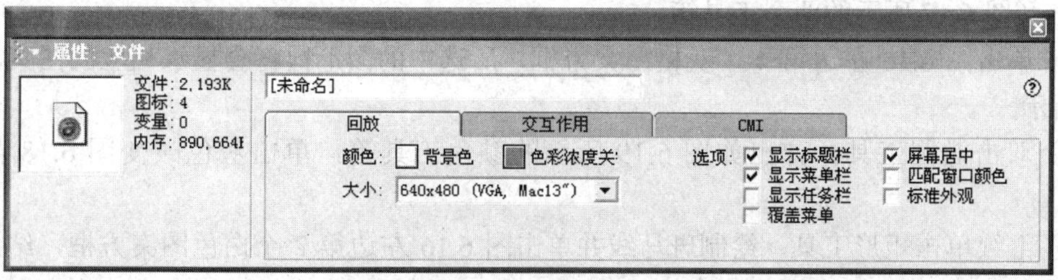

图 6.13

6.3.3 显示图标使用实例

显示图标是 Authorware 7 中最基本的图标，它将显示面向用户的最终结果。显示图标的功能分为 4 类：引入外部图片、绘制基本图形、给输入的文字添加滚动条、输入文字。

1. 引入外部图像素材

在程序制作的过程中，经常需要引入外部图像素材。Authorware 7 允许导入多种类型的图像文件，其操作步骤如下。

① 新建一个文件，拖动一个显示图标到流程线上，并命名为“故宫”。注意，当一个新的显示图标中没有内容时，显示图标是灰色的，双击所创建的显示图标，打开一个空白的显示窗口。

② 单击菜单栏的【插入】→【图像】命令，在弹出的图像对话框中，单击左下角的【导入】按钮，在弹出的相应对话框中的搜索列表框内选择文件夹，在显示框内单击要加载的图像文件名，再单击【导入】按钮，即可将该图像文件导入到显示窗口中来，如图 6.14 所示。此时图像的周围出现 8 个小方框，表明这个对象当前已被选中。这些小方框叫做控制柄，拖动控制柄可以调整该图像的大小，如图 6.15 所示。

图 6.14

图 6.15

2. 绘制基本图形

Authorware 7 提供了一些基本的绘图工具，可以用它们来绘制直线、矩形、圆形等简单图形，如图 6.8 所示。

下面以使用矩形工具绘制道路斑马线为例，简要介绍各工具的用法。

① 新建一个文件，然后拖动一个显示图标到流程线上，并将其命名为“背景图”。双击该显示图标，打开一个空白的显示窗口。

② 单击工具箱矩形工具，在显示窗口绘制矩形，双击矩形工具和直线工具，分别弹出如图 6.16 和图 6.17 所示的两个工具箱。

③ 单击图 6.16 左边第 4 个灰格图案方框，所选中的图形内将会显示相应的图案，如图 6.18 所示。

④ 双击椭圆工具，弹出如图 6.19 所示的颜色工具箱，单击灰色改变图 6.18 背景色颜色。

⑤ 继续单击矩形工具，绘制斑马线并单击图 6.16 左边第 2 个白色图案方框，结果如图 6.18 所示。

图 6.16

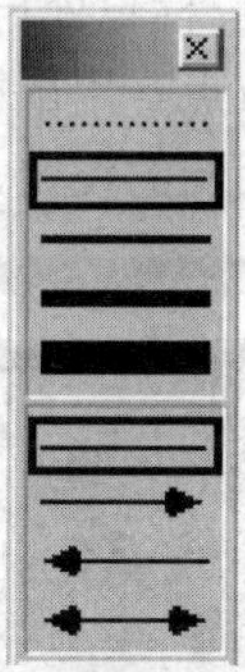

图 6.17

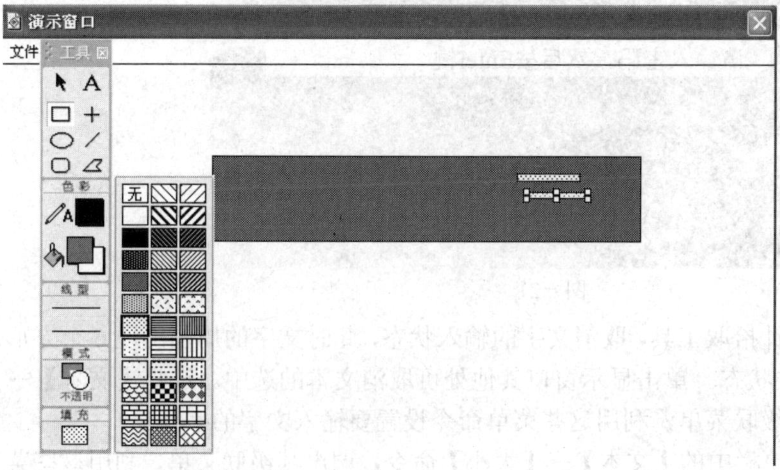

图 6.18

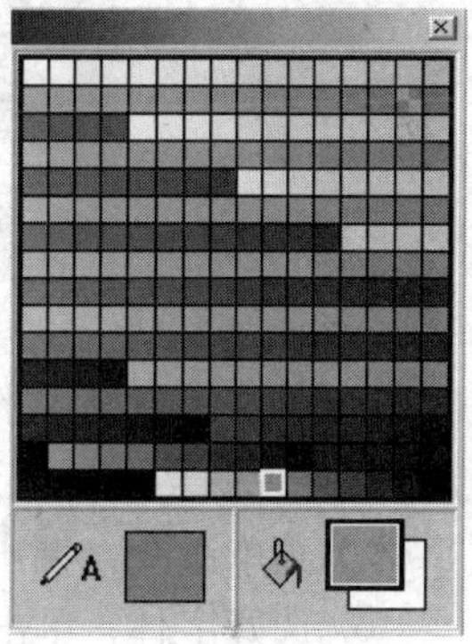

图 6.19

3. 输入文字

下面以进入起始界面输入密码为例。具体讲解 Authorware 7 中输入文字的功能。

① 新建一个文件，然后拖动显示图标到流程线上并将其命名为“文字背景”。双击该显示图标，打开一个空白的显示窗口。

② 选择菜单栏【文件】→【导入和导出】→【导入媒体】命令，在弹出的“导入哪个文件？”对话框中选择一个图像文件，并单击【导入】按钮，导入一幅图像。再单击文字工具回到显示窗口，当鼠标光标变成 I 形时单击，显示窗口中会显示一条水平长线，线两端各有一个方形控制柄，同时出现 I 字形闪动光标，输入文字“请输入密码，然后按 Enter 键”，如图 6.20 所示。

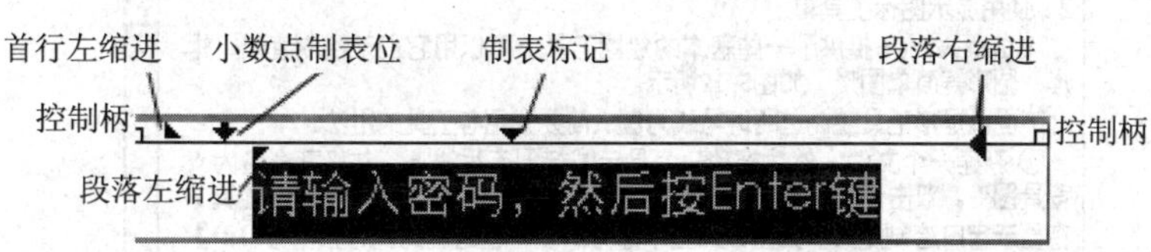

图 6.20

③ 从图 6.20 可看出，在文本宽度线上有几个黑色小三角标记，分别表示段落左缩进、

段落右缩进、首行左缩进。输入文字时，每按一下回车键，就表示一个段落的结束。在文本宽度线上适当位置单击，可产生一个小黑三角，表示制表位标记（按一下【Tab】键后，光标的移动量）。如果在制表位标记处再单击一下，则小黑三角变为小箭头，它是小数点制表位，用于输入数字时对齐小数点。用鼠标拖动这些标记可以调整段落缩进量、首行缩进量和制表位。要对多段文字进行相同的设定，必须先设定，后输入文字。效果如图 6.21 所示。

图 6.21

④ 单击工具箱中的指针拾取工具，取消文字的输入状态，此时文字的周围出现 6 个方形控制柄，说明文字处于选中状态。单击显示窗口其他处可取消文本的选中。选择【文本】→【字体】菜单命令，调出其级联菜单，利用这些菜单命令设置要输入文字的字体。

⑤ 选好字体，单击菜单栏中的【文本】→【大小】命令，调出其级联菜单，利用这些菜单命令设置要输入文字的大小。

⑥ 接下来可以设置字体风格、消除锯齿、设置卷帘文本等。选择【文本】→【风格】命令，调出其级联菜单，利用这些菜单命令设置要输入文字的风格。

4. 给输入的文字加滚动条

① 选择要加滚动文本框的文字内容。

② 单击菜单栏中的【文本】→【卷帘文本】命令，使【卷帘文本】菜单命令左边出现对勾，即可将选定的文本加上滚动文本框，如图 6.22 所示。运行程序后，单击滚动条上的箭头按钮或拖动滑块，均可使文本内容滚动显示。

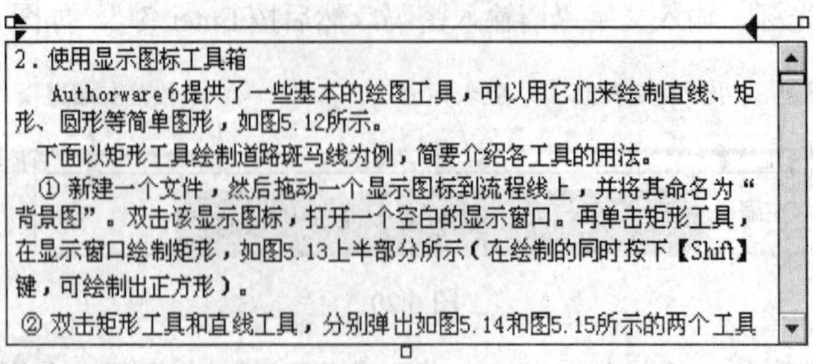

图 6.22

③ 如果要取消文本的滚动文本框，可以再单击菜单栏中的【文本】→【卷帘文本】命令，使【卷帘文本】菜单命令左边的对勾消失。

6.3.4　等待图标和擦除图标使用实例

下面以信号灯显示为例介绍等待图标和擦除图标的使用方法。

① 新建一个文件，然后按图 6.23 所示分别拖动显示图标、等待图标和擦除图标到流程线上，并给各图标起好相应名称。

② 双击“背景”图标，弹出绘图工具栏如图 6.24 左图所示，用椭圆工具在“背景”的显示窗口中绘制所需的信号灯的背景框架，如图 6.24 右图所示。

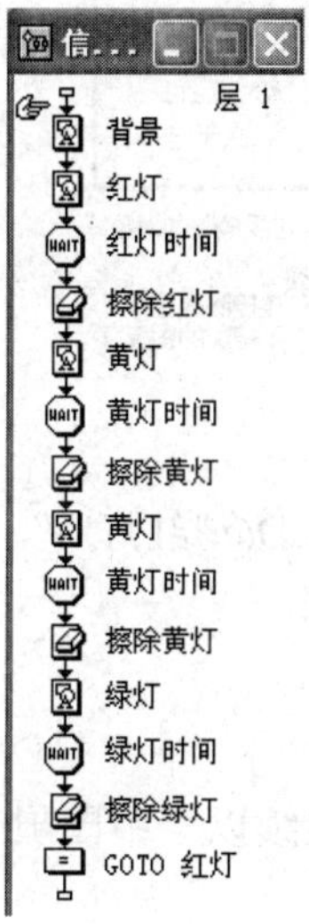

图 6.23

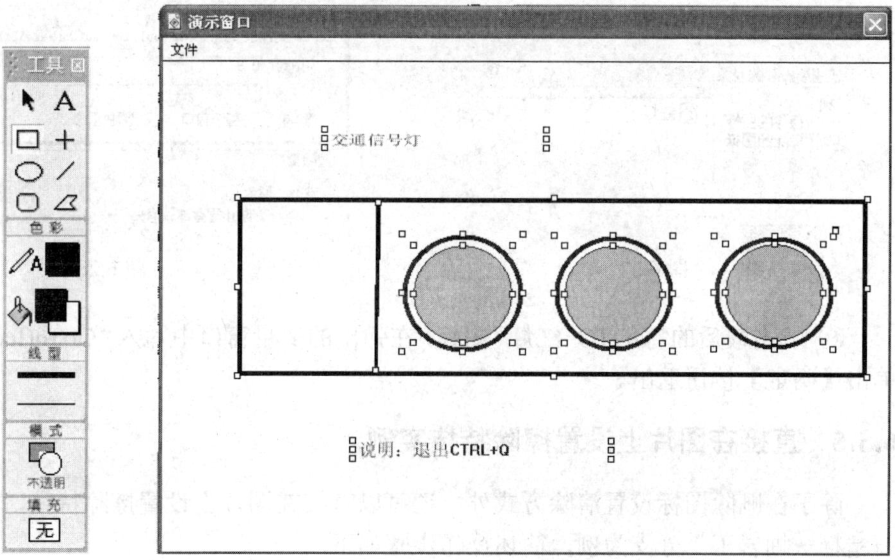

图 6.24

③ 分别打开流程线上“红灯、黄灯、绿灯”四个图标（其中黄灯有两个），并根据“背景”图标中为三色灯所预留的位置来分别绘制出如图 6.25 所示的图形。

④ 在“红灯时间”图标的等待属性对话框中，设“时限”为 3 秒，选中“显示倒计时”复选框，如图 6.26 所示。

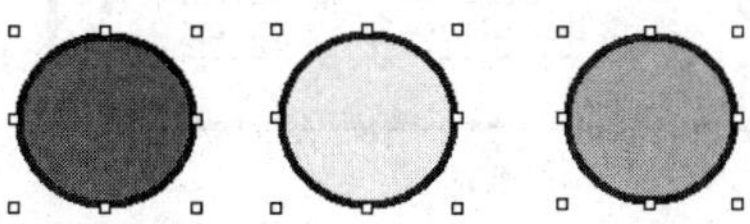

图 6.25

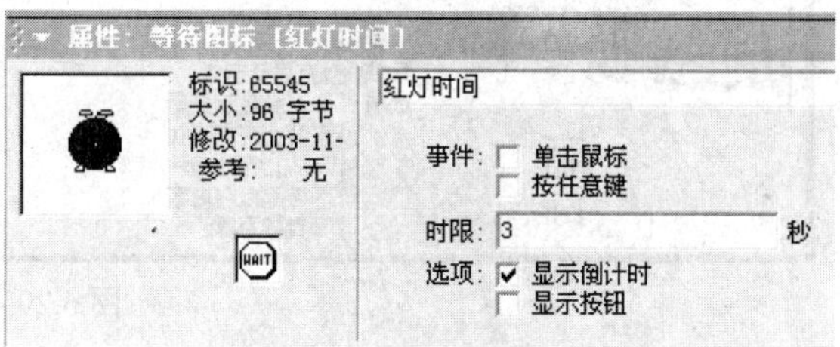

图 6.26

⑤ 选择“擦除红灯”图标，选中“列”下的“被擦除的图标”单选钮，此时弹出演示窗口，选中“红灯”图标为擦除对象，使其进入右侧擦除对象的对话框，此时“红灯”消失，如图 6.27 所示。

⑥ 将“黄灯时间”、“擦除黄灯”、“绿灯时间”、“擦除绿灯”对应“黄灯”与“绿灯”图标中的内容进行制作。

⑦ 为了使效果逼真，将“黄灯”的出现消失做一些变动，首先将“黄灯时间”中的时限改为1秒，并将“擦除黄灯”中特效改为“淡入淡出→原色”，如图6.28所示。

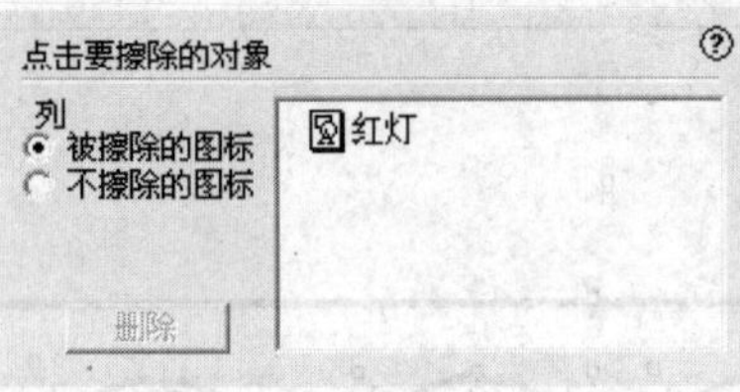

图6.27

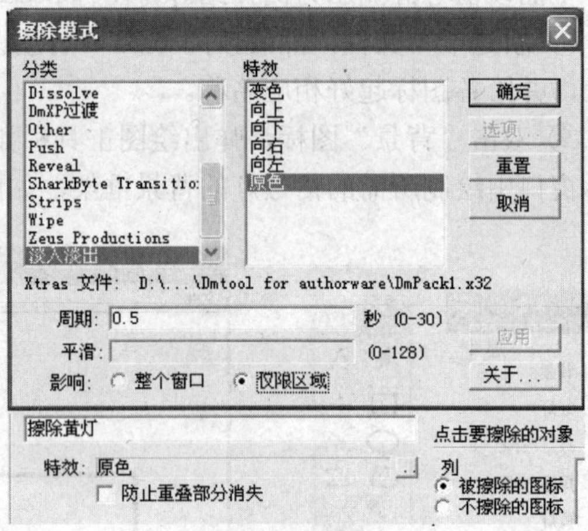

图6.28

⑧ 双击最后的“GOTO 红灯”图标，在弹出的变量窗口中写入“GoTo(IconID@"红灯")”，单击【确定】按钮退出。

6.3.5 直接在图片上设置擦除特技实例

除了在删除图标设置清除方式外，还可以直接在图片上设置擦除特技，继续以“中国国石精粹→岫岩玉”分支为例，简述操作步骤如下。

① 首先选中设计窗口流程线上的图片显示图标。

② 然后按【Ctrl+I】键调出属性面版，如图6.29所示，单击“特效”框旁的 .. 按钮，打开特效方式对话框。

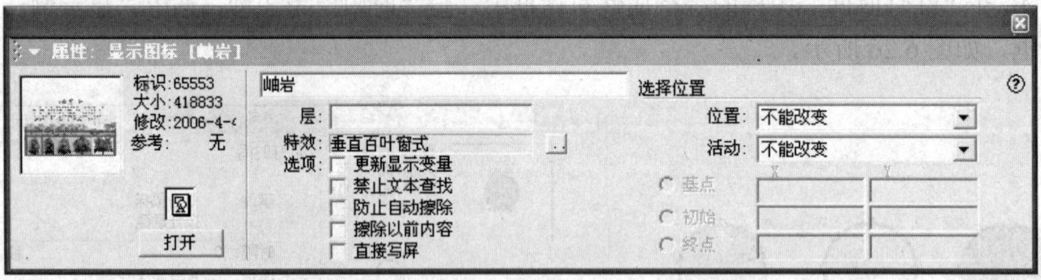

图6.29

③ 选择系统提供的特效方式之一“垂直百叶窗式”，如图6.30所示，单击【确定】按钮，设置岫岩玉图片的特效方式。

④ 单击工具栏中的运行按钮，或选择菜单栏中的【调试】→【播放】命令，即可显示岫岩玉图片的“垂直百叶窗式”特效，如图6.31所示。

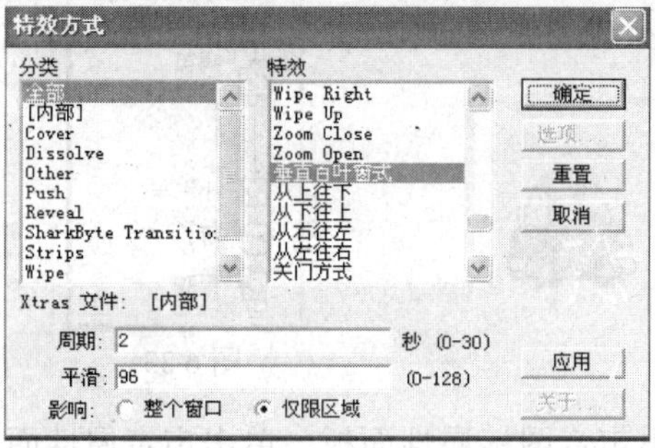

图 6.30

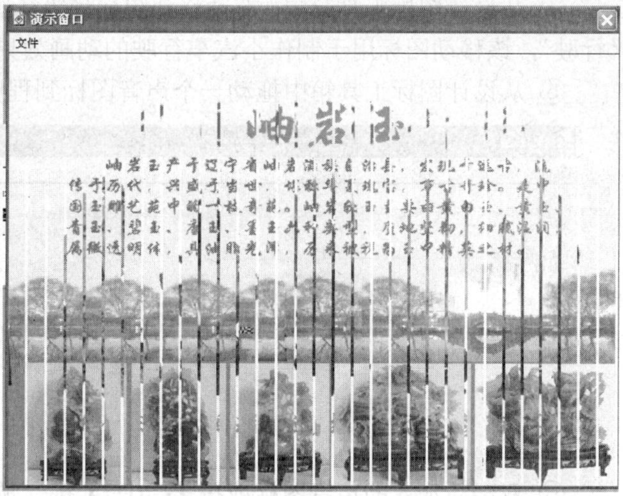

图 6.31

6.4　多媒体效果制作实例

6.4.1　声音图标——加入声音文件实例

在多媒体软件的开发中，经常使用声音来描述内容、制作按钮和菜单在交互中的特殊音响效果以及模仿设备或环境的声音。但事实上，在设计过程中过早地引入声音会给程序的开发造成很多麻烦，所以一般情况下是在程序开发的最后阶段才引入声音的。在程序的开发过程中，最好将声音放到一个判断循环中，并用一个变量来决定是否播放声音。在设计过程中，把该变量设定为不播放声音，而当最后准备发布作品或测试作品的时候，再把该变量设定为播放声音。

在 Authorware 7 中所使用的声音一般放在声音图标中，当程序执行到声音图标时就会播放声音。Authorware 7 的声音图标直接支持的声音文件格式主要有 AIFF、PCM、SWA、VOX、WAV 等，一般常用的是 WAV 文件。还可以通过方法调用的方式播放 MIDI 音乐。

声音实例：首先设计一个小汽车行驶的过程，然后在汽车启动前加入一段小汽车鸣笛的声音，并设置为同步。其声音实例效果设计步骤如下。

① 新建一个文件，从设计图标工具箱中拖动一个显示图标到程序流程线上，并命名为“小汽车”，双击所创建的显示图标，打开一个空白的显示窗口。

② 选择菜单栏的【插入】→【图像】命令，在弹出的图像对话框中，单击左下角的【导入】按钮，在弹出的相应对话框中单击要加载的图像文件名字，再单击【导入】按钮，即可将该图像文件导入到显示窗口中来，如图 6.32 所示。

③ 将等待图标拖动到流程线小汽车下方，再双击等待图标或按【Ctrl+I】键，调出等待图标属性面板，在“时限”文本框中输入数字 2，选中“单击鼠标”复选框，使得在 2 秒的等待时间内单击鼠标结束等待。继续选中“显示倒计时”复选框，使得在运行文件时，显示时钟。

④ 从设计图标工具箱中，拖动移动图标到等待图标下方的流程线上，并更改图标名称为“行驶”，该移动图标用于制作小汽车行驶的动画效果。

⑤ 从设计图标工具箱中拖动一个声音图标到程序流程线最上方，如图 6.33 所示。

图 6.32

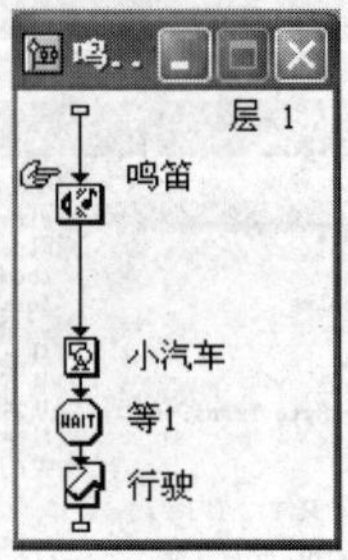

图 6.33

⑥ 双击新加入的声音图标或按【Ctrl+I】键，调出声音图标属性面板，单击声音属性面板左下角的【导入】按钮，在弹出的“导入哪个文件？”对话框中选择“RINGOUT.WAV”声音文件后，重新返回声音属性面板，如图 6.34 所示。

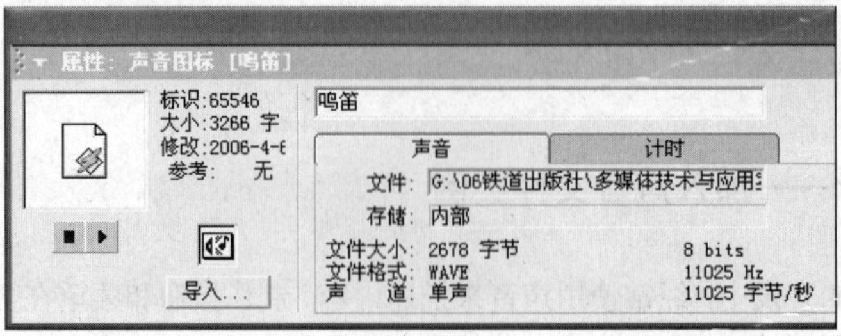

图 6.34

⑦ 在声音选项卡中，列出了当前引入的声音文件的“文件文本框、存储、文件大小、文件格式、声道”等基本信息。

⑧ 单击声音属性面版的“记时”选项卡，在显示的页面中，“执行方式”下拉框中有 3 种选择——“同时”、“永久”、“等待直到完成”，决定当前声音播放和其他图标运行的时间关系。本实例选择“同时”选项，使播放声音文件的同时继续展示后续的内容。如图 6.35 所示。

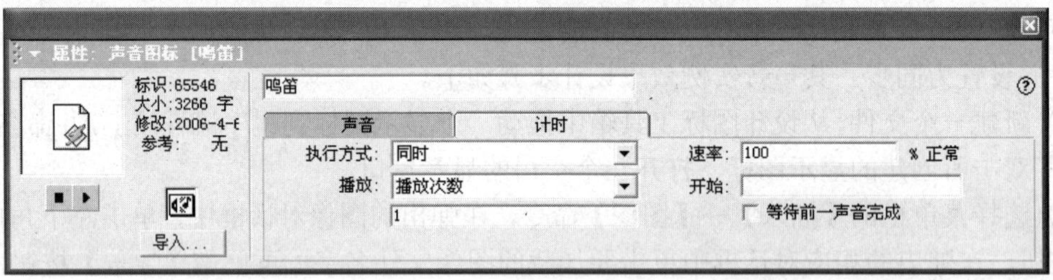

图 6.35

⑨ 单击工具栏中的运行按钮，或选择菜单栏中的【调试】→【播放】命令，系统自动弹出运动属性面板，在“类型”下拉列表框中选择“指向固定直线上的某点”选项，然后拖动小汽车移动一段距离，“定时”设为 2，其他设默认值，如图 6.36 所示。

⑩ 再次单击工具栏中的运行按钮，小汽车行驶效果如图 6.37 所示。

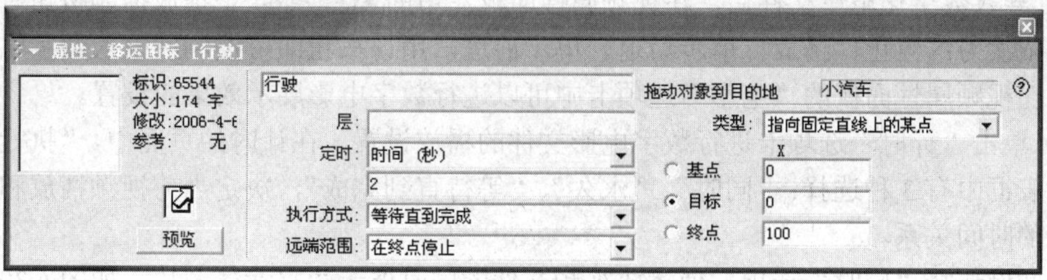

图 6.36

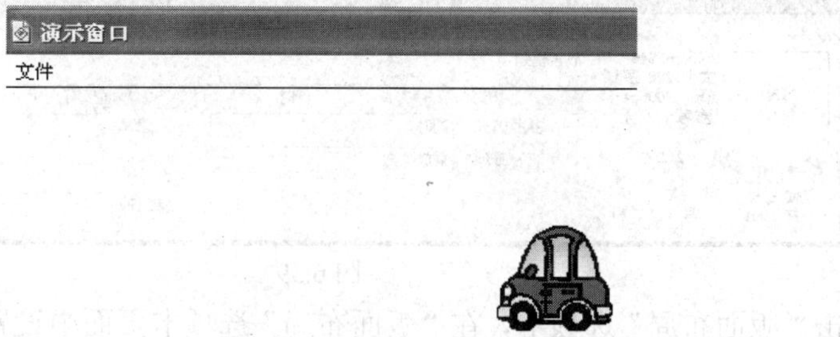

图 6.37

6.4.2　数字化电影图标——加入数字电影实例

Authorware 7 作为一个多媒体制作平台，本身不具备制作数字电影的能力，但却支持多种数字化电影的格式。所以可以使用专业数字电影制作软件制作电影文件，然后将其引入到 Authorware 7 中。Authorware 7 支持的数字化电影文件格式有：Director 文件（DIR，DXR）、Windows 视频标准格式（AVI）、Quick Time for Windows（MOV）、FLC 和 FLI 等。国内常见的 VCD 电影大都采用扩展名为 MPEG 或 MPG 标准，在 VCD 影碟中的几个扩展名为 DAT 的文件就是 MPEG 格式的数字电影文件，可以将其复制到硬盘并更改扩展名为 MPG，即可在 Authorware 7 中使用。

视频实例：首先设计一个故宫图片的背景，然后在故宫背景上面加载一段故宫视频。具体设计步骤如下。

① 从设计图标工具箱中，拖动一个显示图标到流程线上，双击显示图标，打开一个空白的显示窗口。选择菜单栏的【插入】→【图像】命令，插入一幅故宫图片作为背景。

② 从设计图标工具箱中，拖动一个数字化电影图标到流程线“故宫”图标下方，双击该图标或按【Ctrl+I】键，调出视频图标属性面板，单击视频属性面板左下角的【导入】按钮，在弹出的“导入哪个文件？”对话框中选择“故宫.avi”视频文件后，重新返回视频属性面板，如图 6.38 所示。

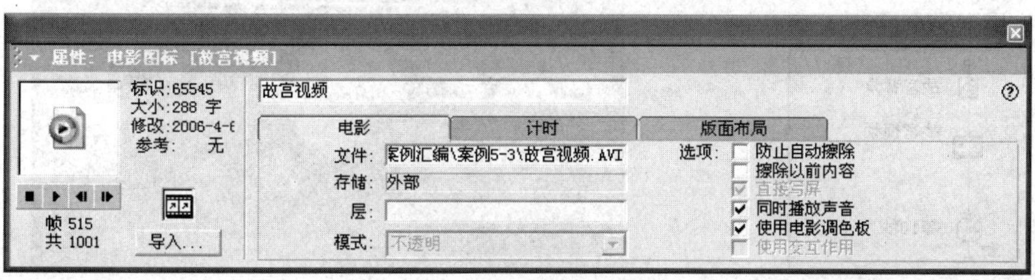

图 6.38

③ 导入数字化电影文件后，在视频属性面板左边的4个播放控制按钮有效，从左至右依次为：停止、播放、单步后退、单步前进，用该按钮即可控制所引入数字化电影的效果。在视频属性面板的“电影”选项卡中可以进行数字电影展示效果的设置。

④ 单击“计时”选项卡进行数字电影文件的播放设置，在计时的页面中，“执行方式”下拉列表框中有3种选择：“同时”、“永久”、“等待直到完成”，决定当前视频播放和其他图标运行的时间关系。

本实例选择“同时”选项，使播放视频文件的同时展示故宫背景图片，如图6.39所示。

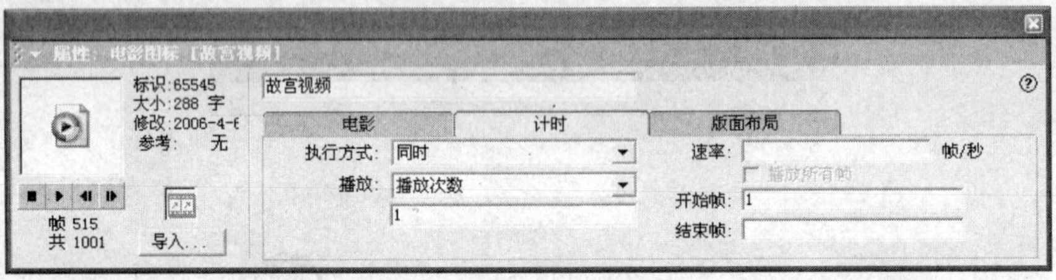

图6.39

⑤ 单击“版面布局”选项卡，在“版面布局”选项卡页面中设置数字电影播放画面在演示窗口中的布局，如图6.40所示。

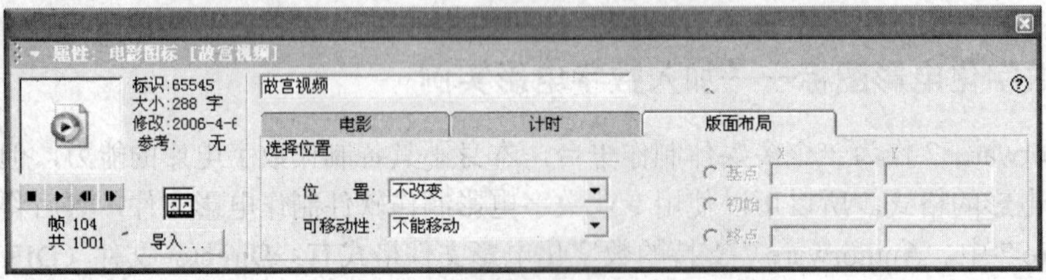

图6.40

本实例设置故宫视频文件的位置在故宫背景图片的中间下方。

⑥ 从设计图标工具箱中拖动一个等待图标到流程线“故宫视频”图标下方，如图6.41所示。再双击等待图标或按【Ctrl+I】键，调出等待图标属性面板，在“时限”文本框中输入数字10，选中“单击鼠标”复选框，继续选中“显示倒计时”复选框。

⑦ 单击工具栏中的运行按钮，或选择菜单栏中的【调试】→【播放】命令，系统自动弹出文件属性面板，取默认设置，视频实例效果如图6.42所示。

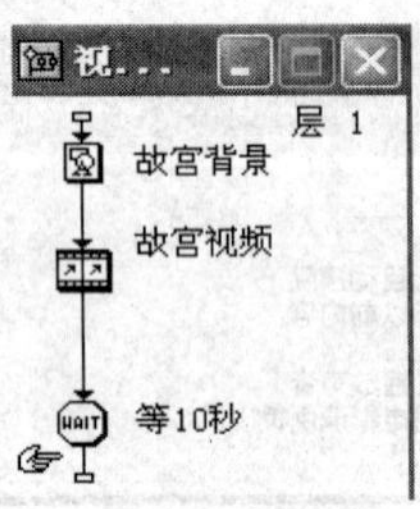

图6.41

图6.42

6.4.3 Animated GIF 命令——插入 GIF 动画实例

GIF 动画实例：首先设计一个舞台背景，然后在舞台背景上面加载一段 GIF 动画。GIF 动画效果设计步骤如下。

① 从设计图标工具箱中，拖动一个显示图标到流程线上，双击显示图标，打开一个空白的显示窗口。选择菜单栏的【插入】→【图像】命令，插入一幅舞台图片作为背景。

② 在流程线上单击指定要插入的位置，然后选择菜单栏中的【插入】→【媒体】→【Animate GIF】命令，流程线上就新增了一个 GIF 动画图标，同时弹出“Animated GIF Asset Properties”对话框。单击【Browse】按钮，在弹出的“Open animated GIF file”对话框中选择要引入的 GIF 动画文件，选择完毕，单击【打开】按钮返回。如果要从 Internet 上引入 GIF 动画文件，可以单击【Internet】按钮，在弹出的“Open Url”对话框中输入要引入文件的网址，然后单击【OK】按钮返回“Animated GIF Asset Properties”对话框，如图 6.43 所示。

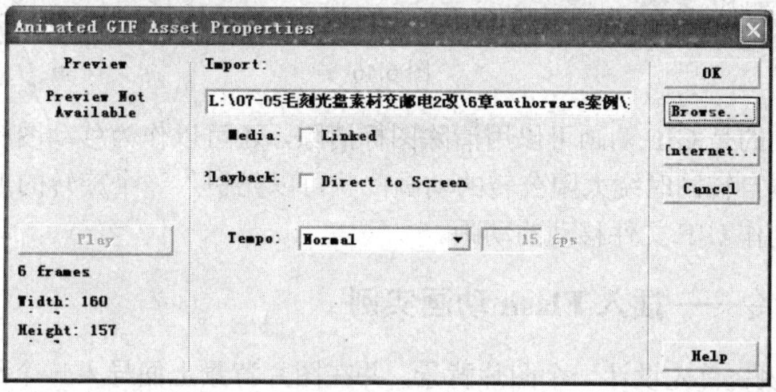

图 6.43

③ 引入 GIF 文件后，在“Import”文本框中显示引入文件的文件名。对话框中的“Linked”复选框可以决定是否将 GIF 文件内容保存到程序中，“Direct to Screen”复选框设定在展示窗口中其他对象能否覆盖本 GIF 动画。“Tcmpo”下拉列表框设定动画的播放速度，其中包括“Normal：正常速度播放”、“Fixed：指定速度”、“Lock-Step：按应用程序的执行速度”。

④ 设置完毕，单击对话框中的【OK】按钮，关闭“Animated GIF Asset Properties”对话框。程序设计流程如图 6.44 所示。

图 6.44

⑤ 双击流程线上的 GIF 动画图标，弹出 GIF 动画属性面板，单击“显示”选项卡，设置“特效”为“由外往内螺旋状”，设置 GIF 动画“背景色”为蓝色，如图 6.45 所示。其他设置同显示图标类似，在此不再详细叙述。

⑥ 选择菜单栏中的【调试】→【播放】命令或单击工具栏中的运行按钮，即可以看到加入的 GIF 动画效果，如图 6.46 所示。

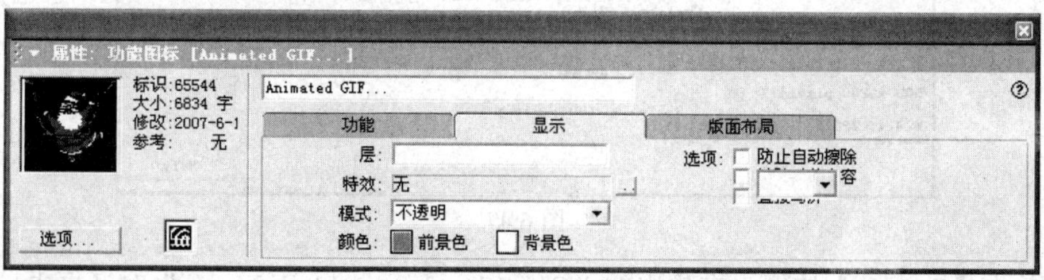

图 6.45

图 6.46

需要特别提到的是 GIF 动画可以用清除图标清除，还可以作为移动图标控制的对象。比如要制作一个地球自转同时绕太阳公转的动画，就可以先引入一个旋转的地球的 GIF 文件，然后用移动图标制作 GIF 文件移动的动画。

6.4.4 Flash 命令——插入 Flash 动画实例

Flash 动画实例：首先设计一个图片背景，并在图片背景上面导入一个故宫图片，最后插入一段 Flash 动画。其设计步骤如下。

① 从设计图标工具箱中，拖动一个显示图标到流程线上，双击显示图标，打开一个空白的显示窗口。选择菜单栏的【插入】→【图像】命令，插入一幅故宫图片作为背景。

② 在流程线上单击指定要插入的位置，然后选择菜单栏中的【插入】→【媒体】→【Flash Movie】命令，流程线上即新增了一个 Flash 动画图标，同时弹出“Flash Asset Properties”对话框，如图 6.47 所示。

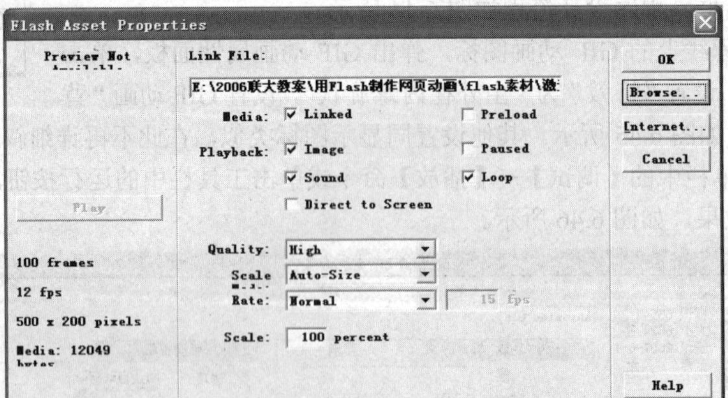

图 6.47

③ 单击【Browse】按钮，在弹出的“Open Shockwave Flash Movie”对话框中，选择要

引入的 Flash 动画文件（激光字.fla），如图 6.48 所示。选择完毕，单击【打开】按钮返回“Flash Asset Properties”对话框。如果要从 Internet 上引入 Flash 动画文件，可以单击【Internet】按钮，在弹出的“Open Url”对话框中输入要引入文件的网址，然后单击【OK】按钮返回“Flash Asset Properties”对话框。

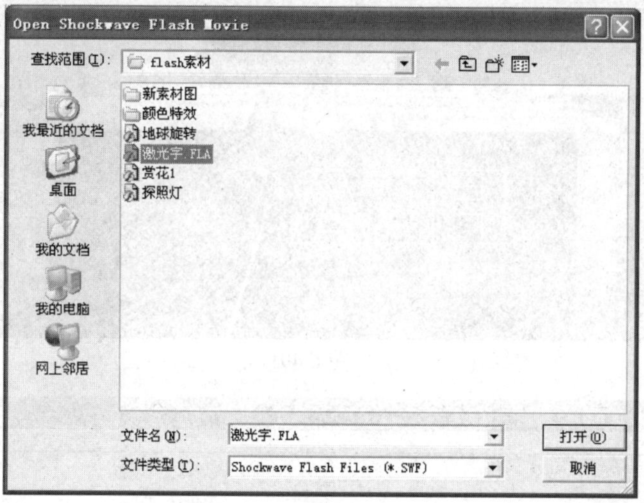

图 6.48

④ 引入 Flash 文件后，在“Flash Asset Properties”对话框的“Link File”文本框中显示引入的 Flash 文件的文件名。“Flash Asset Properties”对话框中的其他选项，用来设置 Flash 动画的播放效果，其功能如下。

- “Linked”复选框：选中时，表示在程序中不保存 Flash 文件的内容。
- “Preload”复选框：选中时，表示先将文件内容全部调入后再开始播放，否则采取媒体流的播放方式播放。
- “Image”复选框：选中时，播放图像内容，否则不播放图像内容。
- “Sound”复选框：选中时，播放声音内容，否则不播放声音内容。
- “Paused”复选框：选中时，在出现第 1 个画面时暂停，否则不暂停。
- “Loop”复选框：选中时，循环播放，否则不循环播放。
- “Direct to Screen”复选框：选中时，在显示窗口中其他对象能覆盖本 Flash 动画。否则不能覆盖本 Flash 动画。

⑤ 设置完毕，单击对话框中的【OK】按钮，关闭对话框。

⑥ 选择菜单栏中的【调试】→【播放】命令或单击工具栏中的【运行】按钮，即可以看到刚加入的 Flash 动画效果，如图 6.49 所示。看起来效果并不美观，下面需要制作显示透明效果，如图 6.50 所示。

⑦ 按【Ctrl+I】键，弹出 Flash 动画属性面板，单击“显示”选项卡，设置“特效”为“无”，Flash 动画“背景色”为白色，设置“模式”为“透明”，如图 6.51 所示。

⑧ 由于将 Flash 动画属性面板的【设置模式】由不透明改为透明，则选择菜单栏中【调试】→【播放】命令或单击工具栏中的【运行】按钮，即可以看到加入的 Flash 动画效果有了变化，如图 6.50 所示。

图 6.49

图 6.50

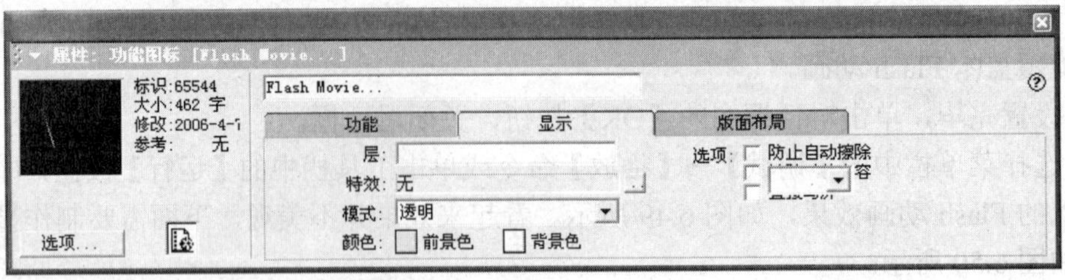

图 6.51

6.4.5 QuickTime 命令——插入 QuickTime 动画

QuickTime 动画实例：首先设计一个像册背景，并在像册背景上面导入一个封面图片，最后插入一段 QuickTime 动画。其设计步骤如下。

① 从设计图标工具箱中拖动一个显示图标到流程线上，双击显示图标，打开一个空白的显示窗口。单击菜单栏的【插入】→【图像】命令，插入一幅像册封面图片作为背景。

② 在流程线上单击指定要插入的位置，然后选择菜单栏中的【插入】→【媒体】→【QuickTime】命令，流程线上新增了一个 Quick Time 图标，同时屏幕弹出“QuickTime Xtra Properties”对话框。

③ 单击【Browse】按钮，在弹出的“Choose a Movie File”对话框中，选择要引入的视频文件，如图 6.52 所示。选择完毕，单击【Convert】按钮，返回“QuickTime Xtra Properties”对话框。

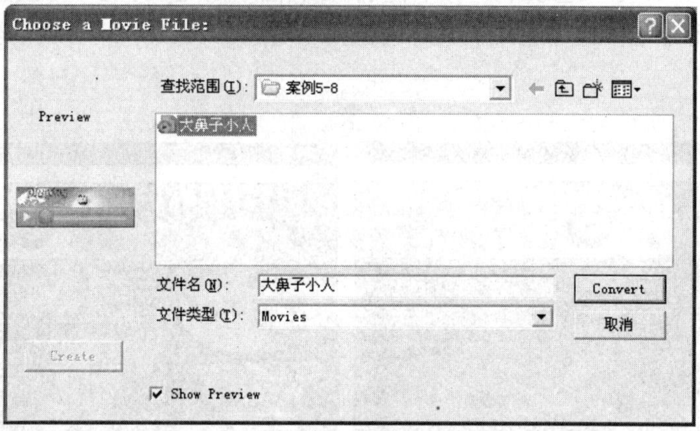

图 6.52

④ 引入 Quick Time 文件后，将“QuickTime Xtra Properties”对话框中的“Loop”复选框选中，允许 QuickTime 动画循环播放，其他选项用默认值来设置，如图 6.53 所示。

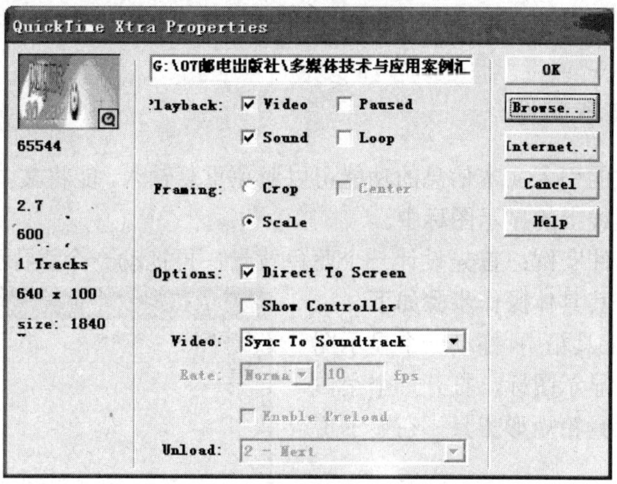

图 6.53

⑤ 设置完毕，单击对话框中的【OK】按钮，关闭对话框。

⑥ 按【Ctrl+I】键，弹出 QuickTime 动画属性面板，单击“显示”选项卡，设置“特效”为“无”，QuickTime 动画“背景色”为白色，设置“模式”为“不透明”，如图 6.54 所示。

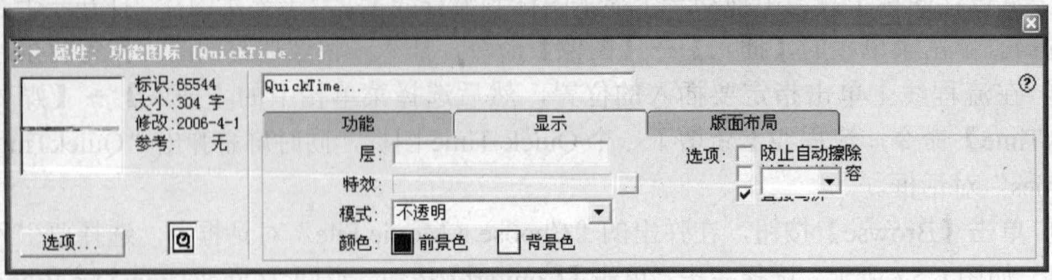

图 6.54

⑦ 单击“版面布局”选项卡，接着选择菜单栏中的【调试】→【播放】命令或单击工具栏中的【运行】按钮，用鼠标工具调整加入的 QuickTime 动画的位置，如图 6.55 所示。

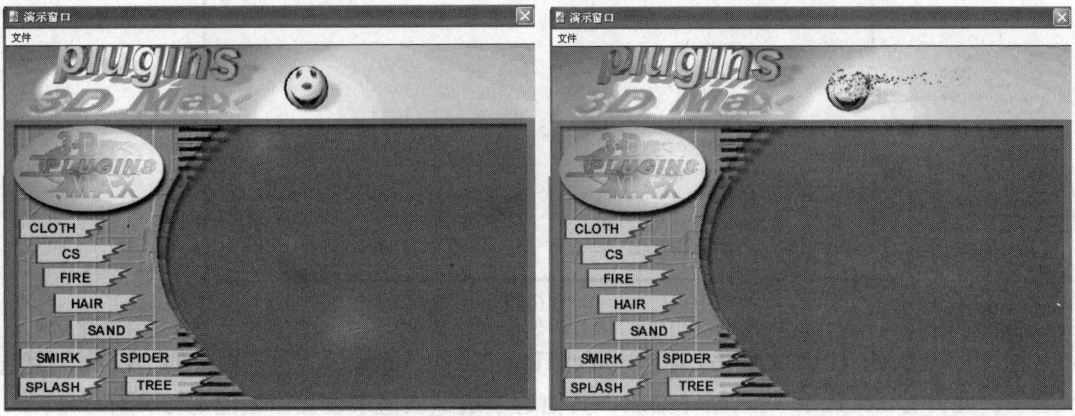

图 6.55

6.4.6 插入外部文本文件

Authorware 提供的引入文本信息的功能可以避免重复输入，能将文本文件和 RTF 格式的文件直接加入到流程线上的显示图标中。

插入外部文本文件实例：首先设计一个蓝色背景，再拖动一个显示图标并在上面插入一段外部文本文件。其具体操作步骤如下。

① 从设计图标工具箱中，拖动一个显示图标到流程线上，双击显示图标，打开一个空白的显示窗口。单击工具箱矩形工具，在显示窗口绘制矩形。

② 双击椭圆工具，在弹出的颜色工具箱中，改变背景色颜色为蓝色。

③ 选择菜单栏中的【File】→【Import】命令，弹出“导入哪个文件”对话框，如图 6.56 所示。

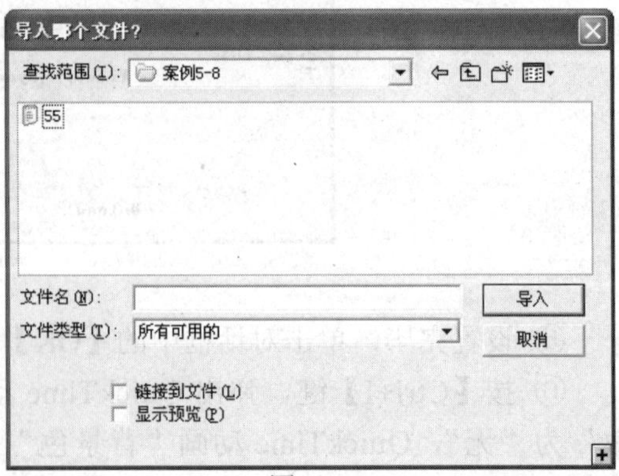

图 6.56

④ 在“查找范围”下拉列表框中选择要插入文件的位置，在“文件类型”下拉列表框中选择文件类型，只能选择文本文件和 RTF 格式的文件。在中间的列表框中选择需要插入的文件，单击【导入】按钮，显示“RTF 导入”对话框，如图 6.57 所示。

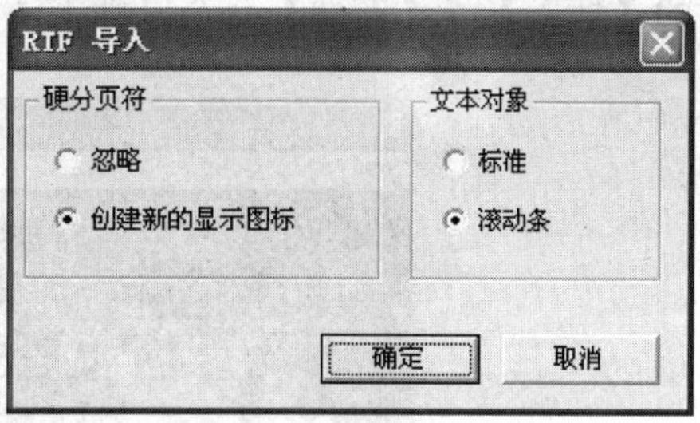

图 6.57

其中各单选钮作用如下。“忽略”单选钮：忽略源文件是否分页；“创建新的显示图标”单选钮：遇到文件分页符，自动在流程线上创建新的显示图标；“标准”单选按钮：以标准文字格式显示，不加滚动条；“滚动条”单选按钮：引入的文本内容加滚动条显示。

⑤ 选择所需选项后，单击【确定】按钮，即将选中文件的内容插入到显示窗口的当前位置。

⑥ 选择菜单栏中的【调试】→【播放】命令或单击工具栏中的运行按钮，即可以看到加入的文本效果，如图 6.58 所示。

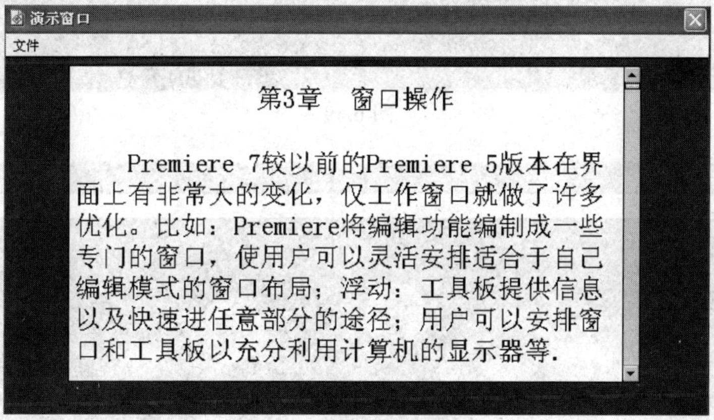

图 6.58

6.4.7　流畅的滚动字幕实例

滚动字幕是多媒体作品表现文字内容的重要手段，许多情况都是直接在 Authorware 中输入文字，然后利用运动图标产生滚动字幕效果。

利用图像产生流畅的滚动字幕实例效果，如图 6.59 所示。

其设计思路如下。

（1）直接在 Authorware 中输入文字，然后利用运动图标产生滚动字幕，观察字幕效果。

（2）在 Photoshop 中创建背景透明的文字，以 PSD 格式存储。

（3）在 Authorware 中调用 PSD 文件，然后利用运动图标产生滚动字幕。

其操作步骤如下。

为了增强对比效果，需要设计两段滚动字幕。

① 首先选择【文件】→【新建】命令，新建一个文件编辑窗口。然后从设计图标工具箱

中，拖动一个显示图标到流程线上，双击显示图标，打开一个空白的显示窗口。单击菜单栏的【插入】→【图像】命令，插入一幅寿山芙蓉石图片作为背景，如图 6.60 所示。

图 6.59

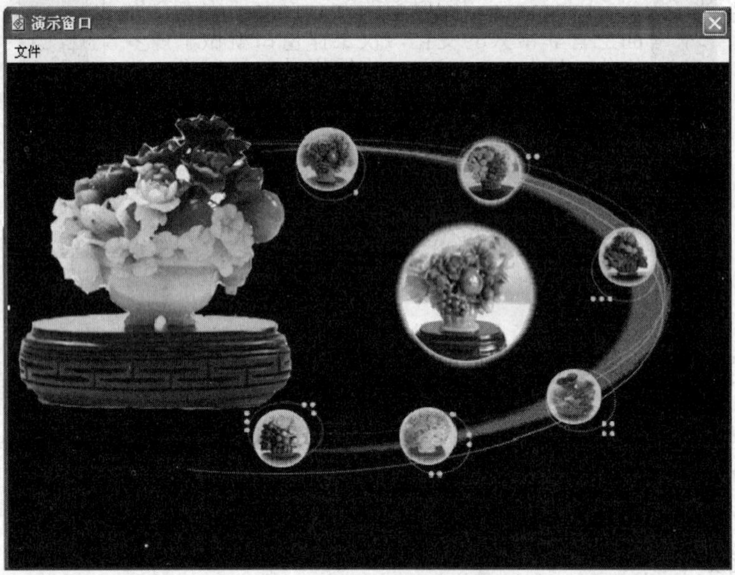

图 6.60

② 继续从设计图标工具箱中，拖动一个显示图标到流程线上，选取文本工具并设置字体为“华文新魏”、14 号红色字；输入文字内容，并设置其“显示模式”为“透明”。最后调整文字对象到显示窗口下方，如图 6.61 所示。

③ 从设计图标工具箱中，拖动一个移动图标到流程线上，双击文字图标打开文字显示窗口，再双击移动图标，接着在文字显示窗口移动定义字幕由下向上运动，产生滚动字幕的效果，如图 6.62 所示。

④ 从设计图标工具箱中，拖动一个等待图标，设置等待 1 秒。选择菜单栏中的【调试】→【播放】命令或单击工具栏中的运行按钮，即可以看到加入的文本滚动效果。

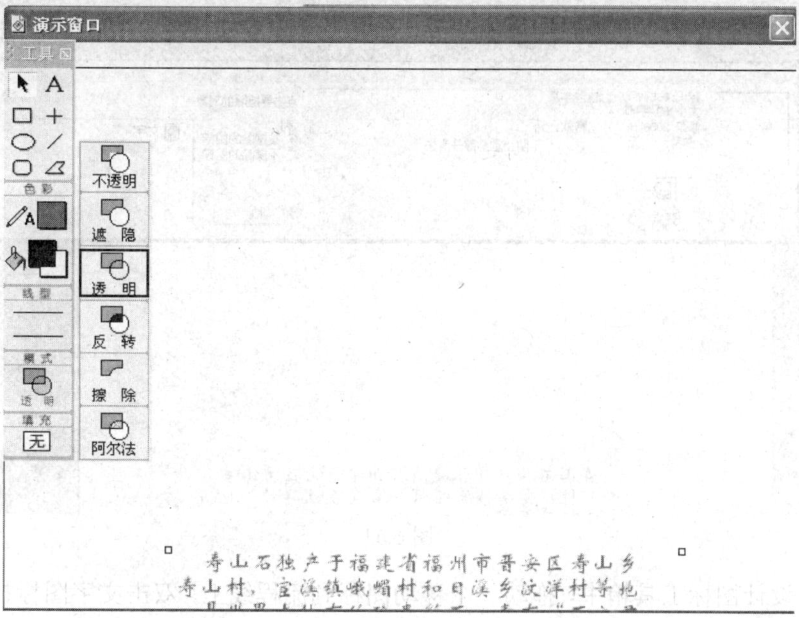

图 6.61

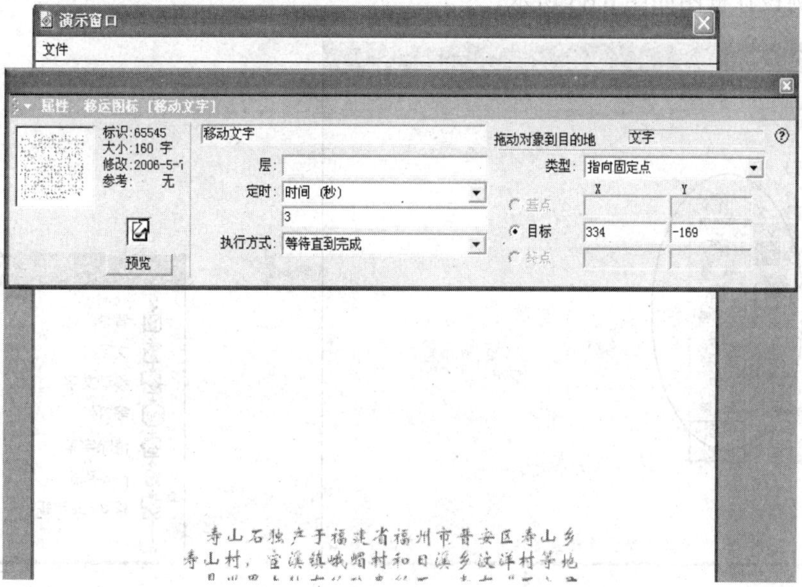

图 6.62

⑤ 从设计图标工具箱中，拖动一个擦除图标，双击文字图标打开文字显示窗口，再双击擦除图标，接着单击文字显示窗口的文字，擦除当前字幕，如图 6.63 所示。

⑥ 继续从设计图标工具箱中，拖动一个显示图标到流程线上，双击显示图标，打开一个空白的显示窗口。选择菜单栏的【插入】→【图像】命令，插入一幅 PSD 格式的文字图片作为背景，并设置图像的显示模式为“阿尔法”，这样就能够精确地将文字背景抠除。如

图 6.64 所示。

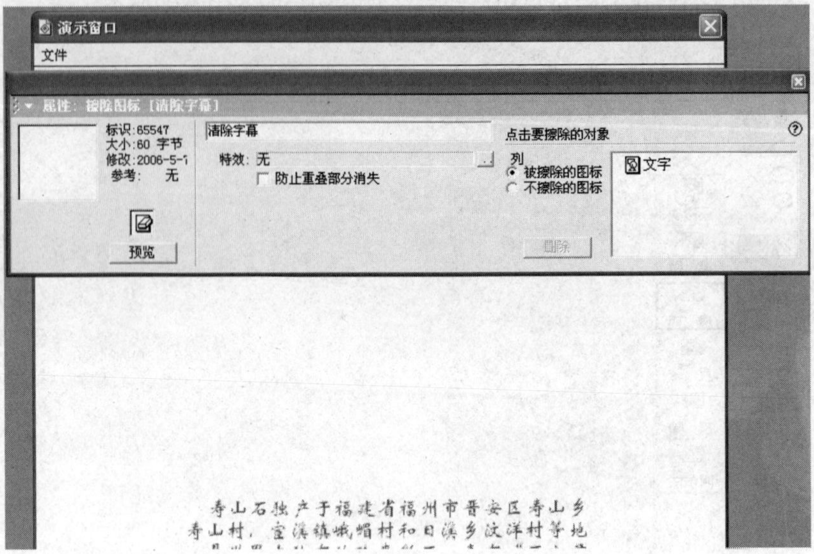

图 6.63

⑦ 再从设计图标工具箱中，拖动一个移动图标到流程线上，双击文字图标打开文字显示窗口，再双击移动图标，接着在文字显示窗口移动这个图像格式的字幕由下向上运动。整个滚动字幕实例设计框图如图 6.65 所示。

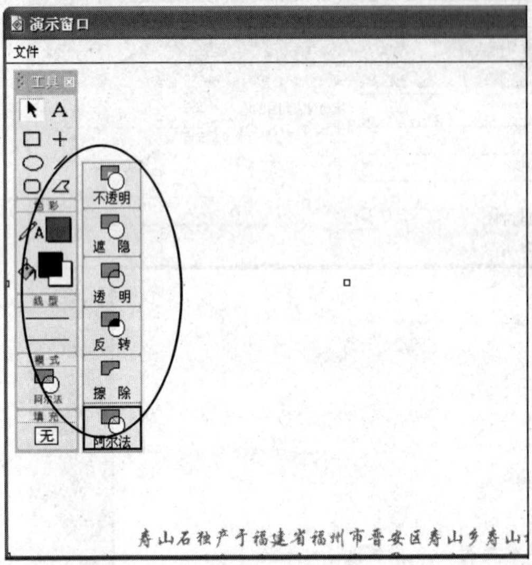

图 6.64

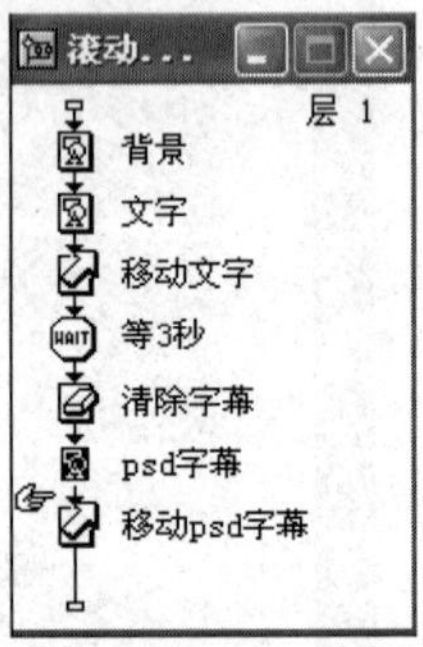

图 6.65

⑧ 单击菜单栏中【调试】→【播放】命令或单击工具栏中的【运行】按钮，即可以看到加入的文本滚动效果，如图 6.66 所示。

⑨ 如果将 PSD 格式的文字图片以“透明”模式显示，滚动的红色字幕将会显示背景的白边；将 PSD 格式的文字图片以“阿尔法”模式显示，滚动的红色字幕将没有白边。不妨请读者试一试，体验两种设置的效果。

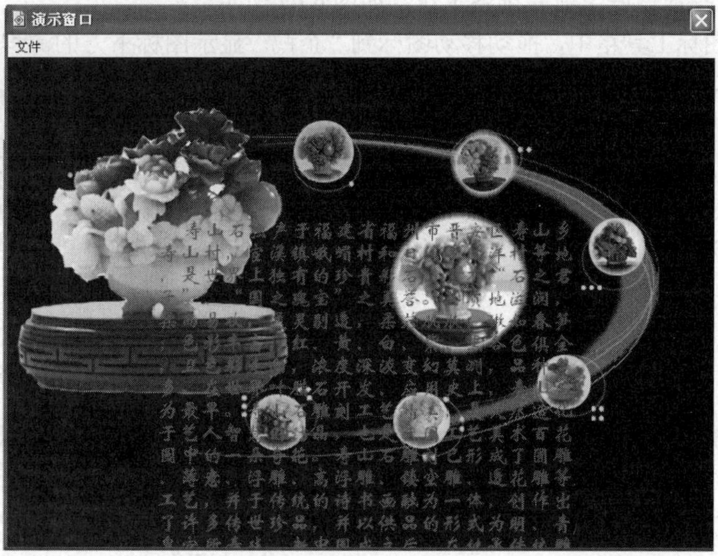

图 6.66

6.5　动画效果制作

Authorware 7 提供的移动图标可以控制展示窗口中的某些对象按照指定的路径移动，从而产生动画效果。

6.5.1　移动图标——动画移动的 5 种方式

移动图标是图标工具栏中的第 2 个图标，移动图标按移动对象路径的控制方式分为指向固定点、指向固定直线上的某点、指向固定区域内的某点、指向固定路径的终点、指向固定路径上的任意点 5 种。

移动图标本身不能载入文本、图像、图形等对象，因此在导入移动图标时，首先要保证显示窗口中有可移动的对象。可以用显示图标显示要移动的对象，然后在移动图标属性面板中选择需要移动的对象和移动的方式。移动图标可以移动的对象是文本、图形、图像、动画、视频等。Authorware 7 一次只能控制一个显示图标的全部对象的移动。如果要用不同方式移动多个对象，则应将这些对象放在不同的显示图标中。

6.5.2　指向固定点——企鹅过马路实例

“指向固定直线上的某点”方式是使指定的对象从原始位置沿直线运动到设定的终点。这是 Authorware 中最简单的动画设置类型。本节将以爱护动物、遵守交通规则为例，通过“指向固定直线上的某点”及“指向固定点”方式制作一辆行驶在马路上的小汽车驶到“停车”标志牌处停下，让走在“斑马线”上的小企鹅安全过马路的动画。具体操作步骤如下。

① 从光盘“6 章 Authorware 案例 \ 案例 6-11 动画”文件夹中打开“企鹅过马路 lx.a6p”

文件，该文件已提前做好了前序准备工作，如图 6.67 所示。

② 从设计图标工具箱中，拖动移动图标到“企鹅”显示图标下方的流程线上，并更改图标名称为“汽车行驶”，该移动图标用于制作小汽车行驶的动画效果。

③ 从设计图标工具箱中，拖动移动图标到“汽车行驶”显示图标下方的流程线上，并更名为“企鹅过马路”，用于制作企鹅过马路的动画效果。

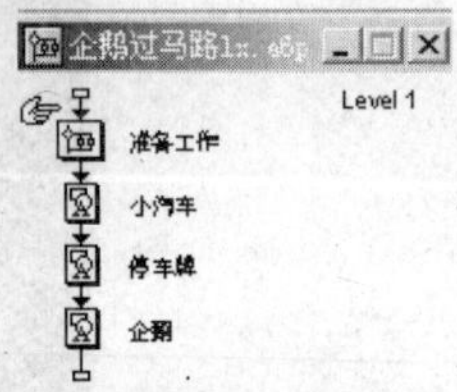

图 6.67

④ 双击“汽车行驶”移动图标，打开移动图标属性面板，如图 6.68 所示。在“类型”下拉列表中选择动画类型：指向固定直线上的某点；用鼠标在演示窗口中拖动小汽车到“斑马线”附近释放，单击“目标”单选钮并设置为 100，保证小汽车的行驶路径是一条直线。

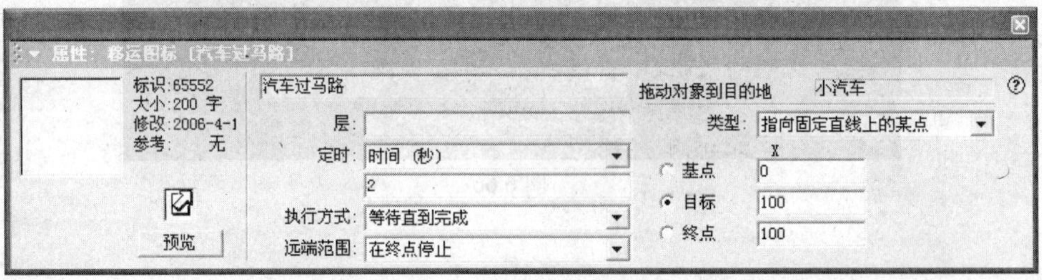

图 6.68

⑤ 在“定时”下拉列表框中选择“时间（秒）”方式，并在其下方的文本框中输入全程时间值为 2。Author ware 提供了两种设置速度的选择，如果选择了“速率（sec/in）”方式，则在其下方的文本框中输入具体的速度值，即每秒钟移动多少英寸的路程。

⑥ 在“执行方式”下拉列表框中选择“等待直到完成”，使小汽车行驶到“停车”标志牌处停下来等待小企鹅安全过马路。Author ware 提供了两种动画程序走向问题，是必须等该动画完成后程序才往下执行，还是在动画演示的同时继续往下执行其他按钮中的内容，在本企鹅过马路实例中选择“等待直到完成”设置。

⑦ 选择菜单栏中的【调试】→【播放】命令或单击工具栏中的【运行】按钮，可以看到小汽车行驶到“停车”标志牌处停下来，并自动打开移动图标属性面板如图 6.69 所示。

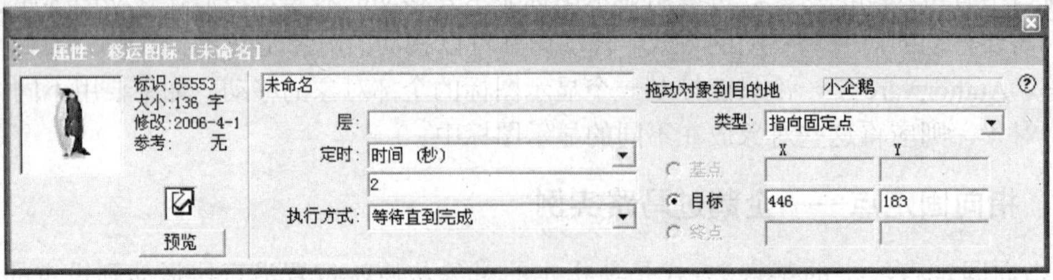

图 6.69

⑧ 在“类型”下拉列表中选择动画类型：指向固定点；用鼠标在演示窗口中拖动企鹅过马路，即在“目标”单选钮的坐标栏里自动进行精确定位 X＝4463，Y＝183。

⑨ 从设计图标工具箱中，拖动一个等待图标到“企鹅”显示图标和“汽车行驶”移动图标之间的流程线上，并更名为“单击鼠标”。双击“单击鼠标”等待图标，弹出等待图标属性

面板，在“时限”文本框中输入数字 3，即设置展示的时间为 3 秒钟。选中“单击鼠标”复选框，使得在 3 秒的等待时间内单击即可以结束等待。

⑩ 至此企鹅过马路动画设计框图如图 6.70 所示。选择菜单栏中【调试】→【播放】命令或单击工具栏中的运行按钮，运行结果如图 6.71 所示。

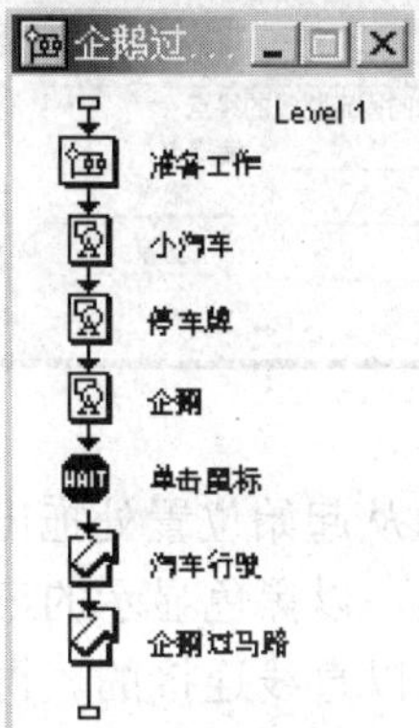

图 6.70

图 6.71

6.5.3　固定路径移动——金鱼游动实例

上面企鹅过马路实例介绍的固定终点的动画类型，其特点是“两点决定一线”，即在设置好终点位置后，动画主体从起始位置出发，沿着直线移动到终点位置处。下面将要介绍的金鱼游动实例将使金鱼沿着一条曲线路径在水草间游动的固定路径动画的制作。

“固定路径移动”特点是动画主体沿着设计者事先制作好的路径进行移动，这条路径既可以是条直线，也可以是条任意线（曲线、折线或曲折线）。

金鱼游动实例的具体操作步骤如下。

① 从光盘“6 章 Authorware 案例 \ 案例 6-11 动画”文件夹中打开“LX 金鱼游动.a7p”文件，该文件已提前做好了前序准备工作如图 6.72 所示。

② 从设计图标工具箱中，拖动移动图标到“大鱼”显示图标下方的流程线上，并更改图标名为“游动”。再继续拖动一个判断图标和两个组合图标，如图 6.73 所示。

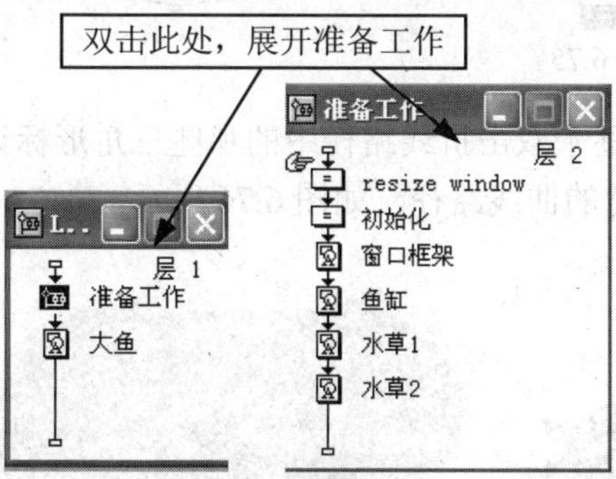

图 6.72

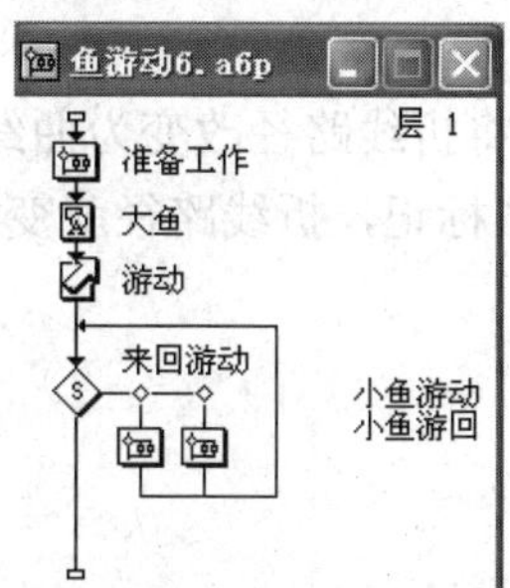

图 6.73

③ 双击“游动”图标，打开移动图标属性面板。在“类型”下拉列表中选择动画类型：指向固定路径的终点，“层”文本框输入 15；“定时”设时间（秒）为 2；“执行方式”为“同

时”；“移动当”文本框输入 TRUE 逻辑常数；当 Authorware 运行这个程序时，首先检验该选项的值是否为“真”。当值为“真”时，动画就执行，如果为“假”（FALSE）时，动画就停止执行，如图 6.74 所示。

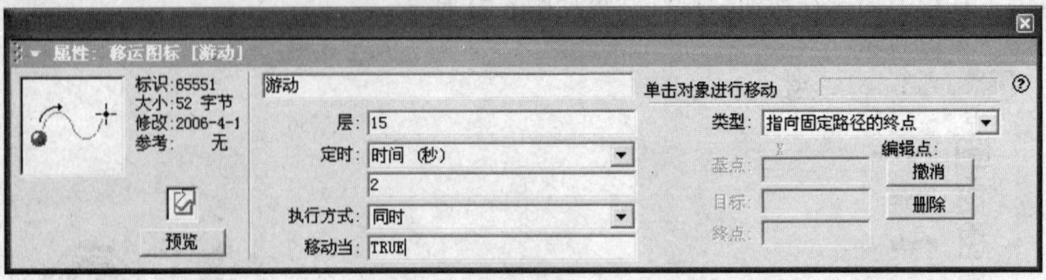

图 6.74

④ 单击工具栏中的运行按钮，用鼠标在演示窗口中拖动大鱼从起始位置处拖出一段距离到水草中，释放鼠标。此时演示窗口中出现了两个三角形标记，以黑色显示的三角形表示当前被选中，另一个以白色显示，而且两个三角形标记之间是以直线连接的。再拖放一次大鱼在水草中游动，又会出现一个三角形标记，并且所有三角形标记都是以直线相连的，如图 6.75 所示。

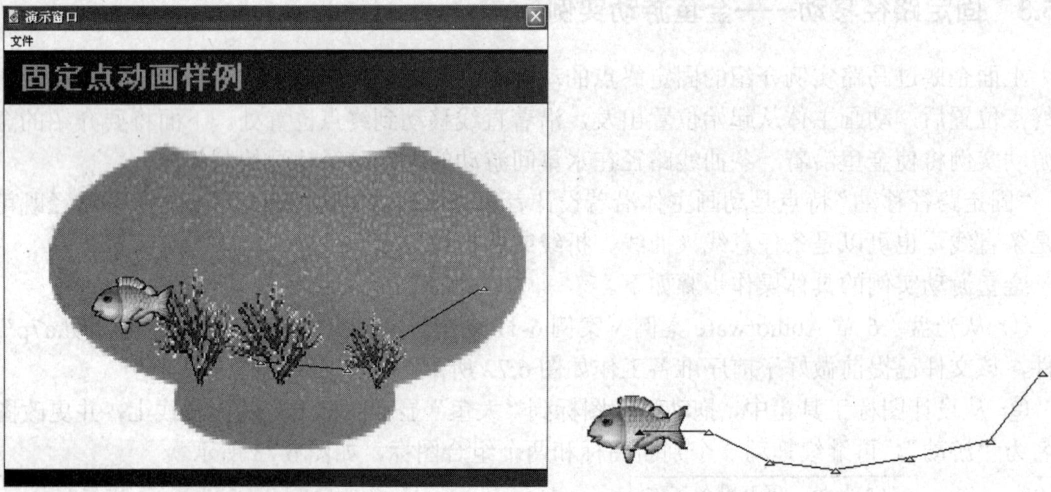

图 6.75

⑤ 要将折线路径改变为曲线路径，只需逐个双击折线路径中的那些三角形标记，即将它们变成圆形标记，折线路径就变成了一条光滑的曲线路径，如图 6.76 所示。

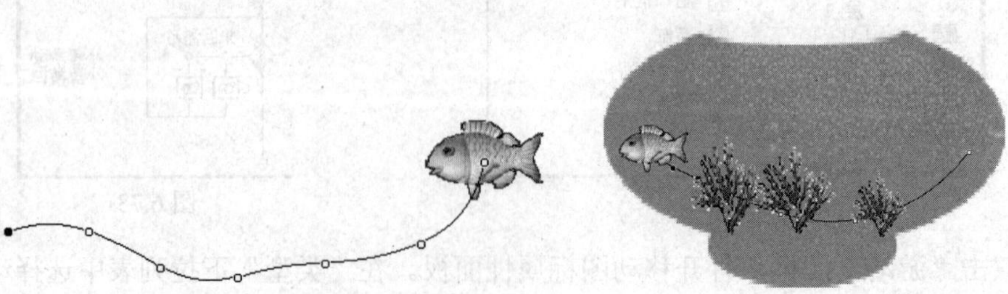

图 6.76

⑥ 若对创建好的路径不满意，可以在原有的路径上增加或删除这些三角形标记或圆形标记进行修改。增加标记的方法是：在两个标记间的路径上用鼠标单击一下，就会产生一个新的标记点，删除当前所在的路径标记点可用对话框中的【Delete】按钮来实现。用鼠标指针拖动到恰当位置可以移动路径上的这些标记点，松开鼠标后就会看到路径的变化。

⑦ 为了使金鱼在水草间游动，必须将金鱼的运动层次置于“水草 1”和“水草 2”所处层次之间。实现金鱼游到目的后，仍停留在“水草 1”之上，则必须将其显示层次级别置为大于“水草 1”的显示层次。首先选中“大鱼”图标，然后按【Ctrl+I】键，在弹出的属性面板中将“层”设为 10，如图 6.77 所示。依次将“水草 1”的“层”设为 5，“水草 2”的“层”设为 20，在“层”文本框中可以输入负整数、零和正整数。未做任何设置的层，Authorware 视为 0 层次。“层”数值越高，表明对应的显示图标所处的层次越高。

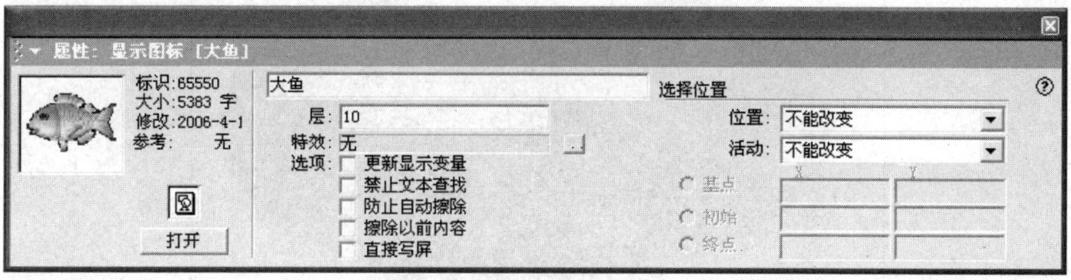

图 6.77

⑧ 双击判断图标，弹出属性面板。在“重复”下拉列表中选择“所有的路径”；在“分支”下拉列表中选择“顺序分支路径”，如图 6.78 所示。

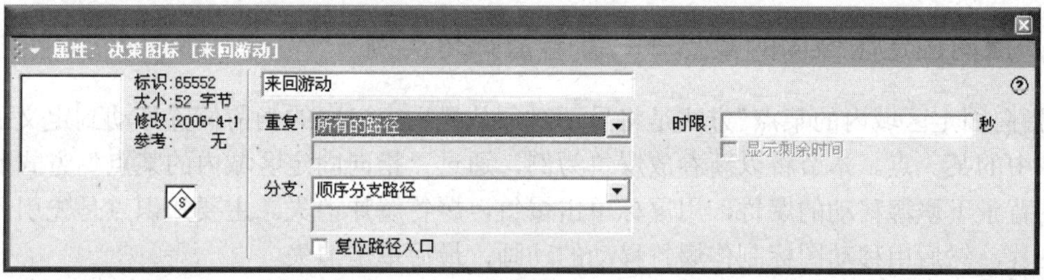

图 6.78

⑨ 双击“小鱼”移动组合图标，在分支流程图上分别从设计图标工具箱中，拖动一个显示图标和移动图标到流程线上，如图 6.79 所示。打开“小鱼”显示图标的演示窗口，插入小鱼图后关闭演示窗口，再选中“小鱼”图标，然后按【Ctrl+I】键，在弹出的属性面板中将“层”设为 1。继续选中移动图标，然后按【Ctrl+I】键，在弹出的属性面板中将“层”设为 1，将“类型”设置为“指向固定点”；“执行方式”为“等待直到完成”。如图 6.80 所示。

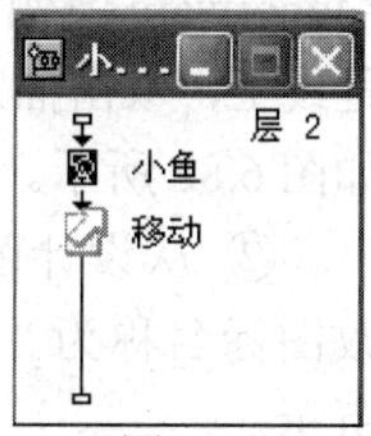

图 6.79

⑩ 选择菜单栏中【调试】→【播放】命令或单击工具栏中的运行按钮，用鼠标在演示窗口中拖动小鱼在水草中移动。

重复⑨⑩步骤，完成小鱼游回的设计。最后再次选择菜单栏中【调试】→【播放】命令或单击工具栏中的运行按钮，运行结果如图 6.81 所示。

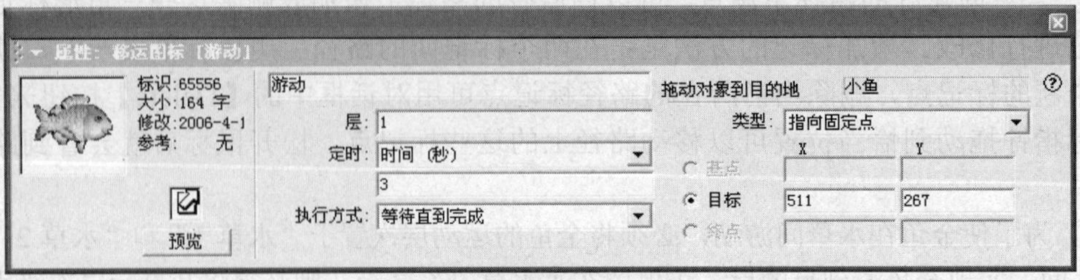

图 6.80

图 6.81

6.5.4 指向固定区域内的某点——新春放爆竹实例

“指向固定区域内的某点”方式是将显示对象从显示窗口中的当前位置移动到定义了范围的区域中的某一点。本节将以新春放爆竹为例，通过“指向固定区域内的某点”方式制作在新春的背景下飘舞移动的爆竹，用鼠标单击爆竹，爆竹爆炸消失。主要知识点是先引入一个爆竹图片，然后用移动图标制作爆竹移动的动画，最后单击消失。

新春放爆竹实例的具体操作步骤如下。

① 从设计图标工具箱中，拖动一个显示图标到流程线上，双击插入光盘中“6 章 Authorware 案例\案例 6-12”文件夹中的“新春背景.jpg”文件。继续拖动一个显示图标到流程线上，双击插入光盘中“6 Authorware 案例\案例 6-12 爆竹”文件夹中的“爆竹.jpg”文件，如图 6.82 所示。

② 从设计图标工具箱中，拖动运算图标到“爆竹”显示图标下方的流程线上，并更改图标名称为“XY”，双击“XY”运算图标，在弹出的命令窗口输入 x:=0 y:=0，如图 6.83 所示。

③ 从设计图标工具箱中，拖动（移动）图标到（运算）图标下方的流程线上，并更名为“移动爆竹”。双击“移动爆竹”移动图标，打开移动图标属性面板，如图 6.84 所示。在“类型”下拉列表中选择“指向固定区域内的某点”方式；“定时”设时间（秒）

为 0.5；“执行方式”为“同时”；“远端范围”为“在终点停止”；单击“目标”单选钮并设置为“x”、“y”。

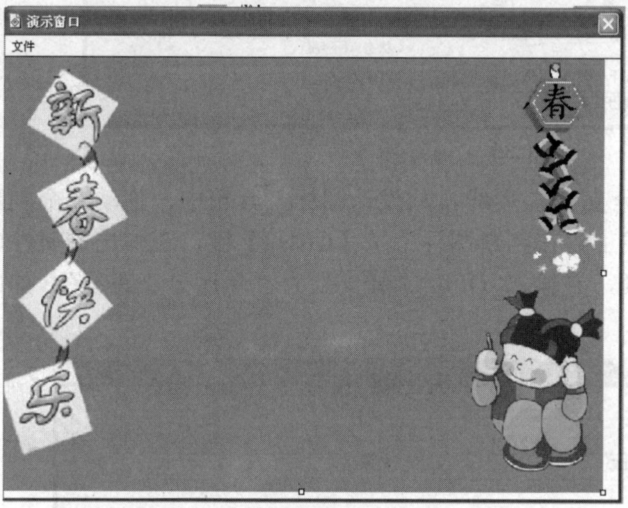

图 6.82

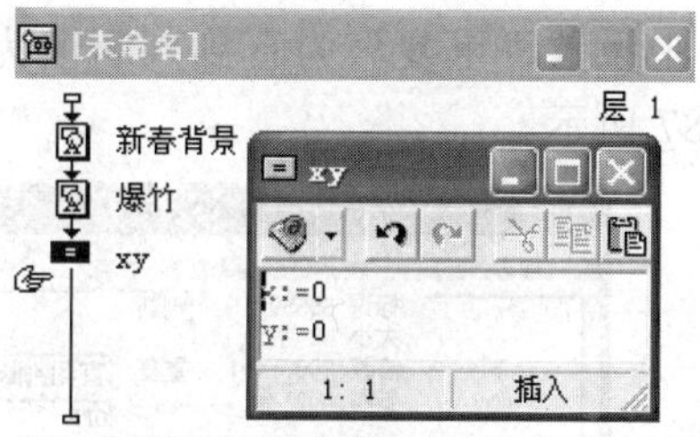

图 6.83

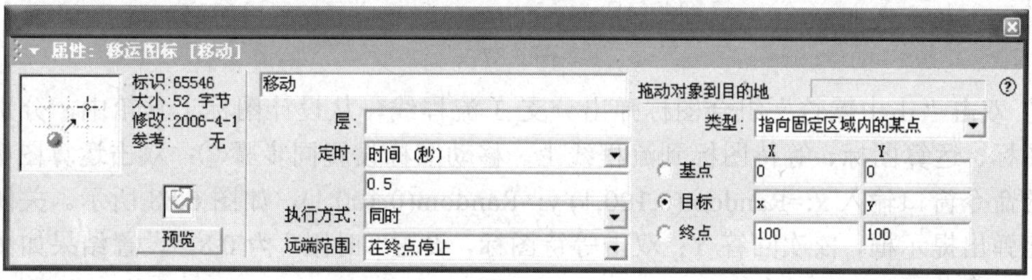

图 6.84

④ 继续从工具箱中，拖动一个交互图标到移动图标的下方，然后拖入一个群组图标到交互图标的右侧，命名为“开始”，在弹出的“交互类型”对话框中选择“按钮”单选钮；继续在交互图标的右侧拖入一个群组图标，命名为“击中爆竹”，并双击其响应标志，在弹出的属性面板中设置“类型”为“热对象”；“匹配”为“单击”；“鼠标”为小手，如图 6.85 所示。

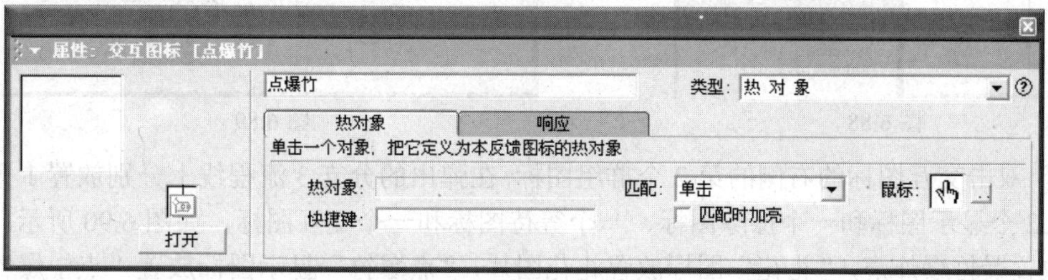

图 6.85

⑤ 双击“响应”选项卡，在其页面中选中“范围”后的“永久”复选框；“擦除“为在下一次输入之后；“分支”为“退出交互”，“状态”为“不判断”，如图 6.86 所示。

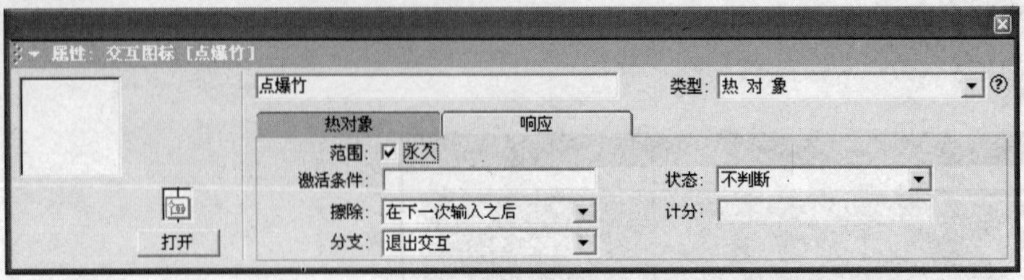

图 6.86

⑥ 双击“开始”群组图标展开分支 2 流程线，从设计图标工具箱中，拖动一个判断图标和一个组合图标到分支 2 流程线上，在判断图标上按【Ctrl+I】键，在弹出的属性面板中设置“重复”为直到判断值为真，并输入 OFF，“分支”为“顺序分支路径”，如图 6.87 所示。

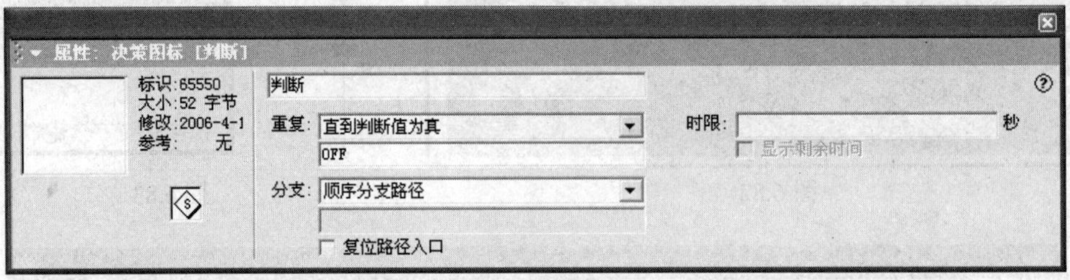

图 6.87

⑦ 双击“击中爆竹”组合图标弹出分支 3 流程线，从设计图标工具箱中，分别拖动移动图标、运算图标、等待图标到流程线上。移动图标设置同步骤③；双击运算图标，在弹出的命令窗口输入 x:=Random(0,100,1) y:=Random(0,100,1)，如图 6.88 所示。关闭命令窗口将弹出提示框，依次回答 Y；双击等待图标，设置“时限”为 0.8，设置结果如图 6.89 所示。

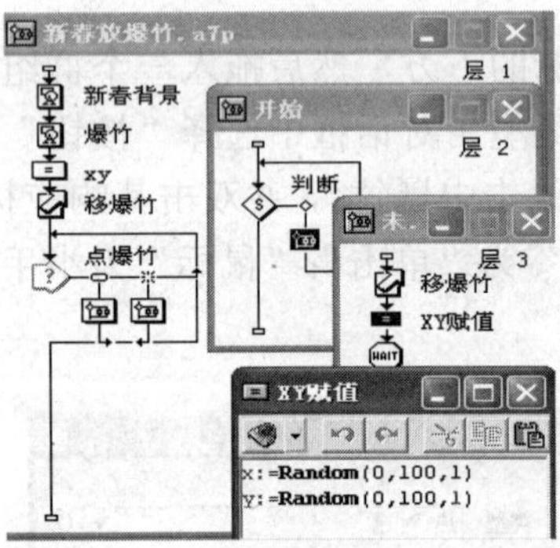

图 6.88

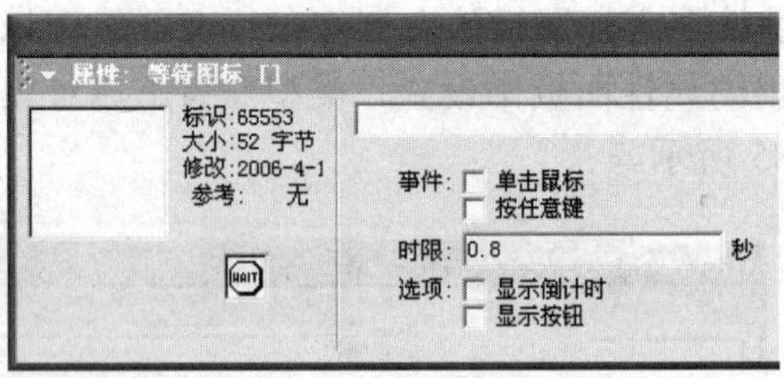

图 6.89

⑧ 双击交互图标的右侧的第 2 个群组图标，在弹出的分支 3 流程线上分别放置 1 个声音图标、2 个显示图标和一个擦除图标、一个等待图标和一个交互图标，如图 6.90 所示。声音图标放置爆竹爆炸声，“礼花”图标放置礼花图片，“点爆竹”显示图标放置“点中爆竹”文本，擦除图标放置“爆竹”、“礼花”；向交互图标旁拖入一个群组图标，其属性类型设为按钮，如图 6.91 所示。在展开的分支 3 流程线上放置 1 个运算图标，双击运算图标，在弹出的命令窗口输入“Quit()”后退出。

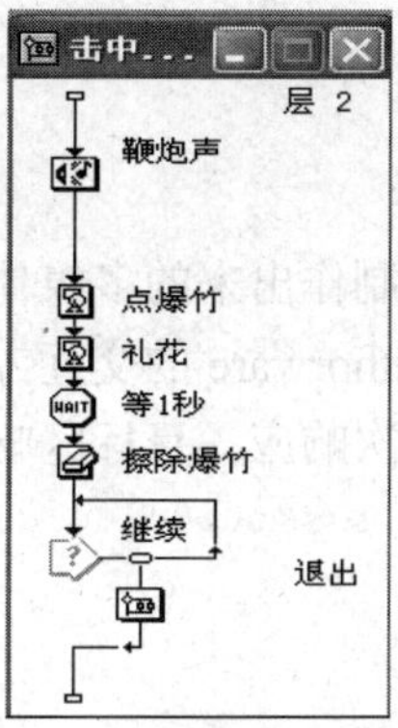

图 6.90

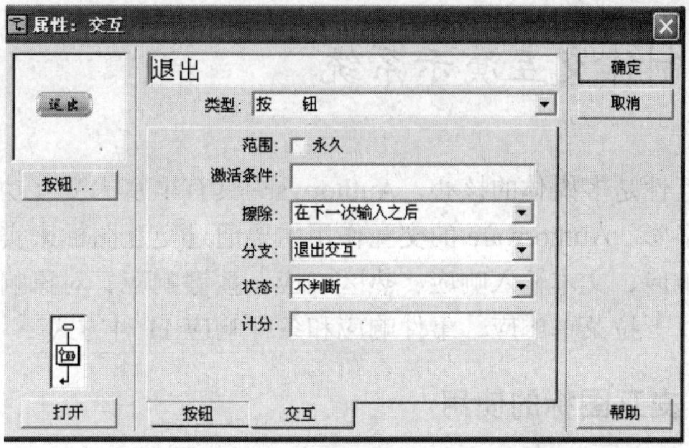

图 6.91

⑨ 选择菜单栏中的【调试】→【播放】命令或单击工具栏中的运行按钮，在运行的窗口单击【开始】按钮，可以看到爆竹在界面中并自动打开移动图标属性面板，手工移动爆竹在界面中漂移；在交互图标右侧的第 2 个群组图标上方的响应标志处双击，再单击界面中的爆竹将“热对象”爆竹加入到属性面板，如图 6.92 所示。

⑩ 最后再次单击工具栏中的运行按钮，在运行的窗口单击【开始】按钮后，用鼠标追逐爆竹单击，当击中之后跳出“爆竹击中”文字，然后爆竹以马塞克渐隐显示礼花图片后，返回主页面，单击【退出】按钮，则退出系统，如图 6.93 所示。

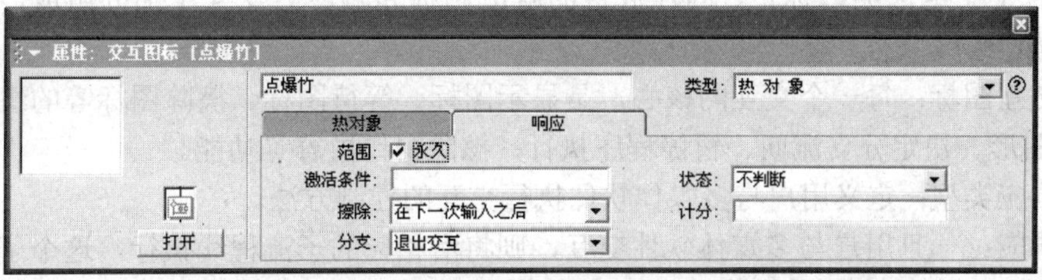

图 6.92

图 6.93

6.6 制作交互演示系统

交互性是多媒体的核心，Authorware 具有丰富的交互功能，使制作出来的多媒体应用程序多姿多彩。Authorware 的交互作用主要通过交互图标来实现，Authorware 的交互方式主要有按钮响应、文本输入响应、热区响应、按键响应、对象响应、限次响应、目标区响应、限时响应、下拉菜单响应、事件响应和条件响应 11 种方式。

6.6.1 交互图标的使用

交互图标是设计图标工具箱中的第 8 个图标。要在程序中创建交互系统，首先从设计图标工具箱中将交互图标拖动到程序流程线上，然后在交互图标的右侧添加交互的响应图标，这些图标自动排列成流程线，其排列顺序与位置有关。同时这些图标的名称在所有图标的右边依次从上往下排列，对应的图标顺序是从左至右。需要强调交互图标不能单独存在，它需要与其他设计图标配合实现交互功能，图 6.94 列出了一个典型的交互作用分支结构，从图中可以看出一个交互流程由一个交互图标、若干个响应类型标记、同样数目的响应图标和响应分支 4 个部分组成，各部分的功能简介如下。

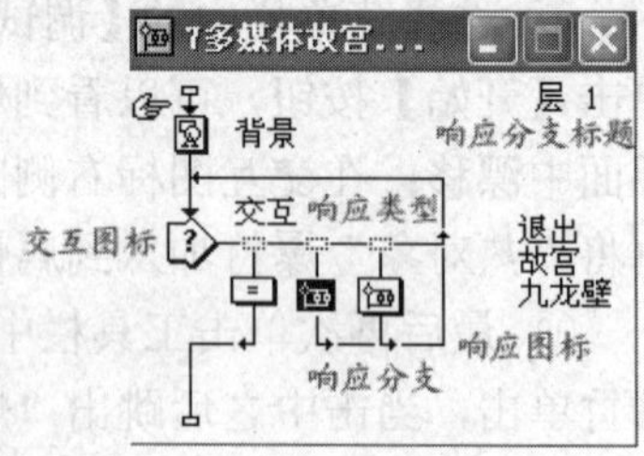

图 6.94

- 交互图标：每一个交互的核心，是显示图标、等待图标、擦除图标等的组合，可以提供文本图形、决定分支流向、暂停程序执行、擦除窗口内容等功能。
- 响应类型：定义用户与多媒体软件执行交互的控制方法。
- 响应：一旦用户与多媒体软件交互，则将沿相应的子流程线执行。这个子流程线称为“响应路径”，执行的内容可以放置除了“交互”和“判定”设计图标以外的任何设计图标来充当分支流线上的响应。
- 响应分支：定义程序执行该响应后的流向。

6.6.2 制作分支程序实例

下面以“多媒体故宫影集”实例，简述创建交互分支程序的基本操作步骤。

① 在流程线上拖入一个显示图标，并引入一幅故宫图片作为背景。

② 在流程线上拖入一个交互图标，并对其命名为“交互”。双击该图标打开该显示窗口，引入同背景相同的故宫图片。

③ 拖动运算图标到交互图标的右侧，释放鼠标后弹出交互类型对话框，选中“热区响应”单选钮，如图 6.95 所示，然后单击【确定】按钮，关闭交互类型对话框。将新加入的运算图标命名为“退出”。

④ 此时，生成一个具有响应分支的交互分支结构，双击运算响应图标，在弹出的对话框中输入“Quit()”命令，如图 6.96 所示。

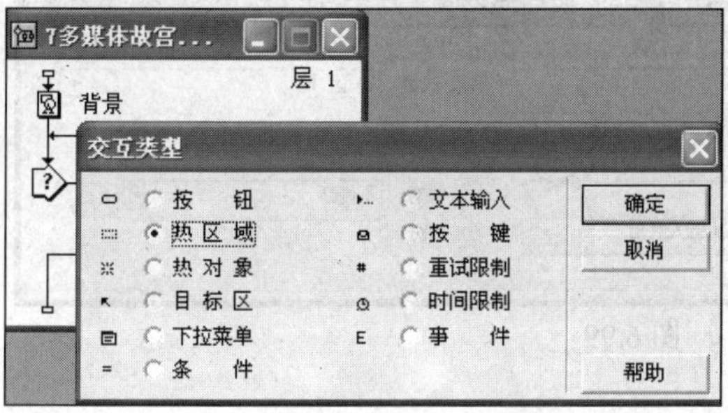

图 6.95

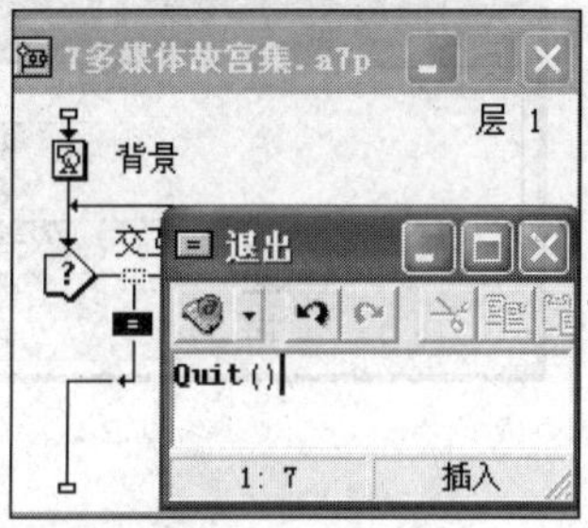

图 6.96

⑤ 继续在交互图标的右侧拖入两个群组图标，在弹出的交互类型对话框中选择热区响应钮。将新加入的群组图标分别命名为“故宫”、“九龙壁”。

⑥ 双击群组响应图标，打开 Layer 2 设计窗口，拖入显示图标，并引入相应的故宫、九龙壁图片，如图 6.97 所示。

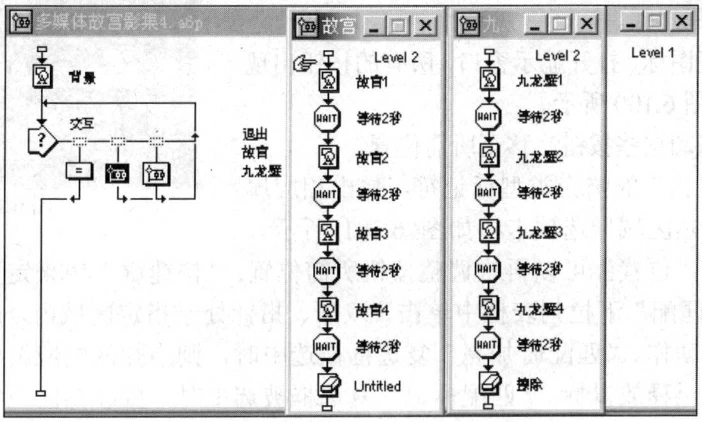

图 6.97

⑦ 双击“退出”的响应类型标记符，弹出相应属性面板，该面板由“热区域”选项卡和“响应”选项卡组成。单击“热区域”选项卡，在“分支”框中选择“退出交互”选项，如图 6.98 所示。

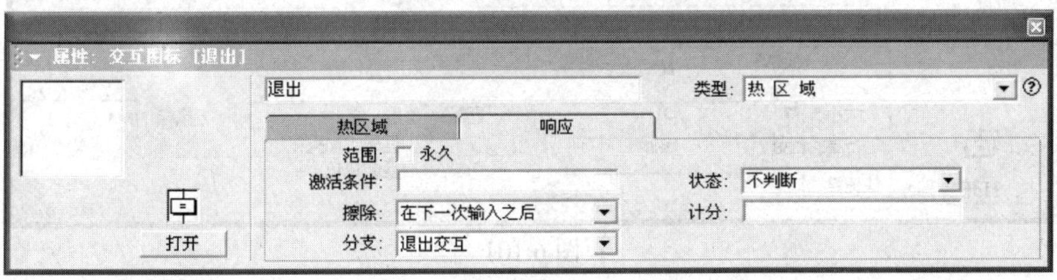

图 6.98

⑧ 分别双击“故宫、九龙壁”的响应类型标记符，在弹出的属性面板响应选项卡“分支”框中选择“重试”选项，如图 6.99 所示。其中“分支”下拉列表共有 4 种选项，即“重试”、“继续”、“退出交互”和“返回”，决定分支流程的不同走向；“擦除”下拉列表共有“在下一次输入之后”、“在下一次输入之前”、“在退出时”和“不擦除”4 种选项。

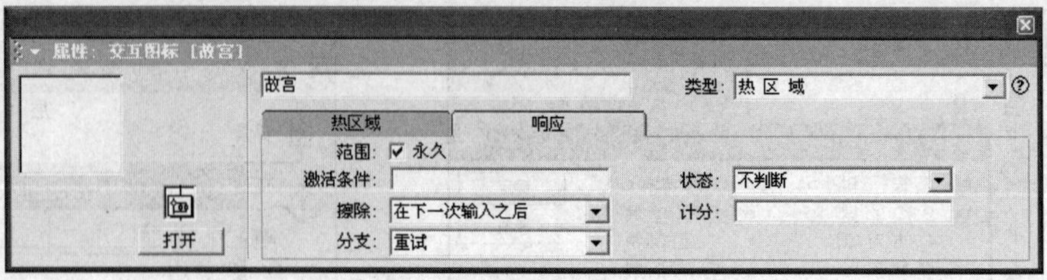

图 6.99

6.6.3 制作按钮热区响应

热区是指演示窗口中的一个演示区域，通过单击该区域内的按钮、文字或图像，从而得到相应的反馈信息。热区响应比按钮响应更容易与背景风格协调一致。

继续以“多媒体故宫影集”为例，简述创建按钮热区响应的基本操作步骤。

① 双击交互图标，打开显示窗口，所有的按钮出现在显示窗口，如图 6.100 所示。

图 6.100

② 单击并拖动这些按钮，移至所需位置。

③ 双击“退出”的响应类型标记符，弹出相应属性面板，单击“热区域”选项卡，如图 6.101 所示。其中“大小”和“位置”可以再次调整按钮所需位置；“快捷键”用来定义激活热区响应的快捷键；在“匹配”下拉列表框中单击、双击、指针处于指定区域内，用来设置与热区响应匹配的鼠标动作。“匹配时加亮”复选框被选中时，则当热区响应发生时，响应区域会高亮显示，直至释放鼠标。“匹配标记”复选框被选中时，则在热区左侧中央位置处出现一响应标记，响应发生后该标记会高亮显示；“鼠标”选择框用于定义光标进入热区后的样式；图 6.101 中所示“鼠标”当前为“N/A”，表示鼠标移到按钮上，其形状不发生变化。

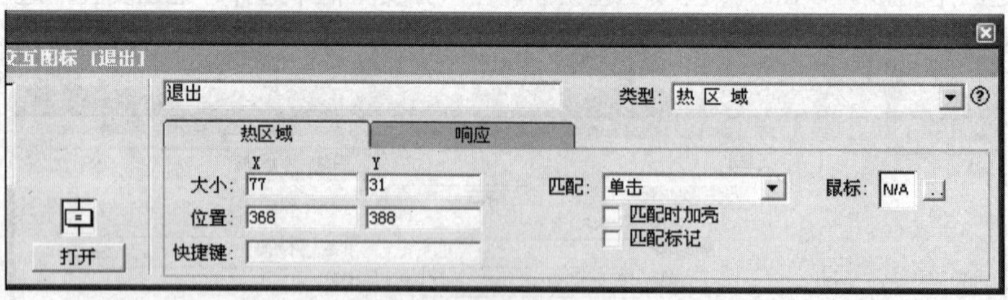

图 6.101

④ 单击“鼠标”框右侧的按钮，打开鼠标形状素材库，如图 6.102 所示。移动垂直滚动条，选中手形图案，再单击【确定】按钮，关闭素材库窗口，返回属性面板。鼠标形状被设置为手形。运行程序时，一旦鼠标移到按钮上，其形状将变为手形形状，提示用户可以单击该按钮。

⑤ 最后选择菜单栏中的【调试】→【播放】命令或单击工具栏中的运行按钮，运行结果如图 6.103 所示。

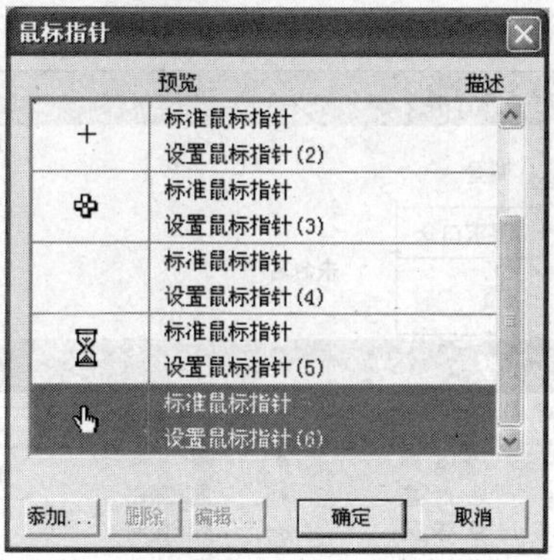

图 6.102

图 6.103

6.7　制作密码程序验证实例

密码验证是多媒体程序系统普遍采用的一种身份验证方式。在日常工作学习过程中，也经常用密码保护自己的重要资料。

6.7.1　限次输入密码实例

限次输入密码程序功能，要求用户输入的口令正确才能继续运行，否则退出程序，并且限制输入口令的次数为 3 次，最终效果如图 6.104 所示。

图 6.104

限次输入密码实例的具体操作步骤如下。

1. 要求用户输入口令

① 选择菜单栏中的【文件】→【新建】命令，建立一个新文件，命名为“密码程序.a7p”。

② 拖动一个（显示）图标到流程线上命名为“背景”，双击打开其窗口，引入一幅图片作

背景。

③ 拖动一个交互图标到流程线上，命名为“要求口令”。

④ 拖动一个群组图标到交互图标右侧，在弹出的交互类型对话框中选择“文本输入”单选钮，如图 6.105 所示。单击【确定】按钮，关闭对话框，回到流程设计窗口。

⑤ 双击群组图标上方的文字输入响应类型符号，打开相应属性面板，在标题文本框中输入“pass”；然后设置“分支”响应为“退出交互”，如图 6.106 所示。

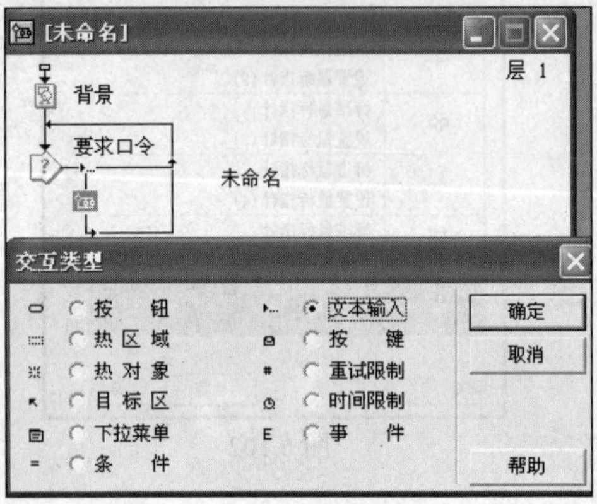

图 6.105

⑥ 双击打开交互图标，可见一个带黑色标记的虚线框，这就是交互文字输入区。单击【A】按钮，在文字输入区上方添加一行文字“请输入密码，然后按 Enter 键”，提示用户输入口令，如图 6.107 所示。

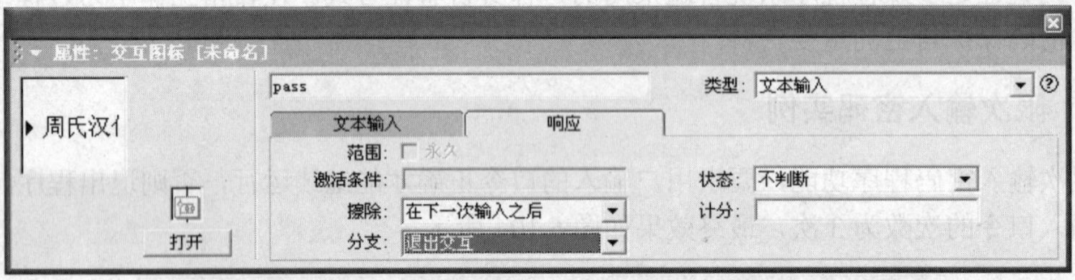

图 6.106

⑦ 继续选中“请输入密码，然后按 Ente 键”的提示文字，准备设置字体颜色，单击工具箱笔的颜色，调出颜色模板，选择所需颜色，如图 6.108 所示。

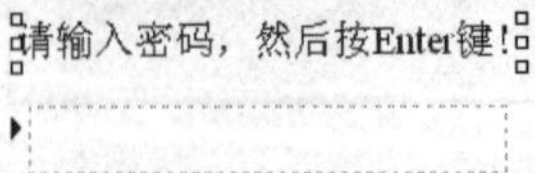

图 6.107

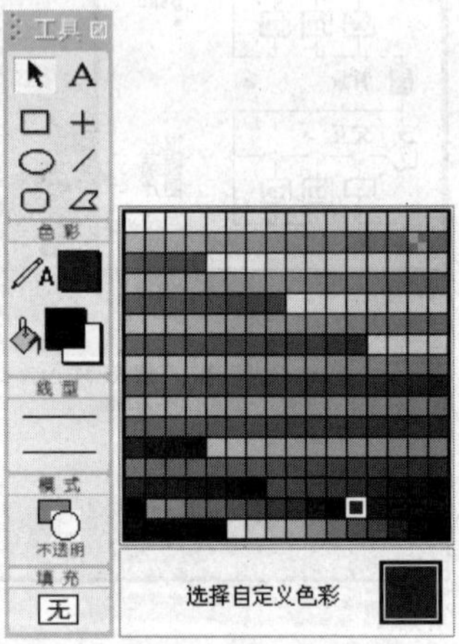

图 6.108

⑧ 再双击文字输入区打开其属性对话框，在“文本”选项卡中设置文字的字体、大小、颜色、字符限制等内容。单击【确定】按钮，关闭文字输入区属性窗口。

⑨ 单击工具栏中的【运行】按钮，弹出要求用户输入密码画面。

那么密码是什么呢？密码就是群组图标“pass”的图标名，为什么？因为程序会自动对输入内容进行判断，如果与文本交互分支的分支条件（即该分支的名称）相符，就会进入该分支执行。

2. 输入正确口令的处理

① 下面为正确输入密码加提示，双击打开群组图标“pass”，在其二级流程线上拖入一个显示图标、一个等待图标和一个擦除图标，并分别命名。在显示图标中输入文字“您是一个合法用户，欢迎使用！”，如图 6.109 所示。

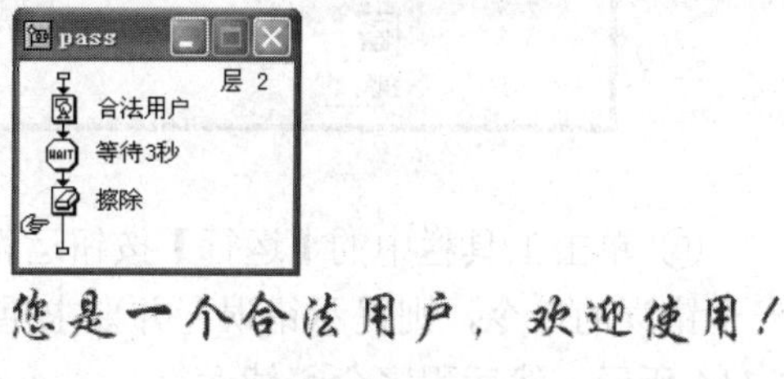

图 6.109

② 在等待图标的对话框中设置 3 秒，使等待 3 秒（或单击鼠标）后，擦除这个提示。

③ 打开显示图标，双击清除图标，弹出相应属性面板，选择“被擦除的图标”单选钮，再单击显示图标中的“您是一个合法用户，欢迎使用！”，使“合法用户”图标被加入“被擦除的图标”框中，如图 6.110 所示。

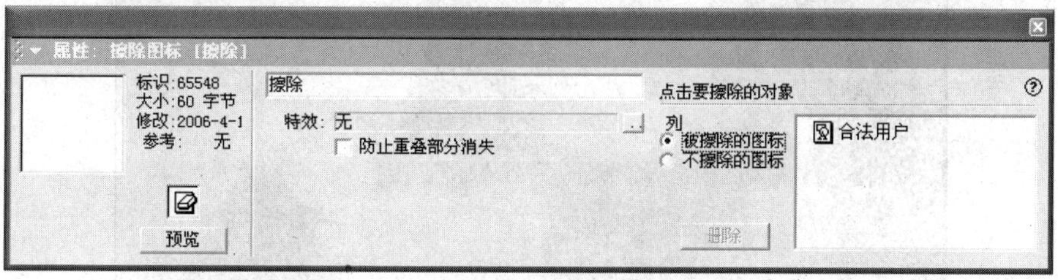

图 6.110

3. 输入不正确口令的处理

① 继续拖动一个群组图标到交互图标右侧，命名为“*”，用以接受任何字符，即输入任意字符都可以进入到这个分支。双击其响应类型符号，打开响应类型属性窗口，将“分支”响应设为“重试”，如图 6.111 所示。

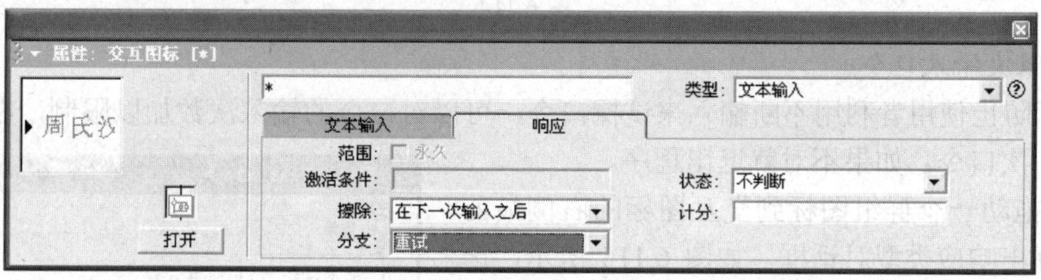

图 6.111

② 打开群组图标“*”，在其二级流程线上拖入一个显示图标、一个等待图标和一个擦除图标，并分别加以命名，如图 6.112 所示。打开显示图标，输入错误提示“密码不正确，请重新输入！”。

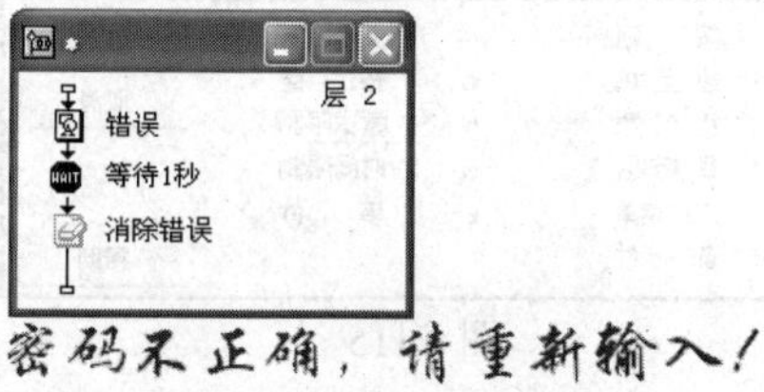

图 6.112

③ 打开等待图标属性窗口，设置等待用户单击鼠标、按键或等待 1 秒后继续执行。

④ 双击清除图标，弹出相应属性面板，选择“被擦除的图标”单选钮，再单击显示图标中的“密码不

正确，请重新输入！”文字，使“错误”图标被加入到“被擦除的图标”框中，如图 6.113 所示。

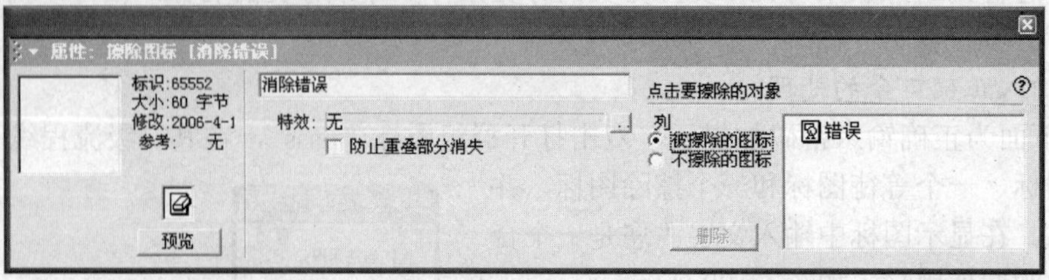

图 6.113

⑤ 单击工具栏中的【运行】按钮运行程序，弹出启始画面，要求用户输入密码。若输入一个错误的口令，则提示错误，并要求重新输入；若输入“pass”，则会出现欢迎提示，如图 6.114 所示，然后程序会继续运行。

图 6.114

4. 限次输入口令

为了防止使用者利用不断输入来试探口令，可以对口令的输入次数加以限制，在此只允许输入 3 次口令，如果不对就退出程序。

① 拖动一个群组图标到交互图标的右侧最前位置，弹出响应类型对话框，如图 6.115 所示，选择“重试限制”单选钮，单击【确定】按钮关闭对话框，命名为限制 3 次。

② 双击限次分支的响应类型符号，弹出限次响应属性面板，在“重试限制”选项卡中设定尝试最大次数为 3，如图 6.116 所示。

③ 再单击“响应”选项卡，在“响应”选项卡页面中设置“分支”响应为“退出交互”，如图 6.117 所示。

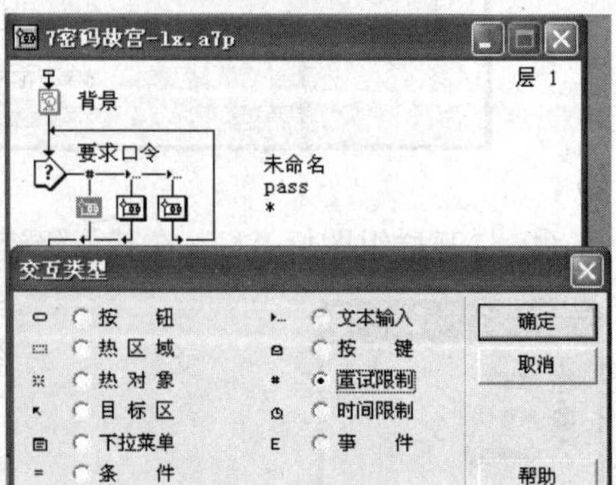

图 6.115

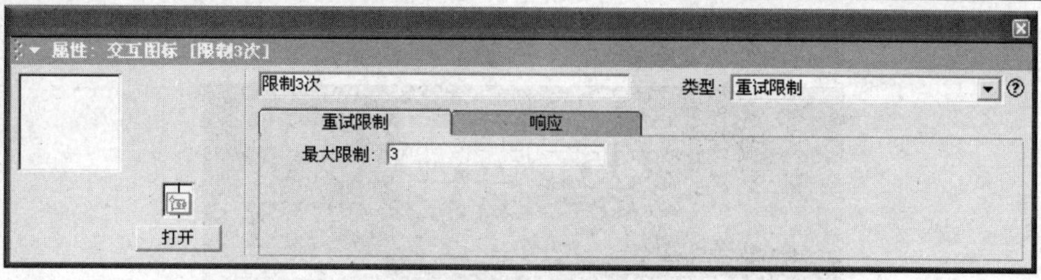

图 6.116

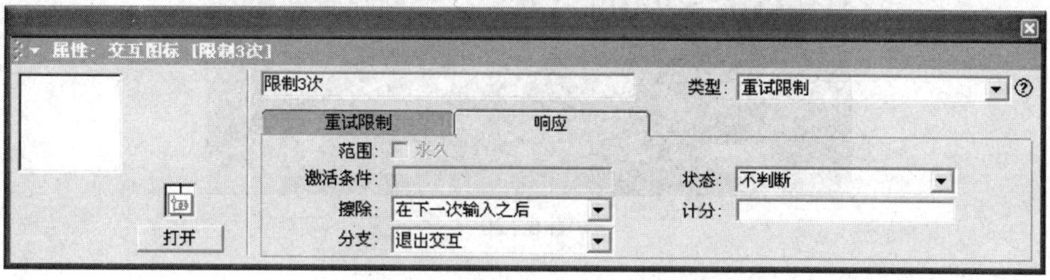

图 6.117

④ 双击打开群组图标“限制 3 次”，建立如图 6.118 所示二级流程线。

⑤ 双击显示图标，在显示图标“不合法”中输入提示：“超过限次！您不是一个合法的用户！”在等待图标中设置等待 3 秒后，擦除提示。在计算图标中输入“Quit()”。

⑥ 单击工具栏中的【运行】按钮运行程序，连续 3 次输入不正确的口令，则出现提示之后退出运行，如图 6.119 所示。

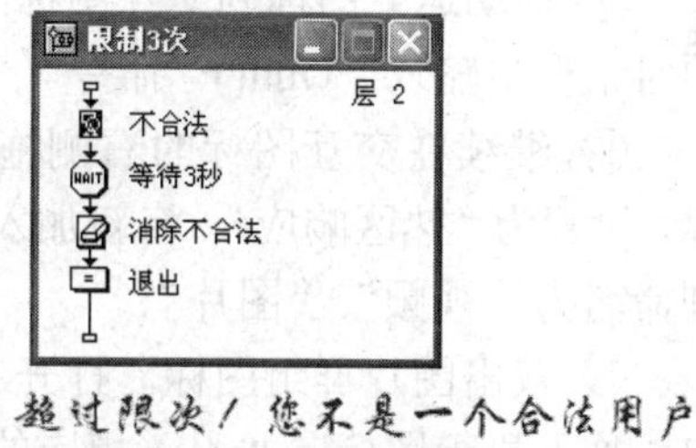

图 6.118

⑦ 继续往主流程线上拖入一个显示图标，并引入一幅故宫图片作为背景，如图 6.120 所示。

图 6.119

图 6.120

⑧ 往流程线上拖入一个交互图标，并对其命名为“交互”。双击该图标打开该显示窗口，引入同背景相同的故宫图片。

⑨ 拖动运算图标到交互图标的右侧，设置为“热区响应”。双击运算响应图标，在弹出的对话框中输入“Quit()”命令。

⑩ 继续在交互图标的右侧拖入两个群组图标，设置为“热区响应”。将新加入的群组图标分别命名为“视频”、“图片”。

⑪ 双击图片群组图标，打开 Layer 2 设计窗口，拖入显示图标，并引入相应的图片。

⑫ 双击视频群组图标，打开 Layer 2 设计窗口，拖入显示图标和视频图标，并引入相应的图片和视频，结构如图 6.121 所示。至此，本实例基本完成，存盘。

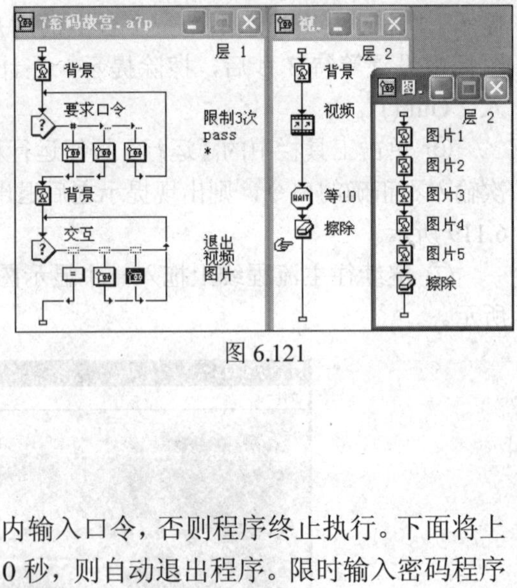

图 6.121

6.7.2 限时输入密码实例

限时输入密码实例的功能是要求用户在 10 秒内输入口令，否则程序终止执行。下面将上节实例中的限次输入改为限时输入，若时间超过 10 秒，则自动退出程序。限时输入密码程序的操作步骤如下。

① 接上例，单击群组图标“限制 3 次”，重新命名为“限时 10 秒”。双击其上方的响应类型符号，打开属性面板，在“响应”选项卡页面中，单击“类型”旁右侧的箭头，在下拉列表中选择“时间限制”选项。

② 在“时间限制”选项卡页面中的“时限”框中输入 10 秒，并选择“显示剩余时间”复选框。

③ 单击工具栏中的【运行】按钮运行程序，弹出如图 6.122 所示画面，左下角有一时钟，用以显示剩余时间，若限时到则自动退出程序，如图 6.123 所示。

图 6.122

图 6.123

6.8　程序的调试与发布

调试在软件开发的过程中非常重要。在程序设计过程中，错误是难免的，因此无论使用什么软件编写程序，调试都是一个非常重要的环节。当一个多媒体程序设计完成，交付使用前必须把它转换为一个可以独立执行的文件，否则该程序只能在安装了 Authorware 7 的机器上运行，很不方便，也无法保护自己的知识产权。Authorware 7 提供了“一键发布”功能，可以非常方便地将程序打包为可以脱离 Authorware 7 环境运行的可执行文件或网页文件。

6.8.1　调试应用程序

在 Authorware 7 中提供了利用起始/终止旗帜分段运行应用程序，利用显示图标对变量跟踪显示，利用控制面板的 Trace 窗口结合 Trace 方法监控变量的值 3 种调试应用程序的方法。

1. 使用起始/终止旗帜分段调试

利用起始/终止旗帜将程序分段执行，可以大大提高程序调试的效率。

① 从设计图标工具箱中，拖动起始旗帜，到流程线上的相应位置，如图 6.124 所示。

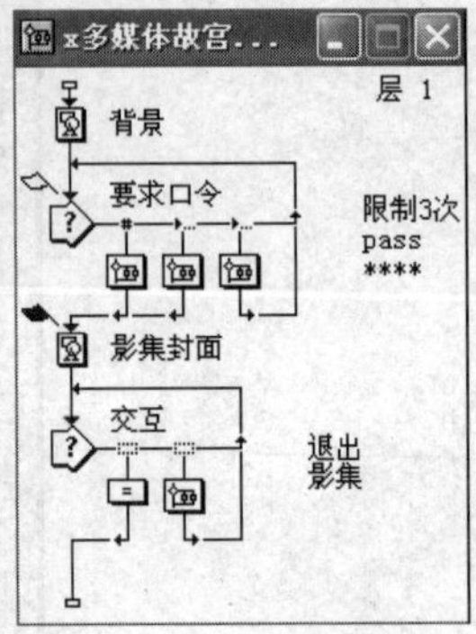

图 6.124

② 当流程线上有起始旗帜时，工具栏中的（运行）按钮即变成了形状，表示单击该按钮将从起始旗帜位置开始运行。若只用了起始旗帜，单击该按钮则运行起始旗帜后的部分或终止旗帜前的部分。

③ 继续拖动终止旗帜到流程线上的所需位置，单击【运行】按钮则仅运行调试起始旗帜与终止旗帜之间的程序段。

利用起始/终止旗帜调试程序时只能同时设置一个起始旗帜与终止旗帜。当调试结束并关闭调试的程序时，如果没有收回起始旗帜与终止旗帜，则系统将自动收回，再显示该程序时系统自动添加起始旗帜与终止旗帜到原来调试程序时所放的位置。但是如果打包程序，则系统不管用户是否收回起始与终止旗帜，都不会把起始与终止旗帜带进打包后的文件。

2. 使用控制面板跟踪程序运行

使用起始与终止旗帜无法知道程序的执行顺序和执行的具体情况。而使用控制面板则可以一步一步地执行程序，查看每一个程序图标的执行情况。Trace 方法则用于跟踪显示变量值的变化情况，它的显示位置在控制面板中的 Trace 窗口中。

① 选择菜单【窗口】→【控制面板】命令或单击工具栏中的按钮，弹出如图 6.125 所示的“控制面板”对话框。

② 该对话框包含 6 个按钮，从左到右各按钮的功能是：运行、复位、停止、暂停、播放、显示/隐藏跟踪。

③ 单击【显示/隐藏跟踪】按钮，控制面板下面弹出如图 6.126 所示的对话框，控制面板增加了一行按钮，从左至右各按钮的功能是从标志旗开始运行、初始化到标志旗处、向后执行一步、向前执行一步、打开跟踪方式、显示看不见的项目。

图 6.125

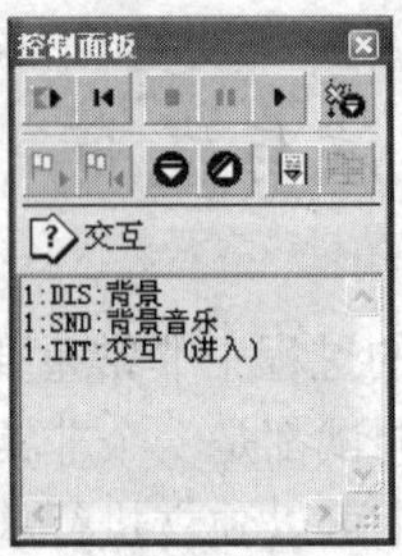

图 6.126

6.8.2 打包和发布程序文件

为了使制作完成的多媒体程序能在没有安装 Authorware 软件的计算机上独立运行，需要对库和程序进行打包，并组织所有与发行相关的文件。事实上，在制作多媒体程序之前就要考虑发行前的准备工作。

1. 打包

打包的具体操作步骤如下。

① 打开与库具有链接关系的程序，然后从菜单栏中选择【文件】→【打开】→【库】命令，打开需进行打包的库。

② 选择菜单栏中【文件】→【发布】→【打包】命令，打开“打包文件”对话框，如图 6.127 所示。

③ 在打开的“打包文件”对话框中，选择“应用平台 Windows XP, NT 和 98 不同”选项。其中两个选项含义如下：

- 无需 Runtime：以该方式打包，生成的是扩展名为.a7r，发行时则必须附带“Runa7w16.exe”或“Runa7w32.exe”这两个文件之一。这两个文件和下面提到的附带文件可在 Authorware7 的安装目录下找到，具体使用时，将需要的文件复制到要发行作品的文件夹中即可。
- 应用平台 Windows XP，NT 和 98 不同：生成在 Windows 98/2000/NT/XP 下运行的可执行文件。

如果作品中包含 AVI 类型的数字化电影文件，则必须附带“a7vfw.xmo”或“a7vfw32.xmo”这两个文件之一，如图 6.128 所示。

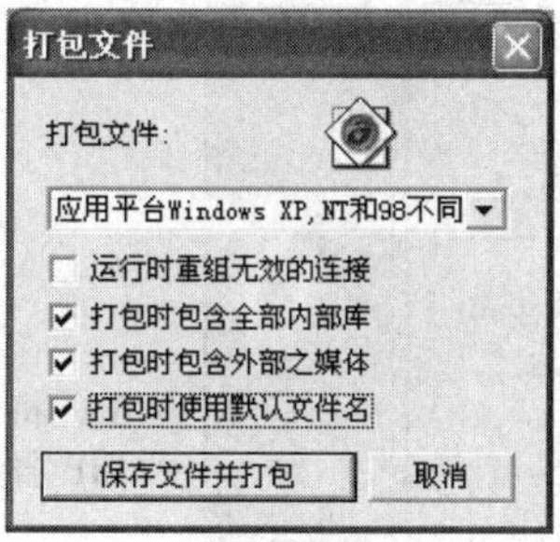

图 6.127

图 6.128

如果作品中包含 QuickTime 类型的数字化电影文件，则必须附带“a7qt.xmo”或“a7qt32.xmo”这两个文件之一，如图 6.128 所示。

如果作品中包含 Director 文件，则必须附带“a7dir.xmo”或“a7dir32.xmo”这两个文件之一，并附带 Director 文件夹，如图 6.128 所示。

④ 选中“打包时包含全部内部库”复选框、选中“打包时包含外部之媒体”复选框、选中“打包时使用默认文件名”复选框，然后单击【保存文件并打包】按钮进行打包，稍等片刻，系统即按原文件名默认生成打包文件。

⑤ 打开映射文件所存储的文件夹，即看到对库和程序进行打包后所生成的所有文件。

2. Web 打包功能

Authorware 7 提供了对程序进行 Web 打包的功能，使作品能发行到 Web 页面上。对程序进行 Web 打包的操作步骤如下。

① 选择菜单栏中【文件】→【发布】→【Web 打包】命令，弹出一个让用户选择进行 Web 打包文件的对话框，在该对话框中，能够对两种对象进行 Web 打包，并生成相应的映射文件和段文件。

- 对程序采用无需 Runtime 方式进行打包后所生成的扩展名为.a7r 的文件。
- 对进行打包后所生成的扩展名为.a7e 的文件。

② 在文件选择对话框中选择要打包的文件后，单击【打开】按钮，屏幕上会出现另一个对话框，用于设置所生成的映射文件的存储路径和文件名，设置完成后单击【保存】按钮。

③ 这时，屏幕上会出现用于设置段前缀和段大小的对话框，根据实际情况进行设置后单击【OK】按钮，开始进行 Web 打包操作。

④ 打开映射文件所存储的文件夹，即可看到对库和程序进行 Web 打包后所生成的所有文件。

3. 一键发布

Authorware 7 提供了比上面方法更方便的“一触即发”的功能，所谓“一触即发”就是通过执行一条命令或单击一个按钮即可完成发行作品所需的所有操作，如对程序进行打包，以及复制支持文件等。

（1）【一键即发】功能的设置

① 选择【文件】→【发布】→【发布设置】命令，打开如图 6.129 所示的对话框。

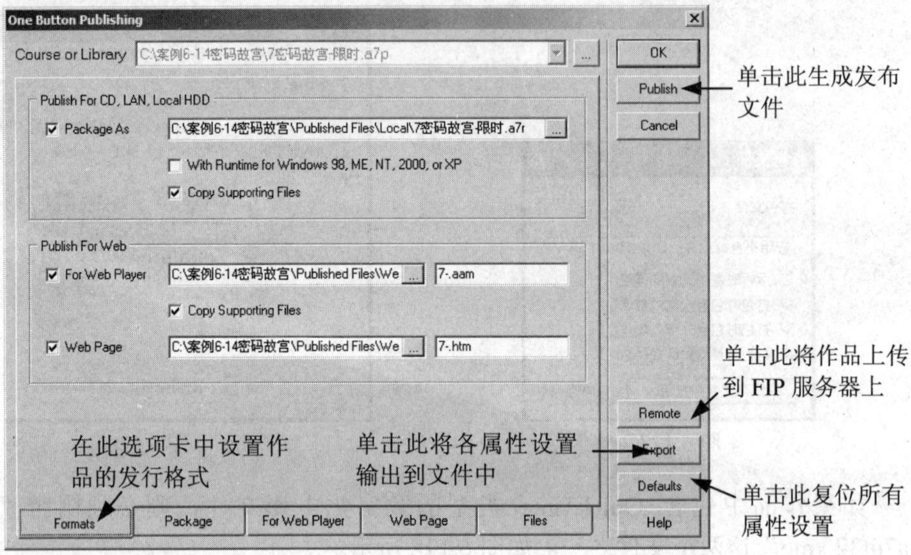

图 6.129

② 通过选择“One Button Publishing”对话框的各选项卡，对作品发行的各属性进行设置。

（2）使用“一键即发”功能发行作品

① 选择菜单中的【文件】→【发布】→【一键即发】命令或在“One Button Publishing”对话框中单击【Publish】按钮。

② Authorware 开始对源程序和库进行打包，并复制支持文件。操作完成后系统弹出信息提示框，单击【OK】按钮。此时，在用户所设置的路径下面会出现一个 Published Files 文件夹，该文件夹中又包含两个子文件夹：Local 和 Web。这两个子文件夹中所存放的就是用于在本地系统和 Web 页面上发行作品所需的文件，如图 6.130

图 6.130

所示。

习　题

一、选择题

1．在美国影业联盟制定的 DVD 分区制中，中国位于第（　　）区。

A．1　　B．3　　C．6　　D．8

2．下面多媒体制作工具中属于基于流程图创作方式的是（　　）。

A．Action　　B．Authorware　　C．PowerPoint　　D．ToolBook

3．我们现在所看的 DVD 影碟，是利用（　　）标准压缩的数字视频

A．MPEG-1　　B．MPEG-2　　C．MPEG-4　　D．DVD-9

4．常所说的光驱速率，是指（　　）。

A．光驱的旋转速度　　B．光驱在 1 秒钟能读取的最大数据量

C．光驱的缓存大小　　D．光驱在读取数据的时候所占用的 CPU 带宽的百分比

5．单面单层的 DVD-R 碟片的容量为（　　）。

A．4.7GB　　B．7.8GB　　C．9.7GB　　D．9.4GB

二、填空题

1．OLE 是一种________技术，它可以将 Windows 环境下不同应用程序创建的数据，作为对象连接或者嵌入到其他的应用程序中。在本课程中我们学习的一个多媒体程序设计软件就运用了这种技术，这种软件是________。

2．存储技术一般是指________的存储技术。

3．存储技术的主体是________和________。

4．以光盘读写功能的分类，我们平常听的 CD 唱片属于________，CD-R 刻录光盘属于________，CD-RW 光盘属于________。

5．光盘的 ISO 标准主要规范了光盘的尺寸、________，数据传输、数据格式等重要参数。

6．在描述光盘驱动器的性能时经常使用________来描述光驱在一秒钟内所能够读取的最大数据量。

7．________就是为了某个特定目的，使用多媒体技术开发研制的应用系统。

8．在购买 DVD 影碟的时候把单面双层的盘片称为________影碟。

9．设计 Authorware 程序的过程就是直观地在流程线上添加________和设置图标属性。

三、综合题

简述多媒体计算机的关键技术及设计原则。

第 7 章　实际技能训练

内容提要：

多媒体技术应用课程不但有很完整的理论基础，还具有很强的实践性。下面介绍掌握多媒体技术应用的综合实训。

7.1　实训 1—图像制作

7.1.1　北京欢迎您封面实例

制作北京欢迎您封面实例的具体操作步骤如下。

① 启动 Photoshop 软件，打开光盘中的“3 章 Photoshop 案例\综合制作—北京欢迎您封面”文件夹下的故宫、天坛、颐和园和 5 个喜娃素材图像，以故宫为主景图。

② 新建一个宽 800 像素、高 600 像素的背景文件，将故宫素材图像裁剪处理，如图 7.1 所示，按【Ctrl+A】键全选，按【Ctrl+C】键复制。切换到背景文件窗口，按【Ctrl+V】键粘贴，如图 7.2 所示。

图 7.1

图 7.2

③ 在天坛素材图像窗口，用椭圆选取工具将天坛选出，按【Alt+Ctrl+D】键设置“羽化”为 10 像素，按【Ctrl+C】键复制。切换到背景文件窗口，按【Ctrl+V】键粘贴。

④ 在颐和园万寿山材图像窗口，用椭圆选取工具将万寿山选出，按【Alt+Ctrl+D】键设置“羽化”为 10 像素，按【Ctrl+C】键复制。切换到背景文件窗口，按【Ctrl+V】键粘贴，如图 7.3 所示。

⑤ 在颐和园十七孔桥素材图像窗口，用椭圆选取工具将十七孔桥选出，按

【Alt+Ctrl+D】键设置“羽化”为 10 像素，按【Ctrl+C】键复制。切换到背景文件窗口按【Ctrl+V】键粘贴，再将 5 个喜娃分别选出，并依次粘贴到背景文件窗口，如图 7.4 所示。

图 7.3

图 7.4

⑥ 选择工具箱中的文本工具，输入文字“北京欢迎您”，并设置阴影、描边、渐变叠加等特效，最后结果如图 7.5 所示。

图 7.5

⑦ 按【Ctrl+Shift+E】键合并所有图层，完成北京欢迎您封面作品的制作。

7.1.2　世界文化遗产封面实例

制作世界文化遗产封面实例的具体操作步骤如下。

① 启动 Photoshop 软件，打开光盘中的“3 章 Photoshop 案例\综合制作—苏州园林封面”文件夹下的“B001.JPG”、“B025-1.JPG”、“B053-1.JPG”、“B053-2.JPG”、“B059.JPG”、“B068.JPG”、“B083-1.JPG”、“B099.JPG”等素材图像，以“B001.JPG”为背景图。

② 用工具箱的椭圆工具将 B099 素材图像选出，按【Alt+Ctrl+D】键设置羽化为 20 像素，按【Ctrl+C】键复制。切换到 B001 背景文件窗口，按【Ctrl+V】键粘贴，按【Ctrl+T】键定义并调整图像的大小和位置到满意为止，如图 7.6 所示。

图 7.6

③ 按照步骤②，用椭圆选取工具分别将 B059、B068 图像选出，按【Alt+Ctrl+D】键设置“羽化”为 20 像素，按【Ctrl+C】键复制。切换到背景文件窗口，按【Ctrl+V】键粘贴。

④ 在 B083-1 素材图像窗口，按【Ctrl+A】键全选，按【Ctrl+C】键复制。切换到背景文件窗口，按【Ctrl+V】键粘贴，按【Ctrl+T】键定义并调整图像的大小和位置。

⑤ 按照步骤④，用椭圆选取工具分别将 B025、B053-2、B053-1 图像选出，按【Ctrl+C】键复制。切换到背景文件窗口，按【Ctrl+V】键粘贴，按【Ctrl+T】键定义并调整图像的大小和位置，最后在图层调板调整图像的叠加顺序，如图 7.7 所示。

图 7.7

⑥ 选择按钮文件夹下的 3 个按钮，分别复制并粘贴到背景文件窗口。

⑦ 选择工具箱中的文本工具，分别输入“图片”、“视频”、“退出”文字，并设置笔色为黄色。

⑧ 新建一个宽 600 像素、高 400 像素的白色背景文件，按【Ctrl+A】键全选，按【Ctrl+C】键复制。切换到背景文件窗口，按【Ctrl+V】键粘贴，在图层调板设置该层“不透明度”为 48%。

⑨ 选择工具箱中的文本工具，输入“世界文化遗产”文字，并设置“投影”、“外发光”、

“斜面和浮雕”、“颜色叠加”、“图案叠加”、“描边”等特效，效果如图 7.8 所示。

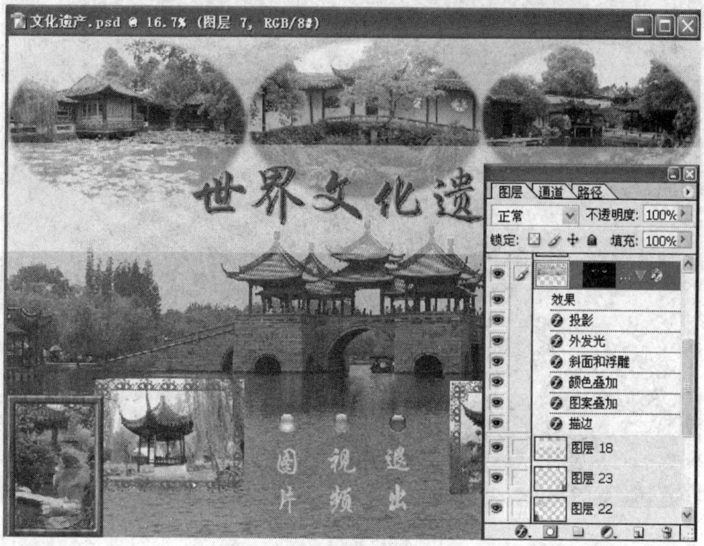

图 7.8

⑩ 最后按【Ctrl+Shift+E】键合并所有图层，完成世界文化遗产封面作品的制作。

7.1.3　北京胡同封面实例

制作北京胡同封面实例的具体操作步骤如下。

① 打开光盘“3 章 Photoshop 案例/综合制作—北京欢迎您封面”文件夹下的“图片 1.jpg”～“图片 14.jpg”和“按钮 1.jpg”～“按钮 3.jpg”等素材图像，

② 新建一个宽 640 像素、高 480 像素的白色背景文件，按【Alt+Delete】键填充定义的黑色做背景，并设置阴影效果。然后按【Ctrl+C】键依次复制 8 个图片，切换到背景文件窗口，按【Ctrl+V】键粘贴，如图 7.9 所示。

③ 选择工具箱中的文本工具，在当前属性工具栏设置笔色为红色，设置字体为隶书、字号 120、字型锐利，输入“老北京胡同”并设置阴影效果，如图 7.10 所示。

图 7.9

图 7.10

④ 选择“图片-11.jpg”，按【Ctrl+A】键全选，再换【Ctrl+C】键复制。在工具箱中选择椭圆工具，在背景图层设当前属性工具栏羽化为 10，画一椭圆，按【Ctrl+Shift+V】键粘贴入。再选择“图片-12.jpg”～“图片 14.jpg”，做类似操作。

⑤ 打开按钮文件夹下的 3 个按钮，分别选出并依次粘贴到背景文件窗口，选择菜单【视图】→【标尺】命令，调整按钮的位置。

再按【Ctrl+C】键复制 1 个图片。切换到背景文件窗口，选择工具箱中的椭圆工具，在按钮上画一个椭圆，再按【Ctrl+Shift+V】键粘贴入，按【Ctrl+T】键定义并调整图像的大小和移动到按钮中间位置，如图 7.11 所示。其他两按钮按同样方法操作。

⑥ 最后按【Shift+Ctrl+E】键合并所有图层，按【Shift+Ctrl+S】保存文件，完成北京胡同封面作品的制作，如图 7.12 所示。

图 7.11

图 7.12

7.1.4　中国瓷器封面实例

制作中国瓷器封面实例的具体操作步骤如下。

① 启动 Photoshop 软件打开光盘“3 章 Photoshop 案例\综合制作—中国瓷器封面\案例素材”文件夹下的“背景（3）”素材图像，按【Ctrl+A】键选择全部，选择【编辑】→【定义图案】(【Edit】→【Define Pattern】) 命令，在弹出的“定义图案”对话框中取默认值，单击【OK】按钮。

② 新建一个宽 1024 像素，高 768 像素的陶瓷艺术图像文件，选择【编辑】→【填充】(【Edit】→【Fill】) 命令，弹出“填充”对话框，选取定义的砖图案，单击【OK】按钮，使砖填满整个文件窗口。

③ 启动 Photoshop 软件打开光盘“3 章 Photoshop 案例\综合制作—中国瓷器封面”文件夹下的陶瓷图像，按【Ctrl+A】键全选，按【Ctrl+C】键复制，切换到背景图，按【Ctrl+V】键粘贴。

④ 依次打开 5 个瓷器图，用磁性套索工具将其选出，并依次按【Ctrl+C】键复制，切换到背景图，按【Ctrl+V】键粘贴，如图 7.13 所示。

⑤ 用矩形工具在瓷器图片下方画一个细长的矩形框，用渐变工具拖放灰白渐变，并设置阴影效果。然后依次按【Ctrl+C】键复制 4 次瓷器图，切换到背景图，按【Ctrl+V】键依次粘贴。

⑥ 打开按钮文件夹下的 3 个按钮，分别选出并依次粘贴到背景文件窗口，选择【视图】→【标尺】命令，调整按钮的位置，如图 7.14 所示。

⑦ 在按钮图层上方选择工具箱中的文本工具，在当前属性工具栏设置笔色为蓝色，设置字体为“华文行楷”、字号 30 点、字型锐利，依次输入退出、视频、图片文字，如图 7.15 所示，图层效果如图 7.15 右图所示。

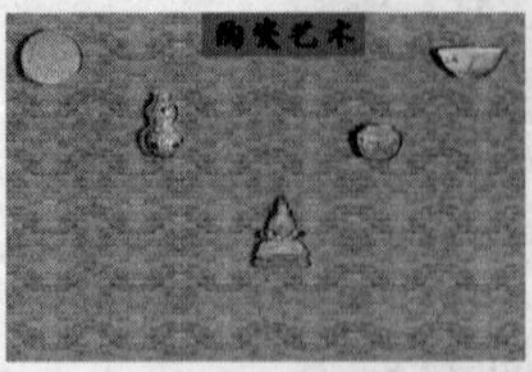

图 7.13

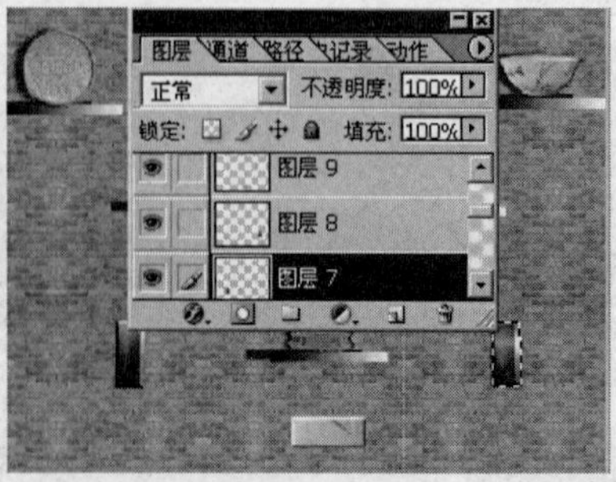

图 7.14

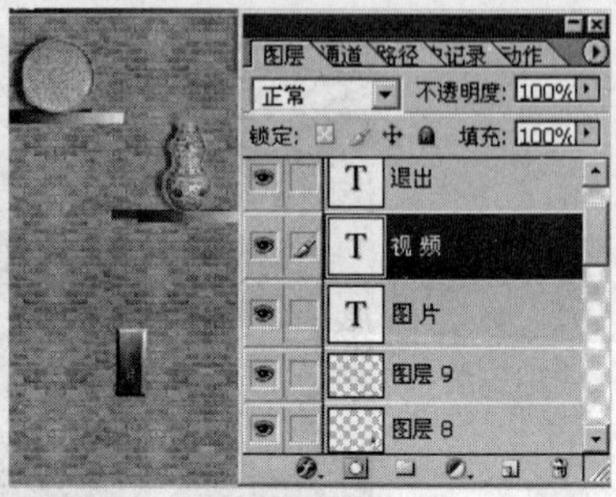

图 7.15

⑧ 最后按【Ctrl+Shift+E】键合并所有图层，完成中国瓷器封面作品的制作。

7.1.5 背景图片实例

制作多媒体课件背景图片实例的具体操作步骤如下。

① 新建一个宽 640 像素、高 480 像素的文件。

② 双击调色板，设置前景色 R 为 196，G 为 232，B 为 248，单击【确定】按钮。

③ 选择漆桶工具，将图像填充成淡蓝色。

④ 打开"标.jpg"图片，按【Ctrl+A】键全选，按【Ctrl+C】键复制。切换到背景图片文件窗口，按【Ctrl+V】键粘贴，并调整图像的大小和位置。

⑤ 新建 4 个新图层，用圆角矩形工具分别画上相应图案，并分别选择不同深浅的蓝色填充。从下到上调整各图层的不透明度：图层 1 为 100%，形状 1 为 100%，形状 2 为 83%，形状 3 为 39%，形状 4 为 53%，形状 5 为 53%，图层 2 为 100%；如图 7.16 所示。

⑥ 最后按【Ctrl+Shift+E】键合并所有图层，完成背景图片的制作，效果如图 7.17 所示。

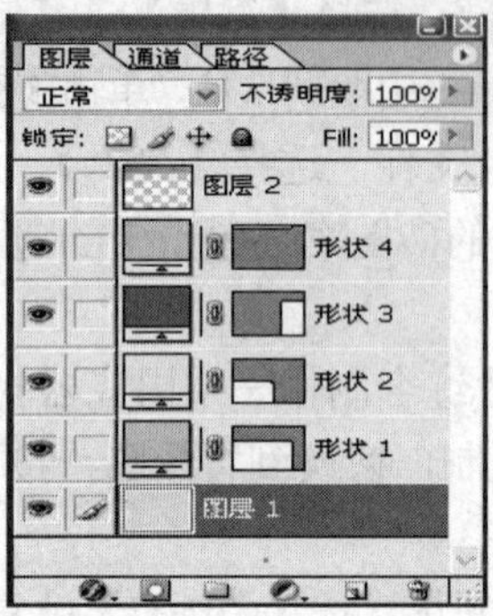

图 7.16

图 7.17

7.2 实训 2—视频制作

在前面掌握 Premiere 基本知识点的基础上，下面介绍利用 Premiere 视频软件制作综合作品的实例。

7.2.1 中国瓷器视频片段

制作中国瓷器视频片段的具体操作步骤如下。

① 启动 Premiere 6.5，选择“Multimedia Video for Windows”项进入系统后，双击 Project 项目窗口的空白处，在弹出的“Import”对话框中选择光盘中的“4 章 Premiere 案例\案例 6 名瓷视频\”文件夹下的“瓷器 11-16.bmp”素材文件，单击【打开】按钮将其导入到 Project 窗口中，如图 7.18 所示。

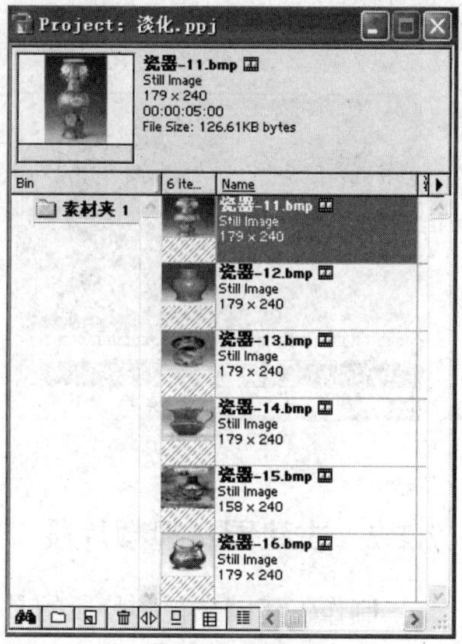

图 7.18

② 用鼠标将项目窗口中的“瓷器-11.bmp”素材文件，拖曳到 Timeline 窗口的视频 Video 3 轨道中，再将项目窗口中的“瓷器-12.bmp”素材文件，拖曳到 Timeline 窗口的视频 Video 2 轨道中，依次将“瓷器-13.bmp”至“瓷器-16.bmp”素材文件拖曳到 Timeline 窗口的视频轨道上，如图 7.19 所示。

③ 单击鼠标右键，在拉出的快捷菜单中选择“Timeline Windows Options”命令，在弹出的相应对话框中选择第 1 种缩略图模式。

④ 单击 Video 2 和 Video 3 左侧的▷卷展控制，使其变为▽，展开视频轨道。在视频轨道控制面板单击，切换为淡化器编辑模式。

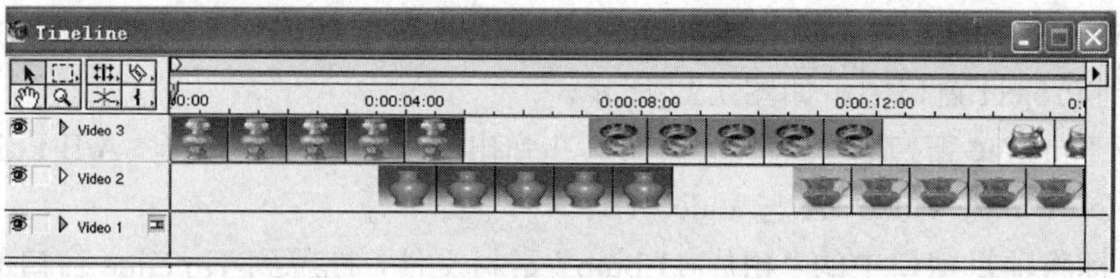

图 7.19

⑤ 在 Timeline 窗口工具栏选择交叉淡化工具，单击选择 Video 3 轨道上“瓷器-11.bmp”素材，把鼠标放置在 Video 2 轨道上“瓷器-12.bmp”素材上，光标变为时单击，系统自动为两个素材建立淡入淡出效果；继续选择交叉淡化工具，单击选择 Video 3 轨道上“瓷器-13.bmp”素材，把鼠标放置在 Video 2 轨道上“瓷器-14.bmp”素材上，光标变为时单击，系统自动为两个素材建立淡入淡出效果，以后依次设置，结果如图 7.20 所示。

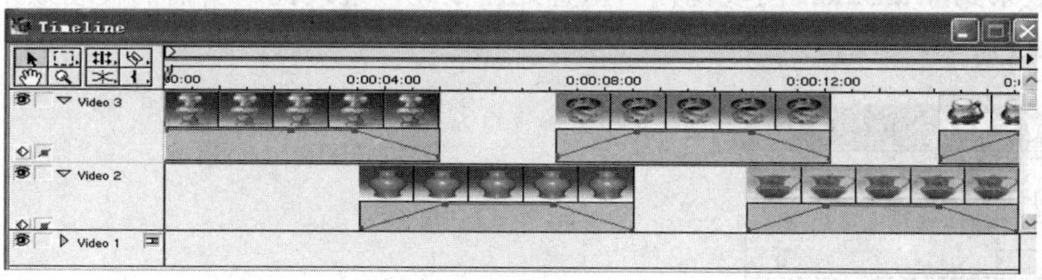

图 7.20

⑥ 按住【Alt】键同时拖曳播放头预演观看，在 Monitor 窗口的右侧视窗中将依次看到“中国瓷器”以渐隐方式交替显示，如图 7.21 所示。

⑦ 选择【File】→【Save】命令，在弹出“Save File”对话框中输入项目的路径、文件名，单击【保存】按钮。

⑧ 选择【File】→【Export Timeline】→【Movie】(【文件】→【输出时间标尺】→【影片】)菜单命令，在弹出的“Export Movie”对话框中输入节目的路径、文件名，单击【Save】按钮，

生成视频文件。在播放器窗口，单击播放按钮观看节目的制作效果。

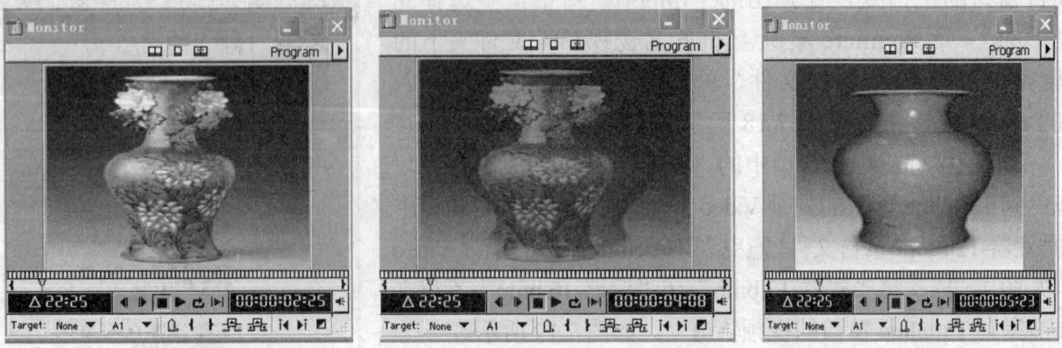

图 7.21

7.2.2 古建园林视频片段

制作古建园林视频片段的具体操作步骤如下。

① 启动 Premiere 6.5，选择“Multimedia Video for Windows”项进入系统后，双击 Project 项目窗口的空白处，在弹出的“Import”对话框中选择光盘中的“4 章 Premiere 案例\案例 3-1 文化遗产”文件夹下的“文化遗产 1.jpg”～“文化遗产 4.jpg”素材文件，单击【打开】按钮将其导入到 Project 窗口中，如图 7.22 所示。

② 单击 Timeline 窗口右上角的▶按钮，在弹出的快捷菜单中选择“A/B Editing”命令，使时间线 Video 1 分为 Video 1A 与 Video 1B。

③ 用鼠标将项目窗口中的“相片-11.bmp”素材文件，拖曳到 Timeline 窗口的视频 Video 1A 轨道中，再将项目窗口中的“相片-22.bmp”素材文件，拖曳到 Timeline 窗口的视频 Video 1B 轨道中并使之重叠，依次将“相片-33.bmp”至“相片-44.bmp”素材文件交替拖曳到 Timeline 窗口的视频轨道 Video 1A 或 Video 1B 上。

④ 单击 Transition 面板中的 Iris 转场效果项目上的扩展标志，拖动 Iris Round 转场效果到 Transition 两段视频的重叠处；再单击 Page Peel 转场效果项目上的扩展标志，拖动 Roll Away 转场效果到 Transition 两段视频的重叠处；依此，继续拖入所需的转场效果，Timeline 窗口如图 7.23 所示。

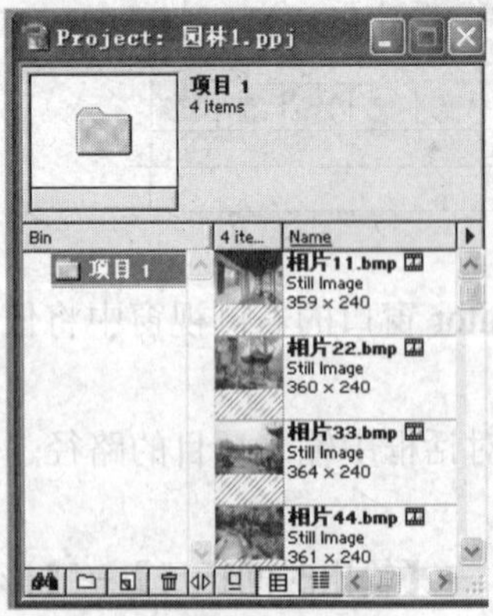

图 7.22

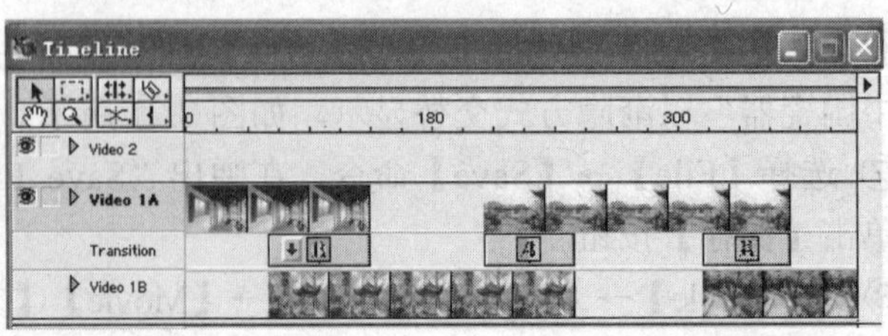

图 7.23

⑤ 按住【Alt】键同时拖曳▼播放头预演观看，在 Monitor 窗口的右侧视窗中将依次看到“古建园林”转场效果交替显示，如图 7.24 所示。

图 7.24

⑥ 选择 File→Save 命令，在弹出 Save File 对话框中输入项目的路径、文件名，单击【保存】按钮。

⑦ 选择【File】→【Export Timeline】→【Movie】(【文件】→【输出时间标尺】→【影片】)菜单命令，在弹出的“Export Movie”对话框中输入节目的路径、文件名，单击【Save】按钮，生成视频文件。在播放器窗口，单击播放按钮观看节目的制作效果。

7.2.3　北京胡同视频片段

制作北京胡同视频片段的具体操作步骤如下。

① 启动 Premiere 6.5，选择“Multimedia Video for Windows”项进入系统后，双击 Project 项目窗口的空白处，在弹出的“Import”对话框中选择光盘中的“4 章 Premiere 案例\案例 3-4 胡同视频”文件夹下的“图片 1.jpg”～“图片 4.jpg”素材文件，单击【打开】按钮将其导入到 Project 窗口中，如图 7.25 所示。

② 单击 Timeline 窗口右上角的▸按钮，在弹出的快捷菜单中选择“A/B Editing”命令，使时间线 Video 1 分为 Video 1A 与 Video 1B。

③ 用鼠标将项目窗口中的“胡同-1.bmp”素材文件，拖曳到 Timeline 窗口的视频 Video 1A 轨道中，再将项目窗口中的“胡同-2.bmp”素材文件，拖曳到 Timeline 窗口的视频 Video 1B 轨道中并使之重叠，依此将“胡同-3.bmp”至“胡同-8.bmp”素材文件交替拖曳到 Timeline 窗口的视频轨道 Video 1A 或 Video 1B 上。

④ 单击 Transition 面板中的 Wipe 转场效果项目上的扩展标志，如图 7.26 所示。拖动 Barn Doors 转场效果到 Transition 两段视频的重叠处；再拖动 Clock Wipe 转场效果到 Transition 两段视频的下一处重叠处；依此，继续拖入所需的转场效果，Timeline 窗口如图 7.27 所示。

⑤ 按住【Alt】键同时拖曳▼播放头预演观看，在 Monitor 窗口的右侧视窗中将依次看到“北京胡同”转场效果交替显示，如图 7.28 所示。

⑥ 选择【File】→【Save】命令，在弹出“Save File”对话框中输入项目的路径、文件名，单击【保存】按钮。

⑦ 选择【File】→【Export Timeline】→【Movie】(【文件】→【输出时间标尺】→【影片】)菜单命令，在弹出的“Export Movie”对话框中输入节目的路径、文件名，单击【Save】按钮，生

成视频文件。在播放器窗口，单击播放按钮观看节目的制作效果。

图 7.25

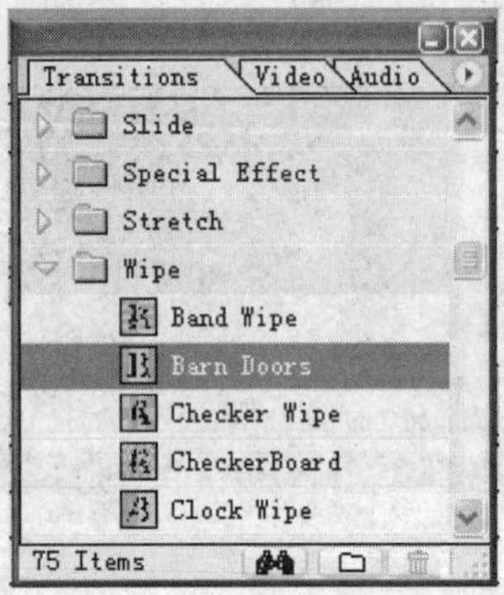

图 7.26

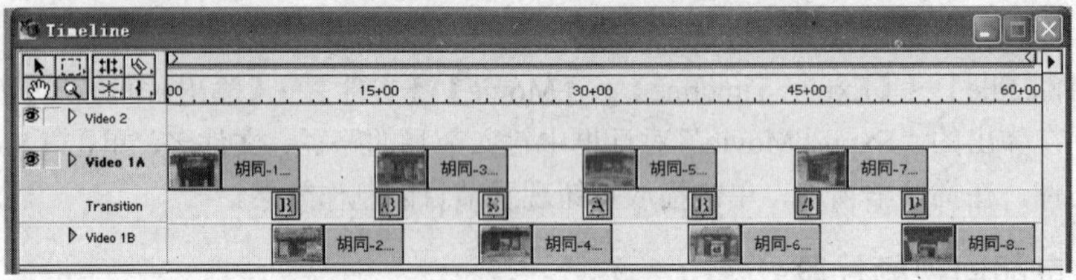

图 7.27

图 7.28

7.3 实训 3—动画制作

7.3.1 北京欢迎你实例

2008 年的奥运在北京举行，人民翘首以待，将以华夏的古老文化和淳朴的热情欢迎世界各地的朋友。引用喜娃、北京风景等图体现出来。

北京欢迎你动画素材分两部分制作，结果如图 7.29 所示。

1. 背景层的制作步骤

① 打开 FLASH MX 2004 新建一个 320×240 像素的文件，背景色为白色。选择【文

件】→【导入】→【导入到库】菜单命令，将“背景 1”等其他素材图片导入到【库】中，如图 7.30 所示。

图 7.29

名称	类型
北	位图
背景1	位图
背景2	位图
背景3	位图
欢	位图
京	位图
你	位图
喜娃1	图形
喜娃2	图形
喜娃3	图形
喜娃4	图形
喜娃5	图形
小人儿1	位图
小人儿2	位图
小人儿3	位图
小人儿4	位图
小人儿5	位图
迎	位图
元件欢	图形
元件京	图形
元件你	图形
元件迎	图形
元件北	图形
元件背景1	图形
元件背景2	图形
元件背景3	图形

图 7.30

② 将图层 1 命名为“背景 1”，从库中将“背景 1”拖入编辑区，调整图片位置使其与白色背景吻合。在“背景 1”上右键单击，选择【转换为元件】命令弹出“转换为符号”对话框，在“名称”栏输入元件命名为“元件背景 1”，在“行为”栏中选择“图形”并单击【确定】按钮即可，如图 7.31 所示。

③ 新建图层 2，命名为“背景 2”，在图层“背景 2”的第 10 帧处按【F6】键，添加一个关键帧，从库中将“背景 2”拖入编辑区，调整图片位置 x=0，y=55；调整元件大小：宽=320；高=186。在“背景 2”上右键单击，选择【转换为元件】命令弹出“转换为符号”对话框，在“名称”栏输入元件命名为“元件背景 2”，在“行为”栏中选择“图形”并单击【确定】按钮即可，如图 7.32 所示。

图 7.31

图 7.32

④ 在图层“背景 2”的第 30 帧处按【F6】键，添加一个关键帧，在第 10 帧处单击元件

"背景 2"，在下面的属性面板中将颜色设置为"Alpha"值为 0%，在第 30 帧处单击元件"背景 2"在下面的属性面板中将颜色设置为"Alpha"值为 100%；选中第 10 帧，右键单击鼠标选择【创建补间动画】命令，实现"背景 2"的淡入效果。

⑤ 新建图层 3，命名为"背景 3"，在图层"背景 3"的第 30 帧处按【F6】键，添加一个关键帧，从库中将"背景 3"拖入编辑区，调整 x=0，y=0；调整元件大小：宽=320；高=240。在"背景 3"上右键单击，选择【转换为元件】命令弹出"转换为符号"对话框，在"名称"栏输入元件命名为"元件背景 3"，在"行为"栏中选择"图形"并单击【确定】按钮即可，如图 7.33 所示。

图 7.33

⑥ 在图层"背景 3"的第 50 帧处按【F6】键，添加一个关键帧，在第 30 帧处单击元件"背景 3"，在下面的属性面板中将颜色设置为"Alpha"值为 0%，在第 50 帧处单击元件"背景 3"在下面的属性面板中将颜色设置为"Alpha"值为 80%；选中第 30 帧，右键单击鼠标选择【创建补间动画】命令，实现"背景 3"的淡入效果。

2. 飞入喜娃及文字效果的制作步骤

① 新建图层 4，命名为"喜娃 1"， 在图层"喜娃 1"的第 60 帧处按【F6】键，添加一个关键帧，从库中将"小人儿 1"拖入编辑区位置为：x=-40，y=18。在"喜娃 1"上右键单击，选择【转换为元件】命令，弹出"转换为符号"对话框，在"名称"栏输入元件命名为"喜娃 1"，在"行为"栏中选择"图形"并单击【确定】按钮即可。

② 在图层"喜娃 1"的第 70 帧处按【F6】键，添加一个关键帧，将元件移动到编辑区中 x=145，y=75 的位置，将元件选中，选择【菜单】→【修改】→【变形】→【水平翻转】命令，再在第 80 帧处单击元件"喜娃 1"，按【F6】键，添加一个关键帧，将元件移动到编辑区中 x=270，y=52 的位置，将元件选中，再次选择【菜单】→【修改】→【变形】→【水平翻转】命令，分别选中第 60 帧和第 70 帧，右键单击鼠标选择【创建补间动画】。制作过程，如图 7.34 所示。

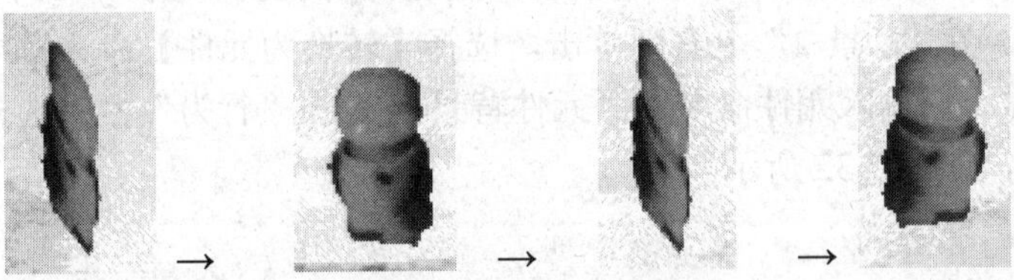

图 7.34

③ 新建 4 个图层，分别命名为"喜娃 2"、"喜娃 3"、"喜娃 4"、和"喜娃 5"，制作方法与"喜娃 1"图层相同，相关参数如下。

图层"喜娃 2"：65 帧处 x=-40，y=18

75 帧处 x=87，y=56 元件"水平翻转"

85 帧处 x=215，y=70 元件"水平翻转"

图层"喜娃 3"：70 帧处 x=-40，y=18

80 帧处 x=45，y=45 元件"水平翻转"

90 帧处 x=145，y=75 元件“水平翻转”

图层“喜娃 4”：75 帧处 x=-40，y=18

85 帧处 x=35，y=35 元件“水平翻转”

95 帧处 x=70，y=70 元件“水平翻转”

图层“喜娃 5”：85 帧处 x=-40，y=18“水平翻转”

95 帧处 x=15，y=45 元件“水平翻转”

④ 新建图层，命名为“北”，在图层“北”的第 60 帧处按【F6】键，添加一个关键帧，从库中将“北”拖入编辑区位置为：x=320，y=0。在“北”上右键单击，选择【转换为元件】命令，弹出“转换为符号”对话框，在“名称”栏输入元件命名为“元件北”，在“行为”栏中选择“图形”并单击【确定】按钮即可。

⑤ 在图层“北”的第 70 帧处按【F6】键，添加一个关键帧，将元件移动到编辑区中 x=160，y=50 的位置，再在第 80 帧处单击元件“元件北”，按【F6】键，添加一个关键帧，将元件移动到编辑区中 x=50，y=20 的位置，分别选中第 60 帧和第 70 帧，右键单击鼠标选择【创建补间动画】命令。

⑥ 再新建 4 个图层，分别命名为“京”、“欢”、“迎”、和“你”，制作方法与“北”图层相同，相关参数如下：

图层“京”：65 帧处 x=320，y=0

75 帧处 x=200，y=40

85 帧处 x=100，y=32

图层“欢”：70 帧处 x=320，y=0

80 帧处 x=248，y=28

90 帧处 x=152，y=40

图层“迎”：80 帧处 x=320，y=0

95 帧处 x=210，y=32

图层“你”：90 帧处 x=320，y=0

105 帧处 x=260，y=20

至此，“北京欢迎你”动画就制作完成了。

7.3.2 辞旧迎新实例

每年的辞旧迎新都给大家带来喜悦的心情，新年的到来，孩子们沉浸在放鞭炮的欢乐之中。本实例采用时间轴分离特效以产生鞭炮爆炸的错觉，加入鞭炮爆炸声音特效更加渲染了辞旧迎新的气氛。

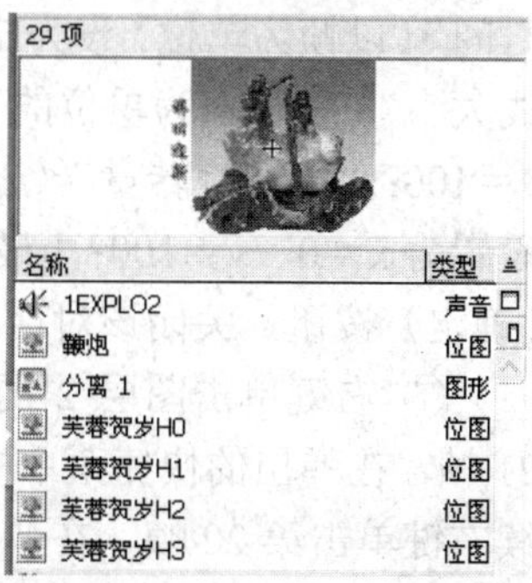

图 7.35

利用时间轴分离特效制作鞭炮爆炸的效果，具体操作步骤如下。

① 新建一 Flash 文档，并在属性面板上设置其大小为 680×550 像素，背景色为白色。

② 选择【文件】→【导入】→【导入到库】菜单命令，将背景图、鞭炮图、声音图导入到库中，如图 7.35 所示。

③ 从库面板中将“芙蓉贺岁 H0”背景图文件拖动到舞台

上，选择工具箱中的□（任意变形工具），调整好“芙蓉贺岁 H0”图位置，右键“选择芙蓉贺岁 H0 图”，在弹出的快捷菜单中选择【转换为元件】命令，在弹出的相应对话框中选择“图片”单选钮，单击【确定】按钮，即将元件 1 加入到库中，在背景图层第 20 帧处按下【F6】键，将 20 帧设为关键帧。选择第 20 帧，按下【Delete】键，将原舞台编辑区的元件 1 删除，将库中的“芙蓉贺岁 H1”拖动到舞台编辑区并转换为元件 2，如图 7.36 所示。

④ 选择第 40 帧并按下【F6】键，将 40 帧设为关键帧，选择第 40 帧，按下【Delete】键，将原舞台编辑区的元件 2 删除；将库中的“芙蓉贺岁 H2”拖动到舞台编辑区并转换为元件 3，继续选择第 60 帧并按下【F6】键，将 60 帧设为关键帧，选择第 60 帧，按下【Delete】键，将原舞台编辑区的元件 3 删除；将库中的“芙蓉贺岁 H3”拖动到舞台编辑区并转换为元件 4，此时库如图 7.37 所示。

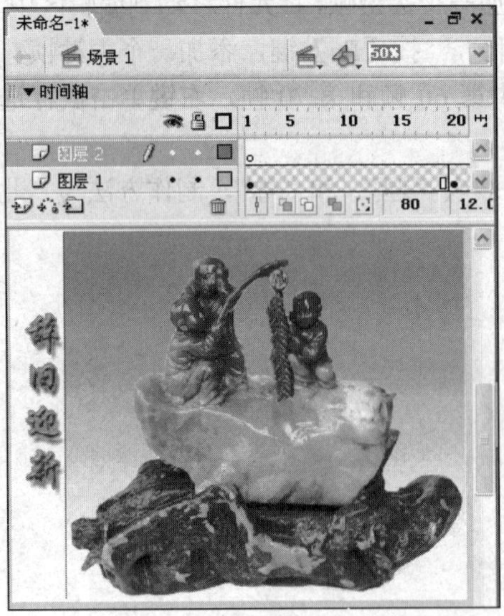

图 7.36

图 7.37

⑤ 在图层 1 上新建图层 2，单击图层 2 第 1 帧，从库中将鞭炮图片拖入场景舞台背景鞭炮重合的下方，右键单击鞭炮图，在弹出的快捷菜单中选择【时间轴特效】→【变形/转换】→【分离】命令，如图 7.38 所示。

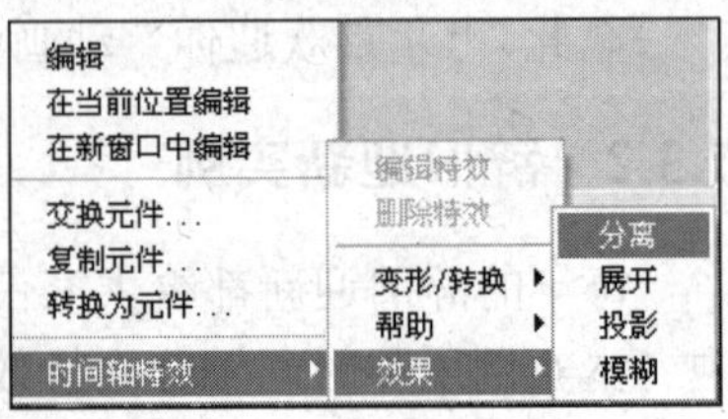

图 7.38

⑥ 在弹出的相应对话框中进行默认设置：“效果持续时间”（以帧为单位）设为 20 帧；“分离方向”为上方；“弧线大小”（以像素为单位的 x，y 偏移量）设置为 x=100、y=100；“碎片旋转量”（以度数为单位）设置为 60；“碎片大小”更改量（以像素为单位）设置为 x=0、y=100；“最终的 Alpha”（以百分比为单位）设置为 0；如图 7.39 所示。单击【确定】按钮，关闭该对话框。

⑦ 右键单击图层 2 的第 1 帧，在弹出的快捷菜单中选择【复制帧】命令，右键单击第 21 帧，在弹出的快捷菜单中选择【粘贴帧】命令，然后移动鞭炮到背景鞭炮重合的下方，继续右键单击第 20 帧，在弹出的快捷菜单中选择【复制帧】命令，右键单击第 40 帧，在弹出的快捷菜单中选择【粘贴帧】命令。

图 7.39

⑧ 依次右键单击图层 2 的第 1 帧，在弹出的快捷菜单中选择【复制帧】命令，右键单击第 41 帧，在弹出的快捷菜单中选择【粘贴帧】命令，然后移动鞭炮到背景鞭炮重合的下方，继续右键单击第 20 帧，在弹出的快捷菜单中选择【复制帧】命令，右键单击第 60 帧，在弹出的快捷菜单中选择【粘贴帧】命令。按照同样的方法将第 60 帧至第 80 帧做同样的复制和粘贴，结果如图 7.40 所示。

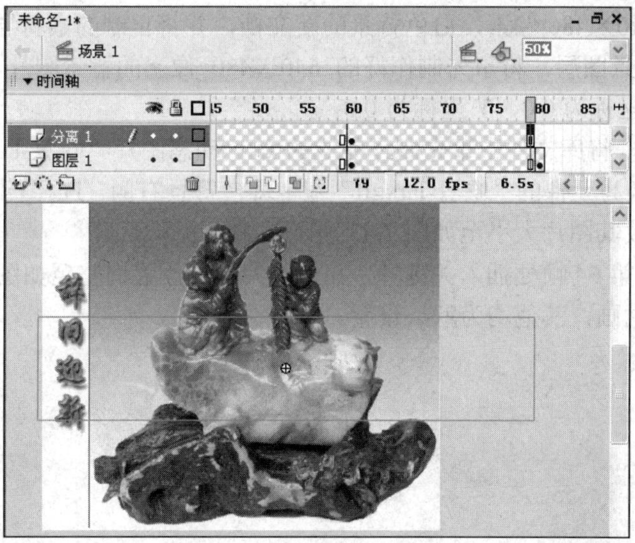

图 7.40

⑨ 单击图层 2 第 1 帧，从库中将鞭炮爆炸声音文件拖入场景舞台上，依次单击图层 2 第 21 帧、第 41 帧、第 61 帧，分别从库中将鞭炮爆炸声音文件拖入场景舞台上，设置结果如图 7.41 所示。

⑩ 在当前场景中，选择【控制】→【播放】菜单命令，即看到如图 7.42 所示的鞭炮爆炸效果。

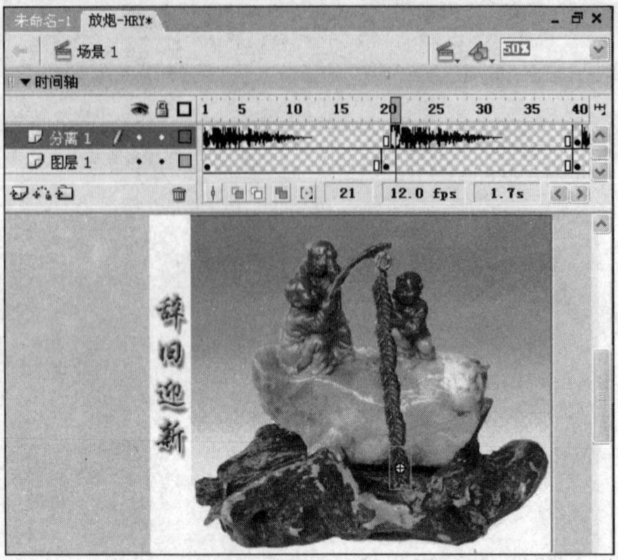

图 7.41

图 7.42

7.3.3 多媒体技术与应用课件片头制作实例

为了让读者更深刻地感受到“多媒体技术与应用”这门课程的精髓，本实例用 FLASH 软件制作精彩的动画片头。

多媒体技术与应用课件片头制作的具体操作步骤如下。

① 创建一个 640×480 像素，白色背景的新文档，并将自制的素材导入到库中。

② 新建一个背景图层，将事先制作好的 640×480 像素的背景图片“33.jpg”拖入到舞台上，并修改其 X 坐标为 0.0，Y 坐标为 0.0。

③ 新建图层 1，将库文件中事先制作完成的 GIF 动态图片“吃豆-lan.gif” 拖入到舞台上，并将其自动转换为元件的“吃豆-lan.gif”拖至舞台背景右侧，选择工具，按住【Shift】键保持图像比例修改其图片大小至如图 7.43 所示效果。

④ 在图层 1 中第 64 帧处插入关键帧，并将其大小及位置调整至如图 7.44 所示；在两关键帧之间插入补间动画，其他均为默认设置。

图 7.43

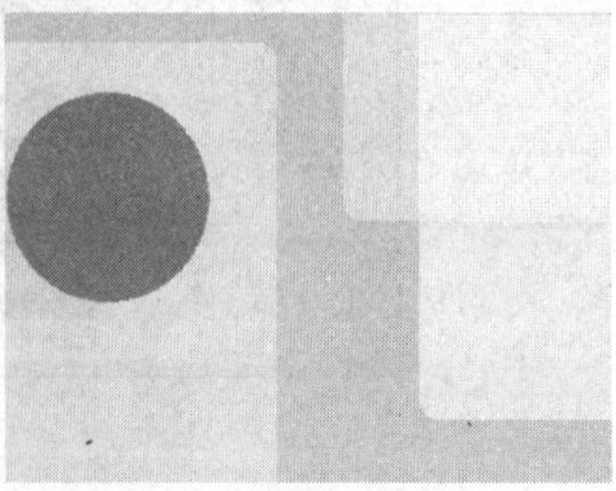

图 7.44

⑤ 新建 7 个图层，将每图层中插入的关键帧错开几帧，视“吃豆-lan.gif”移动轨迹而定，并在各图层关键帧内以从右向左的顺序逐个放入“笑脸.gif”、“音乐.gif”、“字.gif”、“电视.gif”、“影音.gif”、“胶片.gif”、“收音机.gif”文件，并适当调整其位置，与“吃豆-lan.gif”组合而成的动态效果如图 7.45 所示。其图层排列及制作如图 7.46 所示。

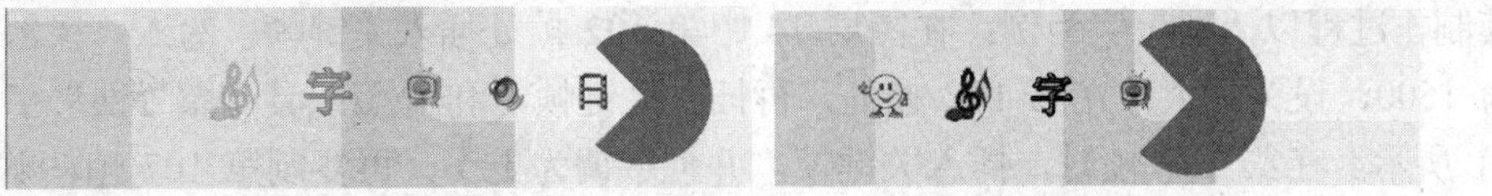

图 7.45

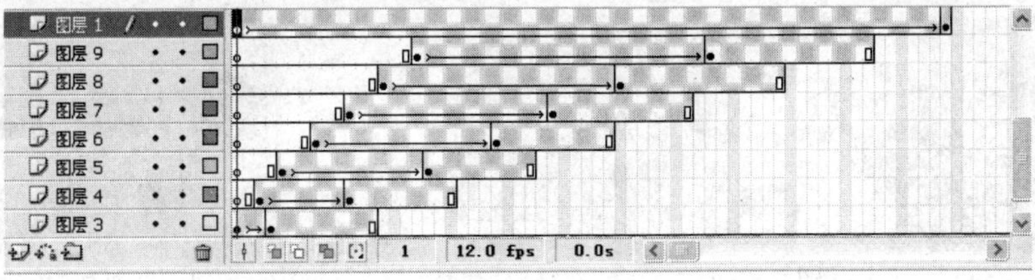

图 7.46

⑥ 各图层中图片视觉效果都应为逐渐浮现，下面以图层 3 为例介绍其制作方法。

新建图层 3，将“收音机.gif”图片放置于第 1 帧最右端相应位置，如图 7.47 所示；在图层 3 第 4 帧处插入关键帧，接着在图层 3 第 13 帧处插入帧；在两关键帧之间设置补间动画，将第 1 关键帧中图片的“Alpha”值调为 0%。

图 7.47

⑦ 新建图层 10，在第 64 帧插入关键帧，当图层 1 中的“吃豆-lan.gif”图片把最后一个图片“笑脸”吃完时（此时为第 64 帧），选中图层 1 的第 64 帧处的状态图复制添加为图层 10 第 64 帧的内容，并转换为元件，保持位置不变。在图层 10 的第 90 帧处插入关键帧，并调整该层中元件位置为如图 7.48 所示，并将图层 10 的第 64 帧至第 90 帧处设为补间动画。

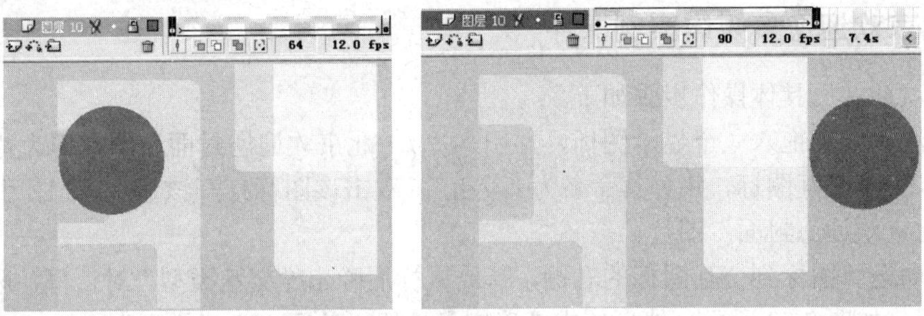

图 7.48

⑧ 新建 3 个图层，在此 3 个图层中写入“多”、“媒”、“体”3 个字，并按先后顺序及参考蓝圆滚动速度按出现的顺序摆放好，如图 7.49 所示。再新建 2 个图层，分别写入“课”“件”两字，按图 7.50 所示效果进行处理。

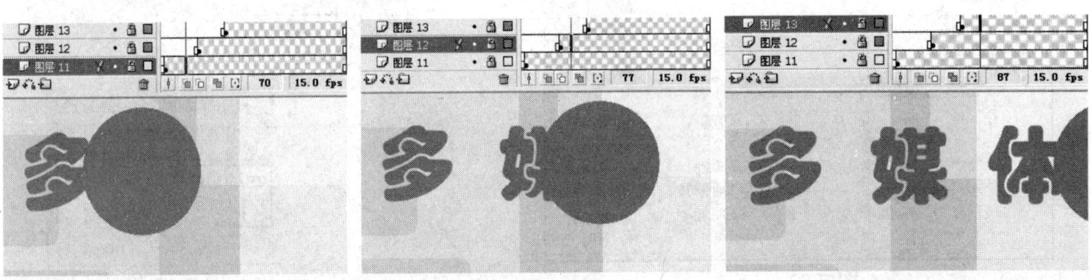

图 7.49

其制作过程以“课”字为例：在图层 14 中第 102 帧处插入关键帧，写入“课”字，字体大小为 1500，设为超大；在第 107 帧处，再插入关键帧，利用工具调整“课”字大小，如图 7.51 所示，在第 107 帧时，插入关键帧，并把字调为更小，再复制第 107 帧粘贴到第 109 帧；此时再在第 117 帧处插入帧，使“课”字固定不动几帧，以等待“件”字以相同方式出现。

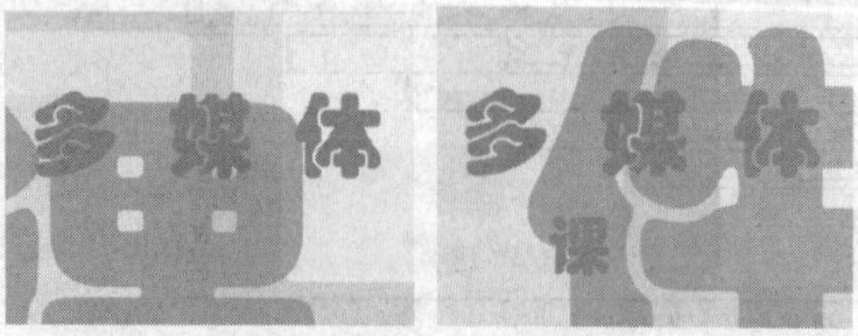

图 7.50

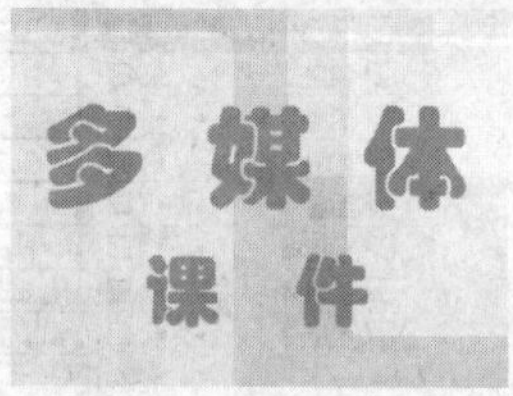

图 7.51

⑨ 此时该“FLASH 片头”已基本完成，下面将加入音效，以使其生动，新建“背景音效”图层，在希望加入音效的帧上插入关键帧，将音效拖入响应帧画面中任意位置，使用“属性”窗口的编辑按钮，调整音效为最佳效果。

⑩ 保存文件，另存为低版本兼容的文件类型。

7.4 实训 4—多媒体制作

在前面准备好的图像实例作品、视频实例作品和动画实例作品素材的基础上，利用 Authorware 多媒体制作工具软件来设计多媒体实例作品，将文本、图形、图像、动画、声音、视频等多种媒体组合在一起，形成声情并茂的作品。

7.4.1 北京欢迎您多媒体实例课件

“北京欢迎您”具体操作步骤如下。

① 在流程线上拖入一个显示图标，并引入“7.1 北京欢迎您封面”图片作为背景。在流程线上拖入一个交互图标，并对其命名为“交互”。双击该图标打开该显示窗口，引入与背景相同的“北京欢迎您封面”图片。

② 拖动运算图标到交互图标的右侧，释放鼠标后弹出“交互类型”对话框，选择“热区域”单选钮，如图 7.52 所示，然后单击【确定】按钮，关闭“交互类型”对话框。将新加入的运算图标命名为“退出”；此时，生成一个具有响应分支的交互分支结构，双击运算响应图标，在弹出的对话框中输入“quit()”命令，如图 7.53 所示。

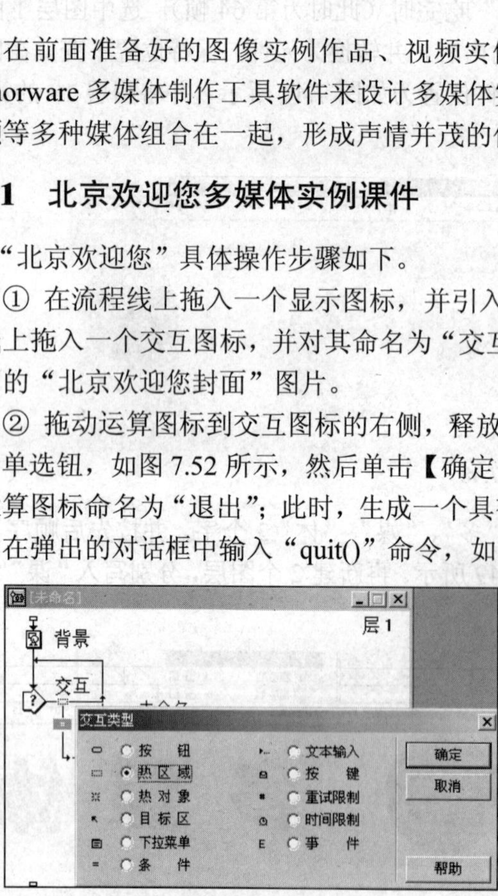

图 7.52

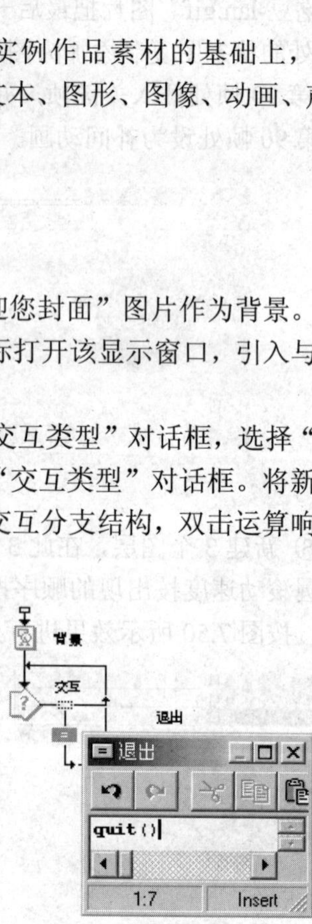

图 7.53

③ 将交互热区图标设为“小手”标记。双击“退出”的响应类型标记符，弹出响应属性相应面板，该属性面板由“热区域”选项卡和“响应”选项卡组成。单击“响应”选项卡，在“分支”下拉框中选择“退出交互”选项，如图 7.54 所示；单击“热区域”选项卡，其“热区域”选项卡页面中“鼠标”设置框，目前为“无”（NONE），表示鼠标移到按钮上，其形状不发生变化。单击“鼠标”框右侧的按钮，从打开的鼠标形状素材库中，选中手形图案，再单击【确定】按钮，关闭素材库窗口，返回属性面板。可以看到鼠标形状被设置为手形，如图 7.55 所示。当运行程序时，一旦鼠标移到按钮上，其形状将变为手形形状，提示用户可以单击该按钮。

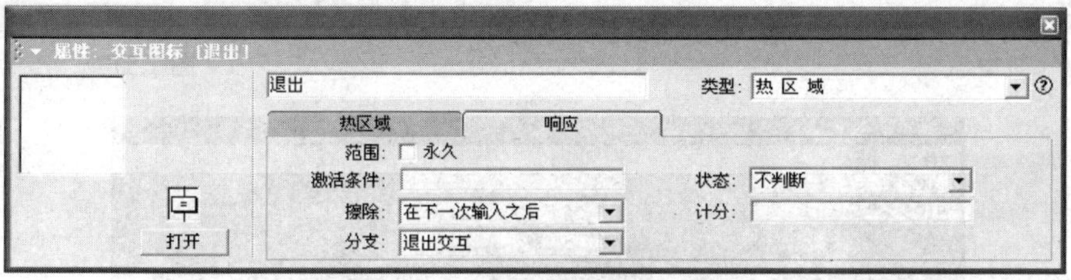

图 7.54

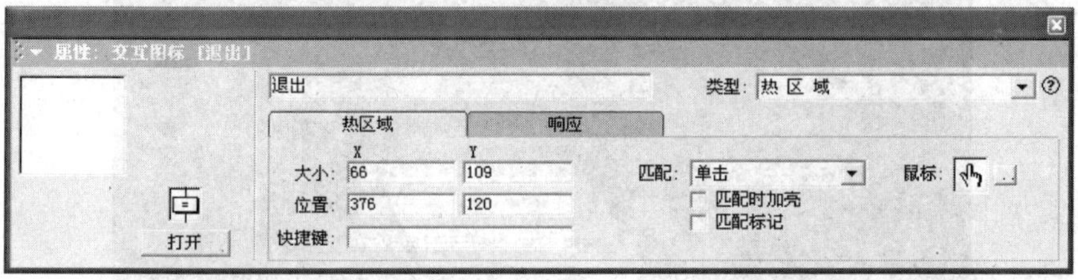

图 7.55

④ 继续在交互图标的右侧拖入 1 个群组图标，在弹出的交互类型对话框中选择“热区域”单选钮，将新加入的群组图标命名为“图片”。 关闭分支编辑窗口，双击主编辑窗口“图片”的响应类型标记符，在弹出属性面板中，单击“热区域”选项卡，将交互热区图标设为“小手”标记；在“分支”下拉框中选择“重试”选项，如图 7.56 所示。

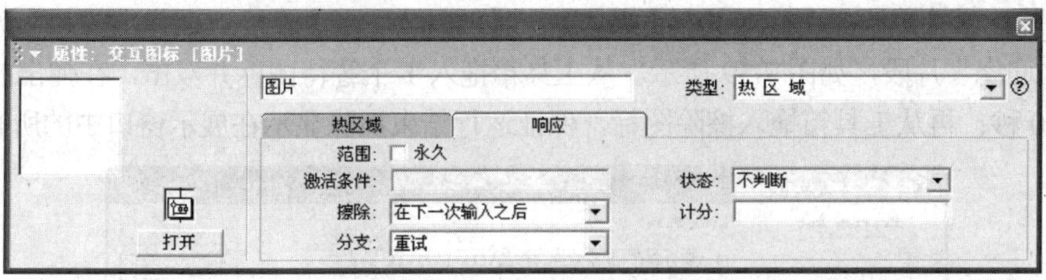

图 7.56

⑤ 双击“图片”群组响应图标，打开图片分支设计窗口，拖入 5 个显示图标，并分别双击展开其编辑窗口，选择【插入】→【图像】命令，在弹出的对话框中分别引入相应的故宫、长城、天坛等图片；接着再拖入擦除图标，保证运行结束擦除显示在展示窗口中的任何对象，如图 7.57 所示；最后按【Ctrl】键同时双击显示图标，依次为 5 个图片设置擦除特技，如图 7.58 所示。

⑥ 继续在交互图标的右侧拖入 1 个群组图标，在弹出的交互类型对话框中选择“热区域”单选钮。将新加入的群组图标命名为“视频”，它将保持同前面“图片”所设步骤④的属性。再继续在交互图标的右侧拖入 1 个群组图标，在弹出的“交互类型”对话框中选择“热区域”单选钮。将新加入的群组图标命名为“媒体”，它将保持同前面“视频”所设步骤④的属性。

⑦ 双击“视频”群组响应图标，打开“视频”分支设计窗口，拖入1个显示图标并双击导入1张故宫图片；紧接着从工具箱再拖入1个视频图标，双击展开并导入祖国—视频片段；继续从工具箱拖入1个等待图标并双击，在弹出的对话框中设置等待15秒；再从工具箱拖入1个显示图标并导入另1张故宫图片；最后再拖入擦除图标，保证运行结束擦除显示在展示窗口中的任何对象。

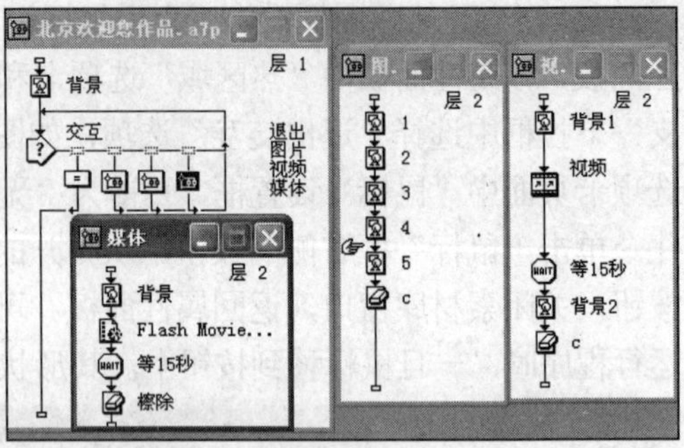

图 7.57

图 7.58

⑧ 双击“媒体”群组响应图标，打开“媒体”分支设计窗口，拖入1个显示图标并双击导入1张背景图片；紧接着选择【插入】→【媒体】→【Flash Movie】命令，在弹出的相应对话框中导入“北京欢迎您”片段，如图7.59所示。从工具箱拖入1个等待图标并双击，在弹出的对话框中设置等待20秒；再从工具箱拖入擦除图标，保证运行结束擦除显示在展示窗口中的所有对象。

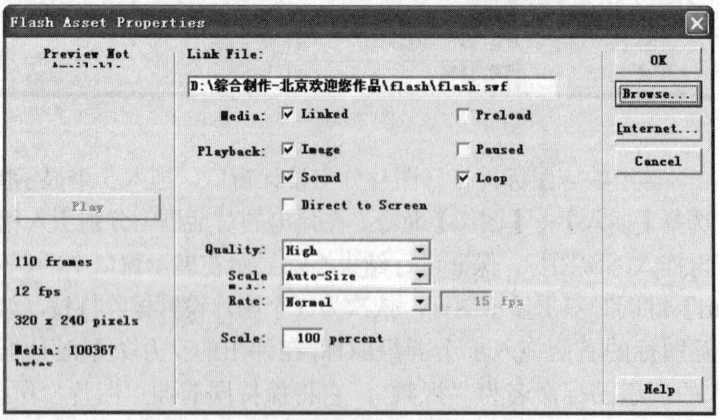

图 7.59

⑨ 双击交互图标，在弹出的封面窗口中，分别将“图片”、“视频”、“退出”移至相应按

钮上，将“媒体”移至“北京欢迎您”文字上，选择【文件】→【另存为】命令，保存为欢迎.a7p 文件。接着选择菜单栏中的【调试】→【播放】命令或单击工具栏中的【运行】按钮，进行调试，运行结果如图 7.60 所示。

⑩ 单击【图片】按钮，系统依次显示 5 张图片后停下，在弹出的擦除属性面板上选中其“被擦除的图标”单选钮，然后再依次单击显示在演示窗口中的图片，使其为擦除对象载入“被擦除的图标”的显示框中，如图 7.61 所示，保证在浏览完图片回到起始封面上；继续单击“视频”按钮， 系统依次显示视频后停下，在弹出的擦除属性面板上（或双击擦除图标）选中“被擦除的图标”单选钮，然后再依次单击显示在窗口中的图片背景和视频，使其为擦除对象载入“被擦除的图标”的显示框中，如图 7.62 所示，保证在浏览完视频后回到起始封面上。单击“北京欢迎您”文字，系统依次显示媒体后停下，在弹出的擦除属性面板上（或双击擦除图标），选中其“被擦除的图标”单选钮，然后依次单击显示在窗口中的图片背景和 Flash，使其为擦除对象载入“被擦除的图标”的显示框中。最后单击【退出】按钮退出。

图 7.60

图 7.61

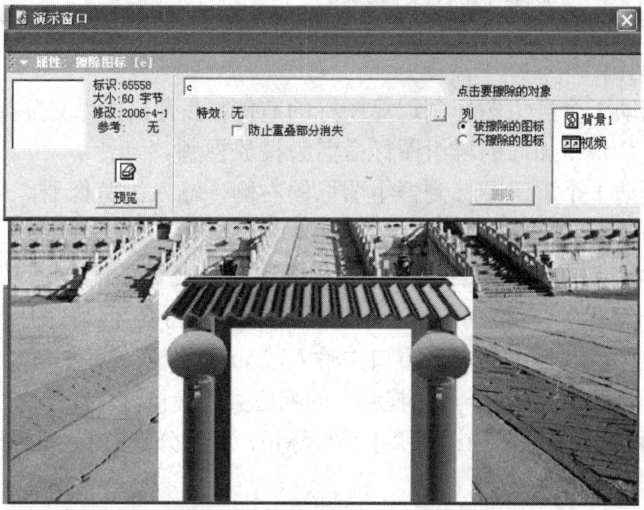

图 7.62

到此，完成北京欢迎您多媒体课件的制作，最后选择菜单栏中的【调试】→【播放】命令或单击工具栏中的运行按钮，在运行的封面中将会按照用户意图去执行。

7.4.2 世界文化遗产多媒体实例课件

世界文化遗产多媒体实例课件将应用前两章的图像作品和视频作品，利用交互知识点，通过插入图像和视频为其设计转场效果，制作赏心悦目的多媒体课件，如图 7.63 所示。

图 7.63

世界文化遗产实例由搭建框架、设置属性、填充内容和调试 4 个步骤组成。

1. 搭建框架

① 从工具箱拖动 1 个显示图标到主流程线，输入背景，并引入“世界文化遗产封面”作为背景。

② 从工具箱拖动 1 个交互图标到主流程线，输入交互，双击该图标打开该显示窗口，引入与背景相同的封面图片。

③ 从工具箱拖动 1 个运算图标到交互图标的右侧，释放鼠标后弹出“交互类型”对话框，选择“热区响应”单选钮，然后单击【确定】按钮，关闭“交互类型”对话框。将新加入的运算图标命名为“退出”。

④ 从工具箱拖动 1 个群组图标到运算图标的右侧，在弹出的“交互类型”对话框中选择“热区响应”单选钮。将新加入的群组图标命名为播放视频。

⑤ 从工具箱拖动 1 个群组图标到群组图标的右侧，输入浏览像册。

2. 设置属性

① 双击运算图标上方的矩形虚线框，在弹出的属性面板中单击“响应”选项卡，在“分支”下拉框中选择“退出交互”选项，单击“热区域”选项卡，将交互热区图标设为“小手”标记。

② 双击运算图标，在弹出的命令窗口中输入“quit()”。

③ 分别双击群组图标“图片”和“视频”的响应类型标记符，在弹出的属性面板中，单击“热区域”选项卡，将交互热区图标设为“小手”标记；在“分支”下拉框中选择“重试”选项。

3. 填充内容

① 双击交互图标，在弹出的封面窗口中，分别将“图片”、“视频”、“退出”虚线框移至“图片”、“视频”、“退出”按钮上，然后保存为“欢迎.a7p”文件。

② 双击图片群组图标，从工具箱拖入 5 个显示图标到弹出的分支窗口中的流程线上，并依次导入图片。按【Ctrl+I】键显示图标，在弹出的属性面板中单击 ‥ 两点图标，再在弹出的对话框中选择过渡效果；最后拖入擦除图标，起名为“C”。框架如图 7.64 所示。

③ 双击视频群组图标，拖入显示图标到弹出的分支窗口中的流程线上，起名为“背景”并导入“D094.JPG”图片。再拖入视频图标到分支流程线上，导入已做好的视频文件；继续从工具箱拖入 1 个等待图标并双击，在弹出的对话框中设置等待 20 秒；再从工具箱拖入擦除图标，框架如图 7.64 所示。

4. 调试

① 选择菜单栏中的【调试】→【播放】命令或单击工具栏中的运行按钮，进行调试。

② 单击【图片】按钮，系统依次显示 5 张图片后停下，自动弹出擦除属性面板，从中选择“被擦除的图标”单选钮，然后再依次单击显示在演示窗口中的图片，结果如图 7.65 所示。

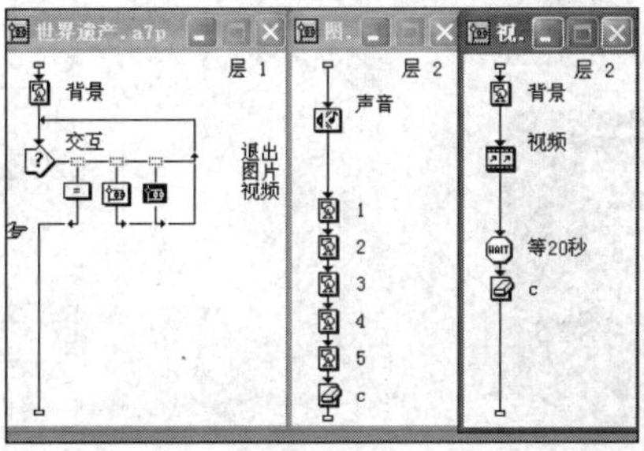

图 7.64

图 7.65

③ 再次单击工具栏中的运行按钮，在弹出的封面中单击【视频】按钮，播放视频结束后在弹出的擦除属性面板上选中“被擦除的图标”单选钮，然后再依次单击显示在演示窗口中的背景图片和视频，结果如图 7.66 所示。

图 7.66

④ 调试通过后，最后再在需要插入声音的“图片” 分支流程线上拖入1个声音图标，双击声音图标，在弹出的属性面板上导入“GS音乐.wav”文件；在“声音”选项卡页面的“执行方式”下拉框中选择“同时”选项，如图7.67所示。

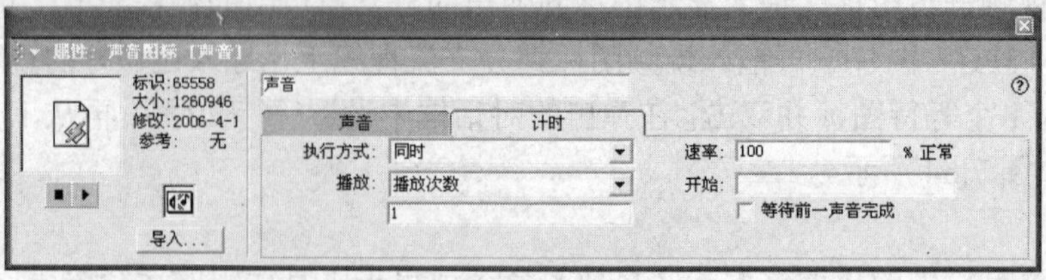

图7.67

7.4.3 中国瓷器多媒体实例课件

本实例利用声音背景、播放控制、文字说明等知识点，将中国瓷器艺术展现给观众，如图7.68所示。

图7.68

中国瓷器艺术实例由搭建框架、设置属性、填充内容和调试4个步骤组成。

1．搭建框架

① 从工具箱拖动1个显示图标到主流程线，输入背景，引入“中国瓷器封面”作为背景，并按【Ctrl+C】键复制“中国瓷器封面”。

② 从图标工具箱中拖动一个声音图标到程序流程线上，并为该图标输入一个标题“声音背景”，按【Ctrl+I】键，打开声音背景的属性面版，单击属性面版左下角的【导入】按钮，在弹出的“导入哪个文件？”对话框中。选择“背景音乐.mp3”声音文件作为背景音乐，单击【导入】按钮，返回声音背景的属性面版，设置结果如图7.69所示。

③ 单击声音属性面版中的“计时”选项卡，在显示的页面中，从“执行方式”下拉框中选择“同时”选项，使播放音乐声音文件的同时继续展示后续的内容。如图 7.70 所示。

④ 从工具箱拖动1个交互图标到主流程线，输入交互。双击该图标打开该显示窗口，按【Ctrl+V】键粘贴名“石雕刻封面”，使交互窗口具有同背景相同的封面图片。

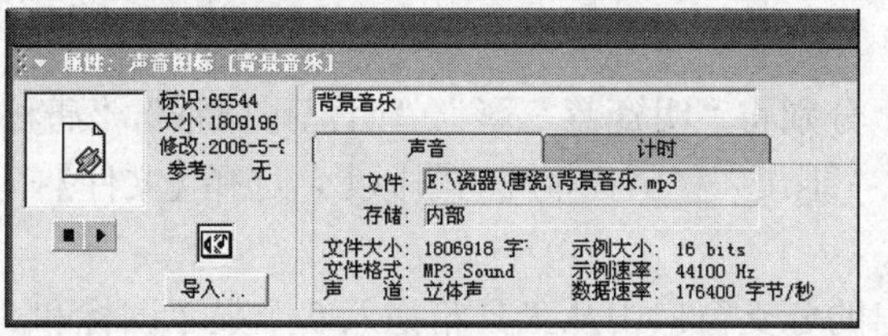

图 7.69

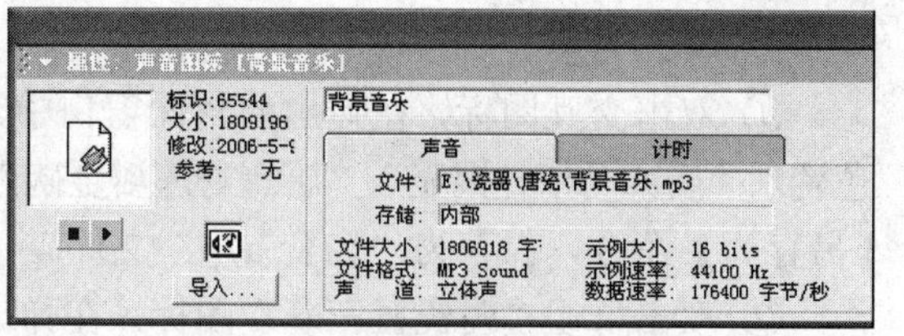

图 7.70

⑤ 从工具箱拖动 1 个群组图标到交互图标的右侧，在弹出的交互类型对话框中选择【热区响应】钮，将新加入的群组图标命名为“明瓷蓝三彩”。接着依次拖入群组图标命名为“明瓷甜白釉”、“唐秘色瓷”、“唐舞马衔杯银壶”、“唐鸳鸯莲瓣金碗”。

⑥ 继续从工具箱拖动 1 个运算图标到交互图标的右侧，释放鼠标后弹出“交互类型”对话框，单击“热区响应”单选钮，然后单击【确定】按钮，关闭“交互类型”对话框。将新加入的运算图标命名为“退出”。

至此，主框架层 1 如图 7.71 所示。

2. 设置属性

① 双击运算图标上方的矩形虚线框，在弹出的属性面板“响应”选项卡页面，从“分支”下拉框中选择“退出交互”选项，单击“热区域”选项卡，将交互热区图标设为“小手”标记。

② 双击运算图标，在弹出的命令窗口中写入“Quit()”，如图 7.72 所示。

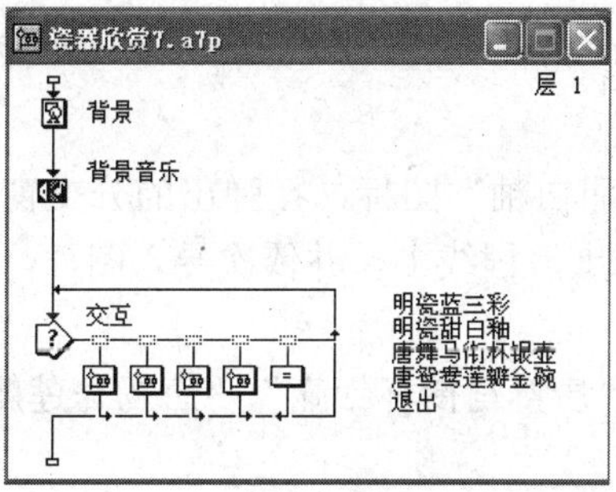

图 7.71

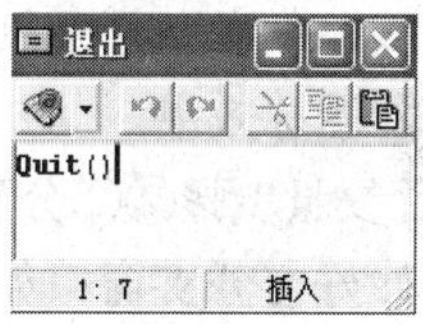

图 7.72

③ 双击群组图标“明瓷蓝三彩”、“明瓷甜白釉”、“唐秘色瓷”、“唐舞马衔杯银壶”、“唐鸳鸯莲瓣金碗”等的响应类型标记符，在弹出的属性面板中，单击“热区域”选项卡，将交互热区图标设为“小手”标记；“匹配”为单击。

④ 单击“响应”选项卡，在“分支”下拉框中选择“重试”选项；在“擦除”下拉框中选择“在下一次输入之后”选项，如图 7.73 所示。

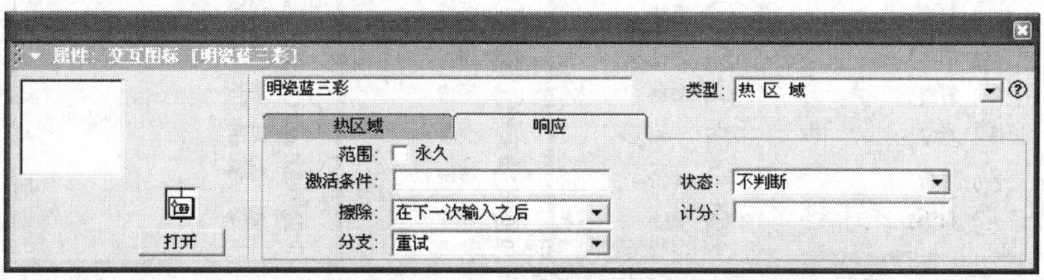

图 7.73

3. 填充内容

① 双击交互图标，在弹出的封面窗口中，分别将“明瓷蓝三彩”、“明瓷甜白釉”、“唐秘色瓷”、“唐舞马衔杯银壶”、“唐鸳鸯莲瓣金碗”、“退出”移至各相应的图标上，选择【文件】→【另存为】命令，保存为“名瓷.a7p”文件。

② 双击群组“明瓷蓝三彩”图标，在弹出的分支窗口中从工具箱拖入 5 个显示图标和 5 个等待图标到分支流程线上，并依次导入图片及介绍。按【Ctrl】键，同时双击显示图标，在弹出的属性面板中单击 . .两点图标，再在弹出的对话框中选择过渡效果。

③ 双击等待图标，将图片后的等待图标设为 1 秒，将文字后的等待图标设为 5 秒。然后拖入擦除图标并起名为“擦除 1”，双击“擦除 1”图标，在弹出的擦除属性面板上选中其“被擦除的图标”单选钮，然后再依次单击显示在演示窗口中的“图片 1”及“文字 1”；最后在末尾再拖入一个擦除图标起名为“擦除 2”，双击“擦除 2”图标，在弹出的擦除属性面板上选中其“被擦除的图标”单选钮，然后再依次单击显示在演示窗口中的“图片 1”及“文字 1”和背景图，设置属性结果如图 7.74 所示。

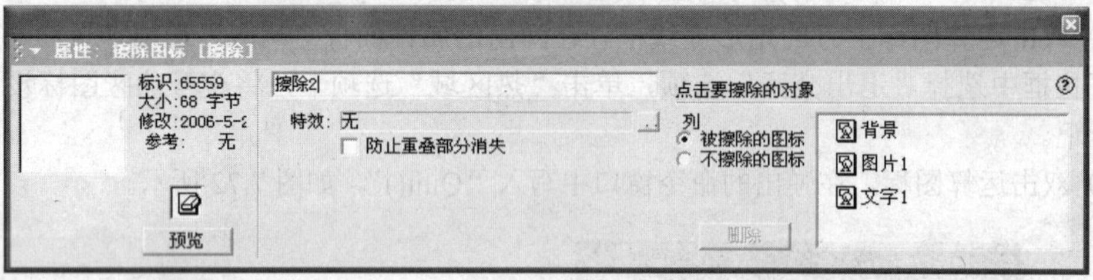

图 7.74

④ 依次按照步骤②③继续双击群组“明瓷甜白釉”图标，在弹出的分支窗口中拖入 5 个显示图标、5 个等待图标和 2 个擦除图标到分支流程线上，并依次导入图片，选择过渡效果，设置擦除图标效果。

⑤ 最后参照步骤②③分别将“唐秘色瓷”、“唐舞马衔杯银壶”、“唐鸳鸯莲瓣金碗”3 个分支窗口设计好，分支窗口如图 7.75 所示。

图 7.75

4. 调试

① 选择菜单栏中的【调试】→【播放】命令或单击工具栏中的运行按钮，进行调试。

② 单击“唐舞马衔杯银壶”热区，首先显示“唐舞马衔杯银壶”图片，然后从下向上逐行显示“唐舞马衔杯银壶”文字介绍，如图 7.76 所示。

③ 单击“唐鸳鸯莲瓣金碗”热区，首先显示“唐鸳鸯莲瓣金碗”图片，然后从上向下逐行显示“唐鸳鸯莲瓣金碗”文字介绍，如图 7.77 所示。

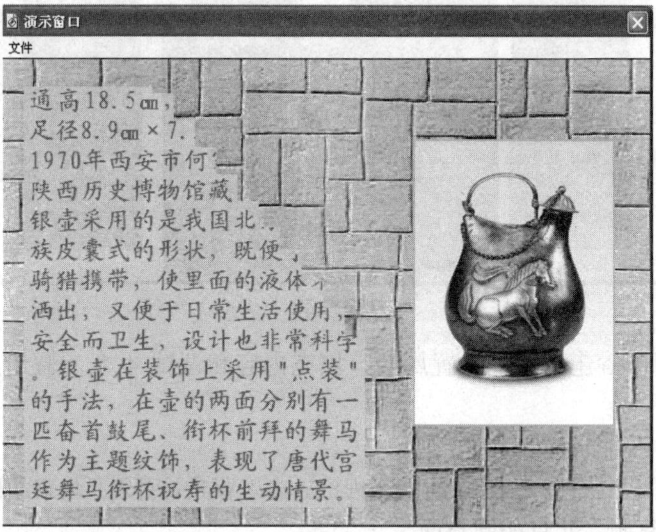

图 7.76

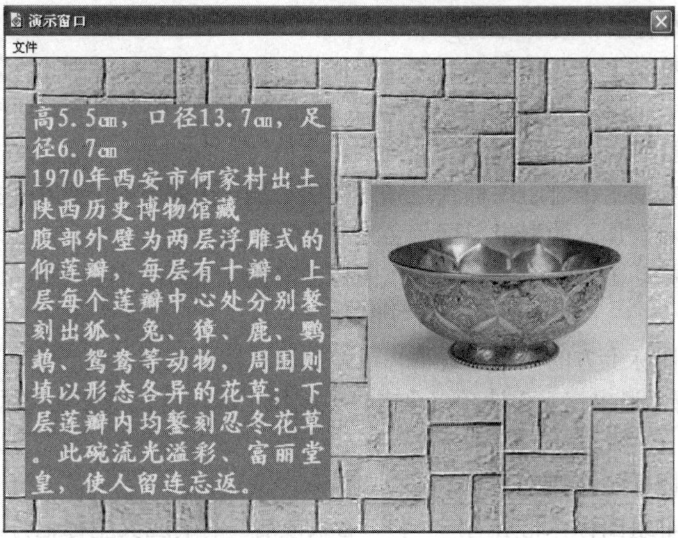

图 7.77

7.4.4　北京胡同多媒体实例课件

北京胡同由图像作品和视频作品两部分组成，本实例利用交互知识点，通过插入图像和视频并为其设计转场效果，制作赏心悦目的多媒体课件，如图 7.78 所示。

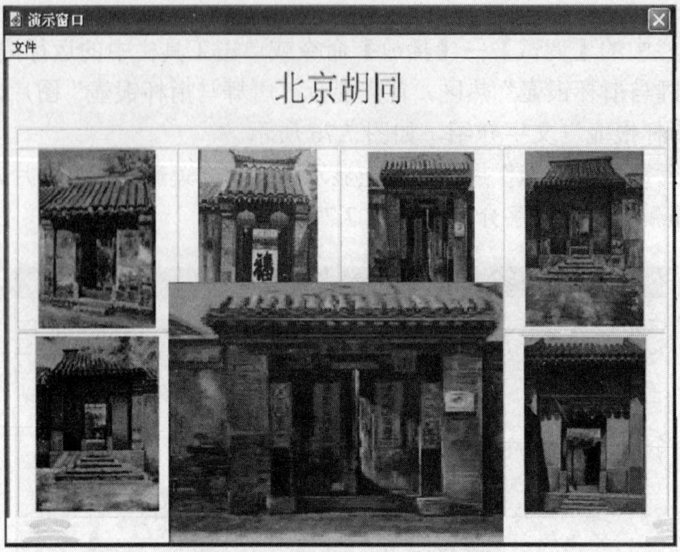

图 7.78

北京胡同实例由搭建框架、设置属性、填充内容和调试 4 个步骤组成，具体操作步骤如下。

1．搭建框架

① 从工具箱拖动 1 个显示图标到主流程线，输入背景，引入“北京胡同封面”作为背景，并按【Ctrl+C】键复制“北京胡同封面”。

② 从工具箱拖动 1 个交互图标到主流程线，输入交互。双击该图标打开该显示窗口，按【Ctrl+V】键引入与背景相同的封面图片。

③ 从工具箱拖动 1 个运算图标到交互图标的右侧，释放鼠标后弹出“交互类型”对话框，选择“热区响应”单选钮，然后单击【确定】按钮关闭“交互类型”对话框。将新加入的运算图标命名为“退出系统”。

④ 从工具箱拖动 1 个群组图标到运算图标的右侧，在弹出的“交互类型”对话框中选择“热区”单选钮。将新加入的群组图标命名为“北京胡同”。

⑤ 从工具箱拖动 1 个群组图标到群组图标的右侧，输入“名人故居”。

2．设置属性

① 双击运算图标上方的矩形虚线框，在弹出的属性面板中单击“响应”选项卡，在“分支”下拉框中选择“退出交互”选项，单击“热区域”选项卡，将交互热区图标设为“小手”标记。

② 双击运算图标，在弹出的命令窗口中输入“quit()”。

③ 分别双击群组图标“北京胡同”和“名人故居”的响应类型标记符，在弹出属性面板中单击“热区域”选项卡，将交互热区图标设为“小手”标记；在“分支”下拉框中选“重试”选项。

3．填充内容

① 双击交互图标，在弹出的封面窗口中，分别将“图片”、“视频”、“退出”移至【北京胡同】、【名人故居】、【退出系统】按钮上，选择【文件】→【另存为】命令，保存为“北京

胡同.a7p”文件。

② 双击群组“图片”图标，在弹出的分支窗口中从工具箱拖入 5 个显示图标到分支流程线上，并依次导入图片。按【Ctrl】键同时显示图标，在弹出的属性面板中单击 .. 两点图标，再在弹出的对话框中选择过渡效果；最后拖入擦除图标，命名为“C”。框架如图 7.79 所示。

③ 双击群组“北京胡同”图标，在弹出的分支窗口中拖入显示图标到分支流程线上，起名为背景并导入“北京胡同-1.JPG”图片。再拖入视频图标到分支流程线上，导入已做好的视频文件；继续从工具箱拖入 1 个等待图标并双击，在弹出的对话框中设置等待 10 秒；继续从工具箱拖入 1 个擦除图标，框架如图 7.80 所示。用同样方法制作“名人故居”框架，如图 7.81 所示。

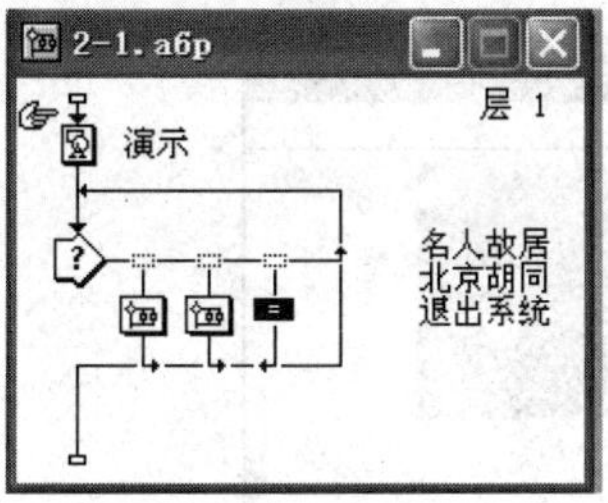

图 7.79

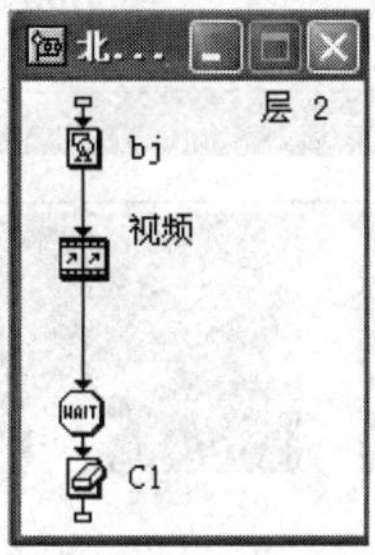

图 7.80

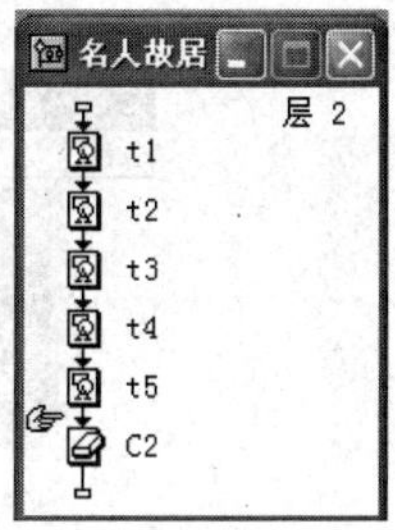

图 7.81

4. 调试

① 选择菜单栏中的【调试】→【播放】命令或单击工具栏的运行按钮，进行调试。

② 在弹出的封面中单击【北京胡同】按钮，播放视频结束后，在弹出的擦除属性面板上选中其“被擦除的图标”单选钮，然后再依次单击显示在演示窗口中的背景图片和视频，结果如图 7.82 所示。

③ 再次单击工具栏中的运行按钮，单击【名人故居】按钮，依次显示 5 张图片后停下，在弹出的擦除属性面板上选中“被擦除的图标”单选钮（或双击擦除图标弹出擦除属性面板），然后再依次单击显示在演示窗口中的图片，结果如图 7.83 所示。

④ 调试通过后，单击【名人故居】，即依次显示 5 张图片，如图 7.84 所示。单击【退出系统】按钮，退出课件。

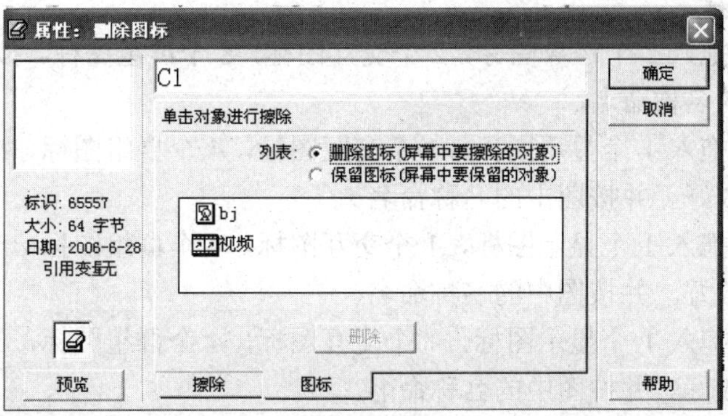

图 7.82

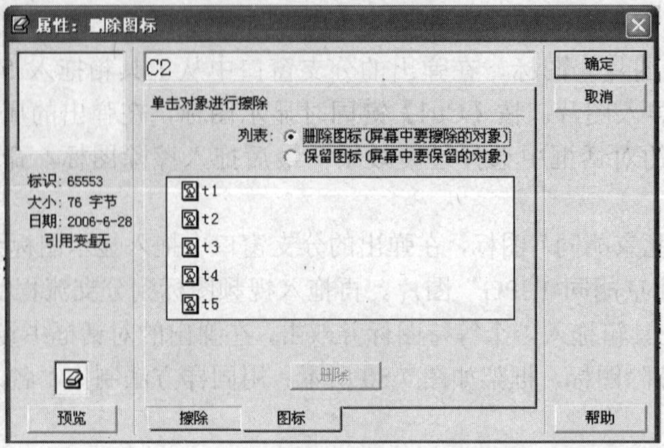

图 7.83

图 7.84

7.4.5 多媒体技术与应用实例课件

多媒体技术与应用课件由五个多媒体元素组成。

1. 总体框架搭建。

① 往流程线上拖入 2 个运算图标，2 个交互图标，8 个群组图标。按图 7.85 位置将图标摆放好，并按图中的名称命名。

② 往流程线上拖入 1 个显示图标，1 个交互图标，4 个群组图标，5 个运算图标。按图 7.86 位置将图标摆放好。并按图中的名称命名。

③ 往流程线上拖入 1 个显示图标，1 个交互图标，4 个群组图标，5 个运算图标。按图 7.87 位置将图标摆放好。并按图中的名称命名。

④ 往流程线上拖入 1 个显示图标，1 个交互图标，4 个群组图标，5 个运算图标。按图 7.88 位置将图标摆放好。并按图中的名称命名。

⑤ 往流程线上拖入 1 个显示图标，1 个交互图标，4 个群组图标，5 个运算图标。按图

7.89 位置将图标摆放好。并按图中的名称命名。

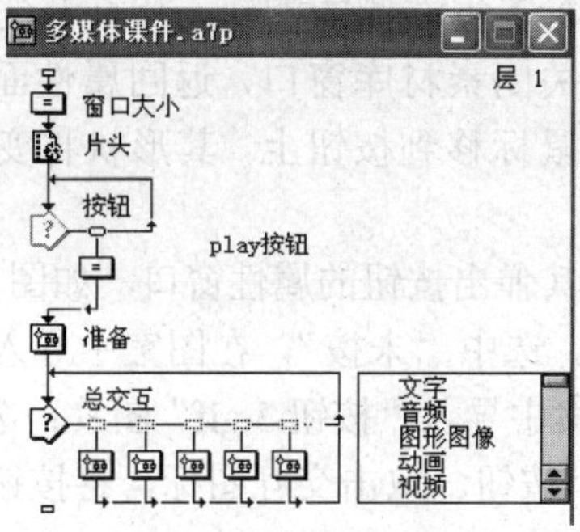

图 7.85

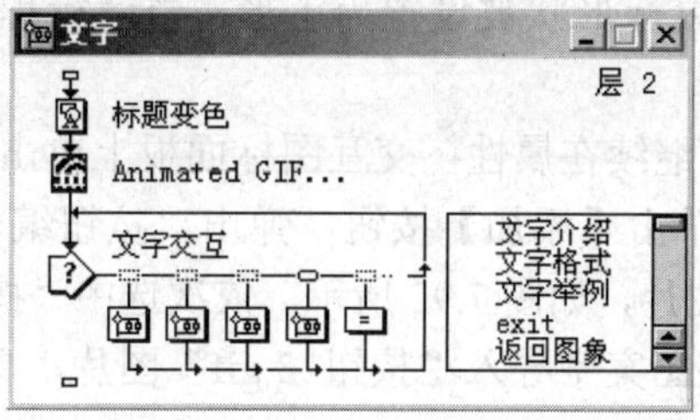

图 7.86

⑥ 往流程线上拖入 1 个显示图标，1 个交互图标，4 个群组图标，5 个运算图标。按图 7.90 位置将图标摆放好。并按图中的名称命名。

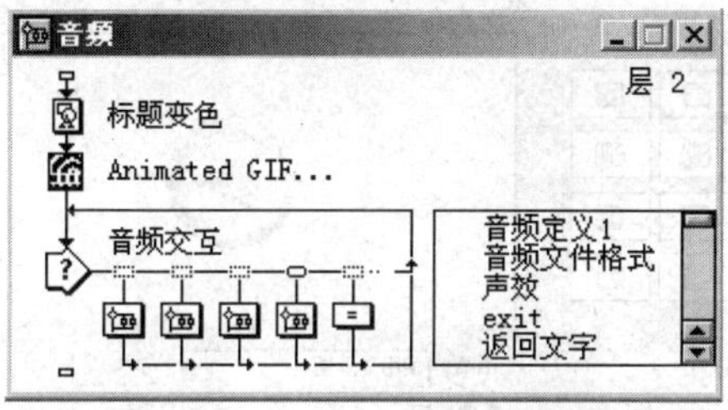

图 7.87

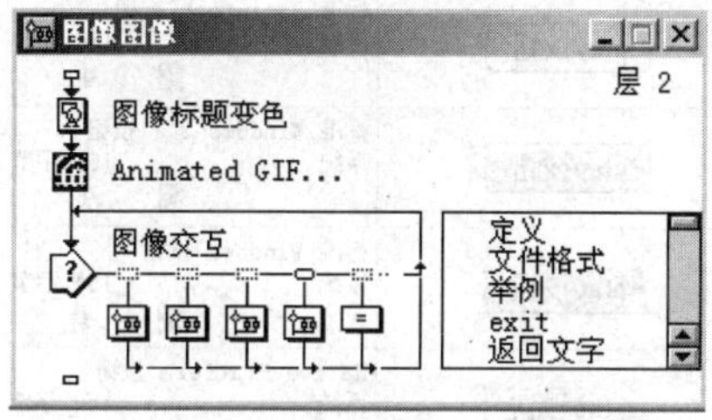

图 7.88

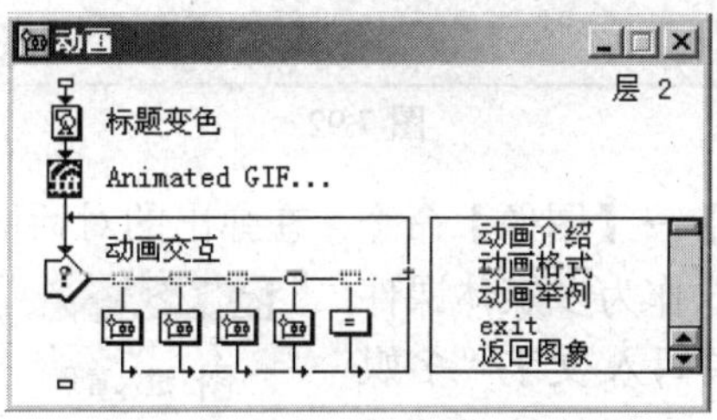

图 7.89

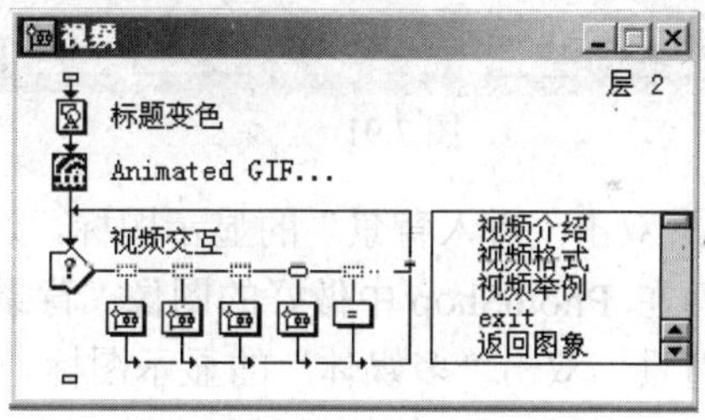

图 7.90

2. 多媒体课件分支流程窗口的设计。

① 双击总流程图的“窗口大小”的运算图标，在弹出的对话框中输入“Resize Window(640,480)”。

② 将☞放在“窗口大小”的运算图标下，选择【插入】→【媒体】→【Flash Movie】命令，在弹出的对话框中导入“片头 FLASH（MX）.swf”，单击【OK】按钮。

③ 拖动“play 按钮”运算图标到“按钮”交互图标的右侧，释放鼠标后在弹出的“交互类型”对话框中，选择“按钮响应”单选钮，然后单击【确定】按钮，关闭“交互类型”对话框。此时，生成一个具有响应分支的交互分支结构，双击“play 按钮”的运算图标，在弹出的对话框中输入“GoTo（IconID@"准备"）”代码。

④ 将交互热区图标设为“小手”标记。双击“退出”的响应类型标记符，弹出响应属性相应面板，单击“响应”选项卡，在“分支”下拉框中选择“退出交互”选项；单击“热

区域”选项卡，其“热区域”选项卡页面中“鼠标”设置框，目前为“无”(NONE)，表示鼠标移到按钮上，其形状不发生变化。单击【鼠标】框右侧的按钮，从打开的鼠标形状素材库中，选中手形图案，再单击【确定】按钮，关闭素材库窗口，返回属性面板。可以看到鼠标形状被设置为手形。当运行程序时，一旦鼠标移到按钮上，其形状将变为手形形状。

⑤ 继续在属性：交互图标面板上单击【按钮】使其弹出按钮的属性窗口，如图 7.91 所示。再单击【添加】按钮，弹出“按钮编辑”对话框。选中“未按”，在图案中导入“按钮 1.gif”图片，如图 7.92 所示。依次选中“按下”，在图案中导入“按钮 3.gif”图片；选中“在上”，在图案中导入“按钮 2.gif”图片，单击【确定】按钮。双击交互图标，将按钮放在右下角的位置。

⑥ 双击“准备”群组图标，按图 7.93 将图标按位置摆放好。并按图中的名称命名。

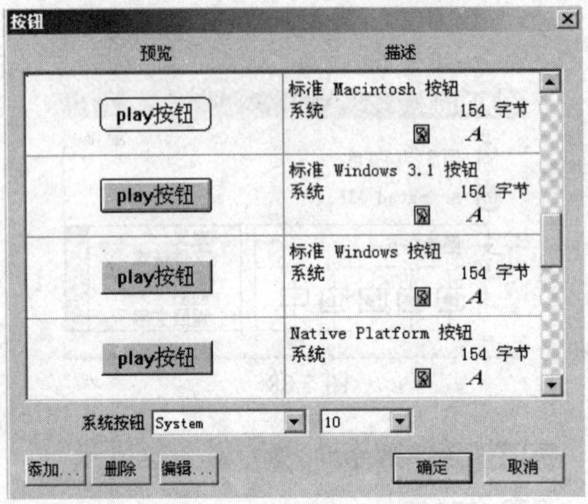

图 7.91

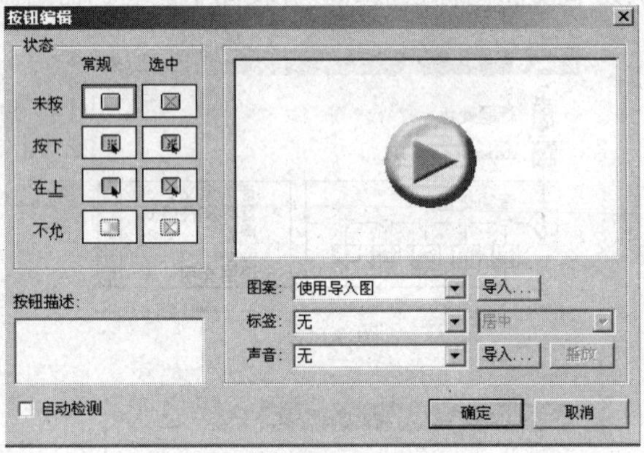

图 7.92

⑦ 双击“进入背景”的显示图标，选择【插入】→【图像】命令，在弹出的对话框中引入前面在 PhotoShop 中做好的图像“背景图片.jpg”，作为多媒体课件的总背景。双击“多媒体”的显示图标，用绘画工具写入文字“多媒体技术与应用”，字体选择“华文琥珀”，大小改为 40，风格选择“倾斜”，并摆好位置，放在左上角，双击“移 1”的图标，将“多媒体技术与应用”几个字选中，并平移到合适的位置。“课件”两字的移动和此步的制作方法相同。

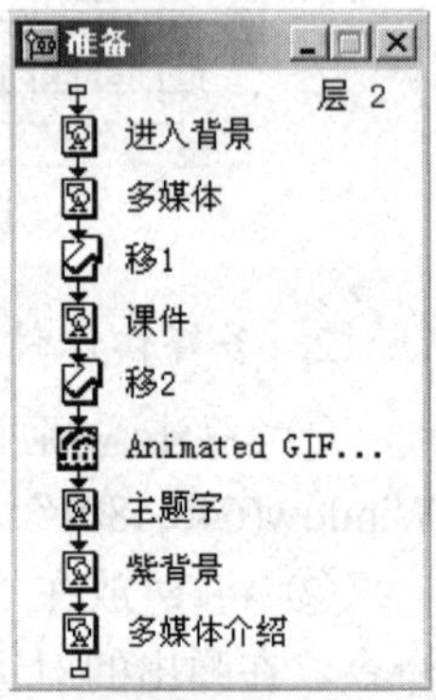

图 7.93

⑧ 选择【插入】→【媒体】→【Animated GIF】命令，弹出对话框。导入 GIF 格式的图片“358nt.gif”。单击【OK】按钮。双击“主题字”的显示图标，用绘画工具写入“文字 声音 图形图像 动画 视频 综合练习”，按图 7.94 所示的位置摆放好，并加以“水平百叶窗式”特效。

⑨ 拖动“文字”群组图标到“总交互”交互图标的右侧，释放鼠标后弹出“交互类型”对话框，选择“热区域”单选钮，然后单击【确定】按钮，关闭“交互类型”对话框。此时，生成一个具有响应分支的交互分支结构。其后将“音频”、“图形图像”、“动画”、“视频”、“综合练习”、“exit”的群组图标放在“总交互”交互中，最后将“exit”的“热区域交互类型”改为“按钮交互类型”。双击“exit”的群组图标，放入“exit”的运算图

标，双击运算响应图标，在弹出的对话框中输入“Quit()”命令。

⑩ 双击交互图标，在弹出的窗口中，将“主题字”的显示图标的内容复制到交互图标中。再把热区域的框移动到做热区域的地方摆放好。如图 7.95 所示。最后选择【文件】→【另存为】命令，保存为“多媒体课件 1.a7p”文件。

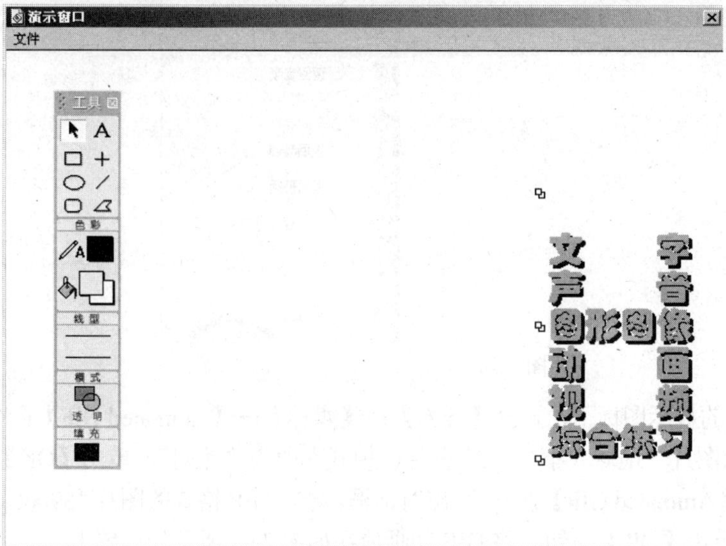

图 7.94

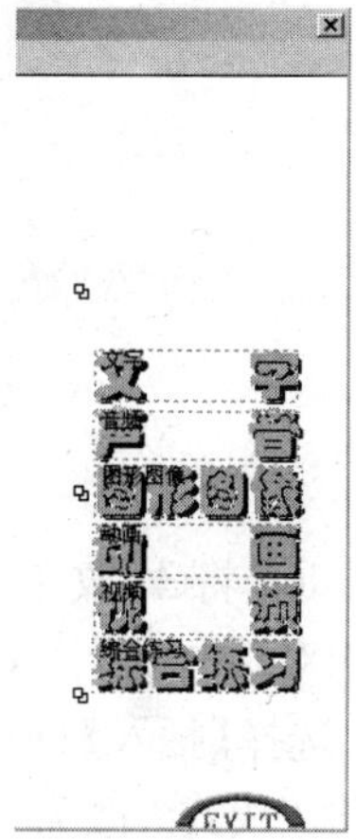

图 7.95

多媒体技术与应用实例课件有“文字”分支流程、“音频”分支流程、“图形图像”分支流程、“动画”分支流程、“视频”分支流程、“综合练习”分支流程 6 部份，下面仅介绍动画分支流程设计的设计方法。

3. 动画分支流程窗口的设计

① 按动画分支流程图将图标摆放好。双击“标题变色”的显示图标，选择【插入】→【图像】命令，插入图像“凸字 4.tif”并将“模式”改为“透明”。单击【OK】按钮。位置摆放在“主题字”中动画 2 个字的位置上，将其正好遮盖上。

② 将☞放在“标题变色”的显示图标下，选择【插入】→【媒体】→【Animated GIF】命令，弹出对话框。导入 GIF 格式的图片“269.gif”并将“模式”改为“透明”。单击【OK】按钮，放在动画 2 个字左边。

③ 双击交互图标，在弹出的窗口中，选择【插入】→【图像】命令，插入图像“阴影.jpg”后单击【OK】按钮。用文字工具写上“介绍 文件格式 举例”几个字。如图 7.96 所示。

④ 选择“热区域”交互，将“动画介绍”、“动画格式”、“动画举例”、“exit”的群组图标放在“动画交互”交互中，将“exit”的“交互类型”改为“按钮”交互。然后将“返回文字”、“返回视频”、“返回图象”、“返回音频”、“返回综合练习”的运算图标放在“动画交互”交互中。制作方法与前面的步骤相同。不再重复。

⑤ 双击“动画介绍”群组图标，按图 7.97 所示的位置将图标摆放好。并按图中的名称命名。在“标签文字”的显示图标中，导入图像“qian11.tif”并将模式改为“透明”。继续用文字工具写上“介绍”2 个字；在“文字 1”的显示图标中，并用文字工具写上“动画类素材常见的文件格式有 GIF、SWF 格式。”。

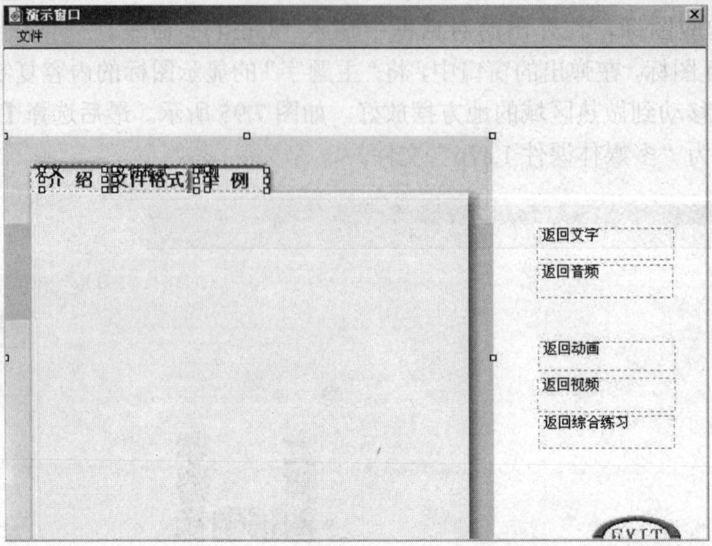

图 7.96

⑥ 将☞放在"文字 1"的显示图标下，选择【插入】→【媒体】→【Animated GIF】命令，弹出对话框。导入 GIF 格式的图片"地球（小）.gif"并将"模式"改为"透明"。单击【OK】按钮；选择【插入】→【媒体】→【Animated GIF】命令，弹出对话框。导入 GIF 格式的图片"390oz.gif"并将"模式"改为"透明"。单击【OK】按钮。将 GIF 动画放在如图 7.98 所示的位置上。

图 7.97

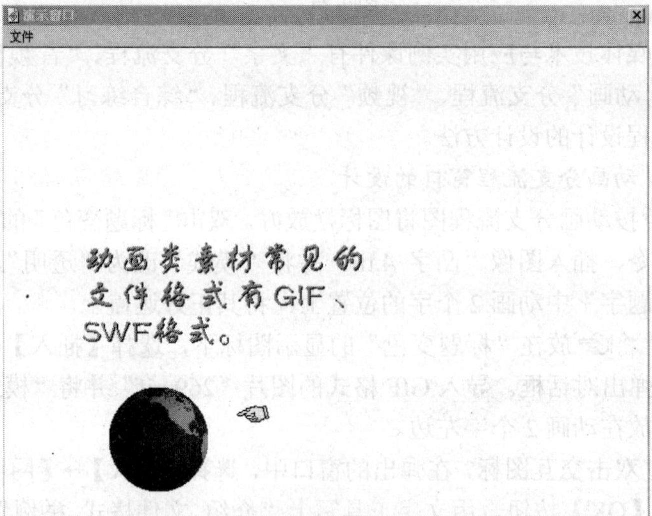

图 7.98

⑦ 在"gif 格式"的显示图标中，用文字工具写上"gif 格式"。选择【文件】→【另存为】命令，保存为"多媒体课件 10.a7p"文件。

4. 动画格式分支流程窗口的设计。

① 双击"动画格式"群组图标，按图 7.99 位置将图标摆放好。并按图中的名称命名。在"动画格式标签"中导入图像"qian2.tif"，"模式"改为"透明"。并用文字工具写上"文件格式"4 个字，摆好位置。

② 将☞放在"动画格式标签"的显示图标下，选择【插入】→【媒体】→【Animated GIF】

命令，弹出对话框。导入 GIF 格式的图片“菊色的树.gif”，“模式”改为“透明”，单击【OK】按钮。双击交互图标，在弹出的窗口中用文字工具写上“GIF SWF”。摆好位置。如图 7.100 所示。

③ 选择热区域交互，将“GIF”、“SWF”、“exit”的群组图标放在“动画格式交互”交互中，将“exit”的“交互类型”改为“按钮”交互。其后将“返回定义”、“返回举例”、“返回音频”、“返回视频”、“返回图像”、“返回文字”、“返回综合练习”的运算图标放在“动画格式交互”交互中。“返回音频”、“返回图像”、“返回视频”、“返回文字”的运算中输入的和前面设计的相同，不再叙述。在“返回定义”的运算图标中，输入“GoTo(IconID@"动画介绍")”后关闭窗口；在“返回举例”的运算图标中，输入“GoTo(IconID@"动画举例")”，然后关闭窗口。

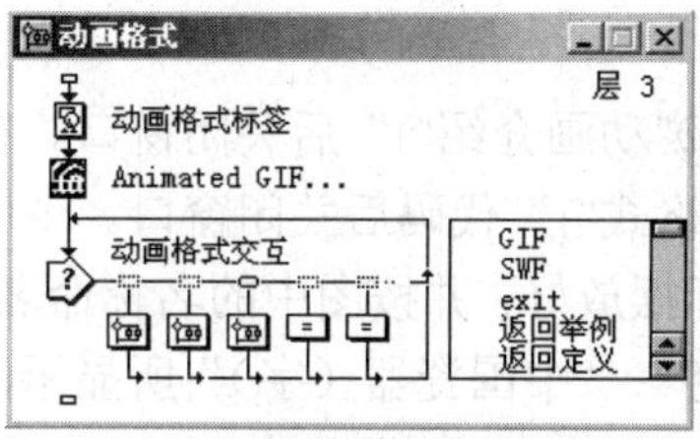

图 7.99

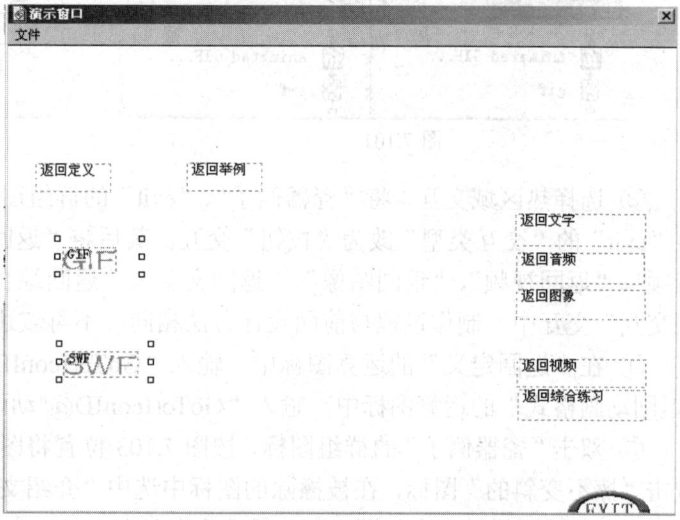

图 7.100

④ 双击“gif”的群组图标，按图 7.101 所示的位置将图标摆放好。并按图中的名称命名。选择【插入】→【媒体】→【Animated GIF】命令，在弹出的对话框中导入 GIF 格式的图片“266.gif”，模式改为“透明”。单击【OK】按钮；在“gif”的显示图标中，用文字工具写上“GIF 是最常见的动画文件格式，它其实就是多帧 GIF 图像的合成。现在网页中大部分的动画仍然属于 GIF 动画，它永盛不衰的魅力在于它简单易学，而且特别适合那些小巧的动画及广告横幅，推荐在多媒体课件中使用这种格式，常用的 GIF 动画生成软件是 GIF Animator。”。

⑤ “SWF”的群组图标的制作过程与“GIF”的群组图标制作过程相似。选择【插入】→【媒体】→【Animated GIF】命令，在弹出的对话框中导入 GIF 格式的图片“266.gif”，“模式”改为“透明”。单击【OK】按钮，摆放好位置。

⑥ 在“swf”的显示图标中，用文字工具写上“SWF 是基于 Macromedia 公司 Shockwave 技术的流式动画格式，由于其体积小、功能强、交互能力好、支持多个层和时间线程等特点，故越来越多地应用到网络动画中。但是它并非是每个初学者都能轻易掌握的，而且并不是所有的浏览器和多媒体编辑软件都支持它。”

⑦ 选择【文件】→【另存为】命令，保存为“多媒体课件 11.a7p”文件。

5. 动画举例分支流程窗口的设计

① 双击“动画举例”群组图标，按图 7.102 所示的位置将图标摆放好。并按图中的名称

命名。选择【插入】→【图像】命令，在“标签”导入图像“qian3.tif”并将模式改为“透明”，单击【确定】按钮。

② 用文字工具在“标签”上输入“文件格式”4 个字，摆好位置。在“中国瓷器（字）”的显示图标中，用文字工具写上“中国瓷器”4 个字；在“介绍文字”的显示图标中，用文字工具输入“使用 FLASH 动画制作工具。”。

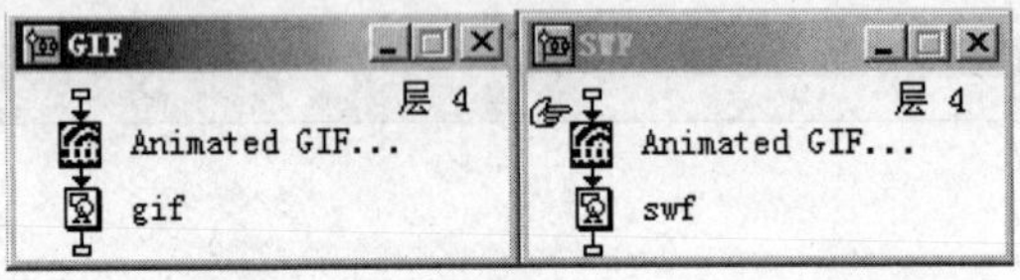

图 7.101

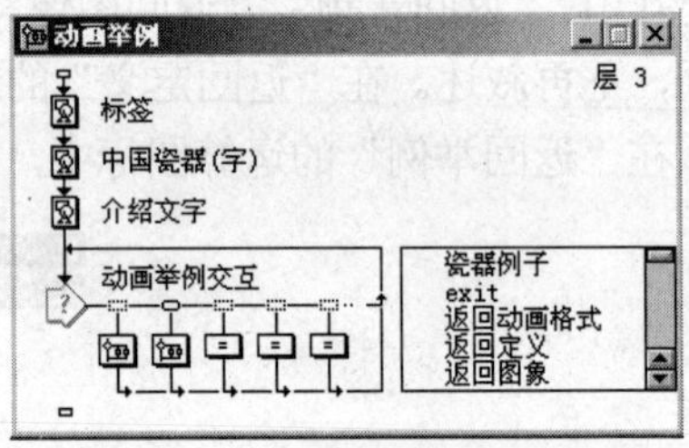

图 7.102

③ 选择热区域交互，将“瓷器例子”、“exit”的群组图标放在“动画举例交互”交互中，将“exit”的“交互类型”改为“按钮”交互。其后将“返回定义”、“返回动画格式”、“返回音频”、“返回视频”、“返回图像”、“返回文字”、“返回综合练习”的运算图标放在“动画举例交互”交互中。制作过程与前面设计方法相同，不再叙述。

④ 在“返回定义”的运算图标中，输入“GoTo(IconID@"动画介绍")”后关闭窗口。在“返回动画格式”的运算图标中，输入“GoTo(IconID@"动画格式")”代码后关闭窗口。

⑤ 双击“瓷器例子”的群组图标，按图 7.103 位置将图标摆放好，并按图中的名称命名。双击“擦不变斜的”图标，在被擦除的图标中选中“介绍文字”、“中国瓷器（字）”所显示的内容，2 个图标将显示在如图 7.104 所示的位置中。

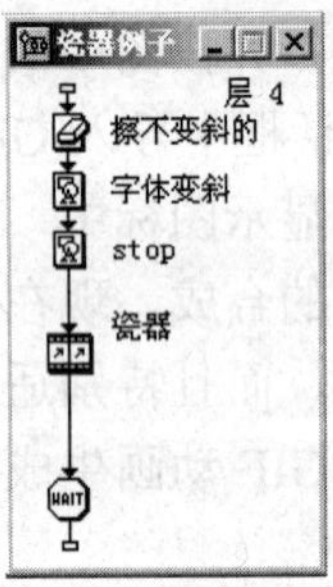

图 7.103

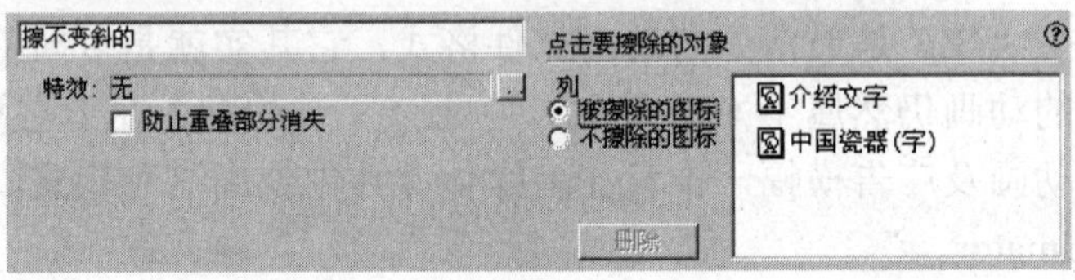

图 7.104

⑥ 在“字体变斜”的显示图标中，用绘图工具输入“中国瓷器”4 个字。风格选择倾斜；在“stop”的显示图标中，用文字工具输入“stop”；在“瓷器”中，导入在 Flash 中作好的动画“瓷器.avi”，“执行方式”选择“同时”。

⑦ 最后设置等待图标，将事件选择为单击鼠标。

⑧ 选择【文件】→【另存为】命令，保存为“多媒体课件 12.a7p”文件。

多媒体技术与应用课件制作完成后，选择【文件】→【另存为】命令，保存为“多媒体课件.a7p”文件。选择菜单栏中的【调试】→【播放】命令或单击工具栏中的运行按钮，运行界面如图 7.105 所示。单击右下角的按钮，进入主界面。如图 7.106 所示。分别单击“文字”区域，单击“声音”区域，单击“图形图像”区域，单击“动画”区域，单击“视频”区域，单击“综合练习”区域，系统进入相应的分支流程中。

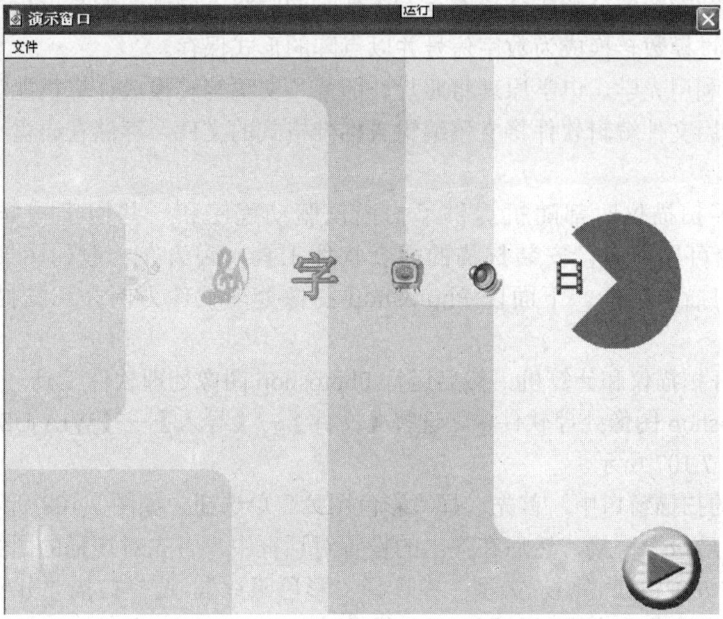

图 7.105

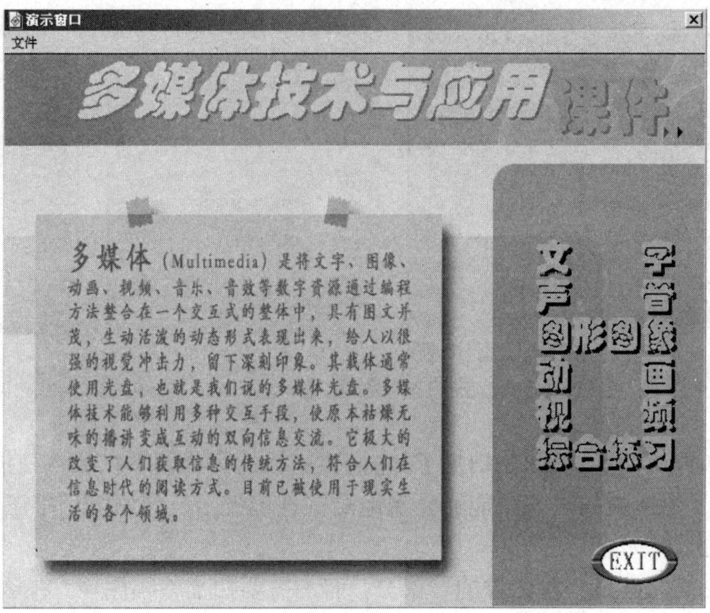

图 7.106

7.5　实训 5—使用扫描仪获取图像和文字

扫描仪是一种光机电一体化的高科技产品。扫描仪主要由扫描头、控制电路、机械部件等组成。其中扫描头又由光源、光敏元件、光学镜头等组成。工作时照射到原稿上的光反射

（或透射）到电荷耦合器件（CCD）上，电荷耦合器件本身是由许多单元组成的，因此在接收光信号时将连续的图像分解成分离的点（像素），同时将不同强弱的亮度信号变成幅度不同的电信号，再经过模数转换成为数字信号并以点阵的形式保存。

扫描仪正是利用光学、电学原理将照片、图片、文稿等转换成计算机能够识别和处理的图像文件，再使用文件编辑软件将文稿编辑成标准格式的文件，存储在磁盘上，完成图像和文字的获取。

一般在购买扫描仪时都随机提供了扫描仪驱动程序和一些用于扫描的配套软件工具。实际上，也可以不专门安装扫描的配套软件工具，因为在一般的图形、图像处理软件中都包含了扫描的功能。下面以 Photoshop 图像处理软件为例介绍扫描图像的具体操作步骤。

① 首先打开扫描仪和计算机，然后运行 Photoshop 图像处理软件工具。

② 在 Photoshop 图像处理软件中，选择【文件】→【导入】→【WIA-USB1200 Scancer】菜单命令，如图 7.107 所示。

③ 在弹出的扫描窗口中，首先选择“彩色图片”单选钮，如图 7.108 所示，再单击“调整已扫描图片的质量”链接，然后在弹出的设置对话框中，首先对扫描的图像进行“亮度”和“对比度”的设置，在“图片类型”中选择“彩色照片”，选择扫描“分辨率”300DPI，也就是每英寸 300 个像素左右，如图 7.109 所示。

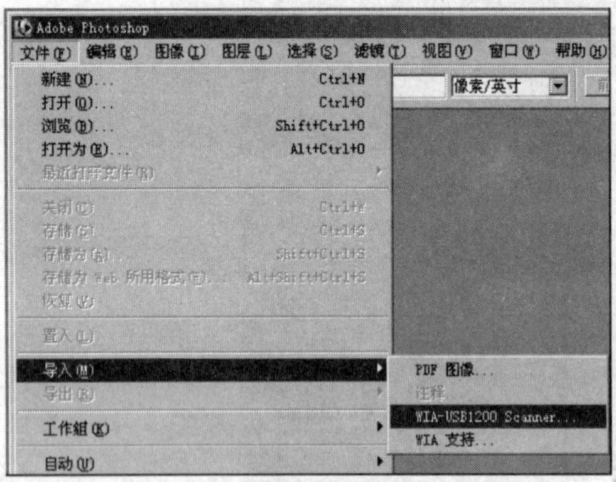

图 7.107

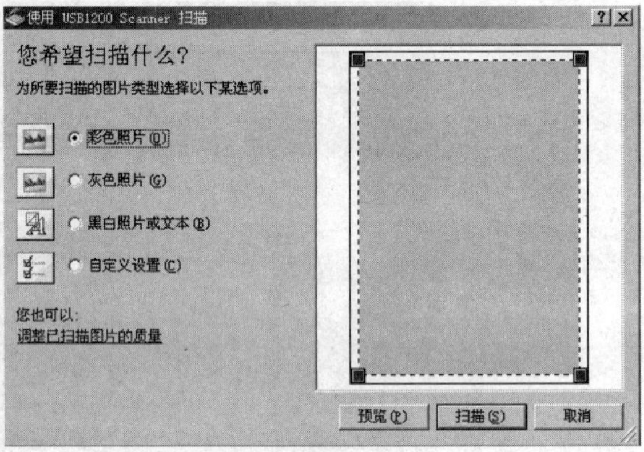

图 7.108

④ 设置好参数后，就可以开始扫描了。先把要扫描的图片朝下扣放在扫描仪的玻璃板上，然后盖上盖，为了保证被扫描的面能够紧密地贴在玻璃板上，最好能用手压住或在上面放一些较厚的书压着。

⑤ 一般要扫描的常是一幅图像的一部分，而不需要扫描整幅图像。在这种情况下，先单击扫描窗口中的【预览】按钮，扫描仪就开始扫描被选择的区域了。不过现在扫描的不是所需的最终结果，而是生成一幅很粗糙的预览图。这时用鼠标调整矩形区域，把需要扫描的部分用虚线框框住。这样在扫描时，就只扫描选择的区域。

⑥ 定好选择区域后，单击【扫描】按钮，如图 7.110 所示。扫描仪开始进行逐行扫描。在扫描过程中，可以随时按【ESC】键，取消扫描。

⑦ 扫描完毕后，关闭扫描窗口。选择【文件】→【另存为】命令，在弹出的相应对话框中选择“.jpg”格式，把扫描好的图像保存起来。

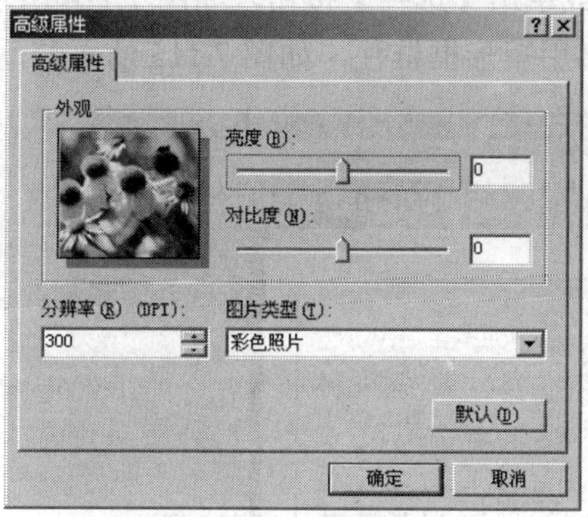

图 7.109

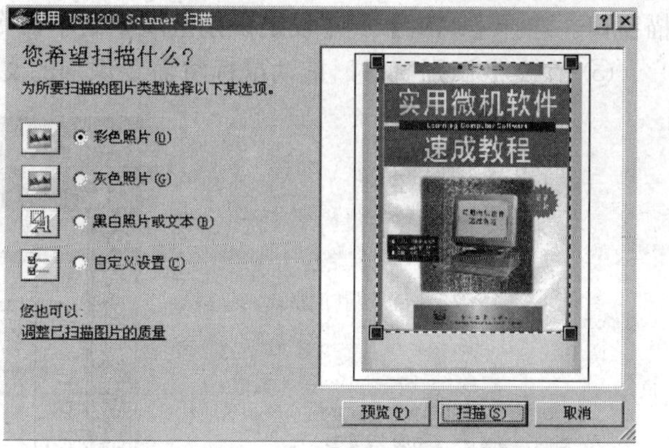

图 7.110

注意：扫描时设置的扫描分辨率就是扫描后的图像分辨率。虽然分辨率越高，所呈现出来的图像质量也越高，但这是要付出代价的，分辨率越高，则图像文件就会越大，所占的内存也会越多。例如，扫描一枚硬币，设扫描“分辨率”1200dpi，则扫描后获得的硬币图像文件竟是180MB。

在获取数字图像阶段，若扫描仪设置不当（如颜色数目或颜色深度不够），则得到的数字图像可能缺少足够的信息，此时将很难在 Photoshop 里对它进行满意的处理。

下面介绍利用扫描仪获取文字的方法。

利用扫描仪获取文字，首先必须先安装 OCR 文字识别软件，然后才能利用 OCR 软件进行文字识别，具体利用扫描仪获取文字的操作步骤如下。

① 双击 OCR 软件“尚书六号表格文字识别系统”图标，如图 7.111 所示。运行后弹出 OCR 软件工具的操作界面，如图 7.112 所示。

图 7.111

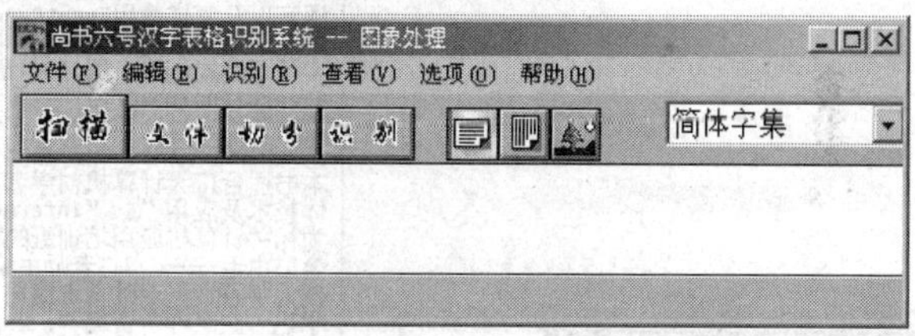

图 7.112

② 把要扫描的文章朝下扣放在扫描仪的玻璃板上，然后盖上盖，用手压住保证被扫描的面能够紧密的贴在玻璃板上。

③ 单击【扫描】按钮，在弹出的驱动扫描窗口中，选择“黑白图片或文本”单选钮，因为扫描的对象是文字，所以必须选择黑白方式，如图 7.113 所示，再单击【扫描】按钮，扫描仪开始进行逐行扫描。在扫描过程中，可以随时按【ESC】键，取消扫描。

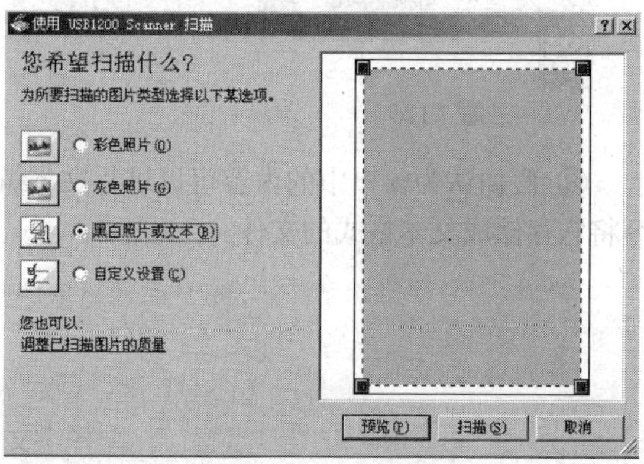

图 7.113

④ 扫描完毕后，扫描的文章显示在扫

描窗口。选择【编辑】→【设定识别区域】菜单命令或单击【选择】按钮，如图 7.114 所示。

⑤ 在文字识别窗口，拖动鼠标将需要识别的文字用矩形框框住，如图 7.115 所示。

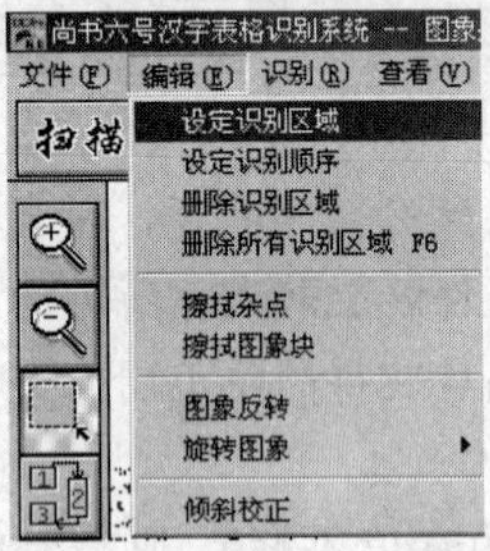

图 7.114

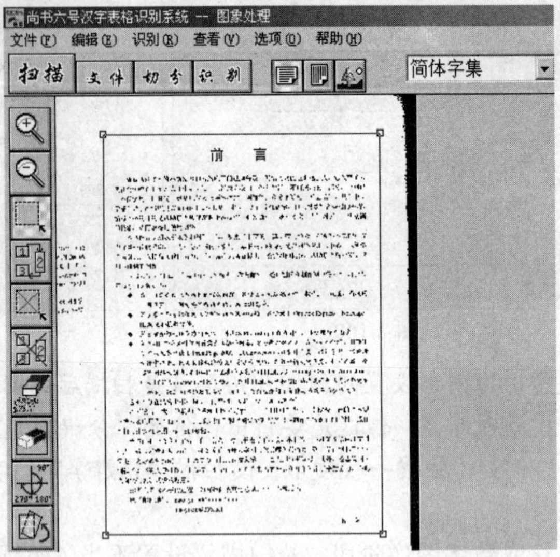

图 7.115

⑥ 单击【识别】按钮或选择【识别】→【文字识别】菜单命令，如图 7.116 所示。

⑦ 系统将扫描的文章识别为纯文本文字，图 7.117 所示为识别后的画面图。窗口的上半部分显示了识别后的结果，下半部分显示识别系统认为不准确的字，可以人工对它们进行修改。

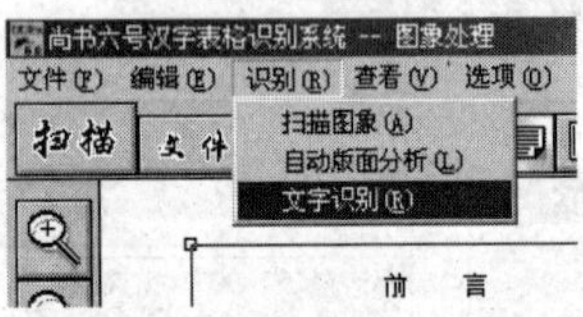

图 7.116

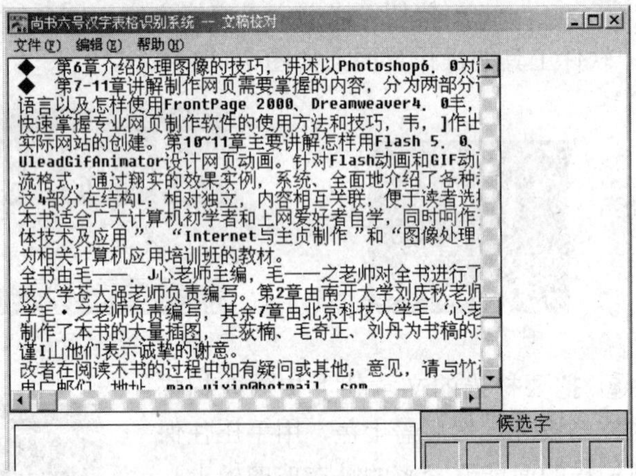

图 7.117

⑧ 假如认为窗口中的内容可以进行文本编辑，就可以选择【文件】→【另存为】菜单命令将它存储成文本格式的文件。